中国轻工业"十四五"规划立项教材
高等职业教育电气自动化类专业系列教材
"互联网+"新形态立体化教学资源精品教材

可编程控制器技术应用

（基于三菱Q系列PLC）

主　编　胡盘峰
副主编　刘光新　朱　江
主　审　朱　俊

中国轻工业出版社

图书在版编目（CIP）数据

可编程控制器技术应用：基于三菱 Q 系列 PLC / 胡盘峰主编. — 北京：中国轻工业出版社，2022.9
ISBN 978-7-5184-3935-5

Ⅰ.①可…　Ⅱ.①胡…　Ⅲ.①可编程序控制器②PLC 技术　Ⅳ.①TM571.6

中国版本图书馆 CIP 数据核字（2022）第 054129 号

责任编辑：宋　博　王　淳
策划编辑：宋　博　　责任终审：李建华　　封面设计：锋尚设计
版式设计：砚祥志远　　责任校对：宋绿叶　　责任监印：张　可

出版发行：中国轻工业出版社（北京东长安街 6 号，邮编：100740）
印　　刷：三河市万龙印装有限公司
经　　销：各地新华书店
版　　次：2022 年 9 月第 1 版第 1 次印刷
开　　本：787×1092　1/16　印张：18.25
字　　数：420 千字
书　　号：ISBN 978-7-5184-3935-5　定价：49.80 元
邮购电话：010-65241695
发行电话：010-85119835　传真：85113293
网　　址：http://www.chlip.com.cn
Email：club@chlip.com.cn
如发现图书残缺请与我社邮购联系调换
211038J2X101ZBW

前　　言

本书是根据机电一体化技术、电气自动化技术教学及相关专业岗位能力要求编写的理实一体化教材。以三菱 Q 系列 PLC 为控制器，结合企业工业现场广泛应用的新技术，例如变频调速技术、工业网络通信技术以及伺服运动控制技术。

本书编写内容体现“以项目为载体、工作过程为导向、融入思政”的理念，以南京南戈特公司和三菱自动化有限公司共同开发的实训设备为载体，开发设置了 7 个项目，由浅入深、层层递进、图文并茂、学练结合的模式展现，符合高职学生的认知规律。

教材编写坚持“育人为本、德育为先”。教材中技能训练融入了职业素养、技术创新、工匠精神、制造强国等思政内容，实现了课程思政与专业学习深度融合，使学生在潜移默化中树立正确的职业观、价值观和积极的人生态度。

本教材开发了丰富的数字化资源，知识点讲解的微视频、配套的 PPT 课件、配套在线习题库、AR 及 VR 虚拟资源、VUP 半实物仿真模型以及中国大学 MOOC（慕课）平台在线课程。

中国大学 MOOC（慕课）平台在线课程学习网址：http: //www. chlip. com. cn/qrcode/211038J2X101ZBW/kbckzq _ 3. html。请联系 hupanfeng@czcit. edu. cn 获取登录账号及其他配套资源。

配套在线题库　　中国大学 MOOC（慕课）平台在线课程

本书由胡盘峰任主编，刘光新、朱江任副主编，朱俊任主审。其中，刘光新负责拓展项目的编写，朱江负责部分数字资源的开发工作，胡盘峰负责其他项目的编写和全书的统稿工作。

在本书编写过程中，得到了常州信息职业技术学院智能装备学院领导和老师的帮助，南京南戈特有限公司和三菱自动化有限公司多位工程师提出了宝贵意见和修改建议，在此表示衷心的感谢。

在编书过程中参考了大量资料，限于篇幅，不能一一列出，在此也向有关资料的作者表示衷心感谢。同时，限于编者水平有限，书中难免会有不足之处，恳请广大读者朋友批评指正。

编者

CONTENTS

目　　录

PROJECTS

项目一
Q 系列 PLC 认知与模块安装

【学习目标】

1. 熟悉可编程控制器的产生、发展、定义、特点；
2. 掌握可编程控制器的基本结构、工作原理；
3. 掌握可编程控制器的数据和编程元件；
4. 了解国产可编程控制器的发展现状，激发爱国热情；
5. 能够进行硬件模块安装和分配 I/O 地址。

Q 系列 PLC 概述

配套课件　　教学视频

任务一　可编程控制器概述

随着电子控制设备、芯片技术以及计算机与通信技术的发展，工业生产自动化控制技术也产生了重大的变化。在工业现场的自动化生产线上普遍把可编程控制器作为控制系统的核心器件。可编程控制器在取代传统电气控制方面有着不可比拟的优点，在自动化领域已形成了一种工业控制趋势。如今的可编程控制器已经从早期的逻辑控制发展到可以实现模拟量/数字量控制、运动控制以及网络通信控制等功能，在工业现场产线上可以实现和智能传感、变频器、伺服驱动器、工业机器人、工业相机以及数控机床等设备的联合控制，把自动化设备往智能化和柔性化方向推进发展。如图 1-1 所示为可编程控制器以及周边控制设备。

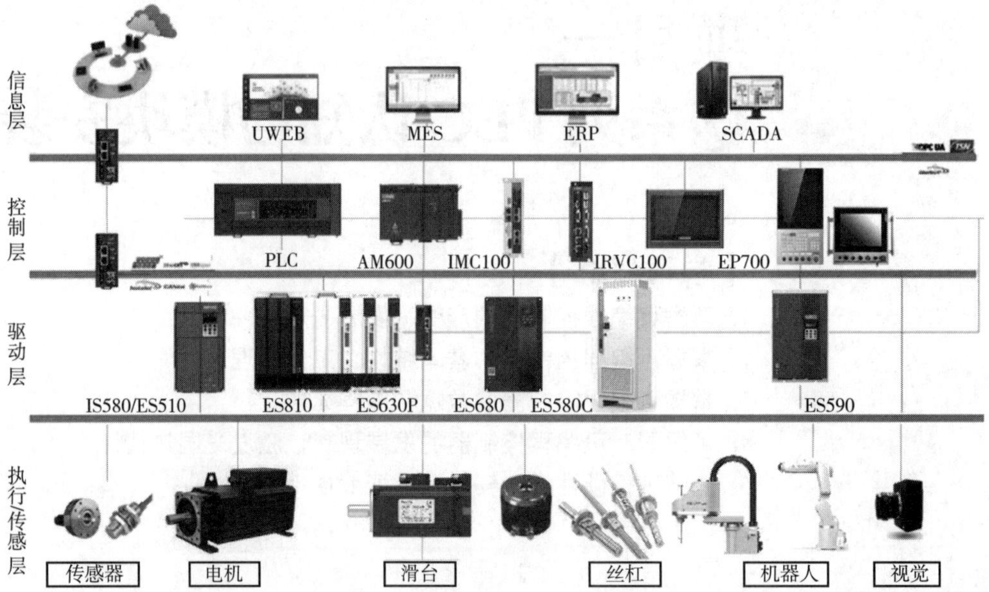

图 1-1　可编程控制器及周边控制设备

一、可编程控制器的产生

传统的控制系统（特别是 1969 年以前，那时可编程控制器还未出现）中主要元件是各种各样的继电器，它可以可靠且方便地组成一个简单的控制系统，如图 1-2 所示。

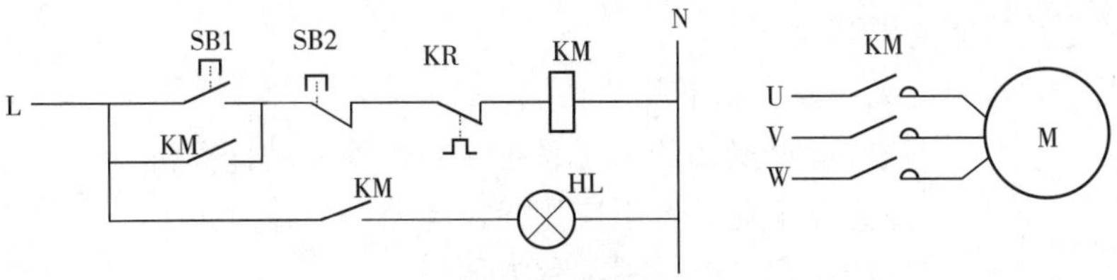

图 1-2　继电器控制系统

但随着社会的进步，工业的发展，控制对象越来越多，其逻辑关系也越来越复杂，用继电器组成的控制系统就会变得非常庞大，从而造成系统的不稳定和造价昂贵。主要表现在：a. 当某个继电器损坏、甚至继电器的某触点接触不良都会影响系统的运行；b. 继电器本身并不太贵，但控制柜内元件的安装和接线工作量极大，造成系统价格偏高；c. 产品需要不断地更新换代，生产设备的控制系统不断地做相应的调整。但对庞大的系统而言，日常维护已很难，再做调整难度更大。

鉴于以上问题，1968 年美国通用汽车公司（General Motors）向传统的继电器控制系统提出了挑战：设想是否能用一种新型的控制器，引入这种控制器后可使庞大的系统变小，并且能方便地进行修改、调整。按照这个宗旨，该公司向外公开招标，提出如下十大指标：

① 编程简单，可在现场改程序。

② 维护方便，最好是插件式。

③ 可靠性高于继电器控制柜。

④ 体积小于继电器控制柜。

⑤ 成本低于继电器控制柜。

⑥ 可将数据直接输入计算机。

⑦ 输入可以是市电（AC110V）。

⑧ 控制程序容量 ≥ 4kB。

⑨ 输出可驱动市电（2A）以下的负荷，能直接驱动电磁阀。

⑩ 扩展时，原有的系统仅做少许更改。

这次招标引起了工业界的密切注视，吸引了不少大公司前来投标，最后 DEC 公司一举中标，并于 1969 年研制成功第一台控制器，当时命名为 PLC（Programmable Logic Controller）。这台 PLC 投运到汽车生产线后，取得了极为满意的效果，引发了效仿的热潮，从此 PLC 技术得以迅猛地发展。

二、可编程控制器的定义

国际电工委员会（IEC）1985 年在可编程控制器标准草案（第二稿）中做了如下的定义：“可编程控制器是一种数字运算的电子系统，专为在工业环境条件下应用而设计。它采用可编程序的存储器，用来在内部存储执行逻辑运算、顺序控制、定时、计数和算术运算等操作的指令，并通过数字式、模拟式的输入和输出，控制各种类型的机械或生产过程。可编程控制器及其有关设备都应按易于使工业控制系统形成一个整体、易于扩充其功能的原则设计。”

可编程控制器的定义主要有以下几个特点：

特点：
- 数字运算操作的电子系统——也是一种计算机
- 专为在工业环境下应用而设计
- 面向用户指令——编程方便
- 实现逻辑运算、顺序控制、定时计算和算术操作
- 数字量或模拟量输入/输出控制
- 易与控制系统联成一体
- 易于扩展

美国电气制造商协会（NEMA）1987 年做的定义如下：“它是一种带有指令存储器、数字或模拟 I/O 接口，以位运算为主，能完成逻辑、顺序、定时、计数和算术运算功能，用于控制机器或生产过程的自动控制装置。”

国际电工委员会（IEC）在标准草案中，将这种装置定义为可编程控制器（Programmable Controller），简称 PC。为了避免同个人计算机混淆，现在一般将可编程控制器简称为 PLC（Programmable Logic Controller）*。

● 常用术语

（1）点数（I/O Points）。指能够输入/输出开关量、模拟量的总个数。一般是 4 或 8 的倍数。

（2）扫描周期。是指 PLC 执行系统监控程序、用户程序、I/O 刷新一次所用的时间。它直接反映 PLC 的响应速度，因此是 PLC 的重要指标之一，其单位是 ms/kW（kb）。

（3）梯形图。梯形图是 PLC 用户编程时最常用的一种图形编程方法，是表示 I/O 点之间逻辑关系的一种图。它实质上是变相的继电器控制逻辑图，形式和规范非常相似，其目的是为了让工厂技术人员不必懂计算机高级语言，就可使用（设计、阅读）它，如图 1-3 所示。

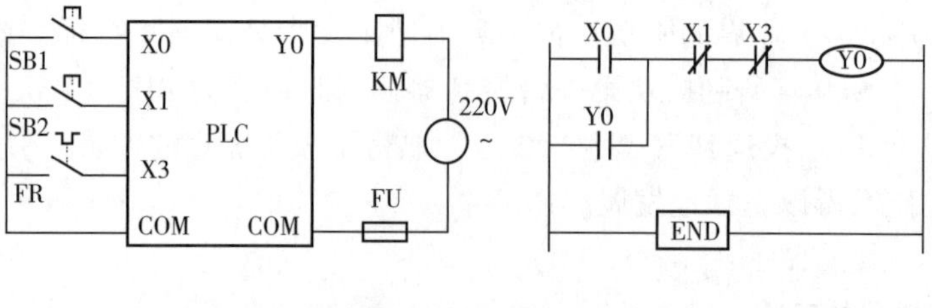

图 1–3 梯形图

* 本书正文中常会用 PLC 来简称可编程控制器。

三、可编程控制器的特点

PLC 之所以能适应工业环境，并能够得以迅猛的发展，是因为它具有如下特点：

① 可靠性高、抗干扰能力强。	②程序可变、具有柔性。
③ 编程简单、使用方便。	④功能完善。
⑤ 组合灵活、扩充方便。	⑥减少了工作量。
⑦ 体积小、重量轻、环境要低。	⑧成本低、功能多。

1. 可靠性高、抗干扰能力强

据有关资料称：“到目前为止没有任何一种工业控制设备可达到 PLC 的可靠性。”

控制系统在使用时发生故障，绝大多数是由 PLC 外的开关、传感器、执行器引起的，而不是 PLC 本身。若是 PLC，多数是使用、设计不当引起的。

诱发电子设备故障的原因大概有如下几种：

- 设备故障原因
  - 外部
    - 电磁干扰
    - 辐射干扰
    - 由 I/O 线、电源线等引入的干扰
    - 环境、温度、灰尘、有害气体的影响
    - 振动、冲击引起的器件损坏等
  - 内部
    - 元器件的老化、失效
    - 存储器信息的丢失、出错
    - 程序错误
    - 运行进入死循环

针对以上故障原因，PLC 在硬、软件两方面采取了相应的解决方法，使其可靠性大为提高，PLC 本身发生故障的概率极小。

2. 程序可变、具有柔性

生产工艺或设备改变后，在原设计的 PLC 功能备用量够用的情况下，可不变 PLC 的硬件，只要改编控制程序即可。

这点就充分体现了 PLC 具有继电器控制系统所不具备和无可比拟的优点。故 PLC 除应用于单机控制外，还在柔性制造单元（FMC）、柔性制造系统（FMS）、工厂自动化（FA）中被大量采用。

3. 编程简单、使用方便

PLC 采用与继电器控制逻辑图非常接近的“梯形图”进行编程，这种编程方法既具备传统控制线路的易懂易编，清晰直观的优点，又顾及了多数电气技术人员的读图习惯和微机应用水平，易于被大众接受，因此受到普遍欢迎，这种面向生产的编程方法与目前微机控制中常用的汇编语言或高级语言编程相比，其优点是显而易见的。

为进一步优化编程，PLC 还针对实际问题设计了诸如步进顺控指令、移位指令、鼓形控制器等功能性指令，减少编程工作量，加快了开发速度。

4. 功能完善

现代的 PLC 还具有数字量及模拟量的输入/输出、逻辑和算术运算、定时、计数、顺序检测、功率驱动、联网通信、人机对话、自检、记录和显示等功能，使控制系统的水平大大提高，功能更加完善。

5. 组合灵活、扩充方便

PLC 除模块化外，还具有各种扩充单元，I/O 点数及各种 I/O 方式、I/O 量均可选择，可以方便地适应不同的控制对象。

6. 减少了工作量

由于 PLC 是采用软件编程来实现控制功能的，而继电器控制采用硬接线来实现。这就减少了设计、施工的工作量。同时，PLC 能事先进行模拟调试并且具有很强的监视功能，所以系统的调试、检修、维护的工作量得到大大地减少。

7. 体积小、重量轻、环境要求低

一般 PLC 的功能若用继电器来实现，需用 3~4 个 1.8m 高的大继电器控制柜。由于 PLC 是专为工控而设计的专用计算机，所以其结构紧凑、坚固、体积小巧、功能齐全，能直接投运在恶劣的工作环境中。

8. 成本低、功能多

由于 PLC 功能的强大（一台 PLC 相当于 3~4 个大继电器控制柜），使得控制系统的直接费用大量降低。

由于 PLC 具有易修改性、高可靠性、易扩展性、易维护性，大大降低了日常运行的检修、维修工作量，降低了今后改造的成本。

由于 PLC 安装调试方便，开发、调试周期短，从而降低了设计、开发、安装、调试的工作量，故减少了工资费用。

由于 PLC 靠软件编程实现控制功能，硬件及其备件均具有通用性，也减少了采购的时间和费用。

由于体积小、功能强，所以占地少、耗电小（仅为继电器控制柜的几十分之一），每年节省的电费可将其投资收回。

PLC 实质上是一种专用工控计算机，实现了智能控制，从而使得控制水平上了新台阶，并且具有联网功能，很易构成综合控制系统。

技术小贴士：

可编程控制器作用：可编程控制器即 PLC（Programmable Logic Controller），是根据输入装置指令信号的 ON/OFF，使输出装置 ON/OFF，从而实现顺序控制的专用控制器。以哪个输入装置信号为条件，控制哪个输出装置动作，由 PLC 内部的语言编写的程序来控制。

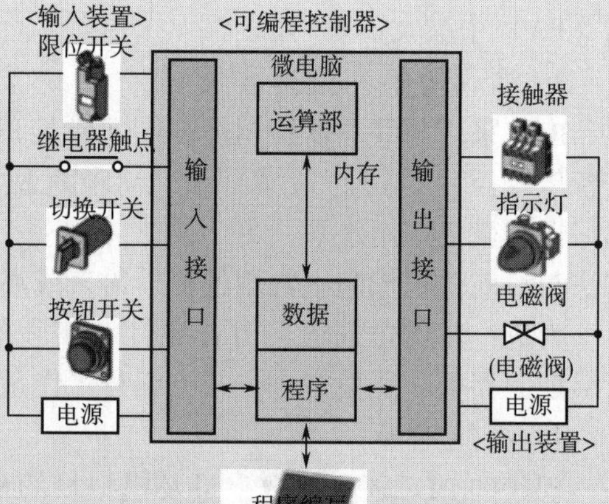

四、可编程控制器的应用和发展趋势

1. 可编程控制器的应用

PLC 自问世以来，经 50 多年的发展，在工业发达国家（如美、日、德等）已成为重要的产业之一，生产厂家不断涌现，PLC 的品种多达几百种。

国内应用始于 20 世纪 80 年代。一些大中型工程项目引进的生产流水线上采用了 PLC 控制系统，使用后取得了明显的经济效益，从而促进了国内 PLC 的发展和应用。目前国内 PLC 的应用已取得了许多成功的经验和成果，证明了 PLC 是大有发展前途的工业控制装置，它与分散性控制系统（DCS）、数据采集与监视控制系统（SCADA）、计算机网络系统（CNS）相互集成、互相补充而形成的综合系统将得到更加广泛的应用。

我国 PLC 的生产厂家主要是 20 世纪 80 年代涌现出来的，靠技术引进、转让、合资等方式进行生产，目前约有十几家，主要有：无锡信捷自动化有限公司、深圳市汇川技术股份有限公司、北京和利时集团、傲拓科技股份有限公司、浙江中控技术股份有限公司、深圳市奥越信科技有限公司等。

国产 PLC 主要集中在中小型品种上，PLC 的质量和技术性能与一些国家的 PLC 相比还有不小的差距，远不能满足国内日益增长的市场需要，故须依赖进口，尤其是大中型 PLC。国内流行的 PLC 多是国外产品，生产企业主要有：

日本：三菱、欧姆龙（OMRON）、日立、夏普、松下、东芝、富士、安川、横河、光洋（Koyo）等公司；

美国：AB（Allen Bradley）、GM（Gould Modicon）、GE（GE-Fanuc）、Square D、西屋（Westing House）、TI 仪器（Texas，Instruments 德州仪器）等公司；

德国：西门子（Siemens）、BBC、AEG 等公司；

法国：TE（Telemecanique）公司等。

其中美国的 AB（Allen Bradley）、GM（Gould Modicon）、GE（GE-Fanuc），德国的西门子（Siemens），法国的 TE（Telemecanique），日本的三菱、欧姆龙（OMRON）等 7 家公司，在所有 PLC 制造厂中占有主导地位。这 7 家公司占有着全世界 PLC 市场 80%以上的份额，他们的系列产品有其技术广度和深度，从售价为 100 美元左右的微型 PLC 到有数千个 I/O 点的大型 PLC 应有尽有。

近几年随着我国智能制造业的发展，国产品牌 PLC 如无锡信捷，汇川、台达、南大傲拓等在地铁、高铁和风电等重要领域实现了进口替代化，核心技术自主可控，尤其在中小型 PLC 市场，国产品牌 PLC 每年以 40%以上的增速发展，相信在不久的将来国产的 PLC 不仅在国内全面实现国产替代化，而且会有更多的品牌走向国际市场。

2. 发展趋势

（1）结构微型化、模块化。自 1973 年微处理机芯片（CPU）问世以后，为计算机应用产品（PLC 也属其中之一）微型化创造了条件，一般小型的 PLC 产品只有 32~16 开的书这么大小（高度 5~10mm）。一般小型 PLC 整体式的较多，但功能较多的小型机，结构形式大多采用模块式，以便使用户有更多的选择余地，配置成性能比较高的控制系统。

大、中型 PLC 几乎全部采用模块结构。采用模块式结构用户可以根据控制要求选取需要的功能模块，安装、拓展与维护都十分方便。

（2）功能全面化、标准化。在 PLC 发展的初期，PLC 只具有开关量的 I/O、定时、计数、顺序控制等功能，之后又增加了模拟量的 I/O、PID 调节、信号调制、数字量的 I/O、通信、高速计数器、运动控制等功能模块，现代 PLC 能完成 CNC（数控机床）过程控制、集散控制器柔性制造单元等各种控制系统所能完成的功能。它大大加强了数学运算、数据处理图形显示、联网通信等功能，使 PLC 向 IPC（进程间通信）方向渗透和发展。

功能标准化后，使用同一系列的产品（甚至不同厂家、不同系列的 PLC）均能选用同一功能的 PLC 模块。

（3）产品系列化。一家 PLC 生产公司往往以统一的设计思想，设计其系列产品，在系列产品中，I/O 模块和各种功能模块的接口功能是统一的，但有各种规格，可任意选择、组合，构成小型、中型或大型（小到几点，大到上万点）规模的控制系统。编程器、软件、指令是兼容的，也有不同规格、型号可选。

（4）大容量化、高速化。IC 及 CPU 技术的发展为 PLC 的大容量化、高速化创造了条件，现代大型 PLC 存储器容量大到数兆，控制程序达到数万步，梯形图的扫描速度可达 0.1ms/kW 的数量级，速度上比许多 DCS（分散型控制系统）快数十倍。

大容量及高速化的 PLC 为加工机具的精确定位、机床速度的精确调节、阀门的灵活控制以及 PID 过程控制等提供了更好的手段。

（5）模块化、模块智能化。大中型 PLC 几乎全用模块式结构，功能较多的小型 PLC 也采用模块式结构，因为这种结构最大的优点是可让用户按需组合，避免功能资源的浪费，使控制系统的成本最小化，实现性价比最优。I/O 模块的点数逐渐增多，小型机大多采用 16 点、32 点及 64 点，大、中型机多采用 256 点、1024 点及 2048 点。

模块智能化，就是模块的本身具有 CPU，能独立工作，它们与主 CPU 模块并列运行，紧密结合，有助于克服 PLC 扫描算法上的局限性，使其在速度、精度、适应性、可靠性等各方面均更胜一筹，完成以前 PLC 本身无法完成的许多功能。

（6）通信化、网络化。现代工业生产规模大、控制复杂、被控对象分布广且具有一定的空间距离，因此要有许多 PLC 或其他控制器来分区控制，往往还有上位机对他们进行统一管理，以协调全厂的生产，这就需要各级控制器之间以及与上位机之间具有通信手段，实现信息交流。

现代的 PLC 大多具有标准通信接口（例如 RS-232C、RS-422、RS-485、PROFIBUS 通过以太网等实现），具有通信联网功能。通过电缆或光纤，信息传送距离可达几十千米，联网后，各控制器形成一个统一的整体，实现集散控制。

各公司都有自己的专用通信网络，造成了各家 PLC 之间的通信困难，但是它们可以通过主机与遵循标准通信协议（如 MAP 网络通信协议）的网络联网。

（7）编程语言化。梯形图编程固然方便直观，但对复杂的控制领域编程则较烦琐，因此对复杂的应用场合需要高级的编程工具，当代 PLC 已发展出了许多编程语言，如面向顺序控制的步进顺控语言，面向过程控制的流程图语言（它能表示过程中动态变量与信号的相互连接）。还有用高级语言 BASIS、PASCAL、C 语言编程等。

（8）增强外部故障检测能力。据分析，PLC 控制系统的故障中：内部故障占 20%（其中 CPU 板占 5%；I/O 板占 15%）；外部故障（非 PLC）占 80%，其中：传感器占 45%、执行器占 30%、接线占 5%。

除了内部故障可通过 PLC 的软、硬件自动检测以外，其余 80%都不能通过自诊断查出，因此，检测外部故障的功能是很有价值的发展方向。

Q 系列 PLC 硬件组成和运行原理

配套课件　　教学视频

任务二　可编程控制器的组成及工作原理

一、可编程控制器的组成

PLC 是微机技术与继电器常规控制概念相结合的产物，是一种工业控制用的专用计算机。作为一种以中央处理器（CPU）为核心的数字控制的特殊计算机，它的硬件配置与一般微机装置类似，主要由中央处理器（CPU）、存储器（RAM/ROM）、输入/输出模块（I/O 单元）、电源和编程器等几大部分组成，如图 1-4 所示。

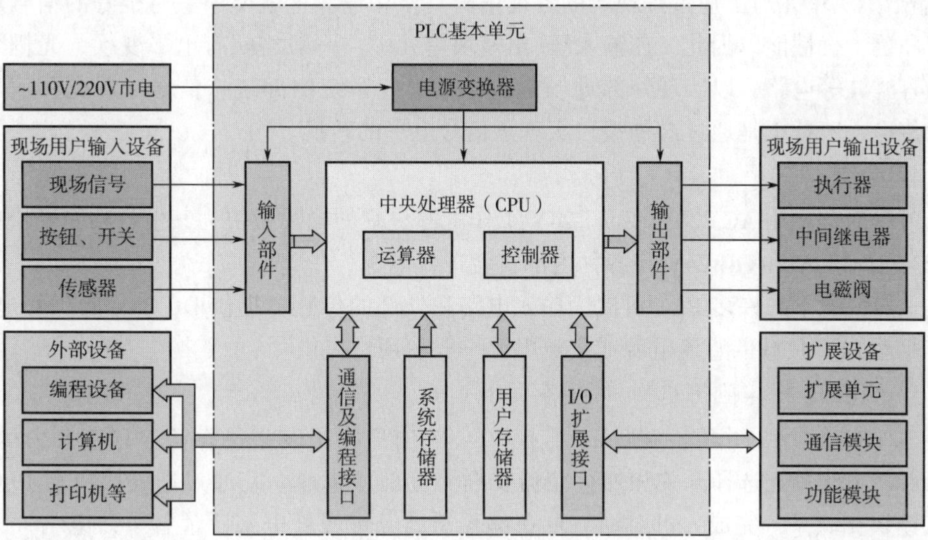

图 1-4　PLC 硬件组成

1. 中央处理器（CPU）

CPU 是 PLC 的控制核心，包括微处理器和控制接口电路。微处理器是 PLC 的运算控制中心，由它实现逻辑运算，协调控制系统内部各部分的工作。它的运行是以循环扫描的方式采集现场各输入装置的状态信号，执行用户控制程序，并将运算结果传送到相应的输出装置，驱动外部负载工作。CPU 芯片性能关系到 PLC 处理控制信号的能力与速度，CPU 位数越高，运算速度越快，系统处理的信息量就越大，系统的性能越好。

控制接口电路是微处理器与主机内部其他单元进行联系的部件，主要有数据缓冲、单元选择、信号匹配、中断管理等功能。微处理器通过它来实现与各个单元之间的可靠的信息交换和最佳的时序配合。

2. 存储器（RAM/ROM）

存储器是存放程序及数据的地方，通常存储器插装在 CPU 模块中。PLC 的存储器有两部分：系统程序存储器（ROM）和用户程序存储器（RAM）。系统程序存储器（ROM）是由生产 PLC 的厂家事先编写并固化好的，它关系到 PLC 的性能，不能由用户直接存取和修改，其内容主要为监控程序、模块化应用功能子程序，能进行命令解释和功能子程序的调用，管理程序和各种系统参数等。

3. 输入/输出接口（I/O）

输入/输出接口是 PLC 的 CPU 模块与外部控制现场相联系的桥梁，通过输入模块单元，PLC 能够得到生产过程的各种参数；通过输出模块单元，PLC 能够把运算处理的结果送至工业过程现场的执行机构实现控制。实际生产中的信号电平多种多样，外部执行机构所需电流也是多种多样，而 PLC 的 CPU 所处理的只能是标准电平，由于输入/输出模块单元与工业过程现场的各种信号直接相连，这就要求它有很好的信号适应能力和抗干扰性能。因此，在输入/输出模块单元中，一般均配有电平变换，光耦合器和阻容滤波等电路，以实现外部现场的各种信号与系统内部统一信号的匹配和信号的正确传递，PLC 正是通过这种接口实现了信号电平的转换。

4. 电源

PLC 通常使用 AC 220V 或 DC 24V 工作电源。它的电源模块为其他各功能模块提供 DC 5V、DC 12V 和 DC 24V 等各种内部直流工作电源。

一般情况下，许多 PLC 可以为输入电路和外部的传感器提供 DC 24V 的工作电源，但是驱动 PLC 负载的直流电源或交流电源一般由用户提供。

5. 编程器及其他可选外部设备

编程器是编制、编辑、调试、监控 PLC 的用户程序的必备设备，它主要由键盘、显示器、工作方式选择开关和外存储器安插器等部件组成。它通过通信接口与 PLC 的 CPU 模块相联系，完成人机对话。现在编程器已经慢慢被电脑所代替了，电脑（上位机）上安装有 PLC 编程调试软件，更方便用户进行程序的编写、模拟仿真、下载和现场调试。

二、可编程控制器的工作原理

与其他计算机系统一样，PLC 的 CPU 以分时操作方式处理各项任务，程序要按指令逐条执行，PLC 的输入、输出就有时差。整个 PLC 的程序执行时间有多长？输入/输出的响应时间有多大？我们要很好地应用 PLC，就必须对这些有清楚的认识。

PLC 是采用循环扫描方式工作的，如图 1-5 所示为一般 PLC 的工作流程框图，其循环过程如下。

(1) 自诊断。CPU 对 PLC 内部的硬件做故障检查，复位 WDT 等。

(2) 通信服务。与外围设备、电脑、网络设备等进行通信。

(3) 输入刷新。将接在输入端子上的传感器、开关、按钮等输入元件状态读入，并保存在“输入状态表”（I/O 映像存储器）中，给本扫描周期用户程运行时提供最新的输入信号。

(4) 执行用户程序。CPU 逐条解释并执行用户程序。根据 I/O 状态表（属数据表状态存储器）中 ON/OFF 信息，按用户程序给定的逻辑关系运算，将运算结果写入 I/O 状态表。

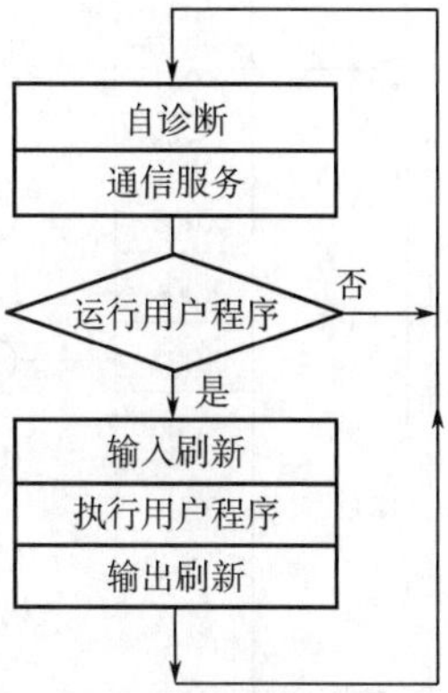

图 1-5　PLC 工作流程图

注意：

“I/O 状态表”这个概念，即用户程序中的部分输入、输出“元件”的 ON/OFF 状态，但它当前的状态值和与它对应 I/O 端子上的元件状态不一定相同，这需要结合 PLC 循环扫描工作原理来理解，以避免后面编程出现双线圈输出错误。

(5) 输出刷新。将“输出状态表”（I/O 映像存储器）中的内容输出到接口电路，以驱动输出端子上的输出元件，实现控制。“输出状态表”中的内容是本次扫描周期用户程序运行的结果。

现举例说明如下。若程序经过一个扫描周期的运行后，其 I/O 点状态的刷新执行过程，如图 1-6 和图 1-7 所示。

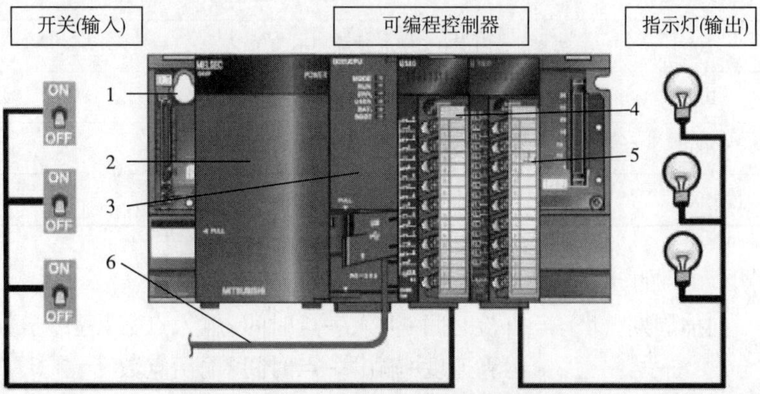

图 1-6　PLC 输入/输出接线图

1—基板　2—电源模块　3—CPU 模块　4—输入模块　5—输出模块　6—连接电缆（USB 电缆）

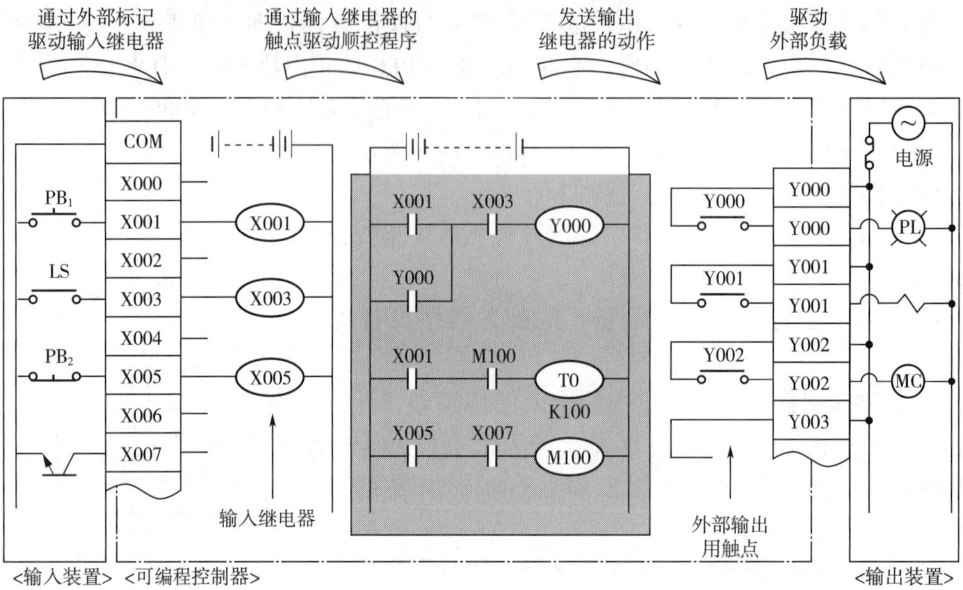

图 1-7　PLC 的动作执行过程

输入装置（输入元器件：如按钮、传感器等）连接在 PLC 内部的输入侧，输出装置（外部负载：如灯、继电器线圈，电机等）通过外部输出用触点连接。输入 ON/OFF 信号和输出 ON/OFF 信号的关系由内部程序决定。

三、扫描周期的计算方法

扫描周期的长短对 PLC 系统的性能有一定的影响，例如较长的扫描时间对 I/O 响应时间以及对系统运行的精确性均会产生不利的影响，如表 1-1 所示。

表 1-1　　PLC 扫描时间对内部功能的影响

扫描时间/ms	产生的不利影响
>10	内部 0.01s 时钟脉冲不起作用
>100	内部 0.1s 时钟脉冲不起作用
>200	内部 0.2s 时钟脉冲不起作用
>6500	超过 WDT 定时值，迫使 CPU 停机

扫描周期（T）的计算公式是：

扫描周期（T）= 自检时间+读入一点时间×输入点数+程序步数×运算速度+输出一点时间×输出点数

【例】计算一个扫描周期的时间。已知：FX1S-30MT 为基本单元，I/O 点数为 16/14，用户程序 2000 步基本指令，PLC 运行时不接上位计算机等外设。I/O 扫描速度为

3.8μs/点，基本指令扫描速度取 0.7μs/步，自诊断时间为 1ms。

解：内部处理时间：$T_1=1ms$

通信操作时间：$T_2=0$

扫描 30 点 I/O 的时间：$T_3=30\times3.8\mu s=0.114ms$

扫描 2000 步基本指令的时间：

$$T_4=2000\times0.7\mu s=1.4\ (ms)$$

一个扫描周期的时间：

$$T=T_1+T_2+T_3+T_4\approx2.5\ (ms)$$
$$f=1/T=400\ (Hz)$$

任务三　Q 系列 PLC 的硬件组成

一、三菱电机 PLC 的分类和特点

目前，三菱电机的主流 PLC 从系统控制规模来说可以分为两大系列：FX 系列小型 PLC 和 Q 系列中大型 PLC。无论是从简单的单机控制系统、还是到高端的自动化综合解决平台，三菱电机的 PLC 都具备相应的产品，其中小型 PLC 和中大型 PLC 的特点分别如图 1-8 和图 1-9 所示。

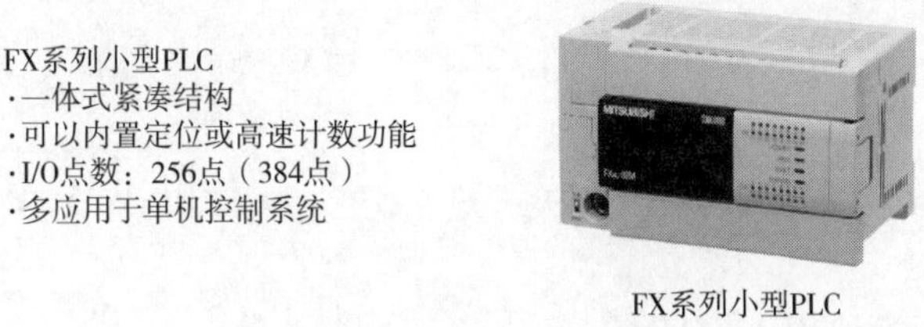

图 1-8　FX 系列小型 PLC

图 1-9　Q 系列中大型 PLC

二、 Q 系列 PLC 基本构成

三菱 Q 系列 PLC 组成的各模块名称，如图 1-10 所示。

基板：利用插槽固定各模块，电源模块中的 DC5V 电源经由插槽供给到其他模块。

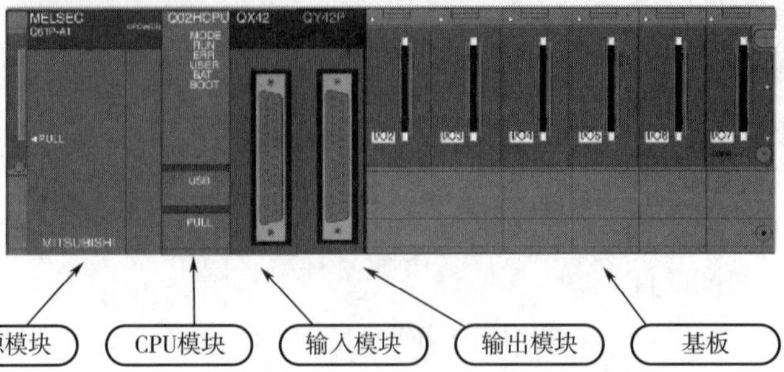

图 1-10　Q 系列 PLC 组成的各模块名称

电源模块：从外部输入的电源经由基板供给到其他模块。

CPU 模块：运算顺控程序，进行信号的输入/输出处理。

输入模块：将从外部设备输入的电气信号转换为 ON/OFF 数据，然后传至 CPU 模块。

输出模块：接收 CPU 模块的信号输出指令，向外部设备输出电气信号。

技术小贴士：

Q 系列 PLC 运行程序时，所需的最基本构成为：电源模块、CPU 模块和基板。

1. 基板

主基板为背板安装模块，其型号为　Q3 * B-E　* 代表 3，5，8，or 12 I/O 槽，如图 1-11 所示。

① CPU 和电源模块不占槽号。

② 电源安装在最左侧，之后安装 CPU 模块。

③ 左侧扩展口连接扩展单元。

图 1-11　Q-PLC 基板

Q 系列最多可安装 7 个扩展基板，布局更加灵活，如图 1-12 所示。

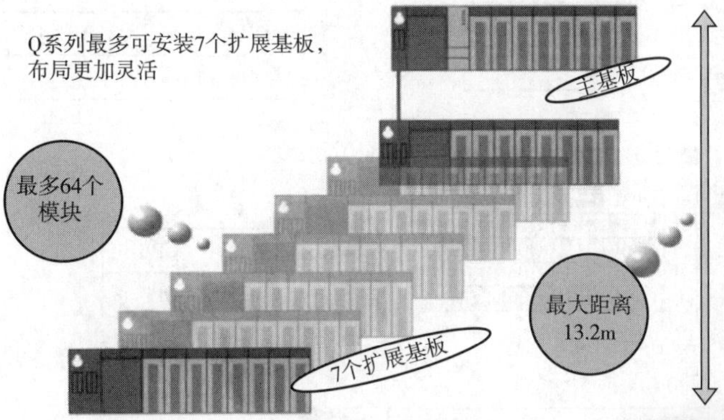

图 1-12　扩展基板

图 1-13　电源

2. 电源模块

给基板上所有模块提供 DC5V 电源，电源模块，如图 1-13 所示。

其具体型号如下：

① Q61P 输入 AC 100/240V，输出 DC 5V，6A。

② Q62P 输入 AC 100/240V，输出 DC 5/24V，6A/0. 6A。

③ Q63P 输入 DC 24V，输出 DC 5V/24，6A/0. 6A。

④ Q64PN 输入 AC 100/240V，输出 DC 5V，8. 5A。

详细的规格，如表 1-2 所示。

表 1-2　电源的规格

名称	输入电压/V	输入频率/Hz	输出电压/V	输出电流/A
Q61P-A1	AC 100~120	50/60	DC 5	6
Q61P-A2	AC 200~240	50/60	DC 5	6
Q61P	AC 100~240	50/60	DC 5	6
Q62P	AC 100~240	50/60	DC 5/24	3/0. 6
Q63P	DC 24		DC 5	6
Q64P	AC 100~240	50/60	DC 5	8. 5

3. CPU 模块

Q 系列 PLC 的 CPU 有 5 种不同模块。分别是顺控 CPU，过程 CPU，运动 CPU，PC CPU，冗余 CPU。

一个控制系统中最多可以配置 4 个 CPU 模块。CPU 具体常用的型号主要有基本型、高性能型、通用型、过程型、运动型和 PCCPU，如图 1-14 所示。

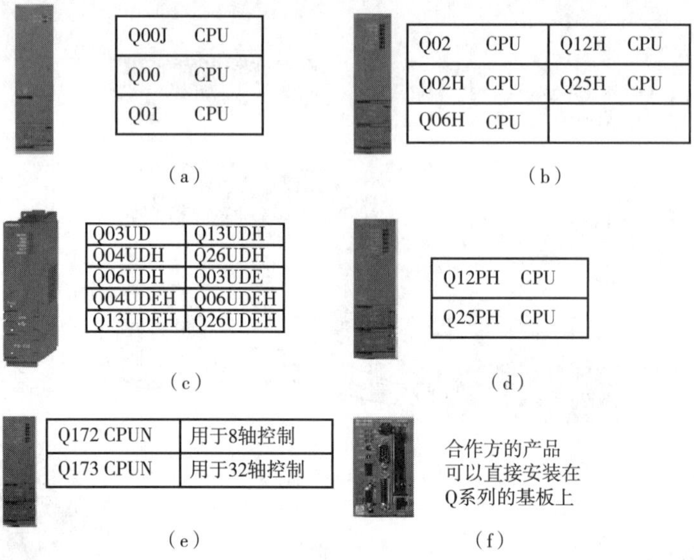

图 1-14　CPU 常用型号

（a）基本型　（b）高性能型　（c）通用型　（d）过程型　（e）运动型　（f）PCCPU

4. 输入模块

输入模块是将外部开关或传感器信号输入给 CPU，输入模块有交流和直流两种，有两种接线方式：端子台型和高密度连接器连接，如图 1-15 所示。

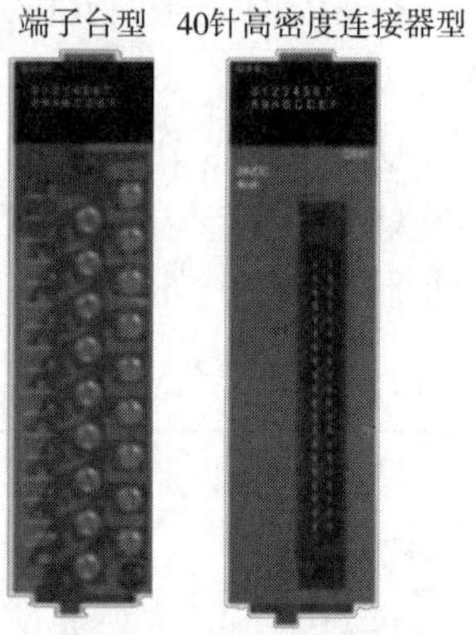

图 1-15　输入模块

（1）交流输入模块。

① 供电电压 110~240V。

② 每个模块 8 点或 16 点。

③ 慢的响应时间为 20ms。

④ 端子连接。

（2）直流输入模块。

① 快的响应时间为 10ms/1ms。

② 16 点，32 点或 64 点。

③ 16 点为螺丝端子。

④ 32 点和 64 点 使用高密度连接器。

⑤ DC 5V，DC 12V 或 DC 24V 供电。

⑥ 有源型和漏型输入。

QX41 是 Q 系列输入模块，是可配用 Q 系列 CPU 模块的总线输入模块，DC 输入模块的响应时间可改变，且可支持在线更换，输入点数为 32 点，额定输入电压 DC 24V，额定输入电流 4mA。

5. 输出模块

输出模块电压 DC 12/24V，最大负载电流 0.1A/点，最大启动电流 0.7A，有热保护和短路保护，输出点数为 32 点。信号编号 Y00 到 Y0F 和 Y10 到 Y1F，引脚 B02，B01 必须接 DC 12/24V，引脚 A02，A01 必须接 COM。输出编号的设定是由卡槽的位置决变的。在使用时要注意对应的卡槽位置，用来分配输出地址的编号。

6. 智能功能模块

Q 系列的智能模块主要分以下几种：

① 模拟量输入和输出（Q64AD、Q62DA）。

② 热电偶/热电阻输入（Q64RD）。

③ 温度控制器（Q64TCTT、Q64TCTTBW、Q64TCRT、Q64TCRTBW）。

④ 高速计数器（QD62、QD62E、QD62D）。

⑤ 定位模块（QD72P、QD72D、QD75P、QD75D）。

⑥ 串口通信模块（QJ71UC24、QJ71UC24-R2、QJ71UC24-R4）。

⑦ 网络通信模块（QJ71E71、QJ61BT11、QJ71GP21-SX）。

Q 系列 PLC 模块 I/O 地址分配

配套课件　　教学视频

三、 Q 系列 PLC 的模块 I/O 地址分配

模块从外部设备接收输入信号，或者向外部设备发送输出信号，需要知道这些模块输入、输出信号所对应的地址，从而在程序中运算处理。这些模块的地址称为 I/O 地址。

模块的 I/O 地址，有自动分配和手动分配两种方式。

1. 自动分配

自动分配是按照基板上的配置，从安装 CPU 插槽的下一个插槽开始，把地址 0 分配给此插槽上安装的模块，并按照模块的固定点数，用十六进制数值按升序依次分配。

【例】主基板型号为 Q38B，8 个 I/O 插槽。从 CPU 安装插槽的下一个插槽开始，即 I/O 插槽的 0 号插槽开始，将 I/O 地址的 0 分配给 0 号插槽上的模块。0 号插槽上是 32 点模块，则地址为 00~1FH。1 号槽上模块的地址，在 0 号模块地址之后，按十六进制升序分配，即 20~3FH。I/O 地址分配，如图 1-16 所示。

			0	1	2	3	4	5	6	7 ← 插槽号
主基板	电源模块	CPU	32点模块	32点模块	16点模块	64点模块	16点模块	16点模块	32点模块	64点模块
			00–1F	20–3F	40–4F	50–8F	90–9F	A0–AF	B0–CF	D0–10F I/O号

图 1-16　I/O 地址分配 1

当 1 号插槽中的模块，由 32 点模块改为 16 点模块时，则上面例子中 1 号插槽之后模块的 I/O 地址改变。变化后的地址，如图 1-17 所示。

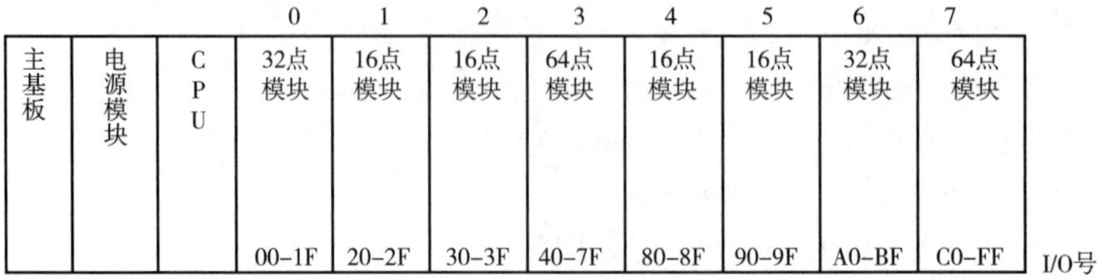

图 1-17　I/O 地址分配 2

基板上的空槽，按照默认 16 点分配地址，如图 1-18 所示。

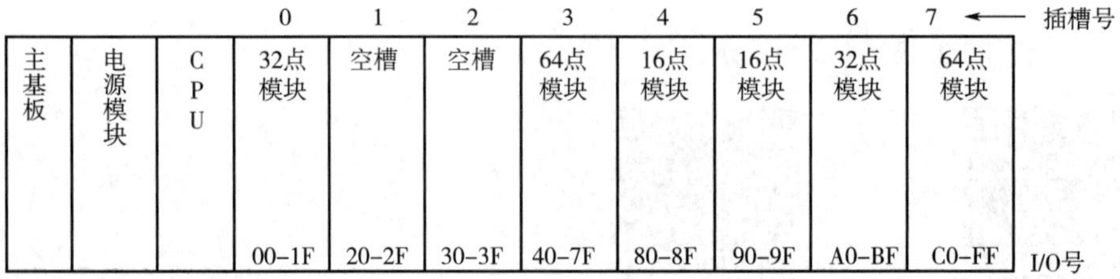

图 1-18　I/O 地址分配 3

所需的插槽数超过主基板插槽数时，需要连接扩展基板。扩展基板的 I/O 地址接在主基板或者上一个基板的最后 I/O 地址开始。例：主基板 Q38B 带一个扩展基板 Q65B，如图 1-19 所示。

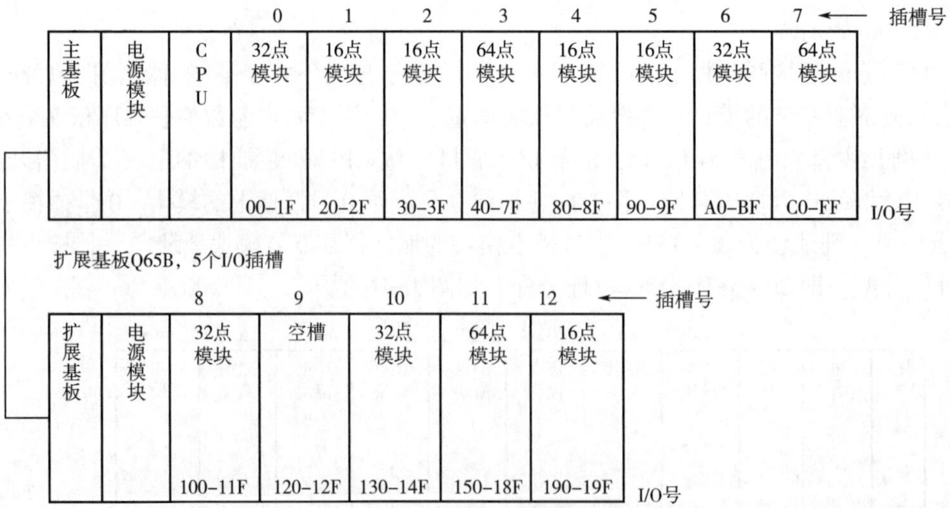

图 1-19　I/O 地址分配 4

2. 手动分配 I/O 地址

除了采用系统默认的地址分配外，也可以使用软件 GX-Works 进行 I/O 地址分配。

手动分配 I/O 地址的目的。

（1）无须计算 I/O 地址，方便用户使用。只要在 CPU 处理点数之内，用户可以方便的分配点数，而无须考虑插槽位置和其他安装模块的点数。

（2）可以预留不同点数的模块。自动分配默认的空槽点数为 16 点，利用软件可以为 16 点之外的模块预留空槽。

（3）防止更换模块时 I/O 地址的改变。

（4）方便变更为程序所使用的 I/O 地址。程序中的 I/O 地址与实际系统的 I/O 地址不一致时，利用 GX-Works，可以将基板上各模块的地址更改为程序中使用的地址。

使用 GX-Works 进行 I/O 地址分配的要点：

进入 I/O 设定的路径：GX-Works→PLC 参数→I/O 分配。

● 设置页面，如图 1-20 所示。

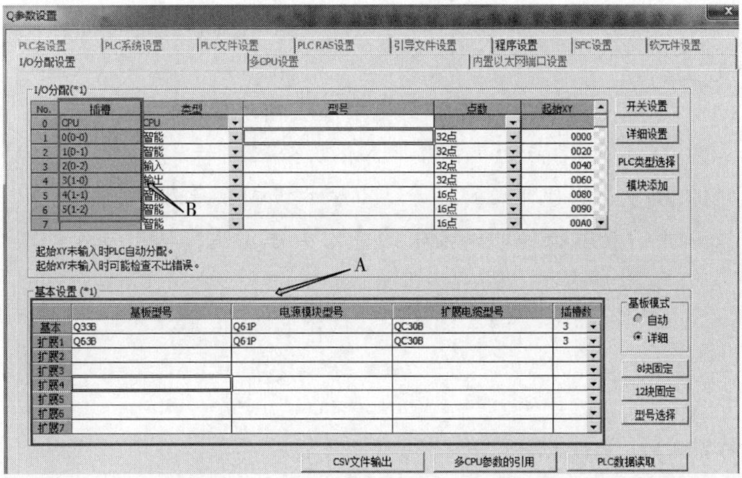

图 1-20　GX-Works 中 I/O 分配设置

① 基本设置。包括主基板设置和扩展基板设置。

图 1-20 中的基本设置为，主基板 Q33B，通过 3m 长的扩展电缆 QC30B 连接扩展基板 Q63B。在基本设置完成后，I/O 分配中出现与基本设置对应的项目（B 对应的项目）。

② I/O 分配。对基板上的各个插槽，可分别设定类型（模块种类）、型号（模块的名称）、点数（模块占用的点数）、起始 XY（I/O 地址）进行设定。

③ “插槽”表示插槽的编号和此插槽所对应的基板。图 1-20 中“（0-0）”表示主基板 0 号插槽，“（1-2）”表示 1 号扩展基板的 2 号插槽。

④ “类型”。设置插槽的安装信息，是否安装了模块，安装模块的类型等。从以下项目中选择：

a. 空：未安装模块。
b. 输入：输入模块。
c. 高速输入：高速输入模块。
d. 输出：输出模块。
e. I/O 混合：输入/输出混合模块。
f. 智能：智能模块。
g. 中断：中断模块。
不选择“类型”时，默认为插槽上安装模块的实际类型。

注意：

①若选择的类型和模块实际的类型不一致。则无法正常动作。请确保安装模块的类型与 I/O 分配选择的类型一致。

②不选择“类型”时，默认为插槽上安装模块的实际类型。

技术小贴士：

1. CPU/电源模块以外的模块安装在基板模块的 I/O 插槽上时，将从插槽左侧开始以 16 点或 32 点为单位按顺序依次分配编号。

2. 模块编号是从 0 开始的连号，以十六进制数来表示。

3. 分配时，输入模块的编号前面会附加字母 X，输出模块的编号前面会附加字母 Y。

Q 系列 PLC 编程元件

配套课件　　教学视频

任务四　Q 系列 PLC 编程元件与数据表示

一、编程元件

由于不同厂家、不同系列的 PLC，其内部软元件的功能和编号也不相同，因此用户在编制程序时，必须熟悉所选用 PLC 的软元件的功能和编号。

Q 系列 PLC 软元件编号由字母和数字组成或者功能模块号再加上字母和数字。编程元件有些采用十六进制数字编号有些采用十进制数字编号，具体分配，如表 1–3 所示。

表 1–3　QnUD（H）CPU、 QnUDE（H）CPU 中可使用的软元件及使用范围

分类	种类	元件名称		点数	使用范围	元件编号的标示
用户元件	位元件	X	输入继电器	8192 点	X0 ~ X1FFF	十六进制数
		Y	输出继电器	8192 点	Y0 ~ Y1FFF	十六进制数
		S	步进继电器	8192 点	S0 ~ S8191	十进制数
		SB	链接特殊继电器	2048 点	SB0 ~ SB7FF	十六进制数
		M	内部继电器	8192 点	M0 ~ M8191	十进制数
		L	锁存继电器	8192 点	L0 ~ L8191	十进制数
		F	报警器	2048 点	F0 ~ F2047	十进制数
		V	刃式继电器	2048 点	V0 ~ V2047	十进制数
		B	链接继电器	8192 点	B0 ~ B1FFF	十六进制数
	字元件	T	定时器	2048 点	T0 ~ T2047	十进制数
		ST	累计定时器	0 点	（ST0 ~ ST2047）	十进制数
		C	计数器	1024 点	C0 ~ C1023	十进制数
		D	数据寄存器	12288 点	D0 ~ D12287	十进制数
		W	链接寄存器	8192 点	W0 ~ W1FFF	十六进制数
		SW	链接特殊寄存器	2048 点	SW0 ~ SW7FF	十六进制数
系统元件	位元件	FX	功能输入	16 点	FX0 ~ FXF	十六进制数
		FY	功能输出	16 点	FY0 ~ FYF	十六进制数
		SM	特殊继电器	2048 点	SM0 ~ SM2047	十进制数
	字元件	FD	功能寄存器	5 点	FD0 ~ FD4	十进制数
		SD	特殊寄存器	2048 点	SD0 ~ SD2047	十进制数
变址寄存器	字元件	Z	变址寄存器	16 点	Z0 ~ Z15	十进制数
文件寄存器	字元件	R	文件寄存器	0 点	R0 ~ （1018k 点）	十进制数
嵌套	—	N	嵌套	15 点	N0 ~ N14	十进制数
指针	—	P	指针	4096 点	P0 ~ P4095	十进制数
	—	I	中断指针	256 点	I0 ~ I255	十进制数
其他	位元件	BL	SFC 模块	320 点	BL0 ~ BL319	十进制数
		TR	SFC 转换元件	512 点	TR0 ~ TR511	十进制数
	—	J	网络 No.	255 点	J1 ~ J255	十进制数
		U	I/O　No.	—	U0 ~ UFF	十六进制数

续表

分类	种类	元件名称		点数	使用范围	元件编号的标示
常数	—	—	十进制常数	K-2147483648~K2147483647		十进制数
		—	十六进制常数	H0~HFFFFFFFF		十六进制数
		—	实数常数	E±1. 17549-38~E±3. 40282+38		指数
		—	字符串常数	‘ABC’‘125’等		字符串

（一）输入继电器（X）

输入继电器是 PLC 用来接收用户输入设备发来的输入信号。

输入继电器线圈由外部输入信号所驱动，只有当外部信号接通时，对应的输入继电器才得电，不能用指令来驱动，如图 1-21 所示。

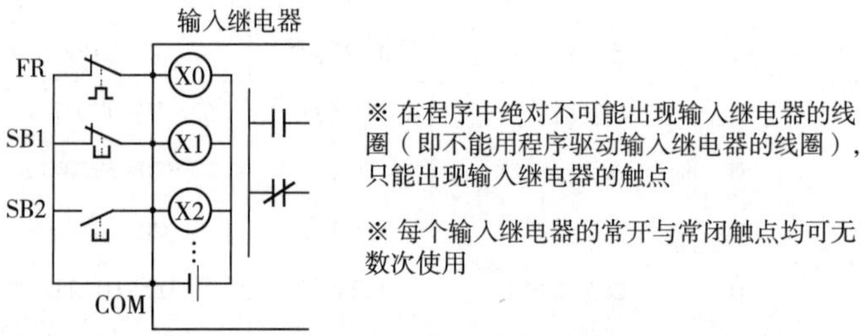

图 1-21　输入继电器接线

（二）输出继电器（Y）

输出继电器是用来将 PLC 内部信号输出给外部负载的窗口元件。

输出继电器线圈是由 PLC 内部程序驱动，其线圈状态传送给输出单元，再由输出单元对应的硬触点来驱动外部负载，如图 1-22 所示。

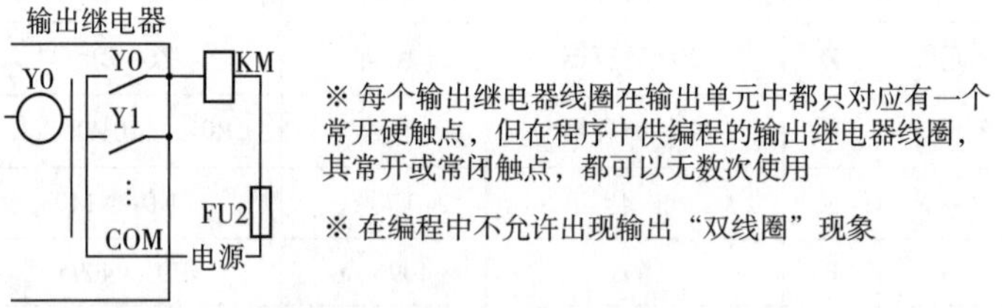

图 1-22　输出继电器接线

编程举例：启停电路的 PLC 控制。按下启动按钮 X1，电机 Y40 正转运行，I/O 接线图，如图 1-23 所示，参考梯形图控制程序如图 1-24 所示。

（三）辅助继电器（M）

辅助（内容）继电器是 PLC 中数量最多的一种继电器，其作用相当于继电器控制系统中的中间继电器。和输出继电器一样，其线圈由程序指令驱动，每个辅助继电器

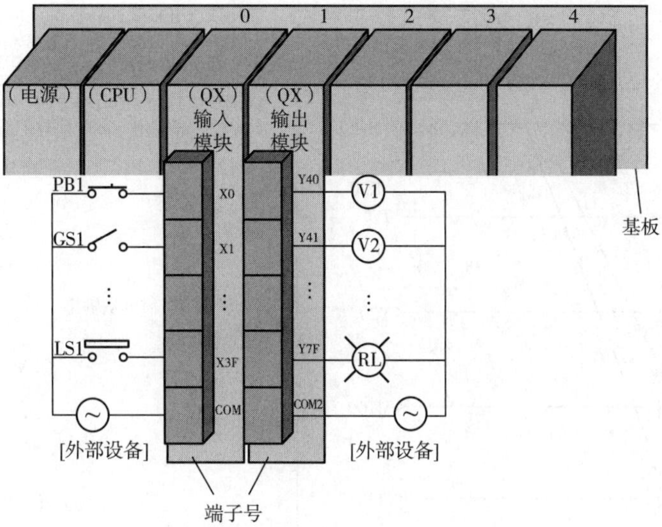

图 1-23　I/O 接线图

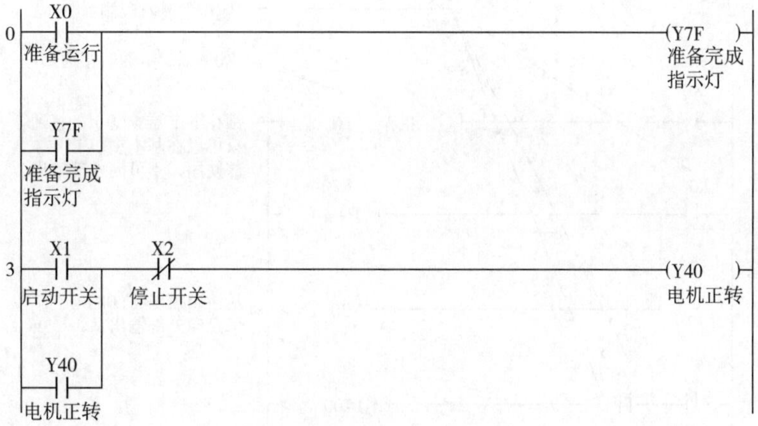

图 1-24　参考梯形图控制程序

都有无限多对常开/常闭触点，供编程使用。但是，其触点不能直接驱动外部负载，要通过输出继电器才能实现对外部负载的驱动。

辅助继电器就是供 PLC 内部使用的辅助继电器，这类继电器不能直接控制外部负载，如图 1-25 所示。

（四）锁存寄存器（L）

锁存寄存器就是供 PLC 内部能够进行锁存的（停电保持）的辅助继电器，如图 1-26 所示。

（五）特殊继电器（SM）

特殊继电器就是存储 CPU 状态的继电器，特殊继电器的分类如下：

① 故障诊断用 ：SM0~SM99

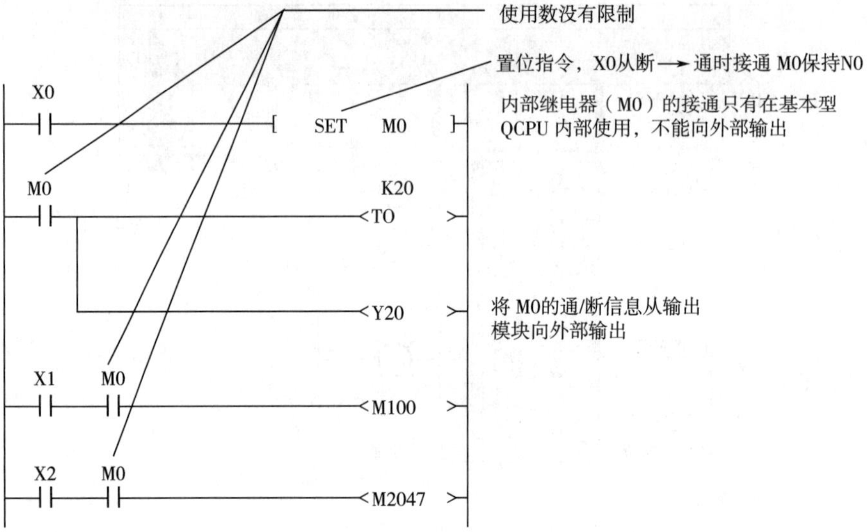

图 1–25 辅助继电器（M）

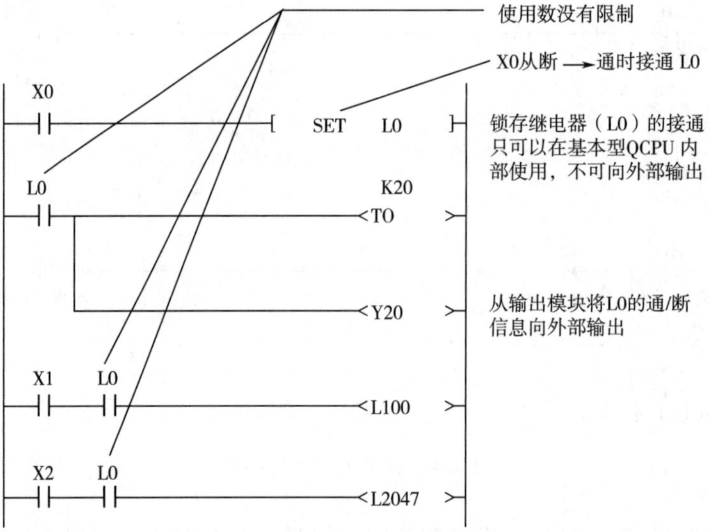

图 1–26 锁存寄存器（L）

② 串行通信用：SM100～SM129

③ 系统信息：SM200～SM399

④ 系统时钟/系统计数器：SM400～SM499

⑤ 扫描信息：SM500～SM599

⑥ 存储卡信息：SM600～SM699

⑦ 指令相关：SM700～SM799

Q 系列 PLC 常用特殊辅助继电器：

- SM400：运行监控用，PLC 运行时 SM400 接通。
- SM402：仅在运行开始瞬间接通的初始脉冲特殊辅助继电器。
- SM412：产生 1s 时钟脉冲的特殊辅助继电器。
- SM413：产生 2s 时钟脉冲的特殊辅助继电器。

常用辅助继电器，如图 1-27 所示。

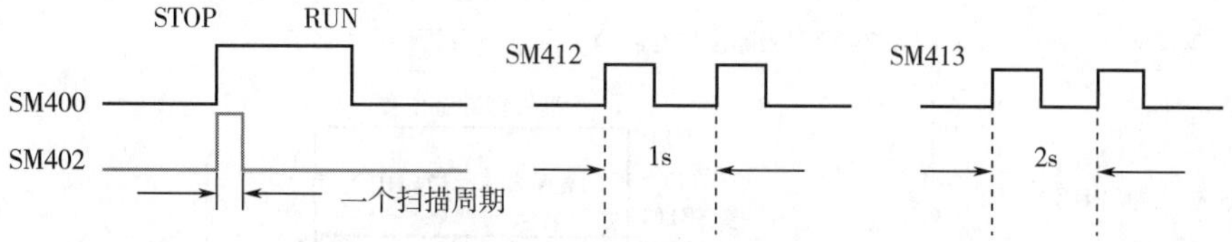

图 1-27　特殊辅助继电器（SM）

（六）链接继电器（B）

链接继电器是指将 MELSECNET/H 网络模块等的链接继电器（LB）刷新到 CPU 模块时，或者将 CPU 模块内的数据刷新到 MELSECNET/H 网络模块等的链接继电器（LB）时所使用的 CPU 模块侧的继电器，如图 1-28 所示。

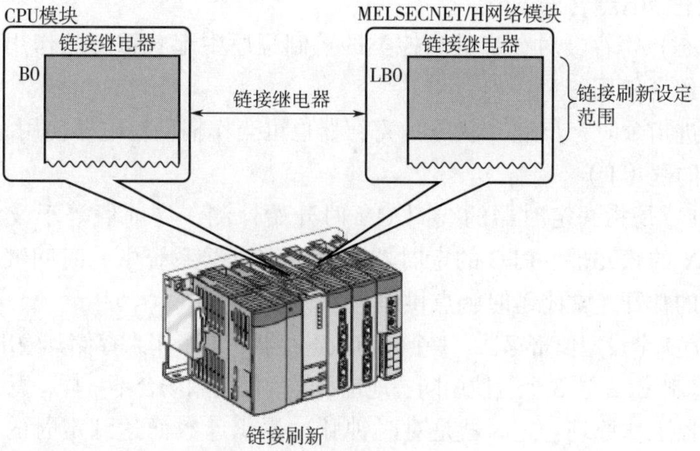

图 1-28　链接继电器（B）

（七）链接特殊继电器（SB）

1. 链接特殊继电器

链接特殊继电器是指表示 MELSECNET/H 网络模块等智能功能模块的通信状态、异常检测的继电器。

链接特殊继电器的 ON/OFF 是由数据链接时发生的各种原因进行控制的。通过对链接特殊继电器进行监视，可把握数据链接的通信状态、异常状态等。

2. 链接特殊继电器点数

链接特殊继电器的点数，如表 1-4 所示。

表 1–4　　各种 CPU 模块的链接特殊继电器的点数

CPU 模块	链接特殊继电器点数
基本模式 QCPU	1024 点（SB0~3FF） MELSECNET/H 网络模块等具备链接特殊继电器的智能功能模块为 512 点
高性能模式 QCPU 过程 CPU 冗余 CPU	2048 点（SB0~7FF） MELSECNET/H 网络模块等具备链接特殊继电器的智能功能模块为 512 点 链接特殊继电器可按照下图进行分配 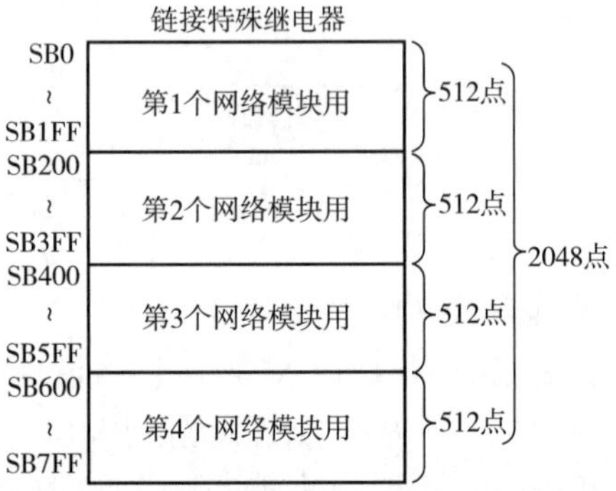

（八）步进继电器（S）

步进（状态）寄存器对在步进顺控类的控制程序中起着重要的作用，它与后述的步进指令 STL 组合使用。

不使用步进指令时，步进（状态）寄存器也可当作辅助继电器使用。

（九）定时器（T）

定时器（T）是指，定时器的线圈 ON 时开始计测，当前值等于设定值时即时间到，触点将 ON 的软元件。PLC 的定时器相当于继电器系统中的时间继电器。定时器可提供无数对的常开、常闭延时触点供编程用。

定时器中有 1 个设定值寄存器、1 个当前值寄存器和 1 个用来存储其输出触点的映象寄存器（1 个二进制位），这 3 个量使用同一地址编号。但使用场合不一样，意义也不同。

PLC 定时器工作原理：定时器是对时钟脉冲累积计数而达到定时的目的，时钟脉冲有 1ms 、10ms 、100ms，当所计数达到设定值时，其触点动作。设定值可用常数 K、H 或数据寄存器 D 的内容来设定。

定时器的种类：定时器有两种，一种是线圈 OFF 时当前值变为 0 的定时器，另一种是线圈 OFF 时保持当前。定时器有低速定时器和高速定时器，累计定时器有低速累计定时器和高速累计定时器，如图 1–29 所示。

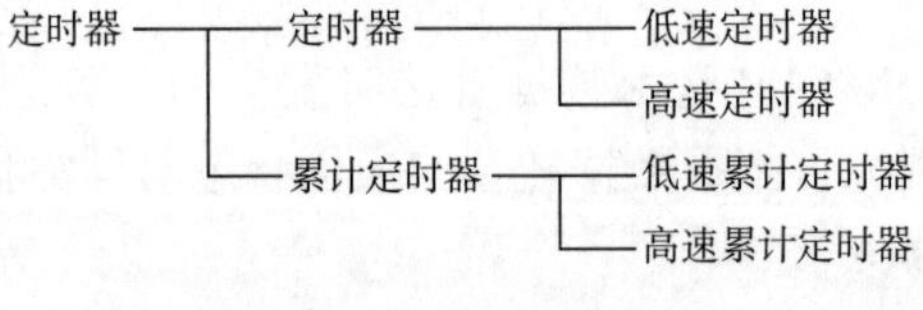

图 1–29　定时器（T）分类

1. 低速定时器

低速定时器是指计测单位为 1~1000ms 的定时器。

低速定时器只在线圈 ON 时有效。

低速定时器的线圈 ON 时即开始计测，时间到时触点即 ON。

低速定时器的线圈 OFF 时当前值变为 0，触点也将 OFF，如图 1-30 所示。

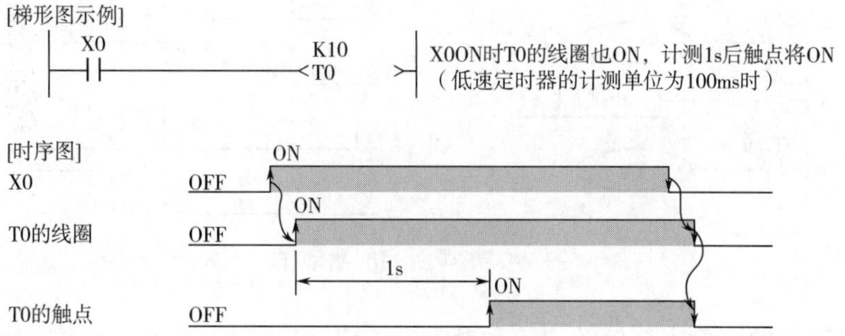

图 1-30　低速定时器动作

低速定时器的计测单位（时限）的缺省值为 100ms。计测单位为 1~1000ms，以 1ms 为单位能够进行变更。其设定在可编程控制器参数的可编程控制器系统设定中进行。

2. 高速定时器

高速定时器是比低速定时器计量精度高的定时器。各 CPU 模块中的计量单位，如表 1-5 所示。

表 1-5　各 CPU 模块中的计量单位

CPU 模块	基本模式 QCPU、高性能模数 CPU、过程 CPU、冗余 CPU	通用型 CPU
计量单位	0.1~100ms（单位 0.1ms）	0.01~100ms（单位 0.01ms）

① 定时器只在线圈 ON 时有效，符号为“H”。

② 定时器的线圈 ON 时即开始计测，时间到后触点即 ON。

③ 定时器的线圈 OFF 时当前值变为 0，触点也将 OFF，如图 1-31 所示。

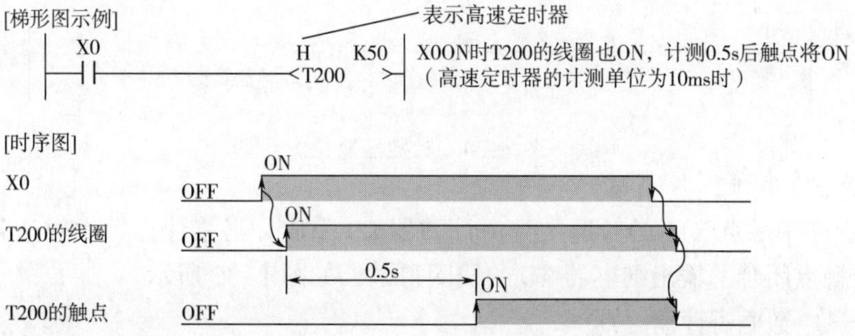

图 1-31　高速定时器动作

3. 累计定时器

低速累计定时器与高速累计定时器为同一软元件，通过定时器的指定（指令的写法）可成为低速累计定时器或高速累计定时器。例如，指定为 OUT ST0 将成为低速累计定时器，而指定为 OUTH ST0 则成为高速累计定时器，如图 1-32 所示。

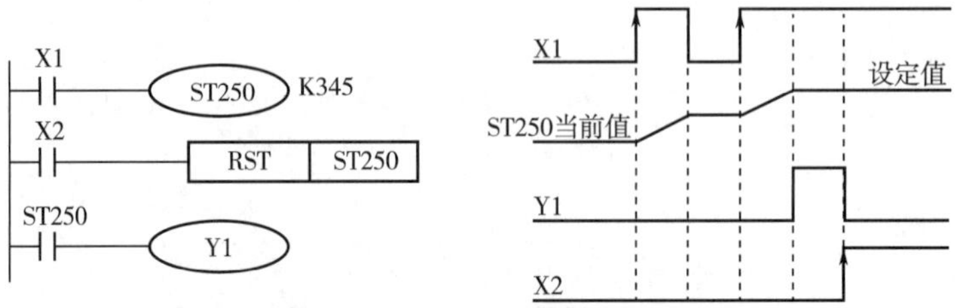

图 1-32　累计定时器动作

累计定时器的清除当前值的清除和触点的 OFF 可通过 RST ST0（复位累计定时器）指令进行。

（十）计数器（C）

计数器是指在顺控程序中对输入条件的上升次数进行计数的软元件。计数值与设定值相同时将“计数到”，触点将 ON。

计数器分为两种，一种是在顺控程序中对输入条件的上升次数进行计数的计数器，另一种是对中断因子的发生次数进行计数的计数器。

计数器在触发条件 X0 由断到通时，计数器开始计数，如图 1-33 所示，当计数器的当前值达到设定值后，计数器的触点保持接通，即使以后不再计数，其触点也一直保持接通，如果要使计数器断开，则需要用“RST”（复位）指令才能断开，如图 1-34 所示。

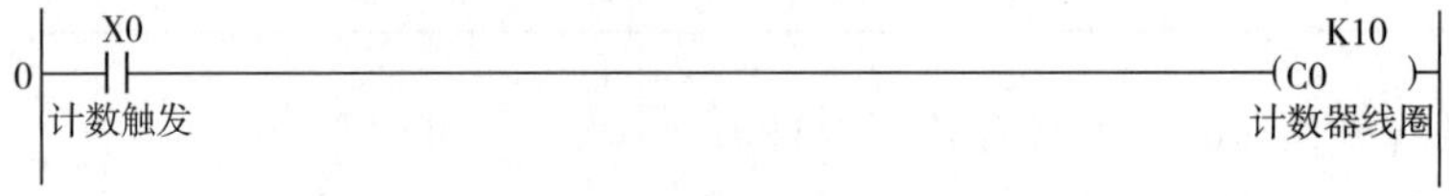

图 1-33　计数器触发计数

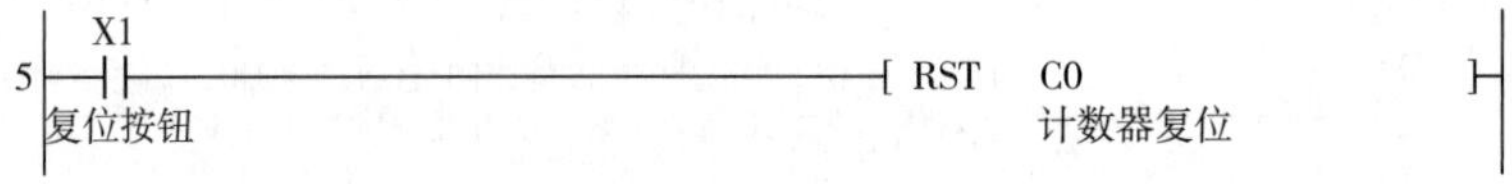

图 1-34　计数器复位

下面程序中触点 X11 的导通次数由计数器 C0 完成，当累计计数次数达到 10 次时 C0 的常开触点闭合，输出继电器 Y0 的线圈得电，如图 1-35 所示。

（十一）数据寄存器（D）

数据寄存器是存储数据数值的软元件，在三菱 PLC 中每一个数据寄存器都是 16 位

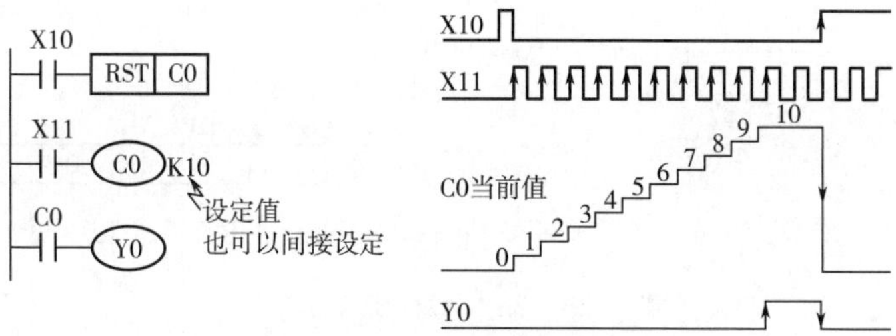

图 1-35　计数器动作

(bit)（最高位为正、负符号位），也可用两个数据寄存器合并起来存储 32 位（bit）数据（最高位为正、负符号位），如图 1-36 所示。

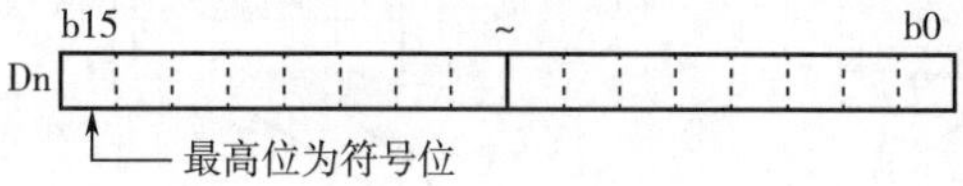

图 1-36　数据寄存器存储表示

数据寄存器的一般用法：一旦在数据寄存器中写入数据，只要不再写入其他数据，其内容就不会变化。但是 PLC 从 RUN 到 STOP 或停电时，所有数据将被清 0。(停电保持用的数据寄存器可保持其数据不被清 0)

注意：

①数据寄存器是带符号使用。

②HEX（十六进制数）的情况下可以存储 0000H ~ FFFFH，由于最高位的位为符号位，因此可指定的数值范围为-32768 ~32767。

数据寄存器使用举例：

① 在 16 位指令中使用数据寄存器时，如图 1-37 所示。

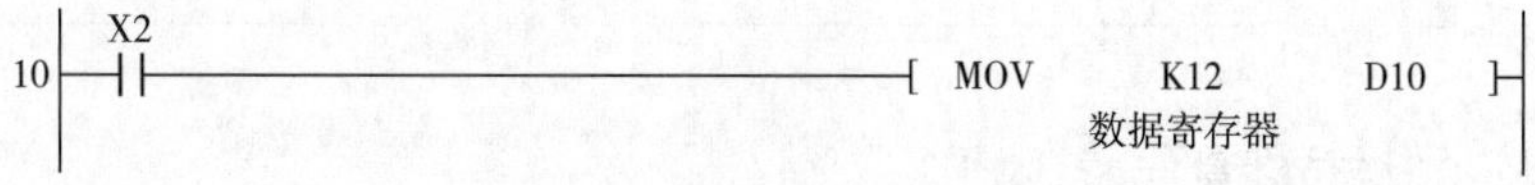

图 1-37　16 位数据寄存器存储

②在 32 位指令中使用数据寄存器时，连续 2 点的数据寄存器（D_n 及 D_{n+1}）将成为处理对象。顺控程序中指定的数据寄存器编号（D_n）为低 16 位，顺控程序中指定的数据寄存器编号+1 的数据寄存器为高 16 位。

在 DMOV 指令中指定了 D12 的情况下，D12 位低 16 位，D13 位高 16 位，如图 1-38 所示。

（十二）链接寄存器（W）

链接寄存器（W）是指，将 MELSECNET/H 网络模块等智能功能模块的链接寄存器（LW）的数据刷新到 CPU 模块时的 CPU 模块侧的存储器，如图 1-39 所示。

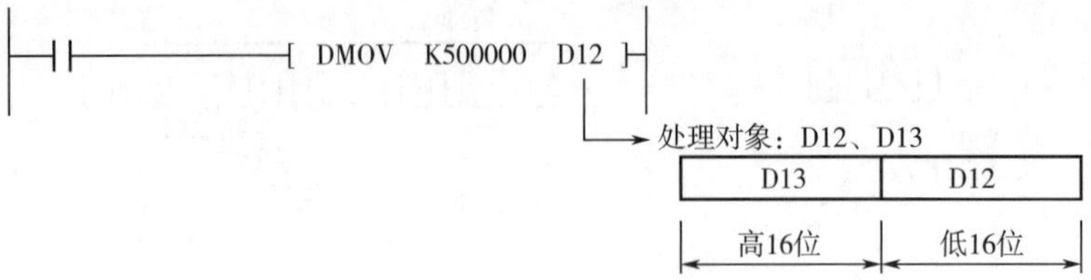

图 1-38　32 位数据寄存器存储

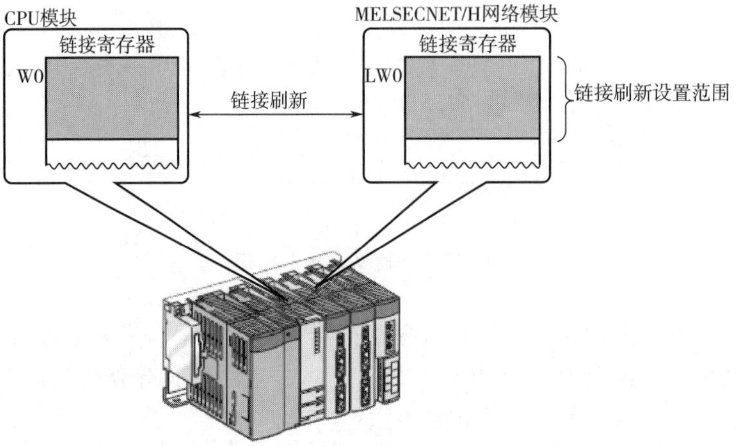

图 1-39　链接寄存器（W）

注意：

①在 CPU 模块的链接继电器的点数（默认：8192 点）以后使用网络模块内的链接软元件的情况下，应在可编程控制器参数的软元件设置中对链接继电器的点数进行更改。

②在网络系统中使用时需要进行网络参数的设置。

③在网络参数未进行设置的范围可以作为数据寄存器的替代品使用。

（十三）链接特殊寄存器（SW）

链接特殊寄存器（SW）是存储 CC-Link IE 模块、MELSECNET/H 模块等的智能功能模块的通信状态异常内容的寄存器。

数据链接时的信息是以数值被存储，因此通过监视链接特殊寄存器可以对异常位置及原因进行调查。

链接特殊寄存器点数：CPU 模块的链接特殊寄存器的点数为 2048 点（SW0 ~ SW7FF）。但是，可以在可编程控制器参数的软元件设置中进行更改。对于 CC-Link IE 模块、MELSECNET/H 模块等具有链接特殊寄存器的智能功能模块，将变为 512 点。对于链接特殊寄存器，通过按下述方式进行分配，可将 CC-Link 的链接特殊寄存器（SW）也刷新到 CPU 模块的链接特殊寄存器（SW）中，如图 1-40 所示。

（十四）内部系统软元件-功能软元件（FX、FY、FD）

内部系统软元件的分配/容量是固定的，无法进行更改。功能软元件是在带自变量的子程序中使用的软元件。功能软元件在带自变量子程序与调用源之间进行数据的写入及读取。

例：在子程序中使用了 FX0、FY1、FD2 的情况下，通过子程序调用指令对 X0、M0、D0 进行指定时，X0 的 ON/OFF 数据将被传递到 FX0 中，FY1 的 ON/OFF 数据将被传递到 M0 中，D0 的数据将被传递到 FD2 中，如图 1-41 所示。

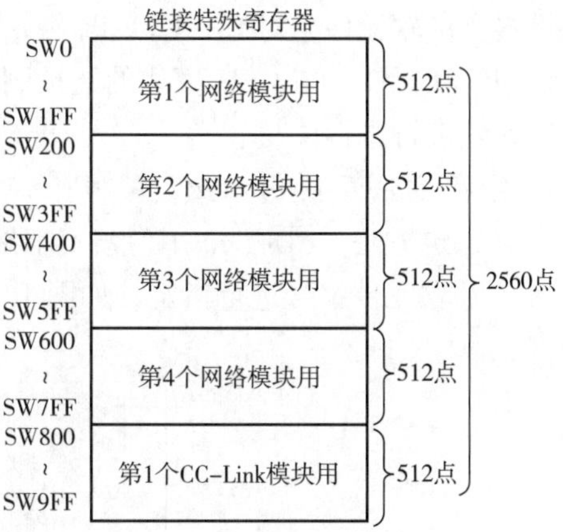

图 1-40 链接特殊寄存器 SW

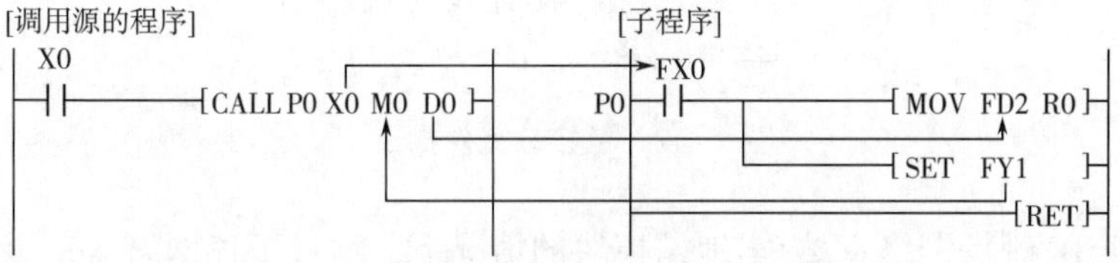

图 1-41 功能软元件

1. 功能软元件的用途

如果使用功能软元件，可以确定各调用源中使用的软元件，因此即使使用同一个子程序，也可以在无须理会其他子程序的调用源的状况下使用。

2. 功能软元件的类型

有下述三种类型：功能输入（FX）、功能输出（FY）、功能寄存器（FD）。

（1）功能输入（FX）。

① 功能输入用于将 ON/OFF 数据传递到子程序中。

② 在子程序中，对通过带自变量子程序调用指令指定的位数据进行获取后，用于运算。

③ CPU 模块的位数据指定软元件全部可以使用。

（2）功能输出（FY）。

① 功能输出用于将子程序中的运算结果（ON/OFF 数据）传递到调用源中。

② 运算结果将被存储到带自变量子程序中指定的软元件中。

③ 除 CPU 模块的输入（X、DX）以外的位数据指定软元件可以使用。

（3）功能寄存器（FD）。

① 功能寄存器用于在子程序与调用源之间进行数据的写入/读取。

② CPU 模块对功能寄存器的导入/导出条件进行自动判别。源数据的情况下为子程序的导入数据。目标数据的情况下，将变为从子程序中的导出数据。

③ 功能寄存器 1 点最大占用 4 个字。

（十五）链接直接软元件

链接直接软元件是对 CC-Link IE 模块或 MELSECNET/H 模块内的链接软元件进行直接访问的软元件。与 CPU 模块的链接刷新无关，可以通过顺控程序对网络模块内的链接软元件进行直接读写。

1. 指定方法及使用示例

（1）指定方法。CC-Link IE 控制网络模块、MELSECNET/H 模块的情况下，通过网络 No. 及软元件编号进行指定，如图 1-42 所示。

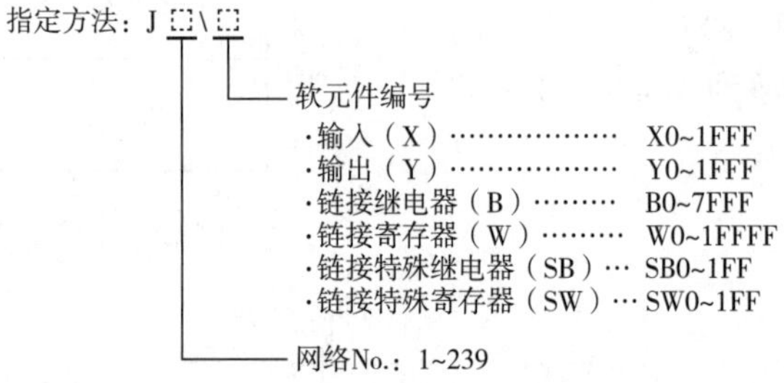

图 1-42　链接软元件指定 1

CC-Link IE 现场网络主站/本地站模块的情况下，通过下述网络 No. 及软元件编号进行指定，如图 1-43 所示。

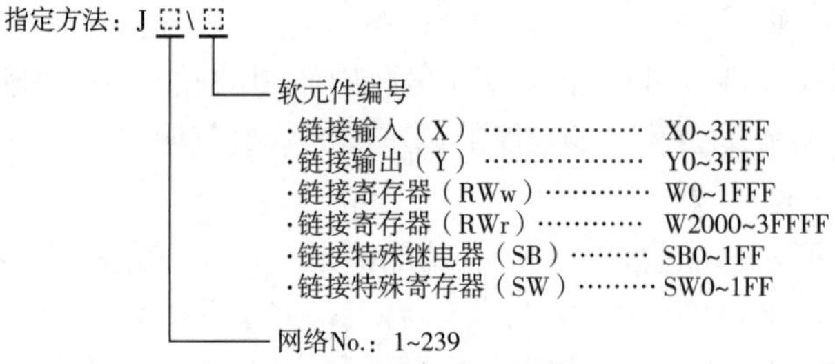

图 1-43　链接软元件指定 2

（2）使用示例。网络 No. 2 的链接寄存器 10（W10）的情况下，变为"J2 \ W10"，如图 1-44 所示。

位软元件（X、Y、B、SB）的情况下，进行位数指定。例：J1 \ K1X0、J10 \ K4B0。

2. 指定范围

网络刷新参数中未设置的范围的链接软元件也可以指定。

写入的情况下：应在网络参数的公共参数的发送范围中设置的链接软元件范围内、刷新参数的刷新范围外进行写入，如图 1-45 所示。

虽然对刷新参数中刷新范围内设置的链接软元件范围也可进行写入，但刷新时链

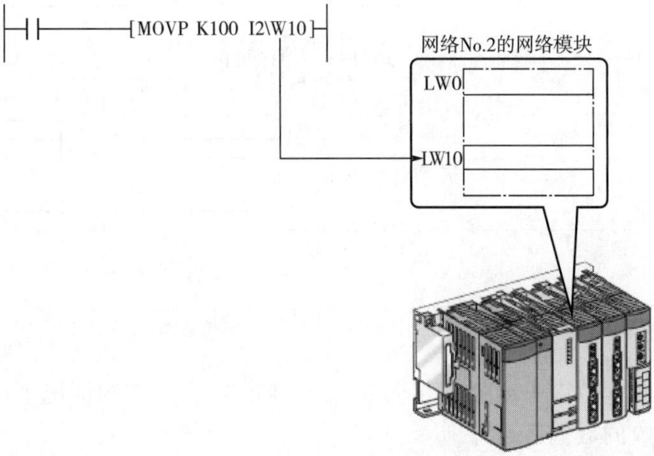

图 1-44　链接软元件示例

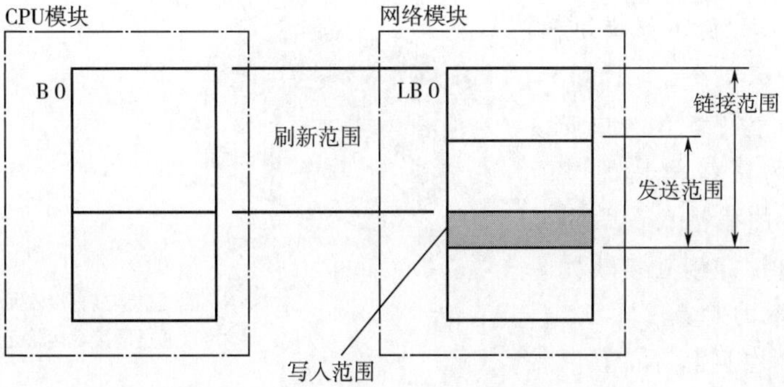

图 1-45　链接软元件设置范围

接模块的链接软元件的数据将被改写。

通过链接直接软元件进行写入时，刷新参数中设置的 CPU 模块侧的相应软元件也应写入相同的数据。

[刷新参数的设置]

① 网络 No.：1。

② CPU 模块（W0 ~ 3F）⟷ 网络模块（LW0 ~ 3F），如图 1-46 所示。

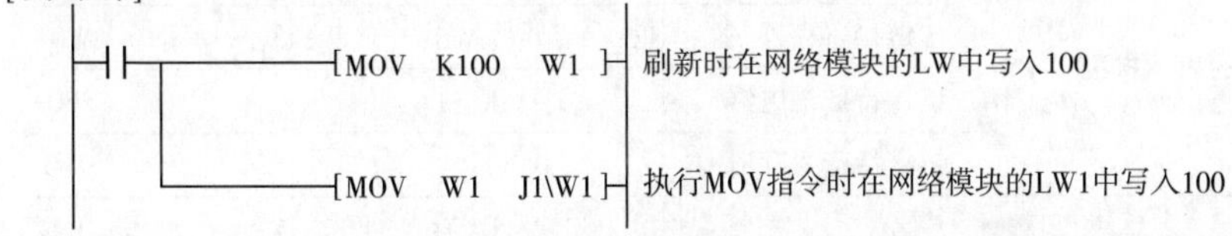

图 1-46　链接软元件执行过程

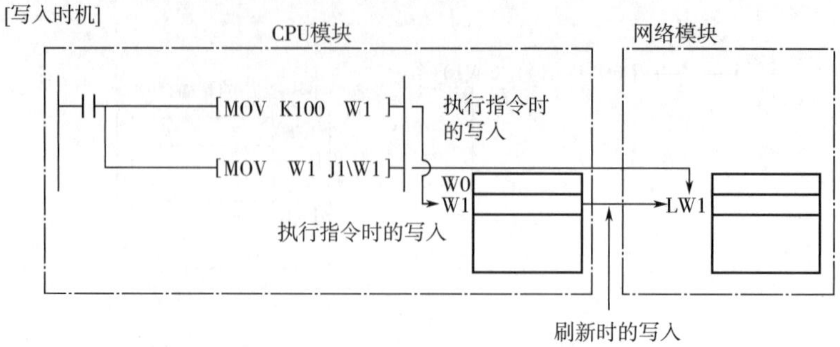

图 1-46　链接软元件执行过程（续）

在其他站的写入范围中通过链接直接软元件进行了写入的情况下，从其他站接收数据时，将被接收的数据所改写。

注意：

①对于可通过链接直接软元件进行写入/读取的网络模块，1个网络No. 中只1个。

②在同一个网络No. 中安装了2个以上的网络模块的情况下，较新编号的插槽No. 的网络模块将成为通过链接直接软元件进行写入/读取的对象。

③例如，在网络No.1中按下图所示安装了站号1及站号2的网络模块的情况下，站号2的网络模块将成为链接直接软元件的对象，如图1-47所示。

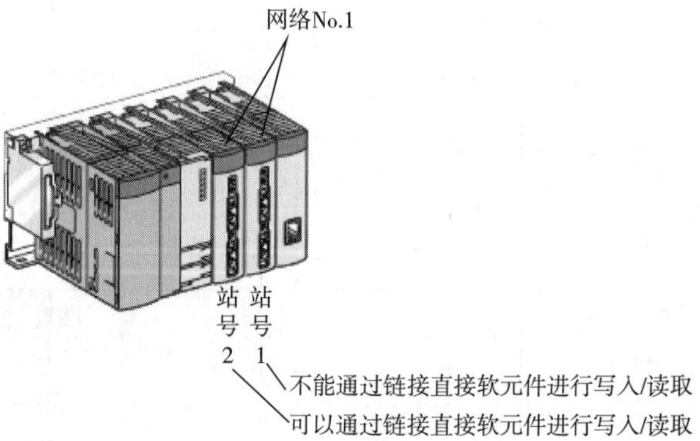

图 1-47　网络模块站号指定

3. 链接软元件与链接刷新

链接直接软元件与链接刷新的不同点，如表1-6所示。

表 1-6　链接软元件与链接刷新

项目		链接直接软元件	链接刷新
程序中的表示方法	链接继电器	J□\ K4B0~	B0~
	链接寄存器	J□\ W0~	W0~
	链接特殊继电器	J□\ K4SB0~	SB0~
	链接特殊寄存器	J□\ SW0~	SW0~
步数		2步	1步
对网络模块的访问范围		J□\ □0~J□\ □3FFF	刷新参数中设置的范围
访问数据的保证范围		2字（32位）单位	

（十六）模块访问软元件

1. 智能功能模块软元件

智能功能模块软元件是指从 CPU 模块直接访问主基板及扩展基板上安装的智能功能模块的缓冲存储器的软元件。

（1）指定方法及使用示例。

① 指定方法。通过智能功能模块的输入/输出编号及缓冲存储器地址进行指定，如图 1-48 所示。

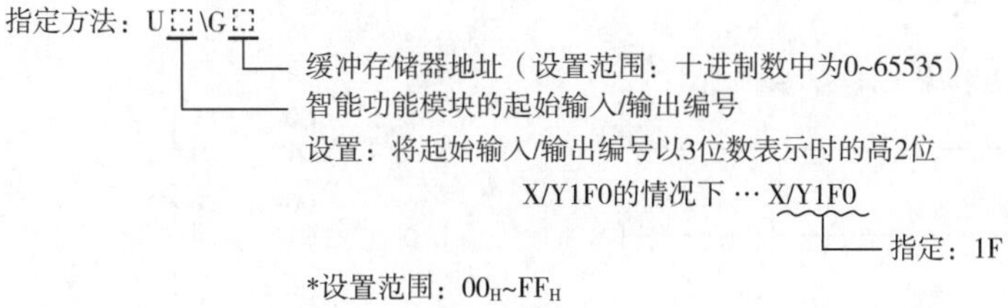

图 1-48　智能软元件的指定方法

②使用示例。将输入/输出编号 020 中安装的 Q64AD 型模拟/数字转换模块（X/Y020~02F）的 CH. 1~4 的数字输出值存储到 D0~D3 中的情况下，按如图 1-49 所示的方式进行指定。

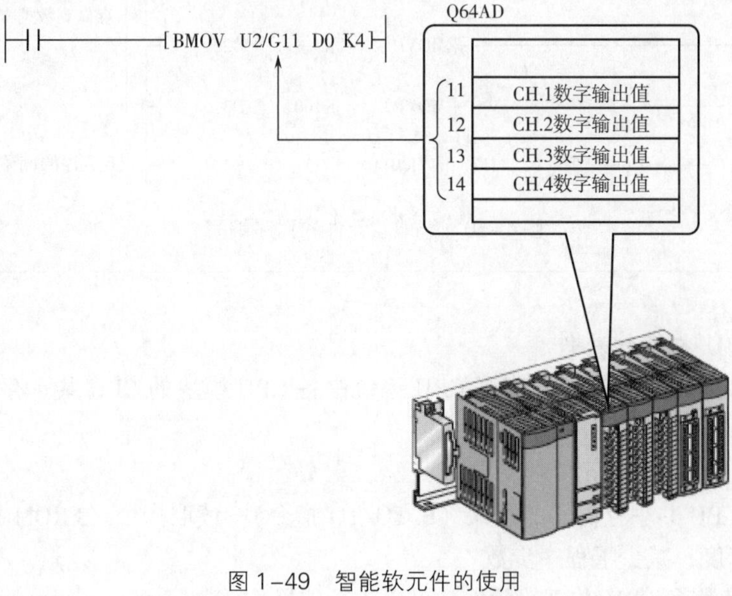

图 1-49　智能软元件的使用

使用智能功能模块软元件时，可以对缓冲存储器附加软元件进行注释。

（2）处理速度。通过智能功能模块软元件进行的写入/读取与通过 FROM/TO 指令进行的写入/读取相比，其处理速度有所提高。

【例】“MOV　U2\G11　D0”的情况下。

将从智能功能模块的缓冲存储器中的读取及其他处理通过 1 个指令进行的情况下，应将 FROM/TO 指令中的处理速度与该指令的处理速度的合计值作为大致基准。

例：“+ U2\G11　D0　D10”的情况下。

注意：

在顺控程序内多次使用智能功能模块软元件对缓冲存储器的数据进行写入及读取的情况下，如果使用 FROM/TO 指令对程序的 1 个位置进行写入及读取，可以提高处理速度，如图 1-50 所示。

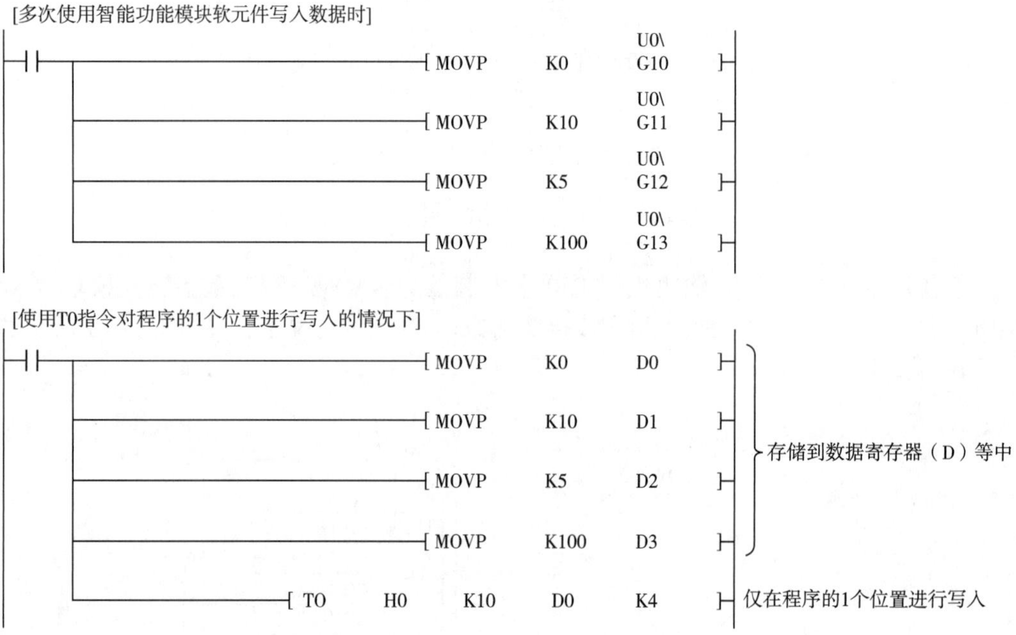

图 1-50　智能软元件的程序编写

2. 多 CPU 共享软元件

多 CPU 共享软元件是用于对多 CPU 系统中各 CPU 模块的 CPU 共享存储器进行访问的软元件。

（1）多 CPU 共享软元件的特点。

① 与各 CPU 共享存储器的写入（S. TO/TO 指令）/读取指令（FROM 指令）相比，提高了传送速度，减少了程序步数。

② 通过使用多 CPU 共享软元件，可以进行位操作。

③ 通过对多 CPU 共享软元件进行软元件注释设置，可以提高程序的可读性。

④ 由于可以将 CPU 共享存储器上的信息作为指令的自变量进行直接指定，因此不需要使用互锁软元件。

（2）指定方法。可通过 CPU 模块的输入/输出编号及 CPU 共享存储器的地址指定多 CPU 共享软元件，如图 1-51 所示。

指定方法：U3En\G□

CPU共享存储器地址（设置范围：十进制数0~4096、10000~24335）

CPU模块的起始输入输出编号

设置：起始输入输出编号的高3位

CPU模块的安装位置：

·CPU插槽（1号机）的情况下：$3E00_H$ → 指定：3E0

·插槽0（2号机）的情况下：$3E10_H$ → 指定：3E1

·插槽1（3号机）的情况下：$3E20_H$ → 指定：3E2

·插槽2（4号机）的情况下：$3E30_H$ → 指定：3E3

图 1–51　共享软元件的使用

二、 数据表示

（一）十进制常数（K）

十进制常数（K）是在顺控程序中指定十进制数数据的软元件。在顺控程序中，通过 K（例：K1234）进行指定。

在 CPU 模块内部以二进制数（BIN）存储。

十进制常数的指定范围如下所示，最高位为符号位。

① 使用 1 字数据（16 位）时…… K-32768~K32767。

② 使用 2 字数据（32 位）时…… K-2147483648~K2147483647。

（二） 十六进制常数（H）

十六进制常数（H）是在顺控程序中指定十六进制数或者 BCD 数据的软元件。（以 BCD 进行数据指定时，十六进制数的各个位以 0 ~ 9 进行指定。）在顺控程序中，以 H（例：H1234）进行指定。

十六进制常数的设置范围如下所示。

① 使用 1 字数据（16 位）时：…… H0~HFFFF（BCD 数据时为 H0~H9999）。

② 使用 2 字数据（32 位）时：…… H0 ~ HFFFFFFFF（BCD 数据时为 H0 ~ H99999999）。

（三）实数（E）

实数（E）是在顺控程序中指定实数的软元件。在顺控程序中以 E（例：E1. 234）进行指定，如图 1-52 所示。

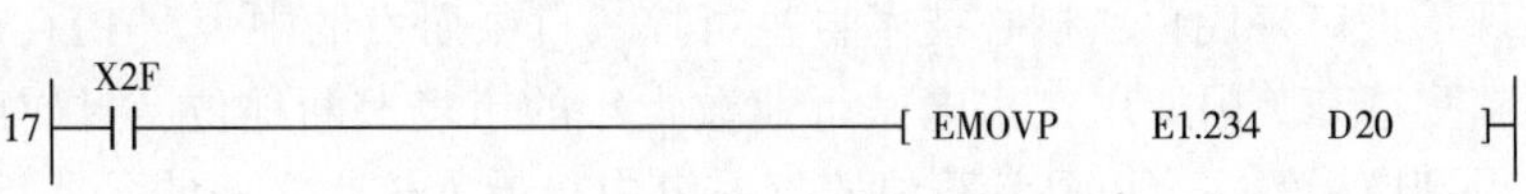

图 1–52　实数的使用

实数的设置范围：

(1) 单精度浮点数据的情况下。

$-2128<$ 软元件 $\leqslant -2^{-126}$，0，$2^{-126}\leqslant$ 软元件 < 2128

（2）双精度浮点数据的情况下。

$-21024<$ 软元件 $\leqslant -2^{-1022}$，0，$2^{-1022}\leqslant$ 软元件 < 21024

（四）字符串（“ ”）

字符串是顺控程序中指定字符串的软元件。通过用“ ”围住的半角字符（示例：“ABCD1234”）进行指定。

1. 可使用的字符

字符串中可以使用 ASCII 代码。在 CPU 模块中区分字母的大、小写。

2. 指定字符数

对于字符串，从指定字符起至 NUL 代码（00H）为止将成为一个单位。但是，使用了字符串的指令（$ MOV 指令等）中可指定的字符串最多为 32 个字符。

技术小贴士：

1. 三菱 FX 系列 PLC 输入/输出元件编号为八进制，Q 系列 PLC 为十六进制。

2. 三菱 PLC 的编程元件存储数据范围默认为两个字节 16 位，如要处理更大的数据时需要配合 DMOV 指令来完成。

任务五　技能训练：艰苦奋斗实现制造强国——PLC 模块配置和参数设置

一、思政引入

可编程控制器（PLC）是智能制造中的核心控制器，目前市场上以西门子、三菱等国外品牌为主，在 PLC 的研发水平和技术沉淀上，要比国内高很多，但在我国智能制造推进过程中，国产品牌如信捷，汇川、台达、南大傲拓等在地铁、高铁和风电等重要领域实现了进口替代化，核心技术自主可控。自主研发的中大型 PLC 产品，成功打破了法国施耐德和美国通用在水电站行业数十年的市场垄断地位，目前已经在四十多个水电站得到应用。在水电站计算机监控系统中，最为核心之一的元器件就是 PLC，水电站的一切运营操作，都需要通过 PLC 指挥和控制，所以对 PLC 产品的安全性能要求，甚至比地铁还要苛刻。我们的技术人员，为了保证不出问题，可能调动几十甚至上百人，没日没夜地连续加班加点蹲守值班，才换来了和西门子、施耐德、ABB、罗克韦尔同样的安全运行水平，这是国产产品想要上位的必经之路。

正如华为任正非所说：“咖啡厅里坐坐，快快乐乐，喝喝咖啡就把事情做成了，这也许可能不是大发明，多数是小发明。互联网上有很多小苹果、小桃子，这也是可能的。我们在主航道进攻，这是代表人类社会在突破，厚积还不一定能薄发，舒舒服服地怎么可能突破，其艰难性可想而知。”

目前国内小型 PLC 龙头是无锡信捷电气，深圳汇川技术紧随其后。我们可以把信捷、汇川和三菱、西门子、欧姆龙等知名品牌做个简单比较，从表 1-6 数据来看，I/O 点数为 32 的产品最多，竞争最为激烈；三菱和汇川的扩展模块最多，实用性比较强，松下不支持扩展模块，并且在品牌中，仅三菱和汇川具备 4 通道脉冲输出。信捷的通信协议支持以太、无线和蓝牙三种方式，在所有品牌中兼容性最广泛，汇川的小型 PLC 程序容量最高，如表 1-7 所示。

表 1-7 小型 PLC 性能比较

性能指标	汇川 H5U	信捷 XC3	台达 DVP	三菱 FX5U	西门子 S7-200	欧姆龙 CPM2C	松下 FPOR
I/O 点数	32	32	32	32	32	32	16
扩展模块	16	7	7	16	6	7	-
脉冲输出	4 通道 200kHz	2 通道 100kHz	2 通道 100kHz	4 通道 200kHz	3 通道 200kHz	2 通道 100kHz	4 通道 200kHz
通信协议	以太网、 CAN	以太网、 无线	以太网	以太网	以太网	以太网、 无协议	RS485
程序容量	200K	128K	40K	64K	16K	4K	32K
编程语言	梯形图 指令表 SFC	梯形图 指令表	梯形图 指令表 功能块	梯形图 指令表 结构化文本 功能块	梯形图 指令表 结构化文本 功能块	梯形图 指令表	梯形图 指令表 结构化文本 功能块

综合来看，国产 PLC 的硬件参数，比如说程序容量、通信协议、可扩展模块等，基本与主流国际品牌差异不大，但在复杂指令的处理速度、运动控制精度、产品适用性、运行可靠性等方面，我们还有很大的进步和提升空间。

二、 控制要求

根据三轴伺服定位教学设备的硬件完成模块的安装和配线，在 GX-Works 软件中完成 I/O 的设置和各模块相关参数的设置。

三轴伺服定位教学设备是安装在架体组件铸铁平台上的机电一体化专业实训台，机械结构主要由：*X/Y/Z* 三轴线性模组组件、接料转盘组件、供料转盘组件、相机架体组件、电磁阀组件、触摸屏组件、按钮盒组件、看板组件、三色灯组件等组件构成，整体结构如图 1-53 所示；本次技能训练主要控制对象对接料盘，变频器、三相交流电机 Q 系列 PLC，目的是 PLC 通过 CC-Link 通信模块调节变频器频率，实现供料电机的转速控制。

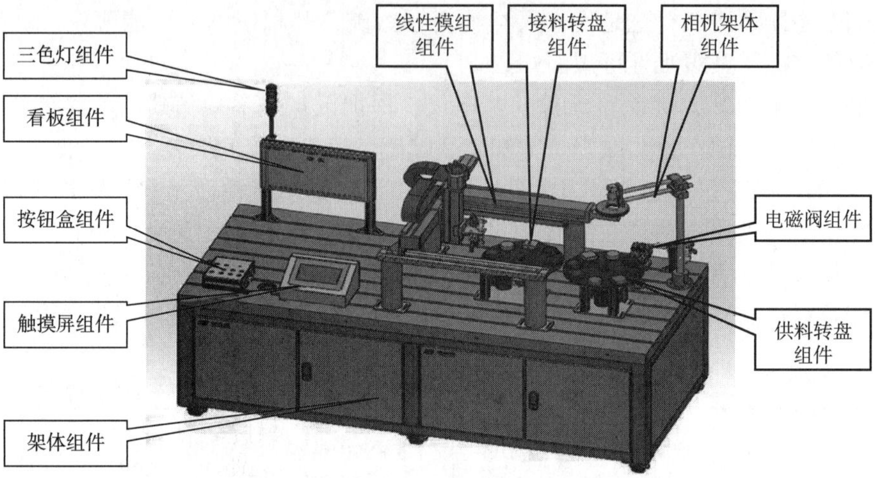

图 1-53 三轴伺服定位教学设备整体结构

三轴伺服定位教学设备的 PLC 控制的各个功能模块，如图 1-54 所示。

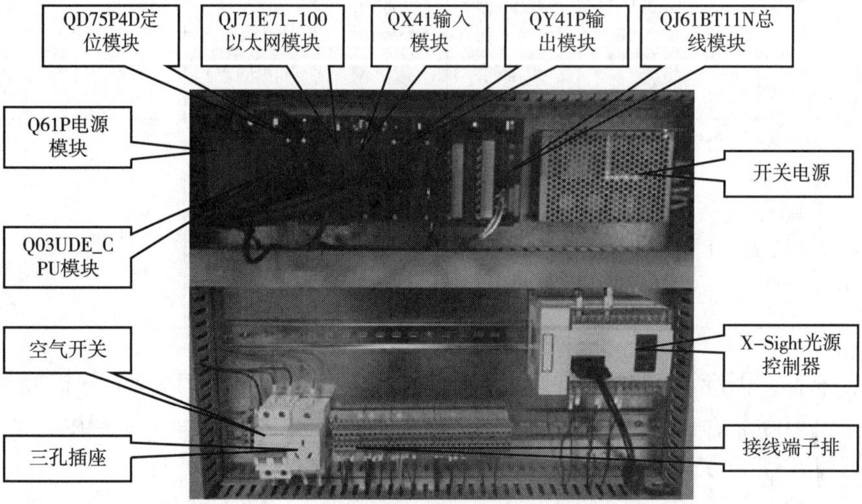

图 1-54 三轴伺服定位教学设备各功能模块

三、项目实施

1. Q 系列 PLC 模块的装拆

首先在基板上安装电源、CPU、I/O、智能功能模块或其他模块，安装示意如图 1-55 所示。

（1）安装模块。

（2）卸载模块。卸载模块过程，如图 1-56 所示。

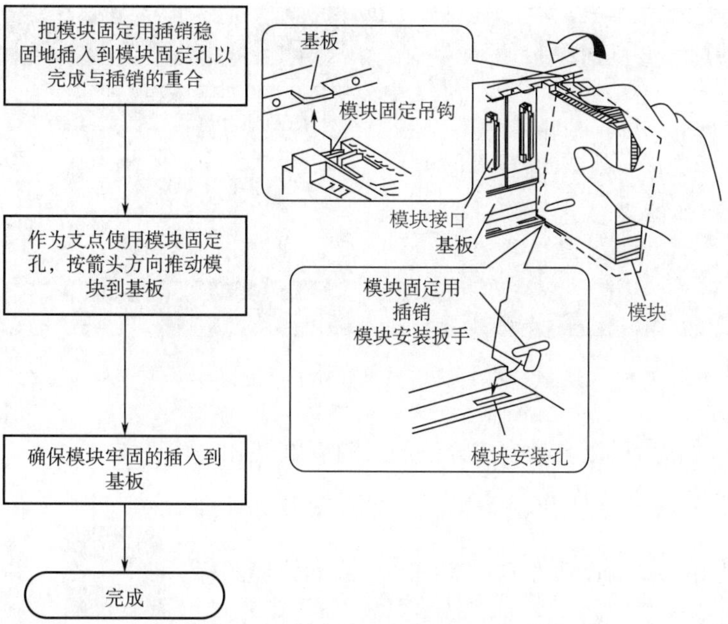

图 1–55　Q 系列 PLC 模块的安装

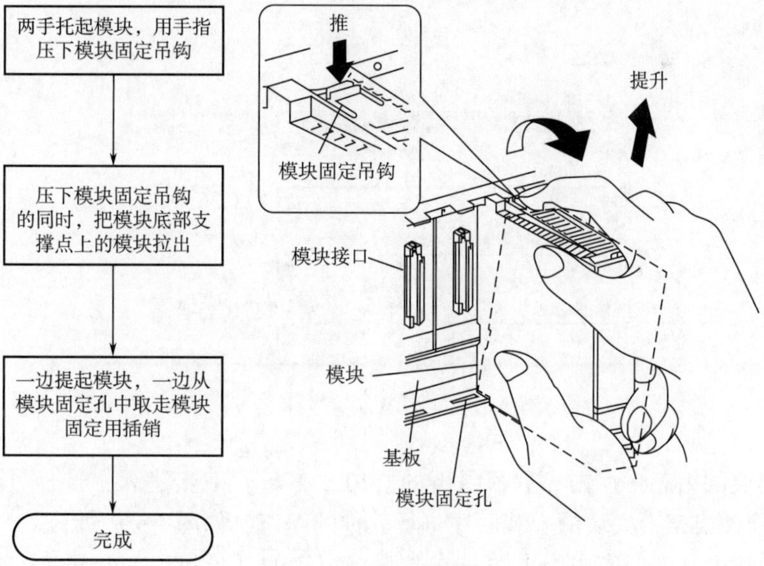

图 1–56　Q 系列 PLC 模块的卸载

2. Q 系列 PLC 模块选型

利用选型软件完成各模块的选型，如图 1–57 所示。

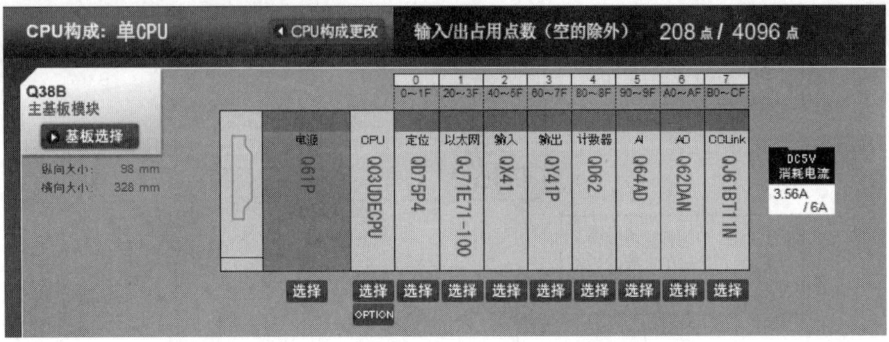

图 1-57　选型软件 I/O 配置

完成模块选型后可以自动生成详细的采购清单。

3. I/O 分配与参数设置

提前安装好三菱编程软件 GX-Works2，桌面快捷图标：

（1）双击打开软件 GX-Works2，点击工程目录下的新建：工程类型【简单工程】、PLC 系列【QCPU（Q 模式）】、PLC 类型【Q03UDE】、程序语言【梯形图】，设置完成后点击【确定】，如图 1-58 所示。

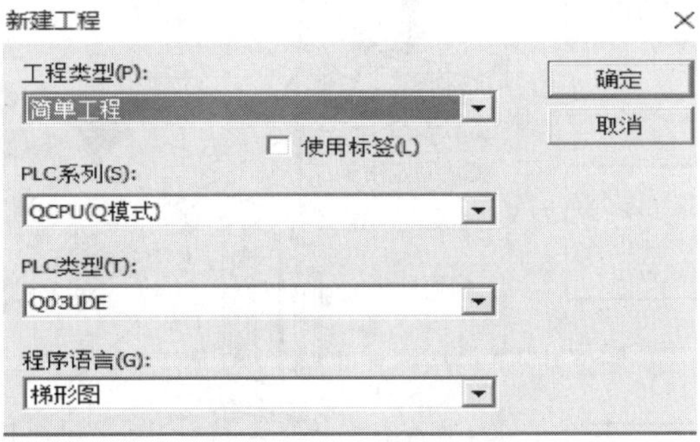

图 1-58　GX-Works2 软件设置

（2）模块的组态：点击参数目录下的【PLC 参数】双击进入，选择【I/O 分配设置】，按照硬件机架上模块的安装顺序进行软件的组态，如图 1-59 所示。

（3）模块的组态：点击弹出的 Q 参数设置窗口的【模块添加】进入，选择与硬件机架上相匹配的模块类型【QD75 型定位模块】、模块型号【QD75P4N】、安装插槽号【0】、指定起始 XY 地址【0000】、注意每个插槽占用的点数【32 点】十六进制，如图 1-60 所示。

（4）模块的组态：组态完成后，点击【检查】弹出无错误提示时，点击确定，如图 1-61 所示。

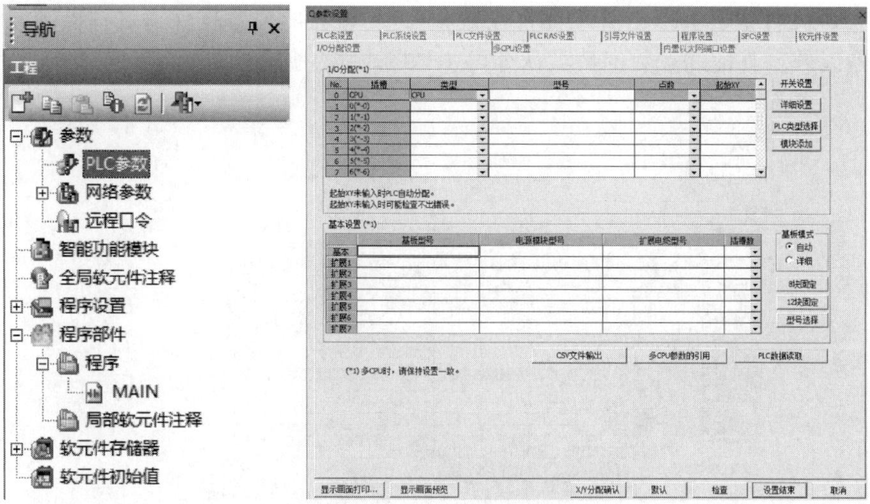

图 1-59　GX-Works2 参数设置

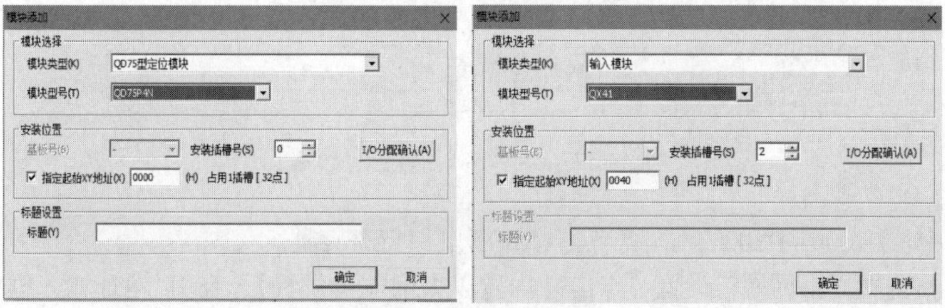

图 1-60　GX-Works2 软件模块添加

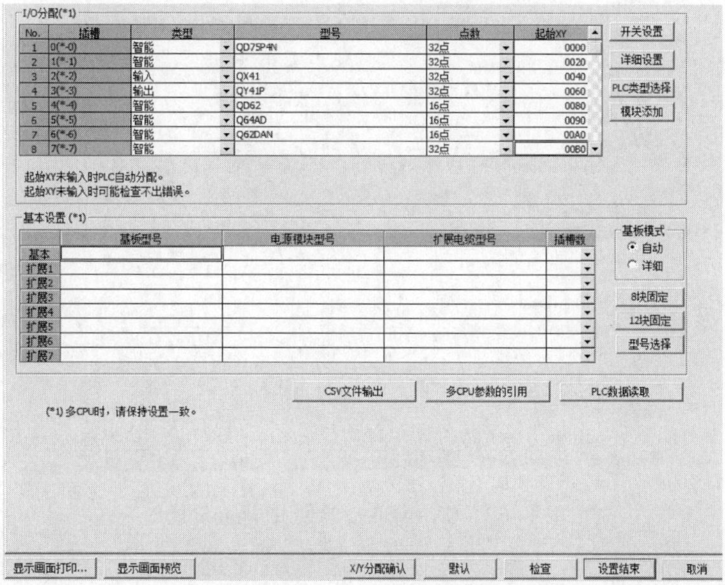

图 1-61　GX-Works2 软件 I/O 配置

（5）软元件设置：点击【软元件设置】，进行设置断电数据保持寄存器区域，除数据寄存器以外，其他的点数保持默认即可，如图 1-62 所示。

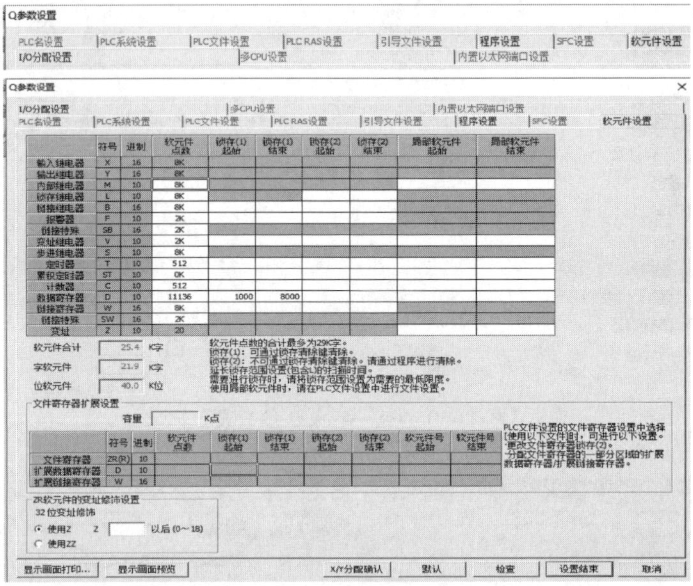

图 1-62　GX-Works2 软元件设置

其中：D1000～D8000 数据寄存器都是断电保持寄存器。

（6）内置以太网端口设置：点击【内置以太网端口设置】，在 IP 地址输入框中设置自己想要的 IP 地址，注意，新建的工程默认的 IP 地址是 192. 168. 3. 39，如图 1-63 所示。

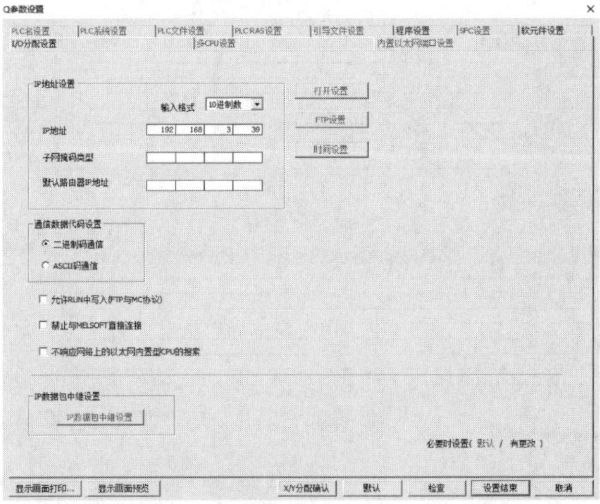

图 1-63　GX-Works2 软件 IP 地址设置

注意：IP 地址设置在 192. 168. 8. X 网段中，不要出现重复的 IP 地址。

【归纳总结】

一、基本软件介绍——位软元件（图 1-64）

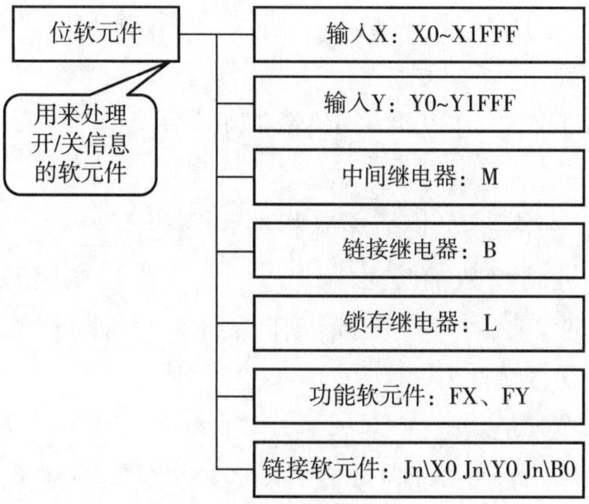

图 1-64　位软元件

二、基本软件介绍——字软元件（图 1-65）

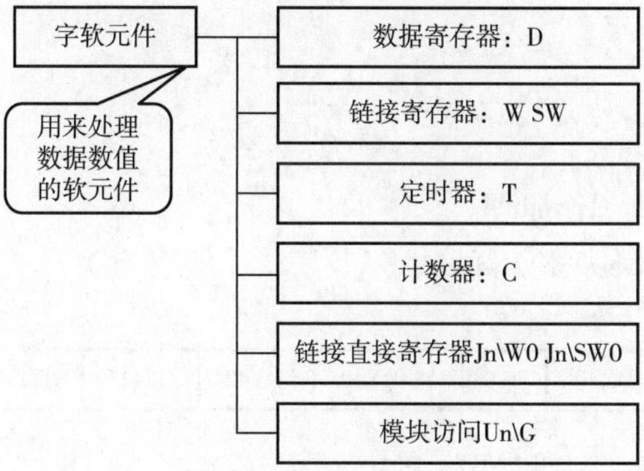

图 1-65　字软元件

三、I/O 配置（图 1-66）

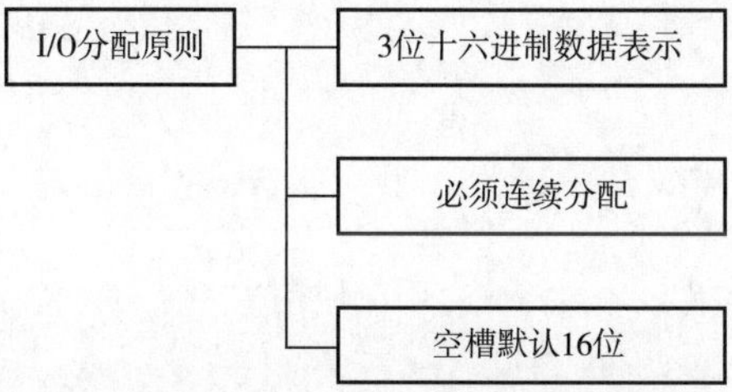

图 1-66　I/O 分配原则

【习题作业】

一、填空题

1. PLC 的工作状态有________状态和________状态。

2. PLC 最基本、最广泛的应用领域是________控制，用它来取代传统的________系统，进行________控制。

3. 根据硬件结构的不同，可以将可编程控制器分为____________，____________，____________。

4. 三菱 Q 系列 PLC 在需要安装扩展基板时可通过________连接、________连接。

5. Q 系列 PLC 中十进制整数前缀是________，十六进制整数前缀是________。

6. PLC 在运行模式时，执行一次扫描操作所需要的时间称为一个________。

7. PLC 的供电电源可直接采用________，也可用________。

8. PLC 的工作方式特点是：____。

9. PLC 通过________，将外部信号的状态读入并存储在输入映像寄存器内。

10. QX10 ________模块，点数：________，额定输入电压：________；QX40________模块，点数：________，额定输入电压：________；QX41________模块，点数：________，额定输入电压：________；QY10________模块，点数：________，额定切换电压：________；QY41P________模块漏型，点数：________，额定负载电压：________。

二、简答题

1. 简述 PLC 的硬件组成及工作原理。

2. 查看图 1-67 并写出各模块 I/O 首地址。

Q61P	Q02HCPU	QX40	QX42	QY40	QY42	Q64AD	QJ71E71

图 1-67　模块示例

3. PLC 的工作过程分几个阶段？各阶段完成什么任务？

PROJECTS

项目二
供料电机起停控制

【学习目标】

1. 掌握可编程控制器的编程语言；
2. 掌握可编程控制器的基本指令；
3. 了解梯形图编程的基本规则；
4. 能够进行典型控制电路设计；
5. 通过技能训练培养学生爱岗敬业精神。

Q 系列 PLC 编程语言

配套课件　　教学视频

任务一　可编程控制器编程语言

三菱 Q 系列 PLC 编程语言主要有：梯形图（LAD）、指令表（LI）、顺序功能图（SFC）、结构化编程语言（ST）、功能块（FB），这 5 种编程语言符合 IEC61131-3 标准，可以在 GX-Works 编程软件中实现编写、调试与运行。

可编程控制器（PLC）系统构成，如图 2-1 所示，PLC 根据顺控程序执行动作，PLC 的编程语言需要符合 IEC（国际电工委员会）制定的 PLC 系统相关国际标准的规定。

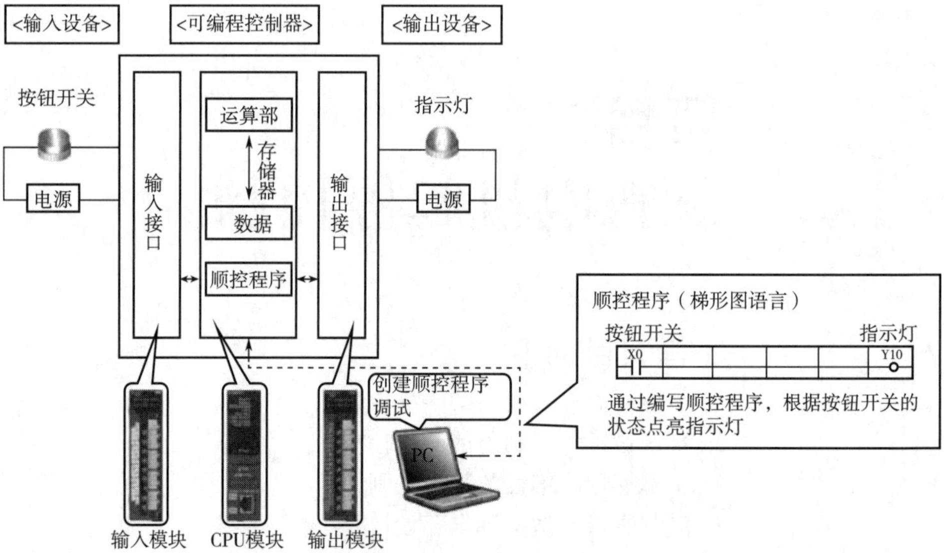

图 2-1　PLC 系统构成与系统顺控程序执行过程

一、梯形图

梯形图是 PLC 使用最多的图形编程语言，被称为 PLC 的第一编程语言。梯形图与电气控制系统的电路图很相似，具有直观易懂的优点，很容易被工厂电气人员掌握，特别适用于开关量逻辑控制。梯形图常被称为电路或程序，梯形图的设计称为编程。

（一）梯形图中相关概念

1. 软继电器

PLC 梯形图中的某些编程元件沿用了继电器这一名称，如输入继电器、输出继电器、内部辅助继电器等，但是它们不是真实的物理继电器，而是一些存储单元（软继电器），每一软继电器与 PLC 存储器中映像寄存器的一个存储单元相对应。该存储单元如果为“1”状态，则表示梯形图中对应软继电器的线圈“通电”，其常开触点接通，常闭触点断开，称这种状态是该软继电器的“1”或“ON”状态。如果该存储单元为“0”状态，对应软继电器的线圈和触点的状态与上述的相反，称该软继电器为“0”或“OFF”状态。使用中也常将这些“软继电器”称为编程元件。梯形图中采用了诸如继电-接触器中的触点和线圈符号，具体如表 2-1 所示，两者的比较，如图 2-2 所示。

表 2-1　　符号对照表

继电器 / 名称	物理继电器	PLC 继电器
线圈	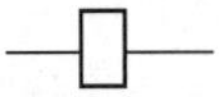	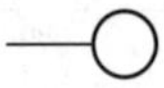
常开触点		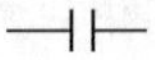
常闭触点		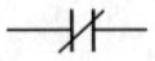

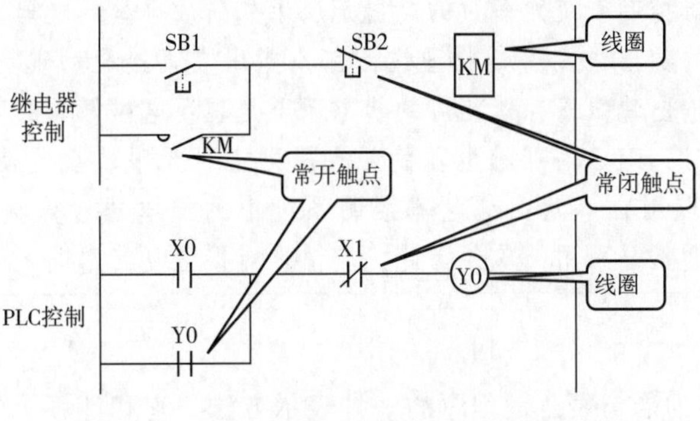

图 2-2　继电与接触器两种控制的比较的梯形图

2. 能流

梯形图中有一个假想的“概念电流”或“能流”（Power Flow）从左向右流动、自上而下流动。“能流”不允许倒流。“能流”到则线圈接通。“能流”流向的规定符合 PLC 的扫描顺序，而继电器控制系统中的电流是不受方向限制的，导线连接到哪里，电流就流到哪里。假定左母线代表电源正极，右母线代表电源负极，母线之间有“能流”，能流代表电流，从左向右流动，即能流由左母线经触点 X0 加到线圈 Y0 上，与右母线构成一个完整的回路，线圈 Y0 得电，如图 2-3 所示。

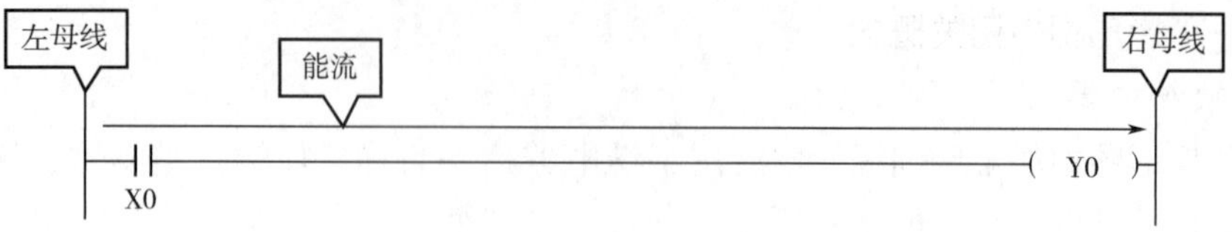

图 2-3　梯形图的能流

（二）梯形图编程规则

① 先画垂直的母线，再按从左到右、从上到下的顺序画好每一个逻辑行。

② 触点应画在水平线上，不能画在垂直线上（主控触点例外）。

③ 禁止“双线圈输出”，但不同编号的线圈可以并行输出。

④ 触点可串联或并联；线圈可以并联，但不可以串联。

⑤ 触点和线圈连接时，触点在左，线圈在右；线圈的右边不能有触点，触点的左边不能有线圈。

⑥ 梯形图中元素的编号、图形符号应与所用的 PLC 机型及指令系统相一致。

注意：

①梯形图中的常开、常闭触点不是现场物理开关的触点。它们对应输入、输出映象寄存器或数据寄存器中的相应位的状态，而不是现场物理开关的触点状态。PLC 认为常开触点是取位状态操作；常闭触点应理解为位取反操作。因此在梯形图中同一元件的一对常开、常闭触点的切换没有时间的延迟，常开、常闭触点只是互为相反状态。而继电器控制系统大多数的电器是属于先断后合型的电器。

②梯形图中的输出线圈不是物理线圈，不能用它直接驱动现场执行机构。输出线圈的状态对应输出映像寄存器相应的状态而不是现场电磁开关的实际状态。

③编制程序时，PLC 内部继电器的触点原则上可无限次反复使用，因为存储单元中的位状态可取用任意次；继电器控制系统中的继电器触点数是有限的。但是 PLC 内部的线圈通常只引用一次，因此，应慎重对待重复使用同一地址编号的线圈。

二、 语句表

指令表也被称为语句表，是程序的一种表示方法。它和计算机中的汇编语言有些类似，由语句表指令以一定的顺序排列而成。一般一条指令可以分为操作符和操作数两部分，也有只有操作符而没有操作数的指令被称为无操作数指令。指令表程序和梯形图程序有严格的对应的关系。有些简单的手持式编程设备只支持语句表编程，所以把梯形图转换成语句表是 PLC 使用人员应该掌握的技能。如图 2-4 所示给出了梯形图所对应的语句表。

三、 顺序功能图

SFC（Sequential Function Chart）是“顺序功能图”的缩写，是一种编程语言。将整个控制流程分割为一系列的控制步，用以清晰地表示程序执行顺序和控制条件。

1. 梯形图编程的难点

（1）梯形图编程中需要考虑复杂的电路互锁信号，这样就往往是程序设计者由于

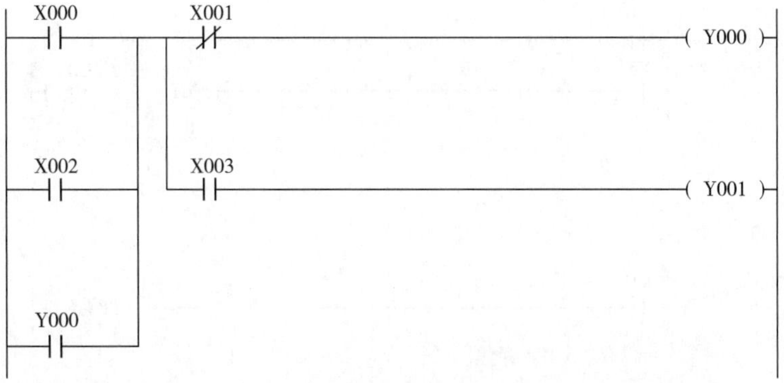

语句表指令

0	LD	X000
1	OR	X002
2	OR	Y000
3	ANI	X001
4	OUT	Y000
5	AND	X003
6	OUT	Y001

图 2-4　梯形图和语句表对应程序

考虑不周到而忘掉复位的信号，增加了编程人员的负担和出错概率。

（2）梯形图没有固定的编程规则，不同的设计者按照各自不同的编程习惯、思路、方法来设计出相同功能的程序，以至于其他人要理解起来比较困难。

（3）梯形图主要以触点和线圈的组合来表示，且其程序没有与设备运行顺序相一致的表达，如果由于某些故障导致设备停止，则必须要检查整个程序来找出程序中的错误。

2. SFC 编程的优点

（1）在程序中可以很直观地看到设备的动作顺序。不同的人员都比较容易理解其他人编写的程序，因为程序按照设备的动作顺序进行编写。

（2）在设备故障时能够很容易的查找出故障所处在的工序，从而不用检查整个冗长的梯形图程序。

（3）不需要复杂的互锁电路，更容易设计和维护系统。

3. SFC 的结构

（1）SFC 图由描述一系列机器工序的各个工序运行的“步”组成，并且包括描述从一个工艺到其他工艺的“转换条件”。

（2）SFC 程序的运行从初始步开始，每次转换条件成立时执行下一步并且在遇到 END 步结束一系列的运行。

（3）SFC 各个步的转换条件都是用梯形图描述。具体的 SFC 结构如图 2-5 所示。

4. SFC 的转移分类

① 串行转移（单流程结构）：当转换条件成立时执行下一步。

② 选择转移：只执行其条件在并联排列的多个转换条件中第一个成立的步。

③ 并行转移：同时执行并联排列的多个步。

④ 跳转：跳转至同一块内指定的步。

如图 2-6 所示从左到右列举了 4 种结构。

四、结构化文本（ST）

ST 语言是以文本进行记叙的编程语言，如图 2-7 所示，可以以高级语言方式进行

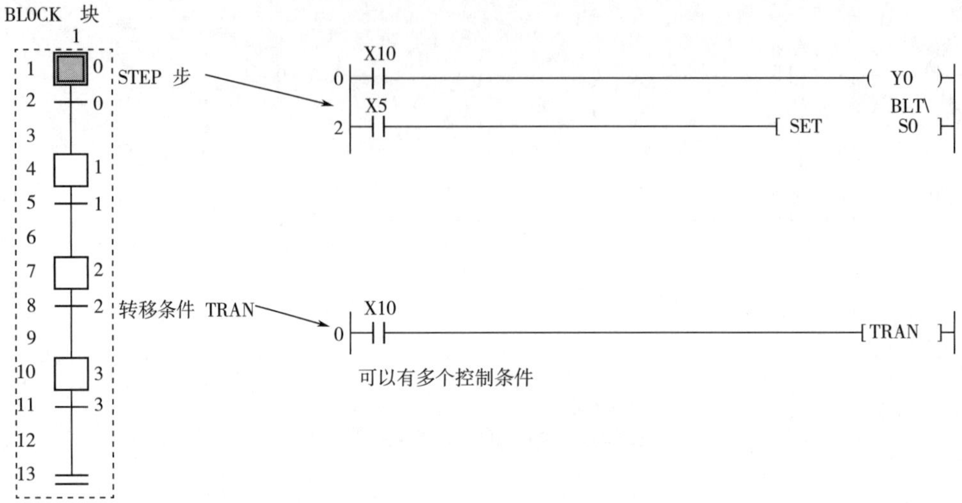

图 2-5 SFC 的结构

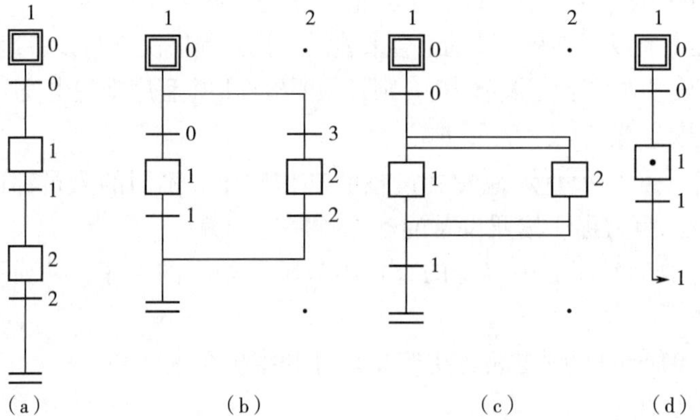

图 2-6 SFC 的转移分类
(a) 串行转移 (b) 选择转移 (c) 并行转移 (d) 跳转

编程。在条件判断，四则运算，处理复杂功能等方面有优点势，但有入门难，逻辑控制弱等缺点，导致以前 ST 语言在 PLC 编程应用较少，但随着 PLC 以及周边设备智能化程度的提升，ST 语言的应用将得到进一步提升。

ST 语言在条件判断及四则运算有很大的优势，控制语句条件判断非常强大，在梯形图中，某些关系使用触点或比较指令很难进行判断，使用 ST 语言可简单判断完成，编写完成之后，可作为梯形图编写方式借鉴。

```
IF LDP (1,X0) THEN
  IF Y0 THEN
    Y0: =0;
  ELSE
    Y0: =1;
  END_IF
END_IF
```

图 2-7 ST 语言

五、功能块（FB）

FB（Function Block）是指将顺控程序中反复使用的线路单元进行模块化（FB），

在顺控程序中进行复用的功能，如图 2-8 所示。

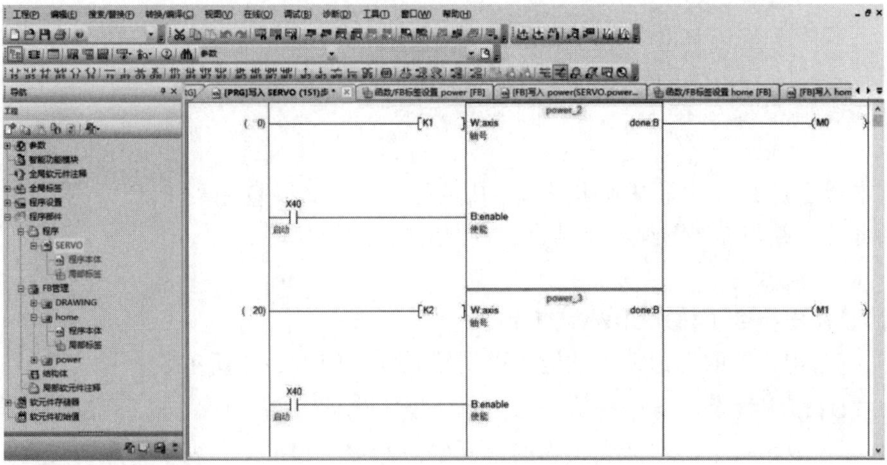

图 2-8　FB 功能块

● 功能块的特点

1. 程序模块化

通过将标准的程序进行模块化表示，提高了程序的沿用性和可读性，并且易于编辑和调试。

2. 程序质量均一化

通过沿用标准的程序模块，可以不依赖于程序开发人员的技术水平，获得均一的程序质量。

3. 高可操作性的编辑功能

通过拖放 FB 的操作，即可简单地在顺控程序中进行沿用。

4. 可根据应用选择程序语言

可以通过梯形图程序或者结构化文本生成 FB。

技术小贴士：

1. 采用哪一种编程语言都可以完成同样的任务，读者可以根据自己的喜好进行选择。

2. 一般来说梯形图主要适用于逻辑的控制；顺序功能图（SFC）对于流程类控制比较方便；FB 功能块主要对一些常用的功能进行过封装，方便调用；ST 语言主要针对数据的处理以及一些复杂的过程控制，在人工智能快速发展的背景下 ST 语言将趋于主流，程序在不同品牌的 PLC 之间更方便移植。

任务二　可编程控制器基本指令

基本指令是 PLC 中最基础也是最常用的指令。下面以 Q 系列 PLC 为例，详细说明指令的含义，并与梯形图编程相结合，方便对指令的理解。

一、输入/输出指令（LD/LDI/OUT）

输入/输出指令的助记符、功能、可用软元件，如表 2-2 所示。

1. LD/LDI 指令

LD 指令表示一个与左母线相连的常开触点指令。LDI 指令表示一个与左母线相连的常闭触点指令。二者可以与后述的逻辑功能指令配合使用。

表 2-2　输入/输出指令

助记符	名称	功能	可用软元件
LD	取常开触点	常开触点逻辑开始	X、Y、M、S、T、C
LDI	取常闭触点	常闭触点逻辑开始	X、Y、M、S、T、C
OUT	输出	线圈驱动	Y、M、S、T、C

2. OUT 指令

OUT 指令是对输出继电器、辅助继电器、状态、定时器、计数器的线圈驱动指令。对输入继电器不能使用，输入继电器只能用输入设备驱动。

输入/输出指令应用如下所示。如果梯形图中含有定时器和计数器线圈，使用 OUT 指令之后，必须设定常数 K（定时时间或计数设定值），如图 2-9 所示。

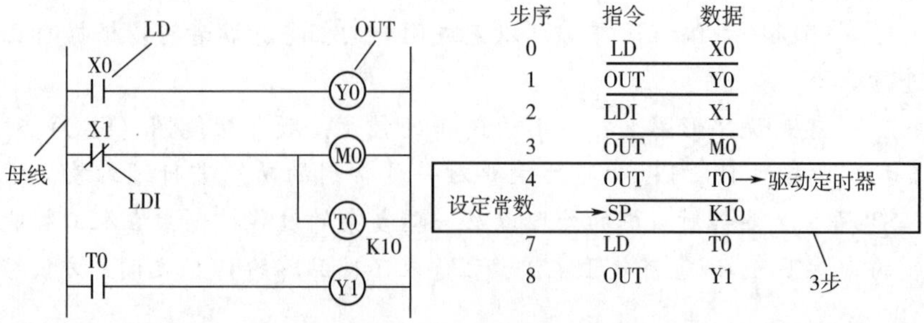

图 2-9　OUT 指令的使用

二、逻辑控制类指令

1. 点串并联指令（AND/ANI/OR/ORI）

触点串联指令（AND/ANI）的助记符、功能和可用软元件，如表 2-3 所示。

表 2-3　　触点串联指令（AND/ANI）

助记符	名称	功能	可用软元件
AND	与常开触点	常开触点串联连接	X、Y、M、S、T、C
ANI	与常闭触点	常闭触点串联连接	X、Y、M、S、T、C

触点串联指令（AND/ANI）是用于单个常开/常闭触点的串联，且串联触点的数量不受限制，该指令可以多次使用，如图 2-10 所示。

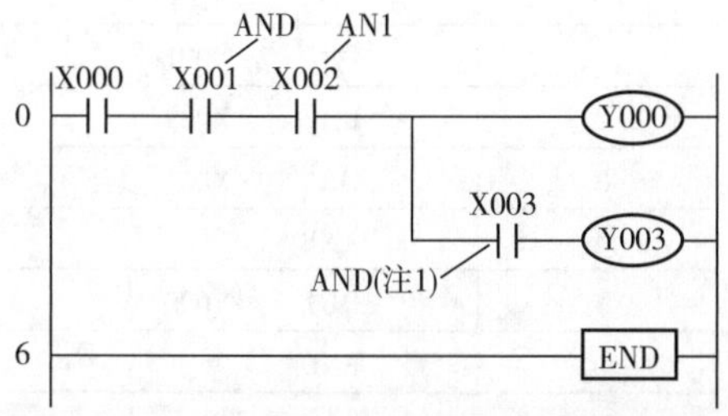

步	指令
0	LD　X000
1	AND　X001
2	ANI　X002
3	OUT　Y000
4	AND　X003
5	OUT　Y003
6	END

图 2-10　触点串联指令

在 LD 或 LDI 后串联连接的常开触点使用 AND（与）指令，常闭触点使用 ANI（与非）指令。Y000 和 Y003 在驱动其的串联触点全都导通时动作。

2. 触点并联指令（OR/ORI）

触点并联指令（OR/ORI）的助记符、功能、可用软元件等，如表 2-4 所示。

表 2-4　　触点并联指令（OR/ORI）

助记符	名称	功能	可用软元件
OR	或常开触点	常开触点并联连接	X、Y、M、S、T、C
ORI	或常闭触点	常闭触点并联连接	X、Y、M、S、T、C

OR、ORI 指令用于单个触点的并联，该指令是从当前步开始，与前述的 LD、LDI 指令进行并联连接，且并联触点的数量不受限制，如图 2-11 所示。

在 LD 或 LDI 后并联连接的常开触点使用 OR（或）指令，常闭触点使用 ORI（或非）指令，输出 Y000 只要驱动其并联触点中有一个导通就动作。

3. 块串联指令（ANB）

两个以上触点组成的并联支路相串联时，要使用块串联指令 ANB。每条支路的开

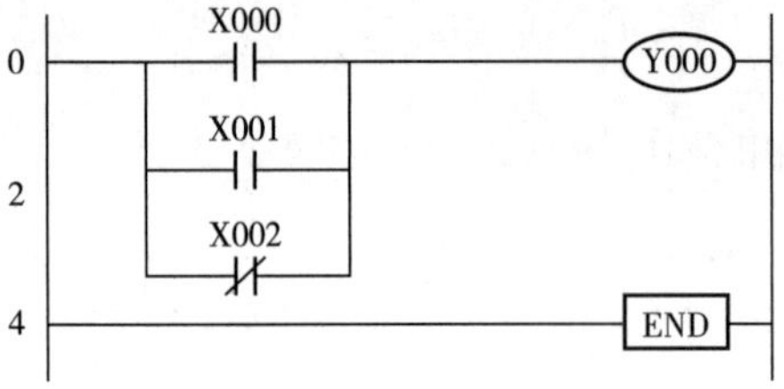

步	指令
0	LD X000
1	OR X001
2	ORI X002
3	OUT Y000
4	END

图 2-11 触点并联指令

始使用指令 LD 和 LDI、ANB 指令的使用没有限制，但 LD/LDI 指令的使用应限制在 8 次以内，如图 2-12 所示。

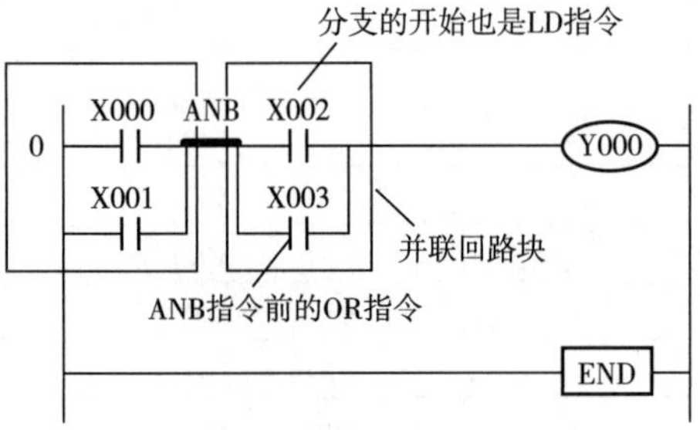

步	指令
0	LD X000
1	OR X001
2	LD X002
3	OR X003
4	ANB
5	OUT Y000
6	END

图 2-12 块串联指令

若串联的连接触点并联连接的回路，则使用 ANB（与块）指令。ANB 指令不带软元件号。此外，在这种程序中，X002 的触点也变为 LD 指令。由于 X001 和 X003 是相对于作为 LD 触点的 X000 和 X002 并联连接的触点，因此构成 OR 指令。

4. 块并联指令（ORB）

两个以上触点组成的串联支路相并联时，要使用块并联指令 ORB。每条支路的开始使用指令 LD 和 LDI、ORB 指令的使用没有限制，但 LD/LDI 指令的使用应限制在 8 次以内，如图 2-13 所示。

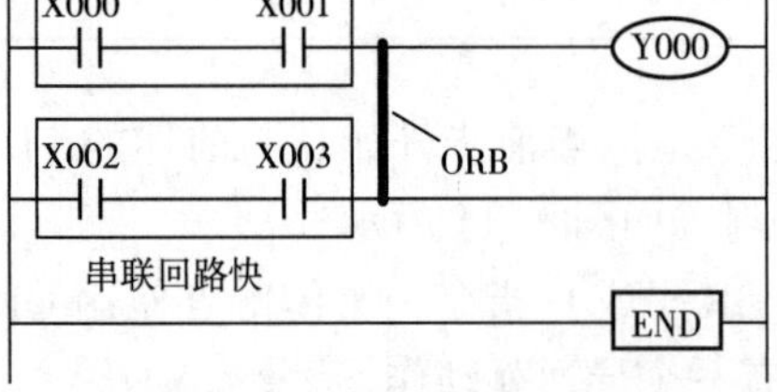

列表程序

步	指令
0	LD X000
1	AND X001
2	LD X002
3	AND X003
4	ORB
5	OUT Y000
6	END

图 2-13 块并联指令

OR、ORI 指令是将一个触点并联连接到紧靠其前的 LD 触点上的指令。然而，若如图 2-13 中并联地连接触点串联连接的回路，则使用 ORB（或块）指令。此外，在这种程序中，X002 的触点也构成 LD 指令。

5. LDF/ANDF/ORF 指令

这 3 条指令是对触点下降沿信号处理的指令，分别是取、与、或脉冲下降沿，当指定触点有下降沿信号时，接通 1 个扫描周期的时间。脉冲式触点指令的使用说明，如图 2-14 所示。

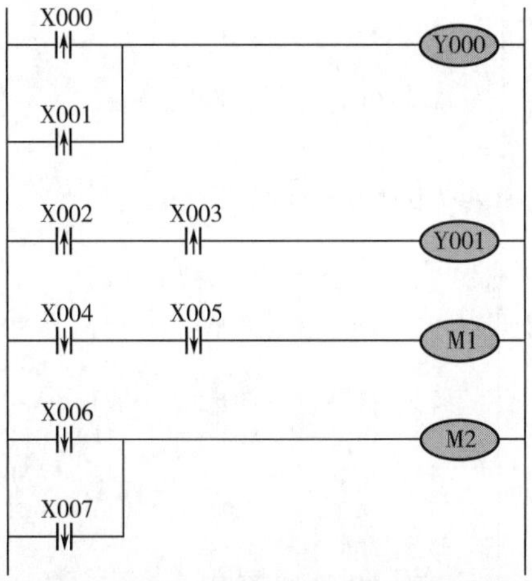

语句表指令

0	LDP	X000
2	ORP	X001
4	OUT	Y000
5	LDP	X002
7	ANDP	X003
9	OUT	Y001
10	LDF	X004
12	ANDF	X005
14	OUT	M1
15	LDF	X006
17	ORF	X007
19	OUT	M2

图 2-14　脉冲式触点上升/下降沿指令

6. 栈操作指令（MPS/MRD/MPP）

PLC 内有 11 个存储中间运算结果的存储区域，称为栈存储器。在栈存储器中使用的指令称为栈操作指令（MPS/MRD/MPP），堆栈示意图，如图 2-15 所示。

（1）进栈指令 MPS。使用进栈指令 MPS，将该时刻的逻辑运算结果送入栈存储器的第一层储存，堆栈中原来的数据依次向下移动一层，原本在最后一层的数据丢失。

（2）读栈指令 MRD。使用读栈指令 MRD，可以读出栈存储器最上面一层的数据，数据读出后，堆栈中数据不发生变化。

（3）出栈指令 MPP。使用出栈指令 MPP，取出堆栈最上面一层数据，其余数据依次上移一层，最后一层存储空间为空。

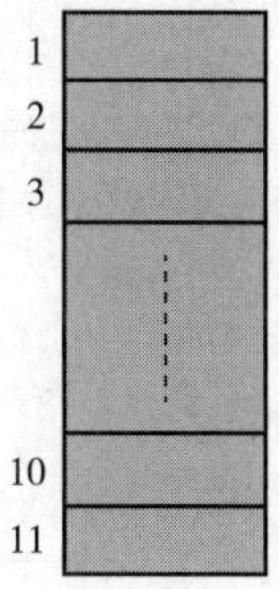

图 2-15　堆栈示意图

栈操作指令可以多次使用，但是进栈指令 MPS 和出栈指令 MPP 必须成对出现。栈操作指令使用，如图 2-16 所示是栈操作指令的简单应用。如图 2-17 所示给出栈操作指令和 ANB、ORB 指令相结合的使用。图 2-16 和图 2-17 中堆栈的使用仅仅是一层，即在再次使用 MPS 指令之前，已经用 MPP 指令取出堆栈中内容，图 2-18 和图 2-19 分别给出了二层堆栈和三层堆栈的使用。

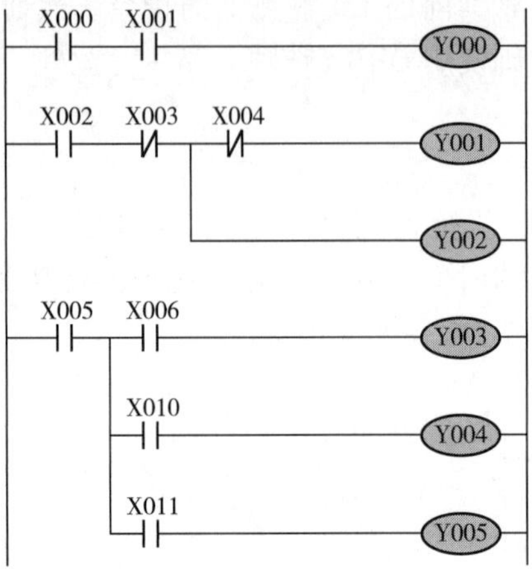

语句表指令

0	LD	X000	14	MRD	
1	AND	X001	15	AND	X010
2	OUT	Y000	16	OUT	Y004
3	LD	X002	17	MPP	
4	ANI	X003	18	AND	X011
5	MPS		19	OUT	Y005
6	ANI	X004			
7	OUT	Y001			
8	MPP				
9	OUT	Y002			
10	LD	X005			
11	MPS				
12	AND	X006			
13	OUT	Y003			

图 2–16 栈操作指令使用说明

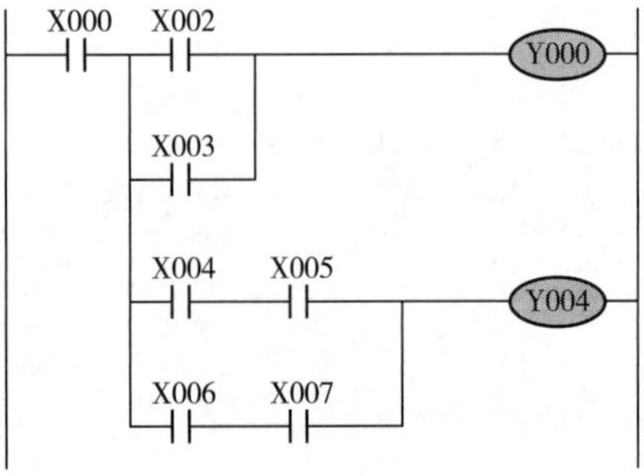

语句表指令

0	LD	X000	8	AND	X005
1	MPS		9	LD	X006
2	LD	Y002	10	AND	X007
3	OR	X003	11	ORB	
4	ANB		12	ANB	
5	OUT	Y000	13	OUT	Y004
6	MPP				
7	LD	X004			

图 2–17 栈操作指令和 ORB、 ANB 指令结合使用

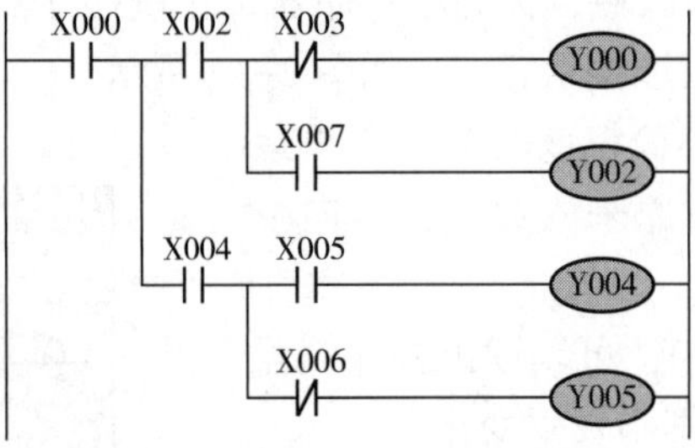

语句表指令

0	LD	X000	9	MPP	
1	MPS		10	AND	X004
2	AND	X002	11	MPS	
3	MPS		12	AND	X005
4	ANI	X003	13	OUT	Y004
5	OUT	Y000	14	MPP	
6	MPP		15	AND	X006
7	AND	X007	16	OUT	Y005
8	OUT	Y002			

图 2–18 二层堆栈使用说明

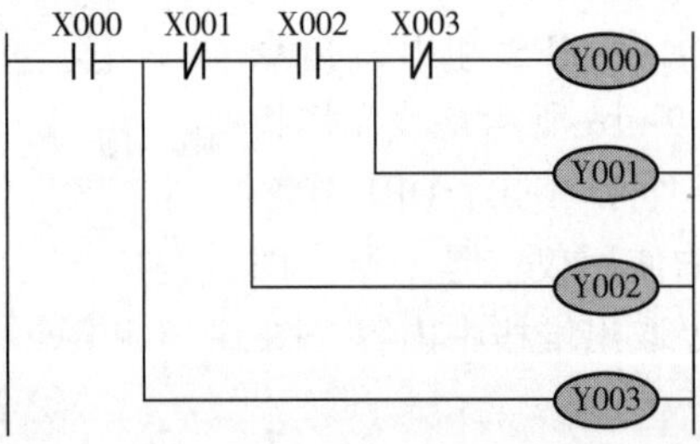

语句表指令

0	LD	X000	7	OUT	Y000
1	MPS		8	MPP	
2	ANI	X001	9	OUT	Y001
3	MPS		10	MPP	
4	AND	X002	11	OUT	Y002
5	MPS		12	MPP	
6	AMI	X003	13	OUT	Y003

图 2–19 三层堆栈使用说明

7. 主控/主控复位指令（MC/MCR）

在编程过程中，经常遇到多个线圈受一个或一组触点控制。如果在每个线圈的控制电路中都写入同样的触点，编程比较麻烦，并且多占用存储单元，可以用主控指令解决这个问题。MC/MCR 指令的助记符、功能和可用软元件，如表 2-5 所示。

表 2-5　主控/主控复位指令

助记符	名称	功能	可用软元件
MC	主控指令	公共串联触点连接	Y、M
MCR	主控复位指令	公共串联触点接触	Y、M

应用主控指令的触点称为主控触点，它在梯形图中与一般的触点垂直。它们是与母线相连的常开触点，是控制一组电路的总开关。与主控触点相连的触点必须用 LD/LDI 指令。使用 MC 指令后，母线向主控触点后移动，MCR 指令将母线返回到原来的位置。当输入条件接通时，执行 MC 和 MCR 之间的指令；当输入条件断开时，不执行 MC 和 MCR 之间的指令。

MC/MCR 指令可以嵌套使用，最多可以嵌套 8 级（N0～N7），当采用 MC 指令时，嵌套级 N 的编号按顺序增大（N0、N1、…、N7），采用 MCR 指令时，嵌套级 N 按从大的开始消除（N7、N6、…、N0）。主控指令的使用说明，如图 2-20 所示。

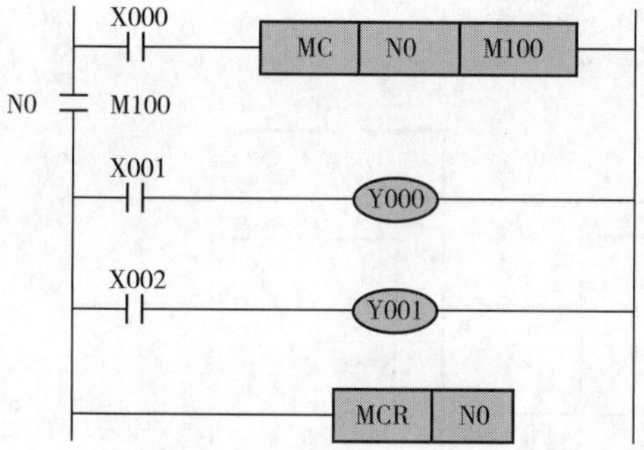

语句表指令

0	LD	X000	
1	MC	N0	M100
4	LD	X001	
5	OUT	Y000	
6	LD	X002	
7	OUT	Y001	
8	MCR	N0	

图 2-20　MC/MCR 指令使用说明

8. 置位/复位指令（SET/RST）

SET 指令使动作保持，RST 指令使操作保持复位。用 SET 指令对线圈置位后，除非有有效的复位指令 RST，否则线圈保持置位的状态不变；用 RST 指令对线圈复位后，除非有有效的置位指令 SET，否则线圈保持复位状态不变。RST 指令可以用于定时器、计数器、数据寄存器和变址寄存器的内容清零。SET/RST 指令可以多次使用，顺序可以随意。该指令的助记符、功能和软元件，如表 2-6 所示。

表 2-6　置位/复位指令

助记符	名称	功能	可用软元件
SET	置位指令	动作保持	Y、M、S
RST	复位指令	消除动作保持	Y、M、S、D、V、Z、T、C

9. 脉冲输出指令（PLS/PLF）

脉冲输出指令（PLS/PLF）的助记符、功能和软元件，如表 2-7 所示。

表 2-7　　脉冲输出指令

助记符	名称	功能	可用软元件
PLS	上升沿脉冲输出	产生上升沿脉冲	Y、M
PLF	下降沿脉冲输出	产生下降沿脉冲	Y、M

PLS/PLF 是脉冲输出指令，PLS 指令使操作组件在输入信号上升沿时产生一个扫描周期的脉冲输出；PLF 指令使操作组件在输入信号下降沿时产生一个扫描周期的脉冲输出，如图 2-21 所示。

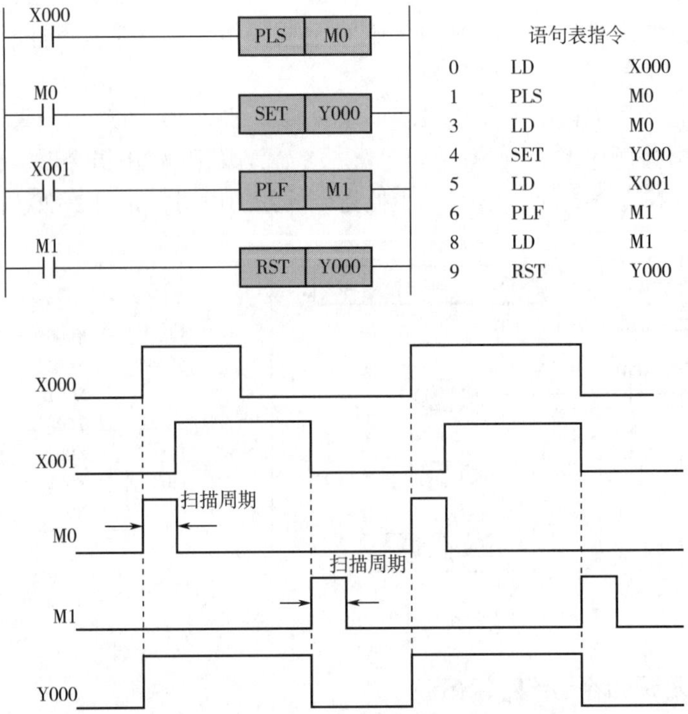

图 2-21　PLS/PLF 指令使用说明

三、编程原则

梯形图设计应遵循以下原则：

1. 上重下轻、左重右轻

绘制梯形图时，应尽量做到“上重下轻、左重右轻”以符合程序的顺序执行，即将串联触点多的支路写在上方，尽量避免使用 ORB 指令，如图 2-22（a）所示；将并联触点多的支路写在左边，尽量避免使用 ANB 指令，如图 2-22（b）所示，这样易于编写语句表指令。

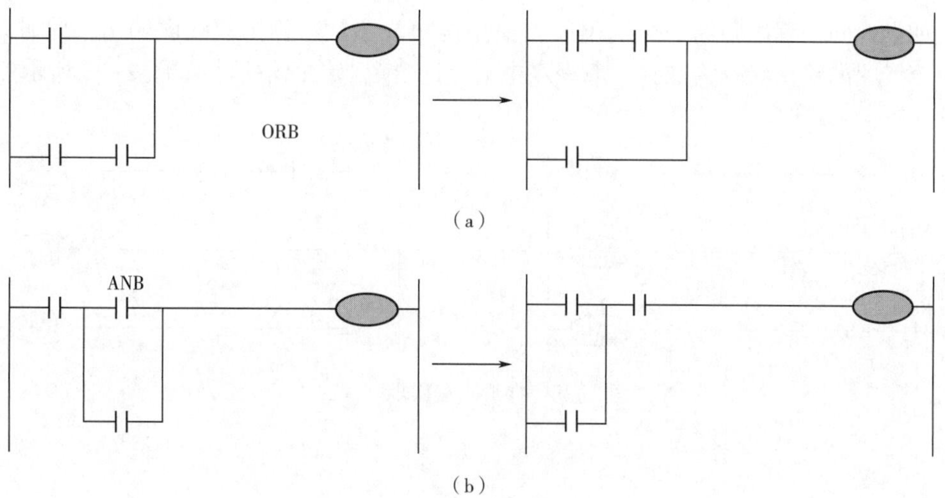

图 2-22　梯形图设计规则之一

2. 始于左母线，终止于右母线

梯形图的每一行皆起始于左母线，终止于右母线。元件的线圈必须接于右母线，任何触点不能放在线圈的右边和右母线连接；线圈也不允许直接与左母线连接，如图 2-23 所示。

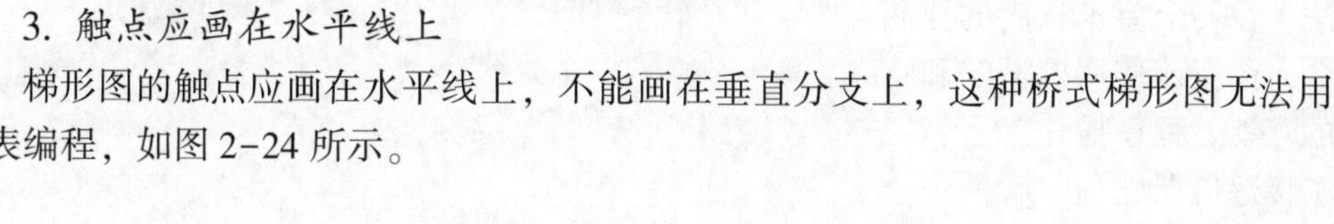

图 2-23　梯形图设计规则之二

3. 触点应画在水平线上

梯形图的触点应画在水平线上，不能画在垂直分支上，这种桥式梯形图无法用语句表编程，如图 2-24 所示。

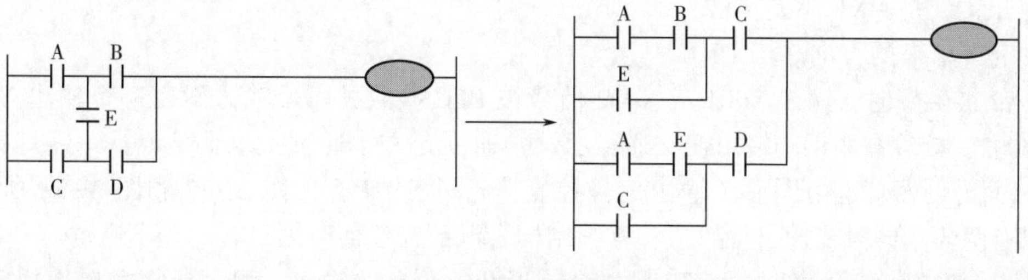

图 2-24　梯形图设计规则之三

4. 不能使用双线圈输出

如果在同一程序中同一个输出线圈使用两次或多次，称为双线圈输出，此时以最后一个线圈的输出状态为准，一般程序中不允许出现双线圈输出，如图 2-25 所示。

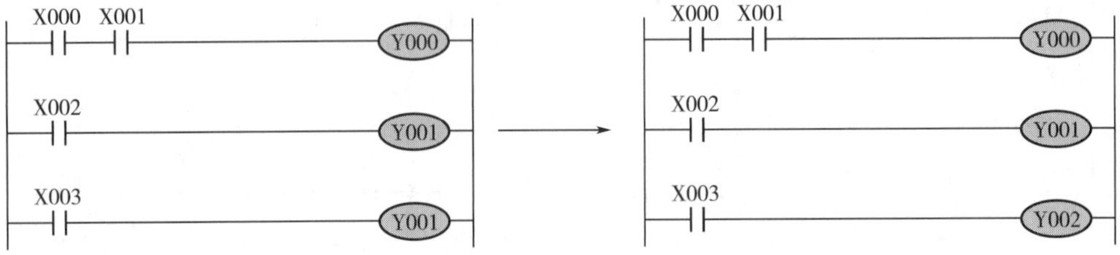

图 2-25　梯形图编程规则之四

任务三　常用基本电路的程序设计

作为编程组件及基本指令的应用，本任务将讨论一些基本环节的编程。这些环节常作为梯形图的基本单元出现在程序中。

一、互锁电路

检票栏旁边的交通控制信号，如图 2-26 所示，这个案例说明了一种互锁输出的简单方法，这也是确保安全的简便方法。在安全要求较高的控制场合，还应该使用机械的和物理的互锁。程序操作如下：一辆车接近检票栏前，触发一个接近开关，是 PX1 还是 PX2，这决定于车来的方向。当 PX1 或 PX2 被触发时，输入 X001 或 X002 信号被 PLC 接收，每个输入触发一个输出 Y001 或 Y002，接着被驱动的输出使交通指示灯接通，允许车通过，也就是说，一盏灯指示 GO，而另一盏灯也由同一个输出信号控制，指示 STOP，如图 2-27 和图 2-28 所示。如果有两辆车同时要通过检票栏，互锁结构会保证在任何时刻只有一辆车通过。

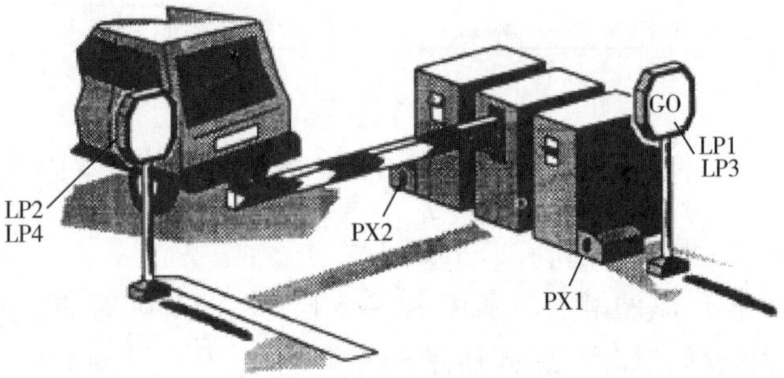

图 2-26　检票栏旁边的交通控制信号

先触发的接近开关“锁定”另一个接近开关驱动的输出。程序非常简单地规定动作为“单一”方式，输出永远不同时发生。

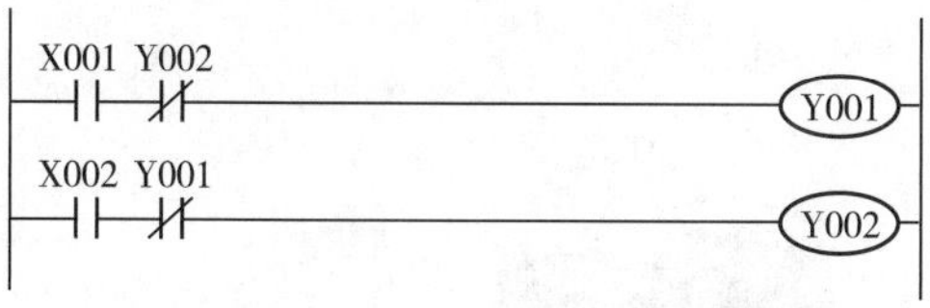

图 2–27　交通控制信号梯形图程序

器件	PC软元件	说明
PX1	X001	车进入停车场
PX2	X002	车离开停车场
LP1	Y001	GO–正要进入的车辆
LP2		STOP–正要离开的车辆
LP3	Y002	STOP–正要进入的车辆
LP4		GO–正要离开的车辆

图 2–28　交通控制信号 I/O 分配

二、自锁电路

控制风扇启动/停止的简单自锁电路，如图 2–29 所示；I/O 分配和梯形图，如图 2–30 和图 2–31 所示。

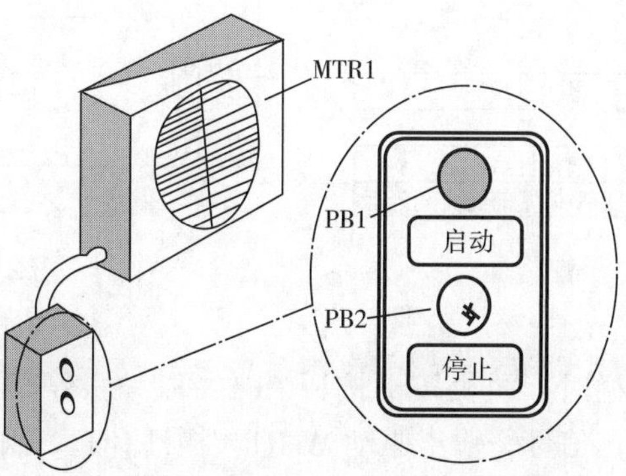

图 2–29　风扇启动/停止控制

器件	PC软元件	说明
PB1	X000	启动按钮
PB2	X001	停止按钮
MTR1	Y001	电机电源

图 2–30　I/O 分配

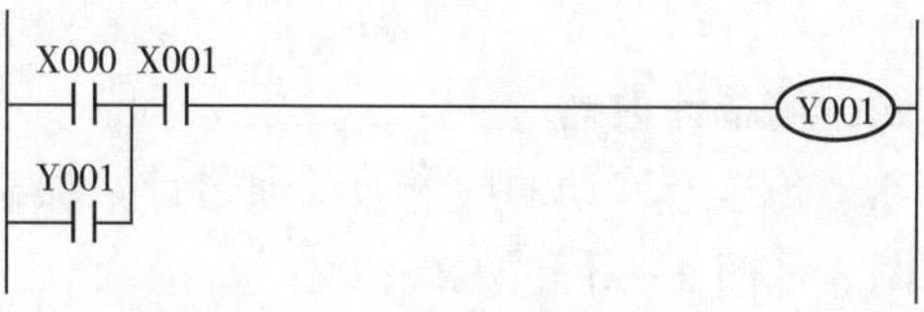

图 2–31　梯形图

按下按钮 PB1，风扇启动。按钮 PB1 在 PLC 中表示为输入 X000。X000 接通，输出 Y001 被接通，这样使得电扇 MTR1 运行。若为使电扇运转而一直按着 PB1，那是很不方便的。一个小的自锁电路由此产生，它通过把程序输出 Y001 当作一个输入条件来实现。这意味着按钮 PB1 只需按一下，电扇就能连续运转。但是，电扇怎么停呢？使用与停止按钮 PB2 相连的常闭触点 X001 输入，锁定输出 Y001 就被断开，电扇就停止了。安全注意：对一个要求更安全控制的程序，停止按钮的输入应是一个常开触点，即 X001 为常开，实际按钮应该为常闭类型的物理接点。这意味着如果停止按钮失效，输入 X001 会消失，系统将停止，即变得安全，这被称为失效安全。

三、定时器延时关闭电路

检票栏的关闭通过定时器来控制，如图 2-32 所示，I/O 分配和梯形图，分别如图 2-33 和图 2-34 所示。

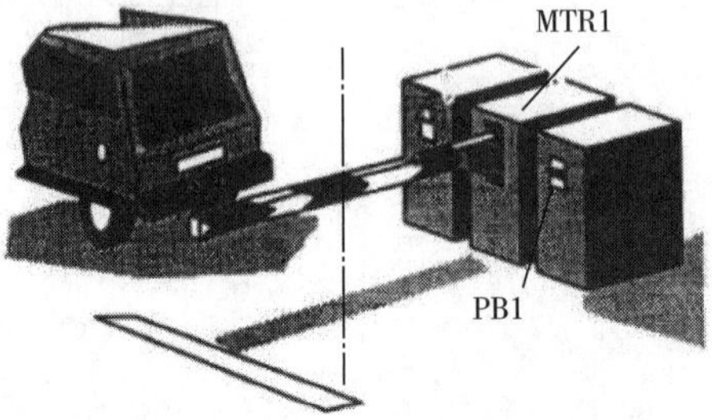

图 2-32　检票栏控制

器件	PC软元件	说明
PB1	X000	取停车票
MTR1	Y000	升起栏杆
	T000	栏杆复位到水平位置前的时间延迟

图 2-33　I/O 分配

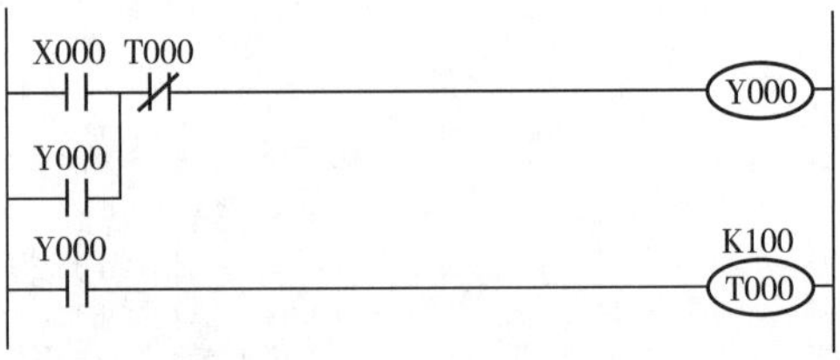

图 2-34　梯形图

当一辆车到达检票栏时，司机按下按钮 PB1，取一张停车票后，允许车进入停车场。一收到 X000（PB1）信号，输出驱动 MTR1，栏杆升起。因为 PB1 的初始输入是瞬时的，所以用来驱动栏杆升起的输出自锁。定时器计时 10s 后，自锁断开。这时，输出 Y000 断开，栏杆回到水平位置，等待下一位顾客。

四、简单计数器

传送带移动的瓶子数量通过计数器来进行统计，如图 2-35 所示，I/O 分配和梯形图，如图 2-36 和图 2-37 所示。

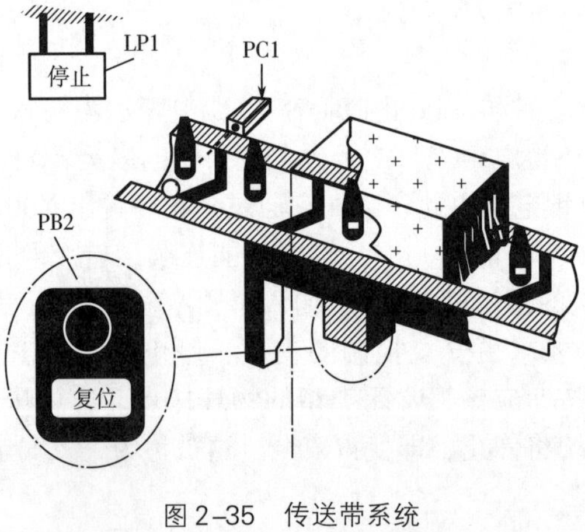

图 2-35　传送带系统

器件	PC软元件	说明
PC1	X000	瓶子计数光电管
LP1	Y000	停止装载指示灯
PB2	X001	复位计数器按钮
	C000	计数器

图 2–36　I/O 分配

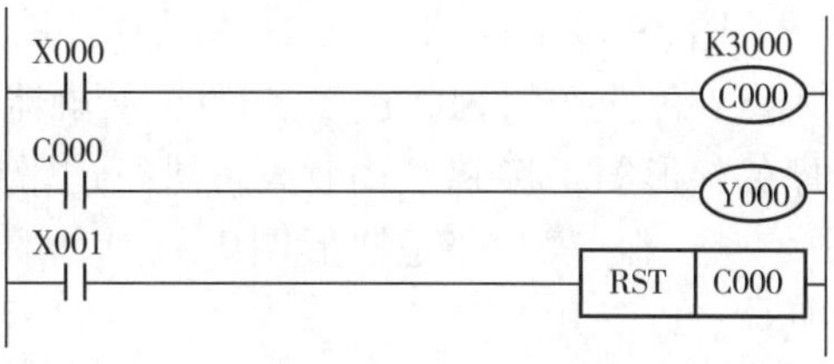

图 2–37　梯形图

当瓶子在传送带上移过来时，它们挡住光电管 PC1 的光线。每次光线被挡住，代表 PC1 的输入 X000 变为 ON，程序启动计数器。这里，C000 用来记录经过 PC1 的瓶子数量。C000 事先设定一个计数上限，这样就能提供一天或一班次处理的瓶子总数，本例中上限定为 3000。

一旦计数器达到上限值，C000 的输出线圈闭合。为了向外部表示计数任务已完成，计数器 C000 的一个触点用来激活输出 Y000，动“停止”指示灯 LP1，从而使操作者知道目的已达到。

因为计数器会保持它的数据，所以需要一种复位当前计数值的方法，可以用“复位”按钮 PB2 实现。PB2 对应于输入 X001，它使计数器当前值复位为 0。“停止”指示灯熄灭，整个系统准备下一批 3000 个瓶子计数。

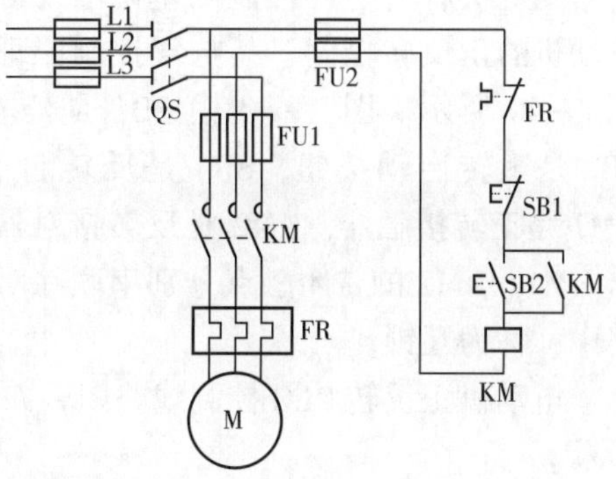

图 2–38　三相异步电动机启–保–停电气控制线路

五、启–保–停程序

三相异步电动机的启–保–停控制电路在电气控制等相关课程中已做过介绍，现将其电气控制线路图重新绘制，如图 2–38 所示。图中 SB2 是启动按钮，SB1 是停止按钮，KM 是电机运行控制的接触器。现在采用 PLC 控制，其接线图和梯形图，如图 2–39 所示。

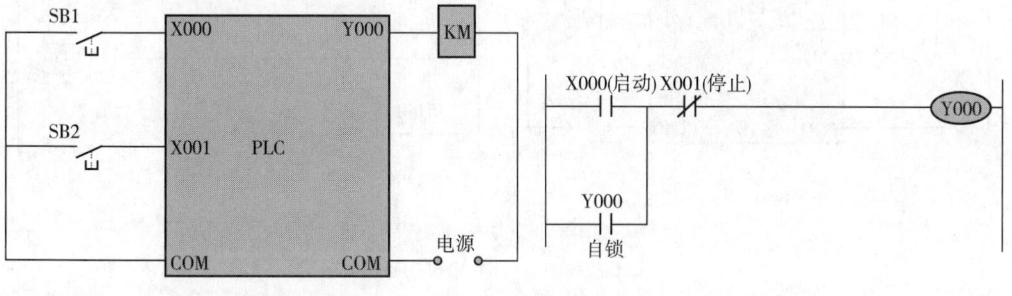

（a）　（b）

图 2–39　三相异步电动机启–保–停 PLC 控制

（a）接线图　（b）梯形图

图 2-38（a）是 PLC 输入/输出接线图，从图中可知，启动按钮 SB1 接于 X000 输入点，停止按钮 SB2 接于 X001，接触器 KM 接于输出点 Y000。图 2-38（b）是控制程序的梯形图，将 PLC 内软元件进行逻辑组合，实现控制系统逻辑关系的体现。

启-保-停电路是梯形图中最典型的控制单元，它包含了梯形图程序的全部要素。具体有以下几点：

（1）事件：每一个梯形图支路都对应一个事件。事件用输出线圈（或功能框）表示，本例中用 Y000 表示电动机运行事件。

（2）事件发生条件：梯形图支路除了线圈外还有触点的组合，使线圈置 1 的条件即是事件发生的条件，本例中为启动按钮 SB1 使 X000 置 1。

（3）事件延续条件：触点组合使线圈置 1 得以保持的条件，本例中是用 X000 与 Y000 并联形成自锁得以实现。

（4）使事件终止的条件：即触点组合使线圈清 0 的条件。本例中是 X001 常闭触点的断开。

六、三相异步电动机的正/反转控制

在电机启-保-停控制的基础上，可以实现电动机的正反转控制，其电气控制原理图，如图 2-40 所示。图 2-40 中 SB1 是停止按钮，SB2 是正转启动按钮，SB3 是反转启动按钮，KM1 是正转接触器，KM2 是反转接触器。接触器 KM1、KM2 的常闭触点分别串联在对方的支路中，称为互锁。

电动机正反转 PLC 控制线路图，如图 2-41 所示。

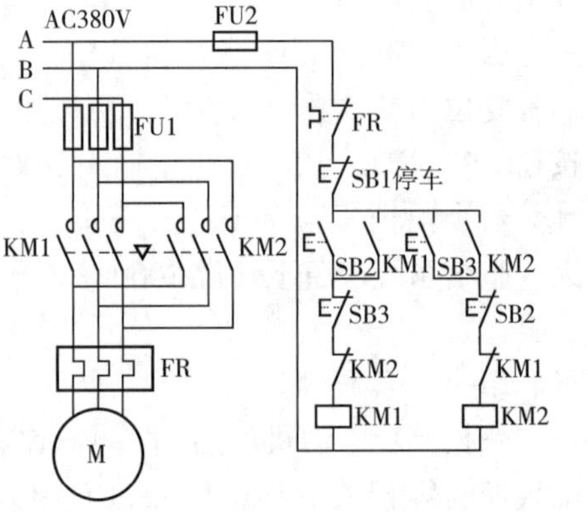

图 2-40　三相异步电动机正/反转电气控制线路

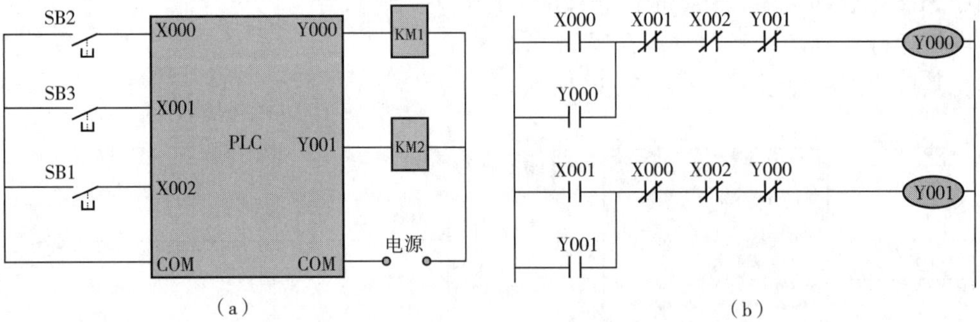

图 2-41　三相异步电动机正/反转 PLC 控制

（a）PLC 接线图　（b）电机控制梯形图

梯形图设计可以这样考虑，选两套启-保-停控制电路，一套用于正转，一套用于反转。考虑正反转接触器不能同时接通，在 Y000 支路中串入 Y001 的常闭触点，在

Y001 支路中串入 Y000 的常闭触点，实现互锁功能。

七、定时器构成振荡电路

如图 2-42 所示的梯形图可以看成是一种振荡电路，所产生的脉冲周期是 10s，高电平宽度是一个扫描周期。这个脉冲序列作为计数器 C10 的计数脉冲。

该梯形图功能简单来说，每隔 10s 使计数器 C10 计数一次，当 C10 计数到设定值时，Y000 接通。从 X004 接通到 Y000 接通，总延时时间 = 定时器设定值×计数器设定值。X005 是计数器复位条件。

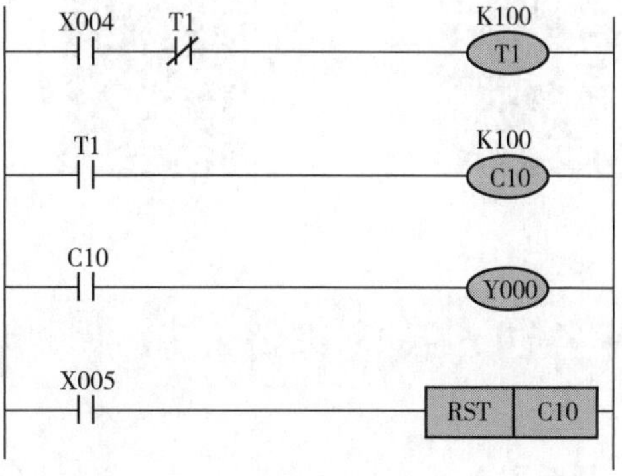

图 2-42　定时器和计数器配合使用

八、分频电路

所谓分频电路，就是将输入信号的频率降低，如图 2-43 所示的是一个二分频电路。待分频信号加在 X000 端，Y010 是分频后的信号输出。

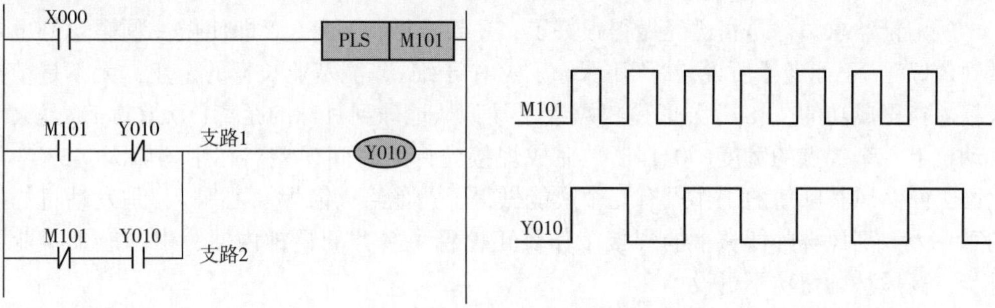

图 2-43　二分频电路

在 X000 第一个脉冲到来时，M101 产生一个扫描周期的单脉冲，M101 的常开触点闭合一个扫描周期，对应的常闭触点断开，所以支路 1 接通，支路 2 断开，使 Y010 保持置 1。M101 产生的脉冲周期结束后，M101 清 0，使支路 2 接通（此时 Y010 常开触点已闭合），支路 1 断开（Y010 常闭触点断开），使 Y010 保持置 1。当 X000 第二个脉冲到来时，M101 再产生一个扫描周期的单脉冲，支路 1 中 Y010 常闭触点是断开的，支路 2 的 M101 的常闭触点断开，使 Y010 由 1 变 0。当 X000 第三个脉冲到来，Y010 和 M101 的状态和第一个脉冲到来时完全相同。通过上述分析，X000 每送入两个脉冲，Y010 产生一个脉冲，完成了输入信号二分频。

供料盘电机控制调试

配套课件　　　教学视频

任务四　技能训练：敬业·精益——供料电机的启停控制

一、 思政引入

敬业是从业者基于对职业的敬畏和热爱而产生的一种全身心投入的认认真真、尽职尽责的职业精神状态。中华民族历来有“敬业乐群”“忠于职守”的传统，敬业是中国人的传统美德，也是当今社会主义核心价值观的基本要求之一。早在春秋时期，孔子就主张人在一生中始终要“执事敬”“事思敬”“修己以敬”。“执事敬”，是指行事要严肃认真不怠慢；“事思敬”，是指临事要专心致志不懈怠；“修己以敬”，是指加强自身修养保持恭敬谦逊的态度。

精益求精是从业者对每件产品、每道工序都凝神聚力、精益求精、追求极致的职业品质。

所谓精益求精，是指已经做得很好了，还要求做得更好，“即使做一颗螺丝钉也要做到最好”。正如老子所说，“天下大事，必作于细。”能基业长青的企业，无不是精益求精才获得成功的。38 万公里是“嫦娥三号”从地球到月球的距离；0.16mm，是火箭发动机上一个焊点的宽度。0.1s，是完成焊接允许的时间误差。在中国航天，53 岁的大国工匠高凤林师傅的工作没有几个人能做得了，他给火箭焊“心脏”，是发动机焊接的第一人。高凤林师傅从事的焊接工作真正诠释了精益的精神内涵，中国航天事业的进步，高凤林师傅功不可没。

接下来的供料电机的技能训练，将会涉及电机的准确启/停控制，正/反转控制，希望大家能够精心的调整传感器的位置，保证工件的准确检测，认真编写控制程序，保证电机准确的启/停和正/反转，充分发扬敬业和精益求精的精神，努力成为一名具有“工匠精神”的优秀传承者。

二、控制要求

三轴伺服定位教学设备的供料控制系统由直流电机、供料盘、支架和传感器组成，如图 2-44 所示。

控制要求：

① 上电后红灯闪烁。

② 按下启动按钮供料盘电机转动。

③ 供料盘传感器检测到工件后电机停止。

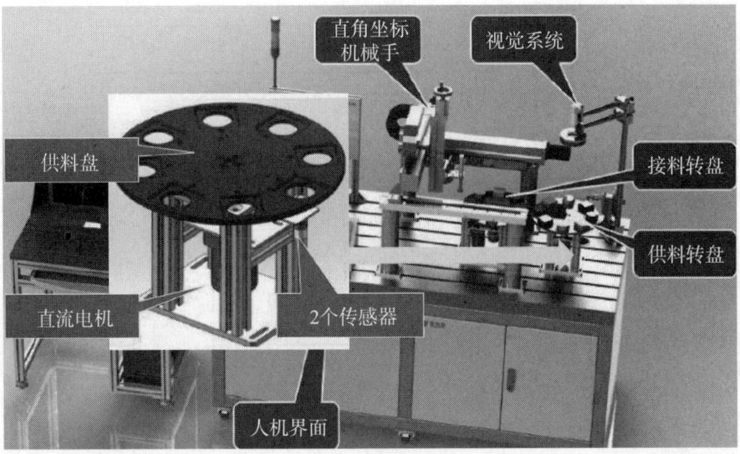

图 2-44　供料控制系统

④ 取完工件后供料盘继续转动。
⑤ 8 个工位如此循环。
⑥ 按下停止按钮接料盘停止转动。

三、项目实施

（一）I/O 分配

本次技能训练选用模块的是 Q 系列 PLC，按钮盒组件、指示灯、直流电机和传感器等，根据工作单元装置的 I/O 信号分配和工作任务的要求，PLC 选用三菱 Q03UDE_CPU，输入模块选用 QX41，输出模块 QY41P，共 32 点输入和 32 点输出其 PLC 的 I/O 地址分配表，如表 2-8 所示。

表 2-8　供料系统的 I/O 分配

输入信号				输出信号			
序号	输入	信号名称	信号来源	序号	输出	信号名称	信号来源
1	X40	启动按钮	按钮盒	1	Y60	启动按钮指示灯	按钮盒
2	X41	停止按钮		2	Y61	停止按钮指示灯	
3	X42	复位按钮		3	Y62	复位按钮指示灯	
4	X43	急停按钮		4	Y72	供料转盘电机正转	直流电机
5	X4A	供料转盘定位信号	传感器	5	Y73	供料转盘电机反转	
6	X4B	供料转盘工件检测信号					

（二）系统接线图

供料控制系统的直流电机正/反转控制电路如下，由两个中间继电器 KA1 和 KA2 分别控制，如图 2-45 所示。

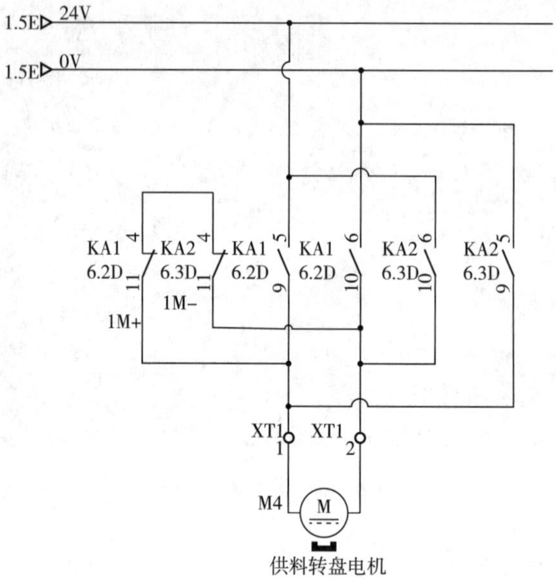

图 2-45　供料转盘电机正/反转控制电路

供料控制系统的传感器接线和按钮的接线，如图 2-46 所示。

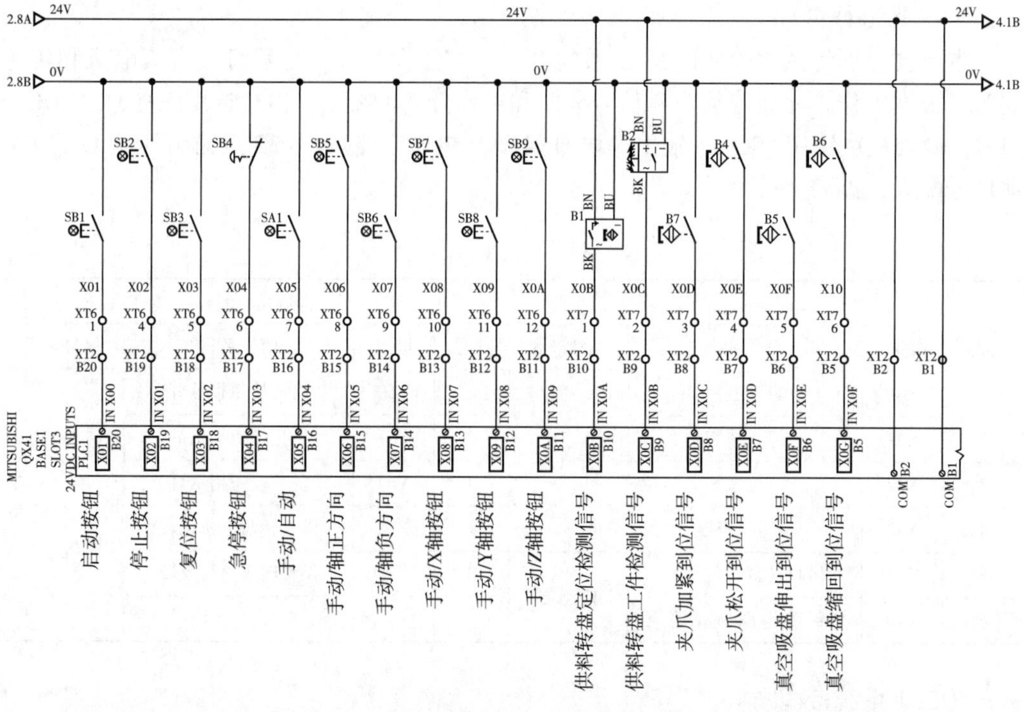

图 2-46　传感器等输入元件接线图

（三）程序编写

系统上电后，保证设备都已复位到位，再下载 PLC 程序，按下 X40 后，供料盘正转，当电感应式传感器检测到金属物料，同时光电传感器感应到物体，供料盘停止运转。如果光电传感器没有感应到物体，则供料盘继续运转。具体参考梯形图，如图 2-47 所示。

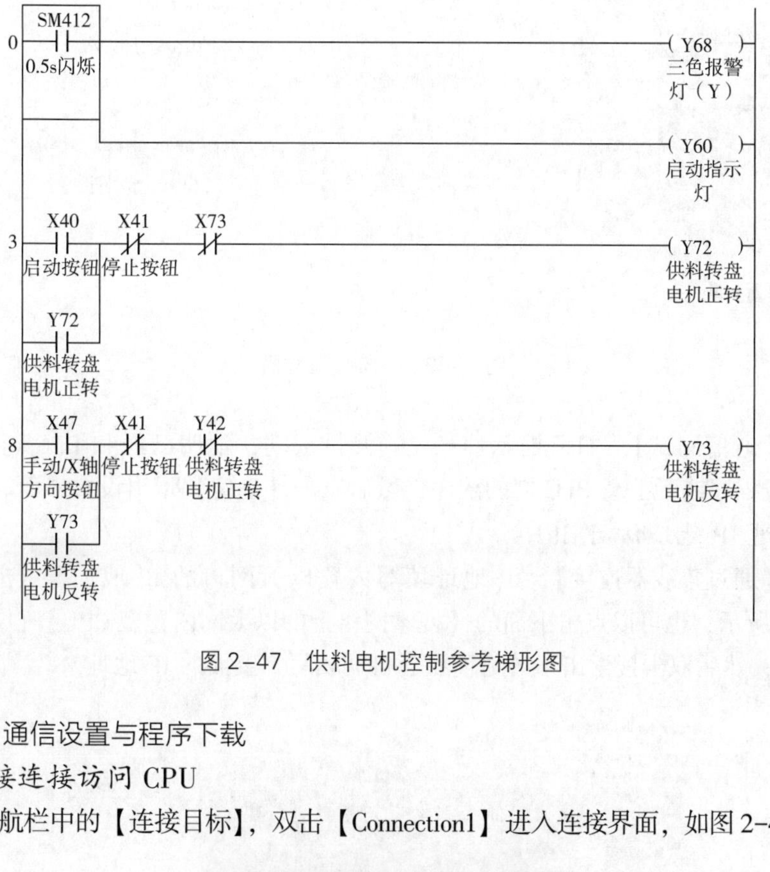

图 2-47　供料电机控制参考梯形图

（四）通信设置与程序下载

1. 直接连接访问 CPU

点击导航栏中的【连接目标】，双击【Connection1】进入连接界面，如图 2-48 所示。

图 2-48　连接目标图

点击【可编程控制器直接连接设置】进入后选择【以太网】，点击【是】，如图 2-49 所示。

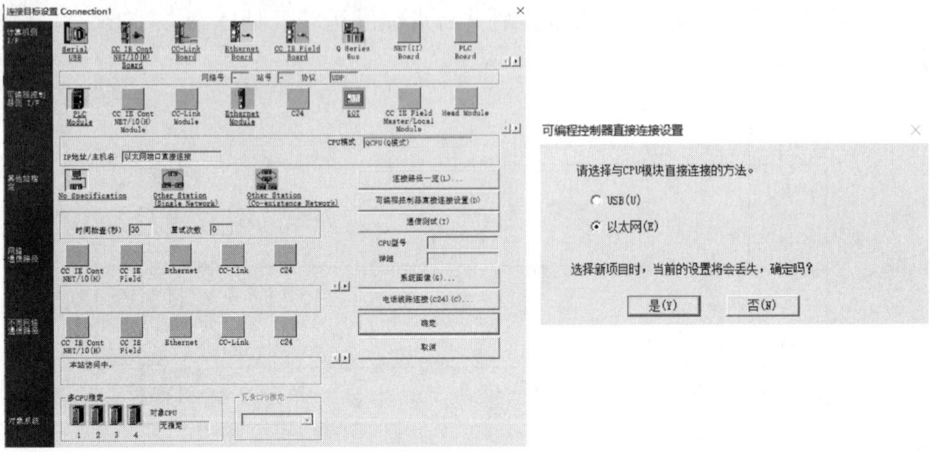

图 2-49　连接设置界面

点击【通信测试】，如果提示信息是：测试成功，说明已经和 PLC 连接成功了，就可以下载程序或者上载 PLC 内的程序，然后点击【确定】退出设置界面。

2. 通过 IP 地址访问 CPU

选择【通过集线器连接】，IP 地址填写内置以太网口的 IP 地址，点击【确定】，如图 2-50 所示，也可以点击下面的【搜索网络上的以太网内置型 CPU】自动搜索 PLC 的 IP 地址，然后双击搜索出来的地址将会自动填写到上面的 IP 地址中。

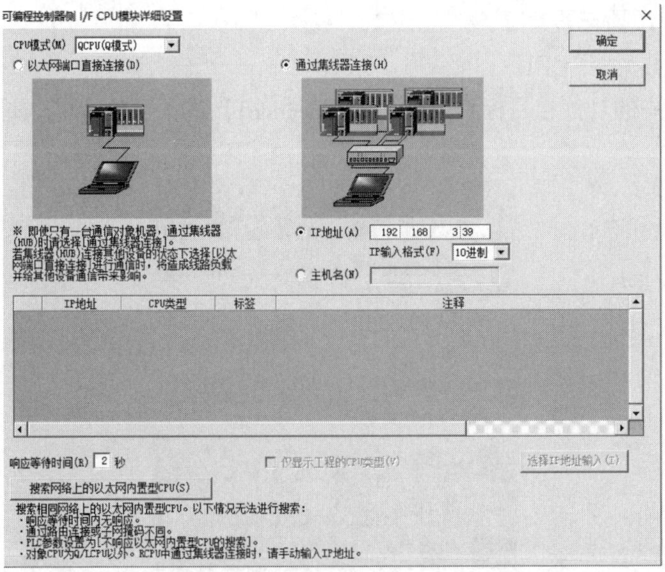

图 2-50　IP 地址访问 CPU 图

技术小贴士：

供料盘下方的两个传感器的安装位置需要注意，检测金属的电感传感器安装太低检测不到工件，安装太高会撞到供料盘。

【归纳总结】

以上案例中我们采用的编程方法称为“经验设计法”，是梯形图程序设计中最常用的方法之一。“经验设计法”顾名思义就是依据设计者的设计经验进行设计的方法，它主要基于以下几点：

（1）PLC 的编程，从梯形图来看，其根本点是找出符合控制要求的系统各个输出的工作条件，这些条件又总是用机内各种器件按一定逻辑关系组合来实现的。

（2）梯形图的基本模式为启-保-停电路。每个启-保-停电路一般只针对一个输出，这个输出可以是系统的实际输出，也可以是中间变量。

（3）梯形图编程中有一些约定的基本环节，它们都有一定的功能，可以在许多地方借以应用。

【习题作业】

一、选择题

1. SM412 的脉冲的占空比是（　　）。

A. 20%　　B. 50%　　C. 30%　　D. 60%

2. OUT 指令对于（　　）是不能使用的。

A. 输入继电器　　B. 输出继电器　　C. 辅助继电器　　D. 状态继电器

3. 三菱系列 PLC 中，PLS 表示（　　）。

A. 上升沿有效　　B. 下降沿有效　　C. 输入有效　　D. 输出有效

4. 助记符后附的（　　）表示脉冲执行。

A.（D）符号　　B.（P）符号　　C.（V）符号　　D.（Z）符号

5. SM413 的脉冲周期是（　　）。

A. 0. 1s　　B. 1s　　C. 1min　　D. 2s

二、填空题

1. PLC 对用户程序（梯形图）按 ________、________的步序。

2. 三菱系列 PLC，并联单个常开触点的指令助记符是 ________；ORI 是 ________的指令助记符。

3. 说明下列指令意义。

RET ____________________ LD ________

MPS ____________________ RST________

ANB ____________________

4. PLC 的编程软件中辅助继电器的作用相当于继电器控制系统中的________；定时器的作用相当于继电器控制系统中的________。

5. 写出如图 2-51 所示梯形图的语句表。

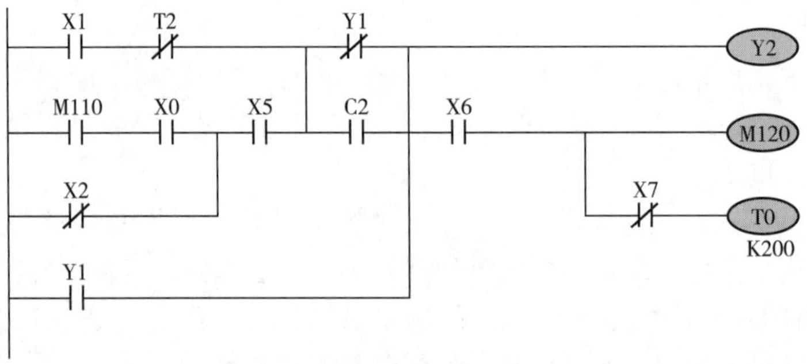

图 2-51 梯形图

________________________________ ________________________________

________________________________ ________________________________

三、设计题

1. 用 PLC 实现对通风机的监视。

用 PLC 设计一个对三台通风机选择运转装置进行监视的系统。如果三台风机中有两台在工作，信号灯就持续亮；如果只有一台风机工作，信号灯就以 0.5Hz 的频率闪光；如果三台风机都不工作，信号灯就以 2Hz 频率闪光；如果选择运转装置不运行，信号灯就熄灭。输入/输出端口分配，如表 2-9 所示。

表 2-9 PLC 输入/输出端口分配表

输入端口	输出端口	内部元器件
X0：风机 1（接触器常开触点）	Y0：信号灯	M100：至少两台风机运行
X1：风机 2（接触器常开触点）		M101：没有风机运行
X2：风机 3（接触器常开触点）		T450：2Hz 脉冲发生器
X3：运转选择开关		T451：0.5Hz 脉冲发生器

2. 三台电机的循环启停运转控制。

已知三台电机接于 PLC 的 Y001、Y002 和 Y003。要求它们相隔 5s 启动，各运行 10s 停止，并循环。根据以上要求，绘制 PLC 控制梯形图。

提示：本题需要采用两种解法，第一种解法使用定时器完成定时及循环控制；第二种方法采用定时器和计数器组合完成程序控制。解法 1 的时序图，如图 2-51（a）所示，解法 2 的时序图，如图 2-52（b）所示。

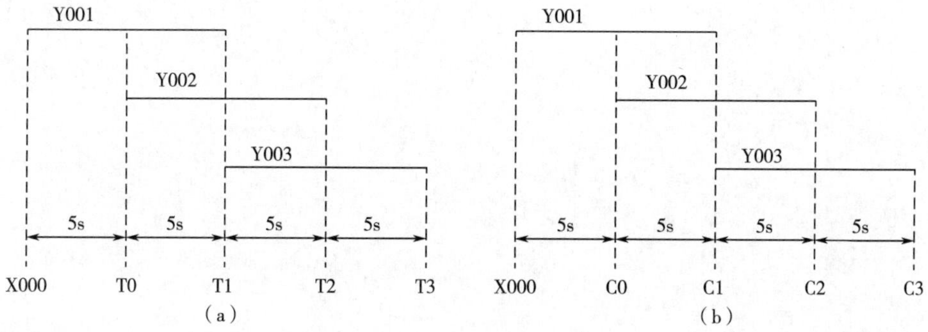

图 2-52　三台电机控制时序图

PROJECTS

项目三
十字路口交通灯 SFC 控制

【学习目标】

1. 掌握顺序功能图的基本概念；
2. 熟悉顺序功能图的基本结构；
3. 掌握顺序功能图的编程方法；
4. 能够根据顺序功能图进行步进梯形图转换；
5. 培养学生遵章守纪、珍爱生命的意识。

步进顺控程序设计

配套课件　　教学视频

任务一　状态元件与顺序功能图

一、状态元件

状态元件是用于编制顺序控制程序的一种编程元件，它与后面介绍的 STL 指令（步进顺序梯形指令）一起使用，如图 3-1 所示为状态元件在顺序功能图中的使用。

如图 3-1 所示工序步进控制中，如果启动信号 X000 为 ON，则状态 S20 置位为 ON，下降用的电磁阀 Y000 开始动作，若下限开关 X001 为 ON，则状态 S21 置位为 ON，夹紧用的电磁阀 Y001 动作，如果夹紧开关 X002 动作，则状态 S22 置位为 ON，随着状态动作的转移，状态自动返回到原状态。

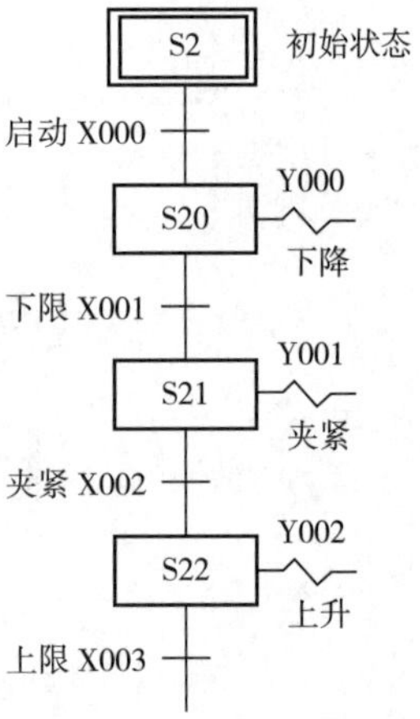

图 3-1　状态元件与顺序功能图

通用状态（S0~S499）没有断电保持功能。

S0~S9 为初始状态用（10 点）。

S10~S19 为供返回原点用（10 点）。

S20~S499 为通用型（480 点）。

S500~S899 为有断电保持功能型（400 点）。

S900~S999 为供报警器用（100 点）。

各状态元件的动合和动断触点在 PLC 内可自由使用，使用次数不限，不用步进顺序控制指令时，状态元件（S）可作为辅助继电器（M）在程序中使用。

二、顺序功能图（状态转移图）

顺序功能图，简称 SFC（Sequential Function Chart）又称为状态转移图或功能图表。符合 IEC61131—3 国际电工委员会（IEC）制定的标准编程语言。是一种按照工艺流程图进行编程的图形编程语言。近年来在 PLC 编程中已得到推广和普及。尤其在机床行业得到广泛的应用。

SFC 编程是基于机械控制流程的编程方法基本设计思想是：设计者按照生产工艺的要求，将机械动作的一个工作周期划分为若干个工作阶段（简称为“步”），并明确每一“步”所要执行的输出。“步”与“步”之间通过指定的条件进行转换，在程序中，只要正确编制连接“步”与“步”之间的转换，便可以完成机械的全部动作。

SFC 程序由初始步、转移条件、中间步和 END 步组成从初始步开始并在 END 步结束的数据即称之为块，如图 3-2 所示。

1. 步

步是组成块的基本单位，它们表示执行 SFC 程序的执行单位数。

（1）每步由多个运行输出组成每块最多可以指定 512 步所有块总共 8192 步。

（2）当创建 SFC 程序时给各步分配步号自动或由用户指定监视步处理并通过 SFC 控制指令指定强制 START 或 END 时使用步数。

在处理无属性的步期间，当满足条件转移到下一步时下一个转移条件始终受到监控，如图 3-3 所示。

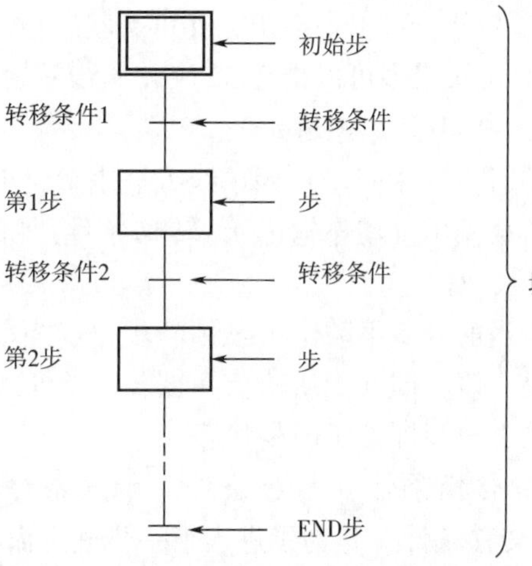

图 3-2　SFC 的基本结构

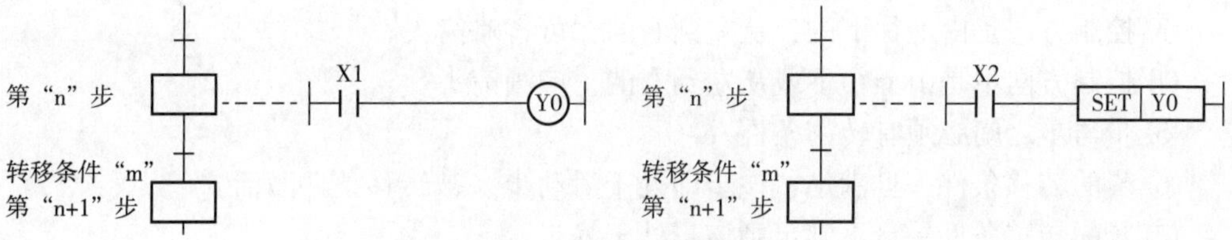

图 3-3　步的基本概念

上图中在转移到下一步 n+1 后各步 n 的运行输出状态依据使用的指令变化如下：

① 当使用 OUT 指令（除了 OUT C 之外）时，在转移到下一步 n+1 后第 n 步变为无效并按照 OUT 指令使自动输出变为 OFF。给当前值清零 并且触点变为 OFF 时对定时器进行相同处理。在 Y0 为 ON 的第 n 步运行输出处满足转移条件符合 OUT 指令时 Y0 自动变为 OFF；

② 当使用 SET 基本或应用指令时，在转移到下一步 n+1 后，即使第 n 步无效也会保持 ON 状态或当前值如果变为 OFF 则为了执行另一步会需要 RST 指令等。

在 Y0 为 ON 的第 n 步运行输出处满足转移条件 m 通过 SET 指令时即使在转移到第 n+1 步后也会保持 Y0 为 ON 的状态。

2. *起始步（初始步）*

初始步代表系统的初始状态，一般是系统等待启动命令的相对静止状态。其特点如下：

① 每个 SFC 图可有数个或一个初始步，至少有一个。

② 初始步采用双线方框表示。

③ 初始步编号采用状态软元件 S0~S9。

④ 初始状态必须预先做好驱动（初始驱动条件）。

⑤ 初始驱动条件可与普通步一样设置。

⑥ 用 STL 指令代表该步开始。

⑦ 初始步可以是空步，亦可有状态输出。

⑧ 每块最多可以指定 32 个初始步初始步处理与其他步的方式相同。

3. 中间步（普通步）

普通步（中间步）用单线方框表示，步编号采用状态软元件 S20~S899，每一步一般有负载输出（状态输出）、转移条件，每一步也可以是仅有转移条件、无输出动作（空步）。

步当前处于不动作状态称静步，步当前处于动作状态称活动步，步的转移条件一旦满足，该步即处于活动步（被转移条件激活），不满足则该步处于静步，若本步被激活，则上一步即处于静步状态。

4. 转换条件（转移条件、触发条件、激活条件）

"转移条件" 是为了进入下一步处理而必须满足的条件。

① 转移条件即步被激活的条件。

② 转移条件是步与步之间的有向连线上的垂直短划线来表示。

③ 控制方向是由上往下的，从左到右的，可省略箭头。

④ 控制方向不是由上往下或从左到右的，应画箭头。

⑤ 步与步之间必须有转移条件。

⑥ 步的转移条件一旦满足，该步即处于活动步（被转移条件激活）。

⑦ 步的转移条件一旦不满足则该步处于静步。

⑧ 转移条件有常开触点、常闭触点或者是常开触点与常闭触点的串并联或逻辑组合。

常见的转移条件有以下几种形式，如图 3-4 所示。

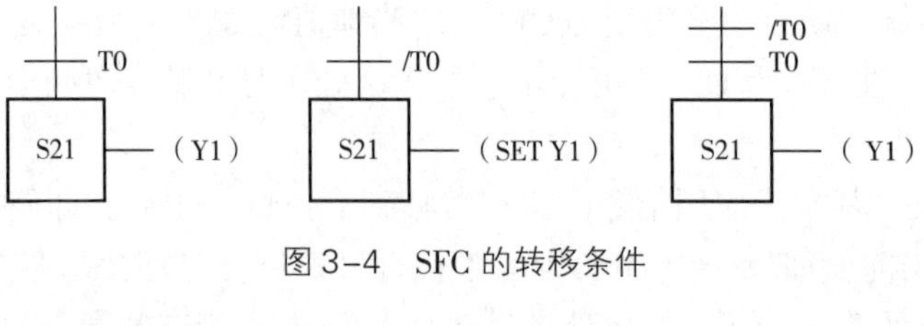

图 3-4　SFC 的转移条件

5. 驱动负载（输出动作）

当该步的转移条件得到满足而处于活动步，则一般先执行输出动作，然后再执行转移条件，步方框右侧的程序即为输出动作。输出动作有非保持型与保持型两种：

① 非保持型即：该步处于活动步动作执行，处于静步后则动作停止。

② 保持型即：该步处于活动步动作执行，处于静步后则动作仍维持步的输出动作可以无（空步），可以是一个或多个，具体如图 3-5 所示。

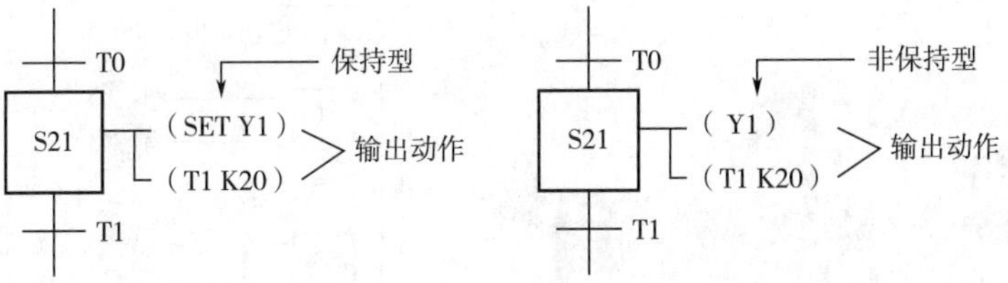

图 3-5　SFC 的输出形式

6. 结束句

SFC 图的结束，必须在末尾标注：RET，表示顺控程序的结束，SFC 程序结束后，后面可加入非顺控程序。

SFC 程序结束后，若后面若无其他程序加入，则应加上 END 语句，表示全程序的结束，如图 3-6 所示。

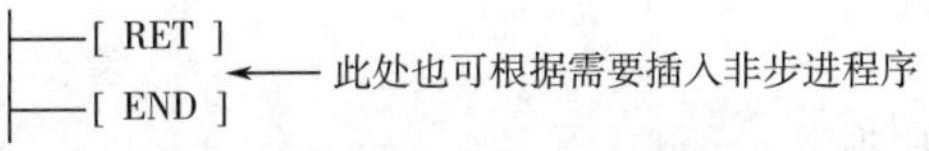

图 3-6　SFC 程序的结束

任务二　顺序控制指令及其编程方法

一、顺序功能图含义

1. 顺序控制系统

对于流程作业的自动化控制系统而言，一般都包含若干个状态（也就是工序），当条件满足时，系统能够从一种状态转移到另一种状态，把这种控制称为顺序控制。对应的系统则称为顺序控制系统或流程控制系统。

2. 顺序功能图

针对顺序控制要求，PLC 提供了顺序功能图（SFC）语言支持。顺序功能图又称状态转移图，由一系列状态（用 S 表示）组成。系统提供 S0~S999 共 1000 个状态供编程使用，其中：

S0~S9：初始状态专用。

S10~S19：原点复位用。

S20~S499：一般用。

S500~S899：停电保持用。

S900~S999：报警用。

以红绿灯控制为例，其对应的顺序功能图，如图 3-7 所示。

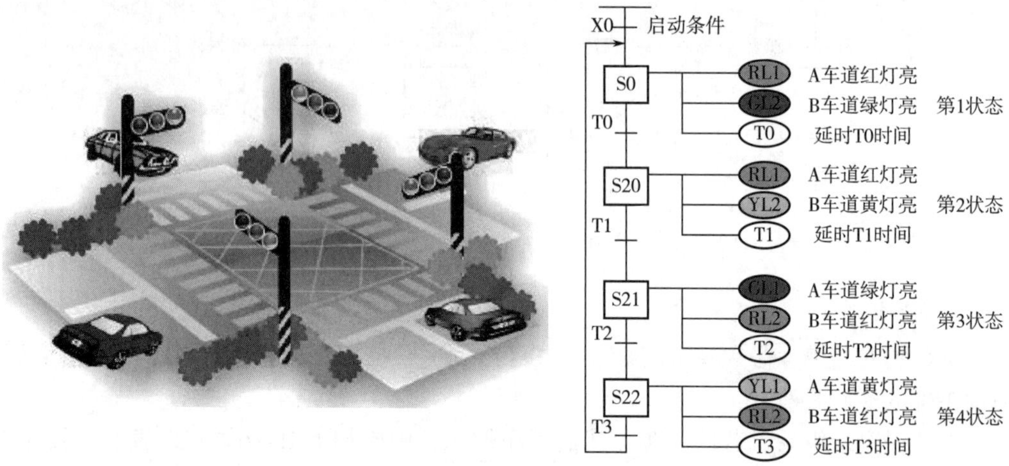

图 3-7　交通灯控制的 SFC 设计

二、顺序功能图的编程方法

顺序功能图（SFC）是将工序执行内容与工序转移要求以状态执行和状态转移的形式反映在步进程序中，控制过程明确，是对顺序控制过程进行编程的好方法。另外在一些仿真软件或者低版本的编程软件中不能直接创建 SFC 的时候，可以利用步进梯形图来替代。

PLC 提供了一对步进指令，如图 3-8 所示。

助记符、名称	功能说明	回路表示及可用软元件	程序步
STL步进指令	步进梯形图开始	S	1
RET步进返回	步进梯形图结束	RST	1

图 3-8　步进指令

STL 步进触点指令用于“激活”某个状态，其梯形图符号为—||—。STL 是利用内部软元件（状态 S）在顺控程序上进行工序步进式控制的指令。RET 是用于状态（S）流程的结束，实现返回主程序（母线）的指令。

现以如图 3-9 所示的步进程序的基本结构为例来说明状态转移图的编程方法。图 3-9（a）是状态转移图（SFC），图 3-9（b）是步进梯形图（STL），执行的结果是完全相同的。状态转移图的结构是由初始状态（S0）、普通状态（S20、S23、S25）和状态转移条件所组成。初始状态可视为设备运行的停止状态，也可称为设备的待机状态。普通状态为设备的运行工序，按顺序控制过程从上向下地执行状态转移条件：为设备运行到某一工序执行完成后，从该工序向下一工序转移的条件。显然，状态转移图是步进程序的初步设计。其方法如下：

（1）要执行步进程序，首先要激活初始状态 S0。一般 FX 系列 PLC 都采用特辅继电器 M8002 在 PLC 送电时产生的脉冲来激活 S0，但是 Q 系列 PLC 可以直接创建初始步。

（2）在步进梯形图程序中每个普通状态执行时，与上一个状态是不接通的。当上一个状态执行完毕后，若满足转移条件，就转移到下一个状态执行，而上一状态就会停止执行，从而保证执行过程是按工序的顺序进行控制。

（3）在步进程序中，每个状态都要有一个编号，而且每个状态的编号是不能相同的。对于连续的状态，没有规定必须用连续的编号，编程时为便于程序修改，两个相邻的状态可采用相隔 2~5 个数的编号。例如，状态 S20 下面的状态也可采用 S25，这样在需要时可插入 4 个状态，而不用改变程序的状态编号。

（4）在同一状态内不允许出现两个相同的执行元件，即不能有元件双重输出。但若在不同状态中使用相同的执行元件，如输出继电器 Y、辅助继电器 M 等，不会出现元件双重输出的控制问题。显然，在步进程序中，相同的执行元件在不同的状态使用是允许的。

（5）定时器可以在相隔一个或一个以上的状态中使用同一个元件，但不能在相邻状态中使用。

当我们对顺序控制进行程序设计时，首先应编写状态转移图（SFC）。虽然步进梯形图（STL）与它不太一样，但控制过程是相同的。由于编程软件没有状态转移图程序的编写功能，编程时必须把状态转移图先转变为步进梯形图，再输入 PLC，或者把它转变为指令表方式再输入也是可以的。

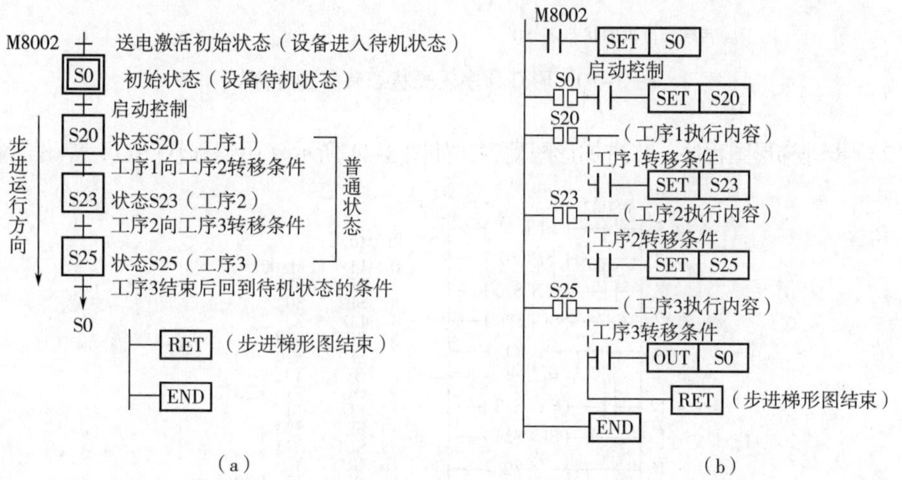

图 3-9　步进控制程序的基本结构

（a）状态转移图　（b）步进梯形图

三、顺序控制程序基本结构

（一）单流程结构

单流程是指状态转移只有一种顺序，没有其他去向，所以称为单流程。实际的控制系统并非一种顺序，含多种路径的称为分支流程。下面举例介绍单流程状态转移图的编程。

【例】设计一套三彩灯顺序闪亮的步进梯形图程序。控制要求如下：按下启动按钮 SB1 后，红色指示灯 HL1 亮 2s 后熄灭，接着黄色指示灯 HL2 亮 3s 后熄灭，接着绿色指示灯亮 5s 后熄灭，转入待机状态。

输入元件 SB1→X1　输出元件 HL1→Y1

HL2→Y2

HL3→Y3

（1）状态转移图程序。三彩灯顺序控制的状态转移程序，如图 3-10 所示。根据控制要求，定时器在状态停止执行后会自动清零和触点复位，因此不需要对定时器复位清零。

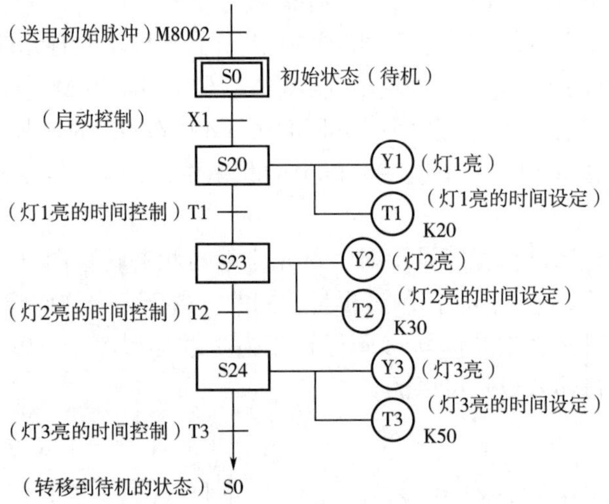

图 3-10　彩灯顺序闪亮状态转移图程序

（2）步进梯形图程序。步进梯形图程序，如图 3-11 所示（用编程软件 GX-Works 编写）。

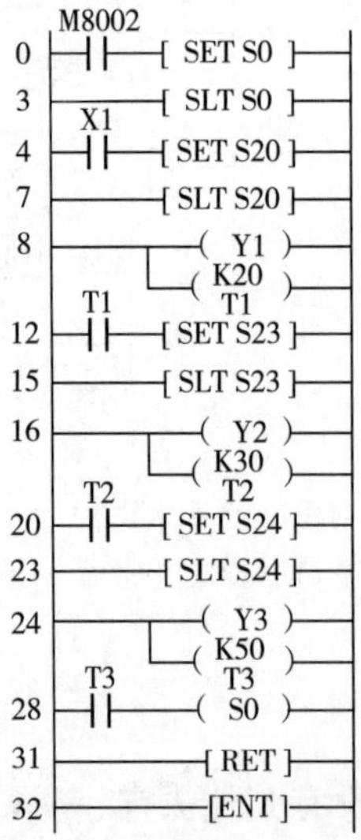

指令格式：

```
0   LD    M8002
1   SET   S0
3   SLT   S0
4   LD    X1
5   SET   S20
7   SLT   S20
8   OUT   Y1
9   OUT   T1   K20
12  LD    T1
13  SET   S23
15  SLT   S23
16  OUT   Y2
17  OUT   T2   K30
20  LD    T2
21  SET   S24
23  SLT   S24
24  OUT   Y3
25  OUT   T3   K50
28  LD    T3
29  OUT   S0
31  RET
32  END
```

图 3-11　步进梯形图程序

（二）多分支状态转移图的编程

在状态转移图中，存在多种工作顺序的状态流程图称为分支、汇合流程图。分支流程又分为选择性分支和并行分支两种。

1. 选择性分支状态转移图结构与编程

从多个流程顺序中选择执行哪一个流程，称为选择性分支。如图 3-12 所示就是一个选择性分支的状态转移图，如图 3-13 所示给出了三个流程顺序。

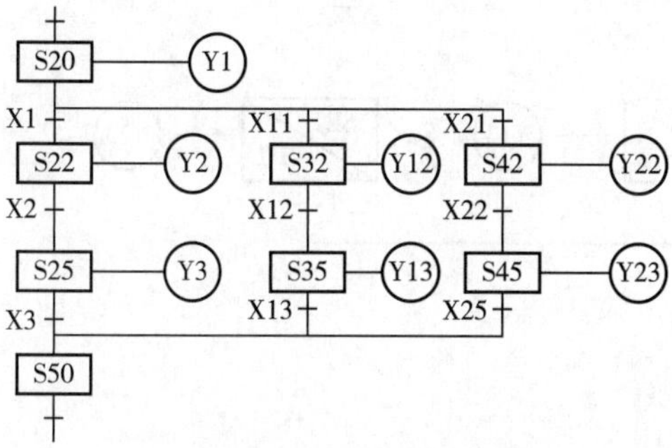

图 3-12　选择性分支状态转移图

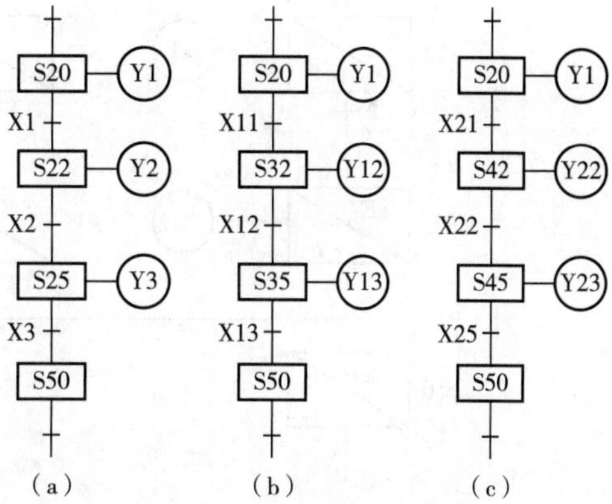

图 3-13　分支流程分解图

（a）第一分支　（b）第二分支　（c）第三分支

S20 为分支状态器，根据不同的转移条件（X1、X11、X21），可选择执行其中的一个流程。当 X1 为 ON 时，执行第一分支流程；X11 为 ON 时，执行第二分支流程；X21 为 ON 时，执行第三分支流程。如图 3-14 所示，X1、X11、X21 不能同时为 ON。

S50 为汇合状态器，可由 S25、S35、S45 任一状态器驱动。

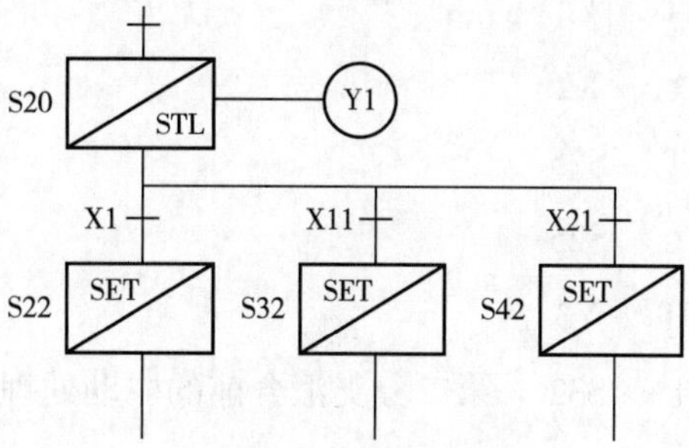

图 3-14　分支状态 S20

选择性分支状态转移图编程的原则是先集中处理分支状态，然后再集中处理汇合状态。如图 3-14 所示的选择性分支状态的编程，首先应对分支状态 S20 的驱动处理，然后按 S22、S32、S42 的顺序进行转移处理，如图 3-13 所示。

分支状态指令语句表程序如下：

```
STL    S20
OUT    Y1     驱动处理
LD     X1
SET    S22    转移到第一分支状态
```

LD　　X11

SET　　S32　　转移到第二分支状态

LD　　X21

SET　　S42　　转移到第三分支状态

汇合状态的编程原则是先进行汇合前状态的驱动处理，再依顺序进行向汇合状态的转移处理，如图 3-15 所示。

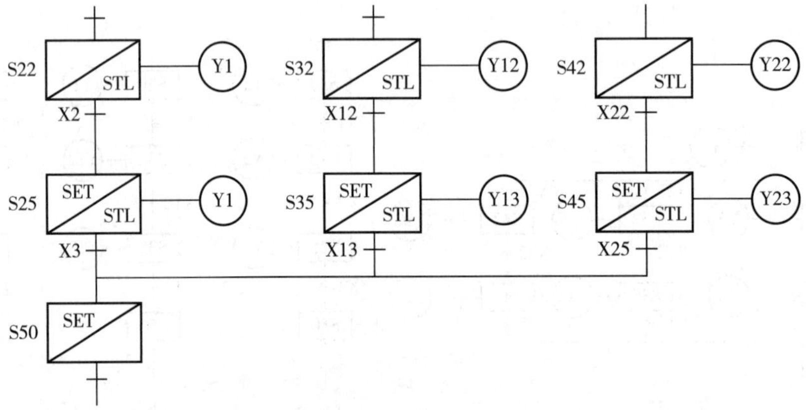

图 3-15　汇合状态 S50

汇合状态指令语句表程序如下：

STL	S22	第一分支汇合前的驱动处理	LD	X22	
OUT	Y2		SET	S45	
LD	X2		STL	S45	
SET	S25		OUT	Y23	
STL	S25		STL	S25	汇合前的驱动处理
OUT	Y3		LD	X3	
STL	S32	第二分支汇合前的驱动处理	SET	S50	由第一分支转移到汇合点
OUT	Y12		STL	S35	
LD	X12		LD	X13	
SET	S35		SET	S50	由第二分支转移到汇合点
STL	S35		STL	S45	
OUT	Y13		LD	X25	
STL	S42	第三分支汇合前的驱动处理	SET	S50	由第三分支转移到汇合点
OUT	Y22				

2. 并行分支状态转移图的结构与编程

在上述中，S20 是选择性分支状态，若是作并行分支状态，一旦 S20 转移条件 X0

为 ON，3 个顺序流程同时执行。并行分支状态转移图结构，如图 3-16 所示（最多只能有 8 个分支），并行分支流程分解图，如图 3-17 所示。

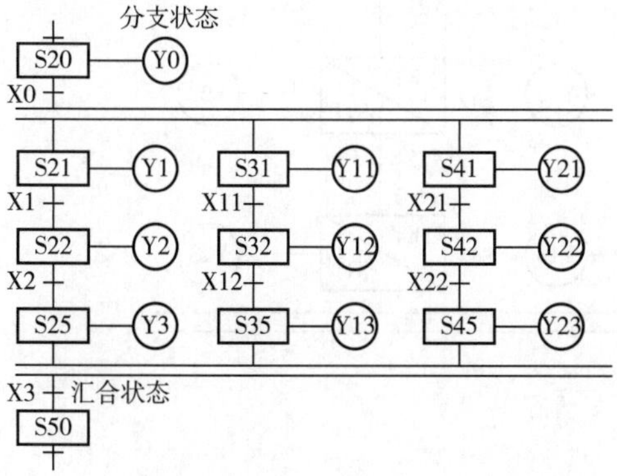

图 3-16　并行分支状态转移图

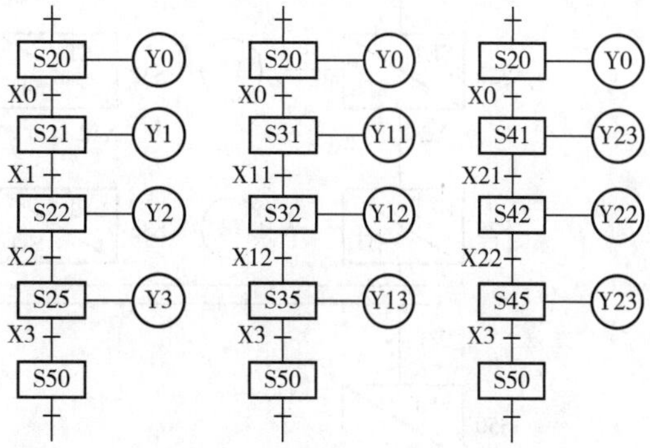

图 3-17　并行分支流程分解图

S50 为汇合状态，等 3 个分支流程动作全部结束时，一旦 X3 为 ON，S50 就开启。若其中任意一个分支没有执行完，S50 就不会开启。所以这种汇合也称为排队汇合，与选择性分支不同，在同一时间内会有两个或两个以上的状态处于开启状态。

并行分支状态转移图的编程原则：先集中进行并行分支处理，再集中进行汇合处理。

并行分支编程方法是先进行驱动处理，然后按顺序进行状态转移处理。并行汇合编程方法是先进行汇合前状态的驱动处理，然后按顺序进行汇合状态的转移处理。分支状态 S20 如图 3-18 所示，汇合前状态 S50 如图 3-19 所示。

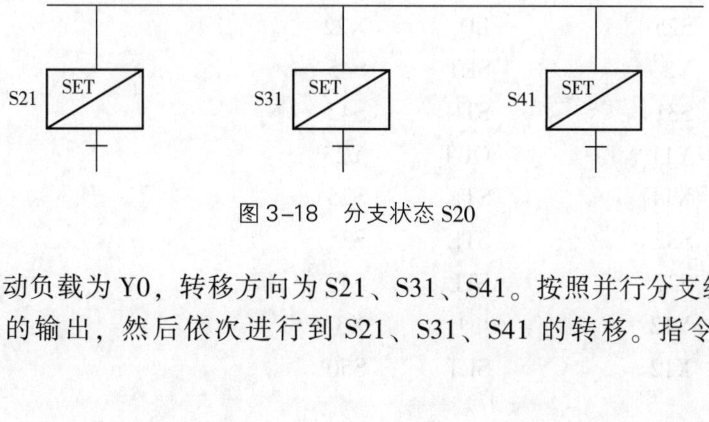

图 3-18　分支状态 S20

S20 的驱动负载为 Y0，转移方向为 S21、S31、S41。按照并行分支编程方法，应首先进行 Y0 的输出，然后依次进行到 S21、S31、S41 的转移。指令语句表程序如下：

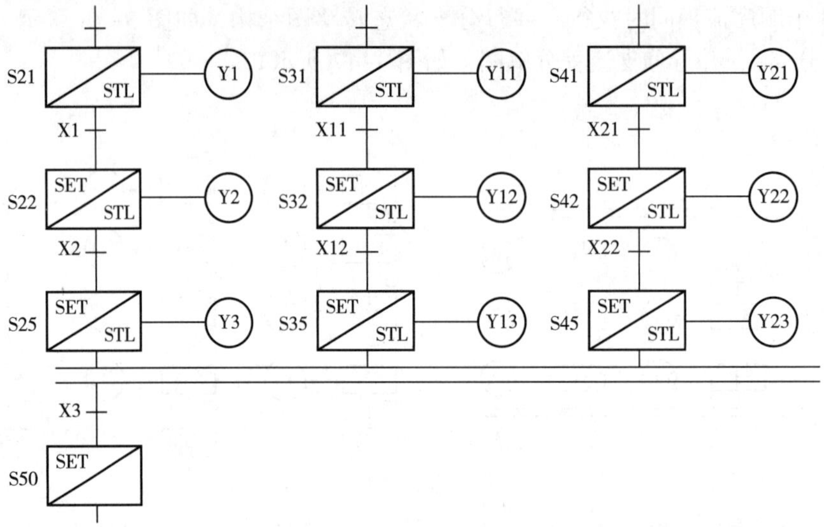

图 3-19　汇合状态 S50

STL	S20		SET	S21	向第一分支转移
OUT	Y0	驱动处理	SET	S31	向第二分支转移
LD	X0		SET	S41	向第三分支转移

按照并行汇合的编程方法，应先进行汇合前的输出处理，即按分支顺序对 S21、S22、S25、S31、S32、S35、S41、S42、S45 进行输出的驱动处理，然后依次进行从 S25、S35、S45 到 S50 的转移。指令语句表程序如下：

STL	S21	STL	S35
OUT	Y1	OUT	Y13
LD	X1	STL	S41
SET	S22	OUT	Y21
STL	S22	LD	X21
OUT	Y2	SET	S42
LD	X2	STL	S42
SET	S25	OUT	Y22
STL	S25	LD	X22
OUT	Y3	SET	S45
STL	S31	STL	S45
OUT	Y11	OUT	Y23
LD	X11	STL	S25
SET	S32	STL	S35
STL	S32	STL	S45
OUT	Y12	LD	X3
LD	X12	SET	S50

SET　　S35

3. 可选择性分支状态转移图程序设计

【例】现以多只灯发光与闪烁的选择控制为例阐述其程序设计方法。

（1）控制要求。

启动后，灯 1 发光，5s 后熄灭；接着灯 2 与灯 3 以下面两种模式运行。

运行模式 1：灯 2 以 1s 频率闪烁，闪烁 6 次后熄灭；接着灯 3 发光，6s 后熄灭。

运行模式 2：灯 2 以 1s 频率闪烁，闪烁 3 次后熄灭；接着灯 3 发光，3s 后熄灭。

任一种模式运行完成后，灯 4 都发光，5s 后熄灭。

要求：

① 用开关 SA1 作两种运行模式的切换。SA1 断开时，运行第一种模式；SA1 闭合时，运行第二种模式。

② 任何一种模式都可以连续运行。

③ 用按钮 SB1 与 SB2 分别作启动与停止控制。停止后按 SB1 可重新启动。

（2）系统的 I/O 分配。PLC 控制系统的 I/O 分配，如表 3-1 所示。根据 I/O 分配表来完成 PLC 的 I/O 接线。

表 3-1　　PLC 的 I/O 分配

输入端（I）		输出端（O）	
外接元件	输入继电器地址	外接元件	输出继电器地址
常开按钮 SB1（启动）	X10	指示灯 1（HL1）	Y10
常开按钮 SB2（停止）	X11	指示灯 2（HL2）	Y11
开关 SA1	X12	指示灯 3（HL3）	Y12
		指示灯 4（HL4）	Y13
		指示灯工作电源：DC24V	

（3）PLC 程序设计。灯光闪烁控制的状态转移图程序，如图 3-20 所示。步进梯形图程序，如图 3-21 所示。

指令程序如下：

```
0   LD    X11            16  OUT  Y10          30  SET  S31
1   ZRST  S20   S40      17  OUT  T0    K50    32  STL  S21
6   SET   S0             20  RST  C0           33  LD   M8013
8   LD    M8002          22  RST  C1           34  OUT  Y11
9   SET   S0             24  LDI  X12          35  OUT  C0    K7
11  STL   S0             25  AND  T0           38  LD   C0
12  LD    X10            26  SET  S21          39  SET  S23
13  SET   S20            28  LD   X12          41  STL  S23
15  STL   S20            29  AND  T0           42  OUT  Y12
```

43	OUT	T1	K60	55	LD	C1		66	STL	S40	
46	LD	T1		56	SET	S33		67	OUT	Y13	
47	SET	S40		58	STL	S33		68	OUT	T3	K50
49	STL	S31		59	OUT	Y12		71	LD	T3	
50	LD	M8013		60	OUT	T2	K30	72	OUT	S20	
51	OUT	Y11		63	LD	T2		74	RET		
52	OUT	C1	K4	64	SET	S40		75	END		

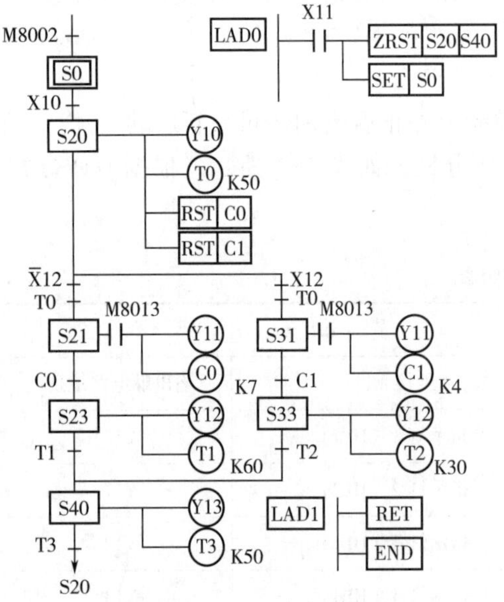

图 3-20　状态转移图程序

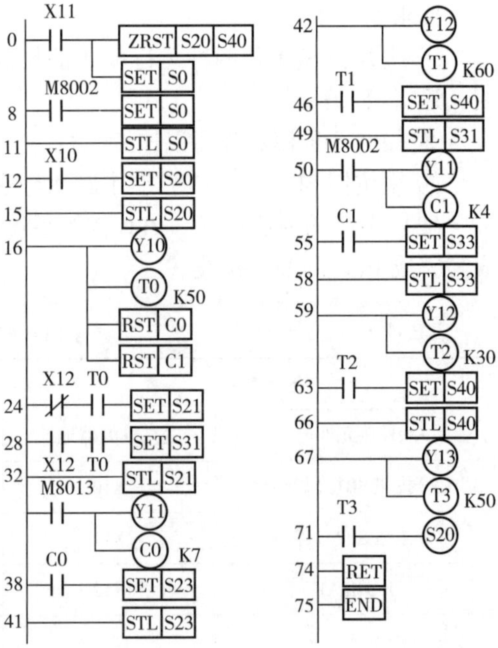

图 3-21　步进梯形图程序

4. 并行性分支状态转移图程序设计

【例】还以多只灯发光与闪烁控制系统为例阐述其程序设计方法。

(1) 系统控制要求。

启动后，灯 1~灯 4 同时按以下两路运行：

第 1 路：灯 1 发光，2s 后熄灭；接着灯 2 发光，3s 后熄灭。

第 2 路：灯 3 与灯 4 以“0.5s 亮，0.5s 灭”的方式交替发光，3s 后熄灭。

当两路都完成运行后，灯 1、灯 2、灯 3、灯 4 一齐发光，3s 后熄灭。

要求：

① 用按钮 SB1、SB2 分别作启动与停止控制，停止后按 SB1 可重新启动运行。

② 用开关 SA1 作连续运行与单周期运行控制，SA1 断开时作连续运行，SA1 闭合时作单周期运行。

（2）系统的 I/O 分配。PLC 系统 I/O 分配，如表 3-2 所示。

表 3-2　　PLC 系统 I/O 分配

输入端（I）		输出端（O）	
外接元件	输入继电器地址	外接元件	输出继电器地址
常开按钮 SB1（启动）	X10	指示灯 1（HL1）	Y10
常开按钮 SB2（停止）	X11	指示灯 2（HL2）	Y11
开关 SA1	X12	指示灯 3（HL3）	Y12
		指示灯 4（HL4）	Y13
		指示灯工作电源：DC24V	

（3）PLC 程序设计。状态转移图程序，如图 3-22 所示。步进梯形图程序，如图 3-23 所示。

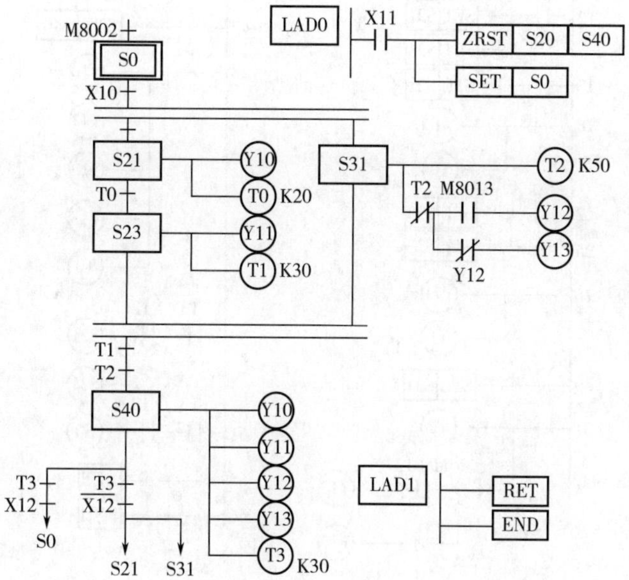

图 3-22　状态转移图程序

指令程序如下：

0	LD	X11		12	LD	X10	22	LD	T0	
1	ZRST	S20	S40	13	SET	S21	23	SET	S23	
6	SET	S0		15	SET	S31	25	STL	S23	
8	LD	M8002		17	STL	S21	26	OUT	Y11	
9	SET	S0		18	OUT	Y10	27	OUT	T1	K30
11	STL	S0		19	OUT	T0	30	STL	S31	

31	OUT	T2	K50	43	LD	T1		55	LD	T3
34	ANI	T2		44	AND	T2		56	ANI	X12
35	MPS			45	SET	S40		57	OUT	S21
36	AND	M8013		47	STL	S40		59	OUT	S31
37	OUT	Y12		48	OUT	Y10		61	LD	T3
38	MPP			49	OUT	Y11		62	AND	X12
39	ANI	Y12		50	OUT	Y12		63	OUT	S0
40	OUT	Y13		51	OUT	Y13		65	RET	
41	STL	S23		52	OUT	T3	K30	66	END	
42	STL	S31								

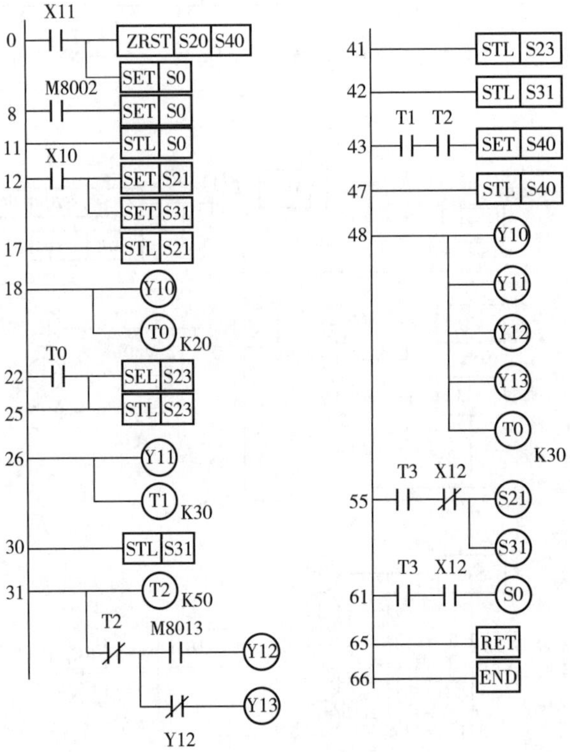

图 3-23 步进梯形图程序

如图 3-24 所示程序的分支与汇合。由于要同时执行“灯 1、灯 2 的顺序发光”与“灯 3、灯 4 的交替发光”两个控制过程，因此，如图 3-24 所示程序将这两个运行过程设定为 2 个并行性分支，以启动按钮（X0）作为转移条件，当 X0＝ON 时，同时进入 2 个分支，实现 2 个控制过程执行。图 3-20 所示程序的分支汇合点有 2 个转移条件，一个是支路 1 状态 S23 的定时器 T1，另一个是支路 2 状态 S31 的定时器 T2。只有在 2 个条件都同时满足的情况下，才能实现 2 支路的汇合转移，这就保证了 2 个支路必须执行完后才能汇合转移到 S40。

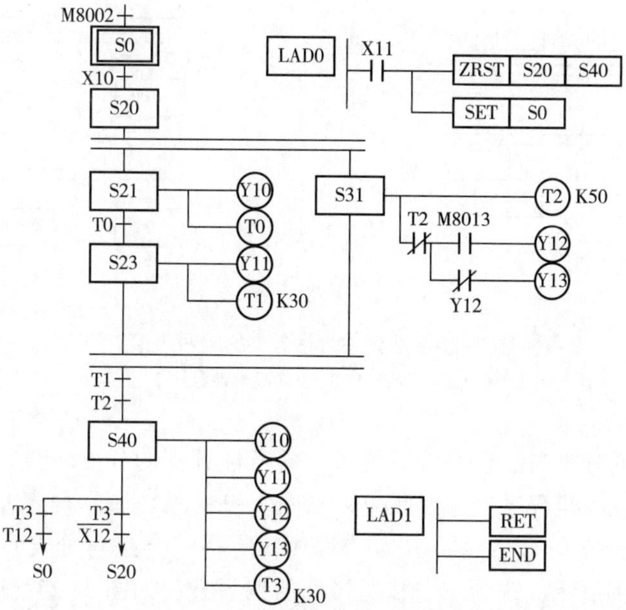

图 3-24　状态转移图程序

“灯 1、灯 2 的顺序发光”与“灯 3、灯 4 的交替发光”两路控制的运行时间都是 5s，所以是同时执行完毕并同时汇合转移。注意：如果 2 条支路的运行时间不相同，而汇合条件又要求 2 个支路都要执行完毕才能转移，此时，运行时间短的支路会在执行完最后状态后停留等待，直到运行时间长的支路执行完再一齐汇合转移。

如果将如图 3-25 所示程序的分支点前设置一个空状态 S20，则为连续运行提供一个分支前的状态进行转移，如图 3-25 所示。这样在处理连续运行时，转移到 S20 就可以了，而不用像图 3-23 要同时转移到 S21 和 S31，这样编写程序会更合理些。

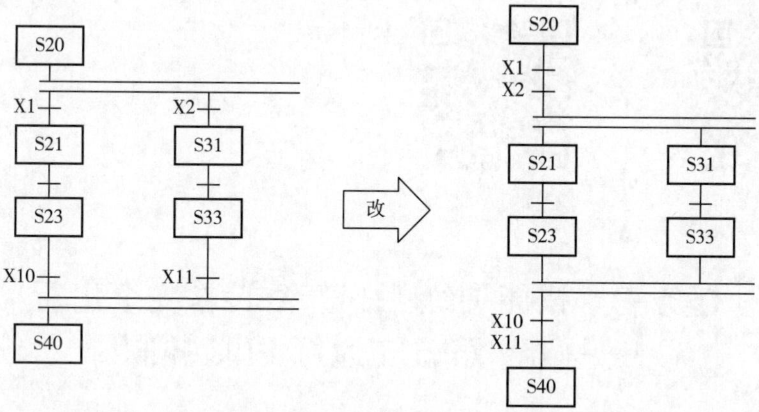

（a）

图 3-25　部分并行性分支的编写

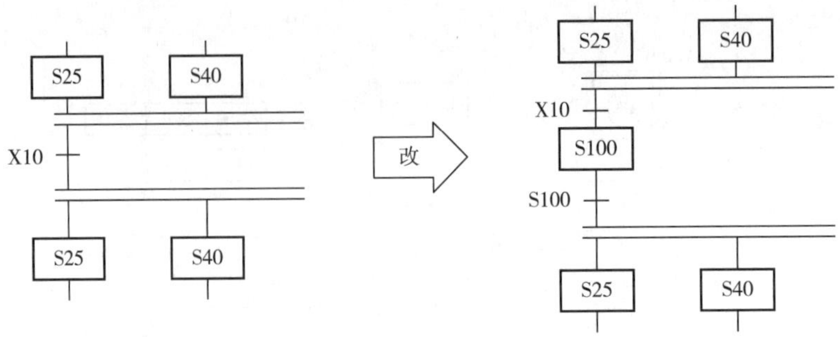

（b）

图 3-25　部分并行性分支的编写（续）

（a）修改程序 1　（b）修改程序 2

并行性分支的分支与汇合的编写要求：并行性分支的分支转移条件与汇合转移条件都应集中设置在主流程序上，因此应将如图 3-25（a）所示程序左边的写法改为右边的写法。而对分支汇合后又再分支的程序，应将汇合点与分支点的直接连接，如图 3-25（b）左图所示，改为用空状态过度的编写方法如图 3-25（b）右图所示，这样程序的编写会更简单。

技术小贴士：

1. 步+该步工序中的动作或命令+有向连接+转换和转换条件=SFC。

2. SFC 的特点：更容易设计和维护系统、不需要复杂的互锁电路、还可以用大家熟悉的梯形图编程方法。

3. Q 系列 PLC 的 SFC 程序直接新建即可，不用 M8002 做引导驱动 S0。

十字路口交通灯 PLC 控制

配套课件　　教学视频

任务三　技能训练 1：遵章守纪 安全出行 ——十字路口交通灯 PLC 控制

一、思政引入

交通信号灯分为机动车信号灯、非机动车信号灯、人行横道信号灯、车道信号灯、方向指示信号灯、闪光警告信号灯、道路与铁路平面交叉道口信号灯。交通信号灯用于道路平面交叉路口，通过对车辆、行人发出行进或停止的指令使各同时到达的人、车交通流，尽可能地减少相互干扰，从而提高路口的通行能力，保障路口的畅通和安全。如图 3-26 所示的十字路口，由于没有交通信号灯造成了车辆拥堵，行人乱穿马路，整个交通陷入瘫痪状态。因此在十字路口，四面都必须悬挂红、黄、绿三色交通信号灯，它是不出声的“交通警察”，每天有序地指挥着来往车辆和行人，维护道路交通秩序，预防和减少交通事故发生。

图 3–26　没有交通灯的路口

另外闯红灯是很严重的交通违法行为，是诱发交通事故的重要原因之一，每年因闯红灯引发的交通事故为数不少（以 2019 年为例中国交通发生数量为 24. 8 万起，闯红灯引起的大概占 20%，约 5 万起），造成人员受伤、车辆损坏，甚至付出生命的代价。因此，应当学会保护自己，要养成文明行车、文明走路的习惯，维护交通安全是每个人应该具备的社会公德。交通安全从大的方面来讲，保护国家集体的财产安全，维护交通秩序，提高道路交通能力，也是经济建设的有力支持。从小的方面来讲，对于个人，为的是保障自己以及更多人的生命安全，避免造成不必要的财产和经济损失。

二、控制要求

当启动开关接通时，信号灯系统开始工作；当停止钮按下时，所有信号灯都熄灭，具体时序图，如图 3-27 所示，具体控制要求如下：

（1）南北绿灯和东西绿灯不能同时亮。

（2）南北红灯亮并维持 25s。在南北红灯亮的同时，东西绿灯也亮，并维持 20s。到 20s 时，东西绿灯闪亮，闪亮 3s 后熄灭，在东西绿灯 . 熄灭时，东西黄灯亮，并维持 2s。到 2s 时，东西黄灯熄灭，东西红灯亮：与此同时，南北红灯熄灭，南北绿灯亮。

（3）东西红灯亮维持 30s。南北绿灯亮维持 25s，然后闪亮 3s 再熄灭。同时南北黄灯亮，维持 2s 后熄灭，这时南北红灯亮，东西绿灯亮。

（4）周而复始。

三、项目实施

（一）I/O 分配

十字路口交通灯控制系统的接线和 I/O 分配，如图 3-28 所示，其中南北绿灯由输出继电器 Y0 控制，南北黄灯由输出继电器 Y1 控制，南北红灯由输出继电器 Y2 控制，东西绿灯由输出继电器 Y4 控制，东西黄灯由输出继电器 Y5 控制，东西红灯由输出继电器 Y6 控制。

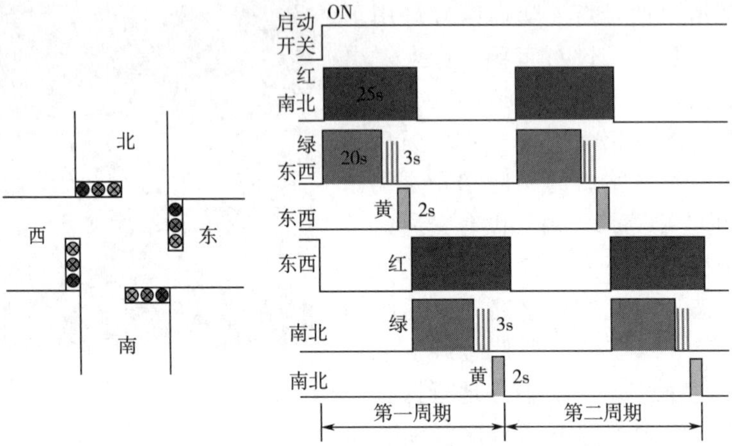

图 3-27　十字路口交通灯控制时序图

输入	输出					
控制开关	东西绿灯	东西黄灯	东西红灯	南北红灯	南北绿灯	南北黄灯
X0	Y1	Y2	Y3	Y4	Y5	Y6

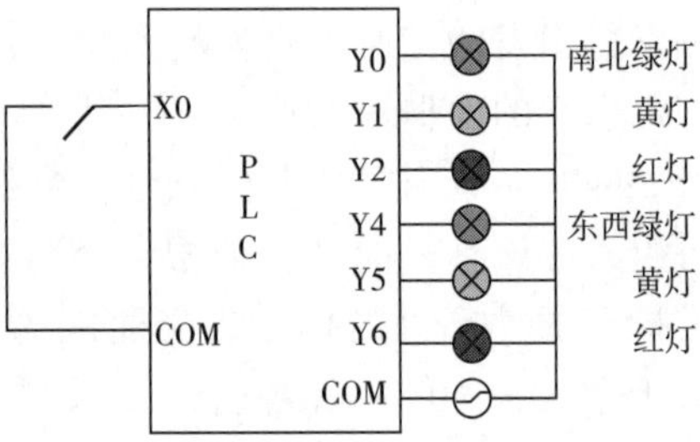

图 3-28　I/O 分配及接线图

（二）SFC 流程图设计

十字路口交通灯控制系统可以有两种形式的 SFC 来实现，分别是单一流程和并行结构。

1. 单流程结构

单流程结构设计根据时序图输出灯的变化情况来划分不同的状态，在一个周期内可以划分成 6 个不同的状态，每一个状态包含南北和东西两个方向灯的变化，具体顺序功能图，如图 3-29 所示。

2. 并行结构设计

采用两分支并行控制，将东西向的红、黄、绿信号灯的发光与闪烁顺序作为一个分支，而南北向的红、黄、绿信号灯的发光与闪烁顺序作为另一个分支，两分支并行控制，这样程序执行的效率将更高，如图 3-30 所示。

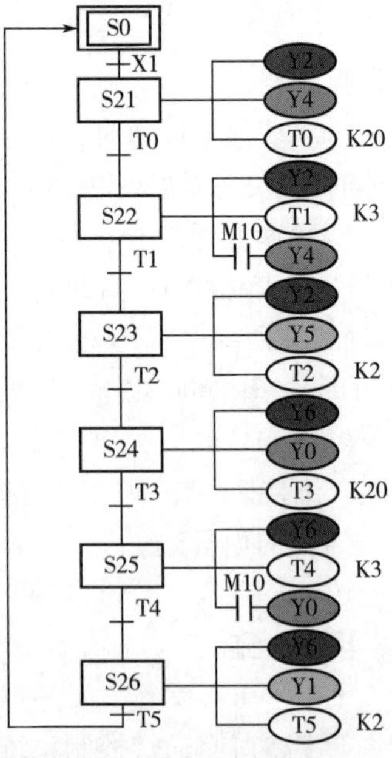

图 3-29　单流程结构

（三）参考程序

十字路口交通灯控制系统步进梯形图，如图 3-31 所示。

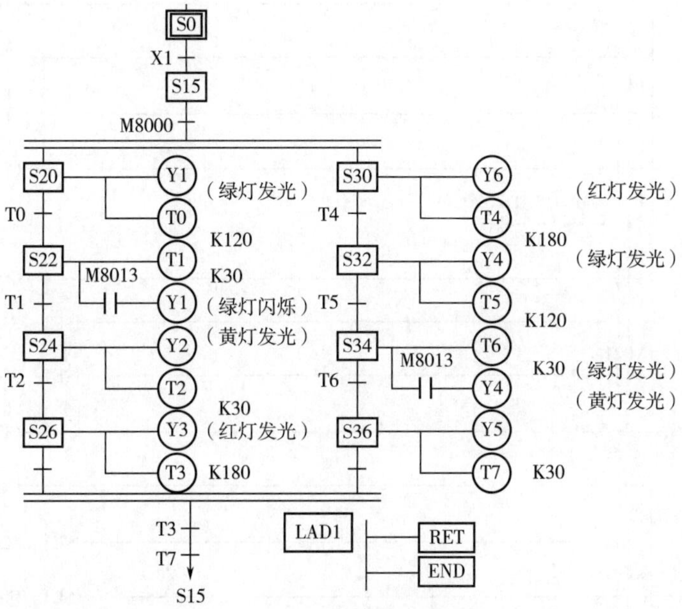

图 3–30　并行结构设计

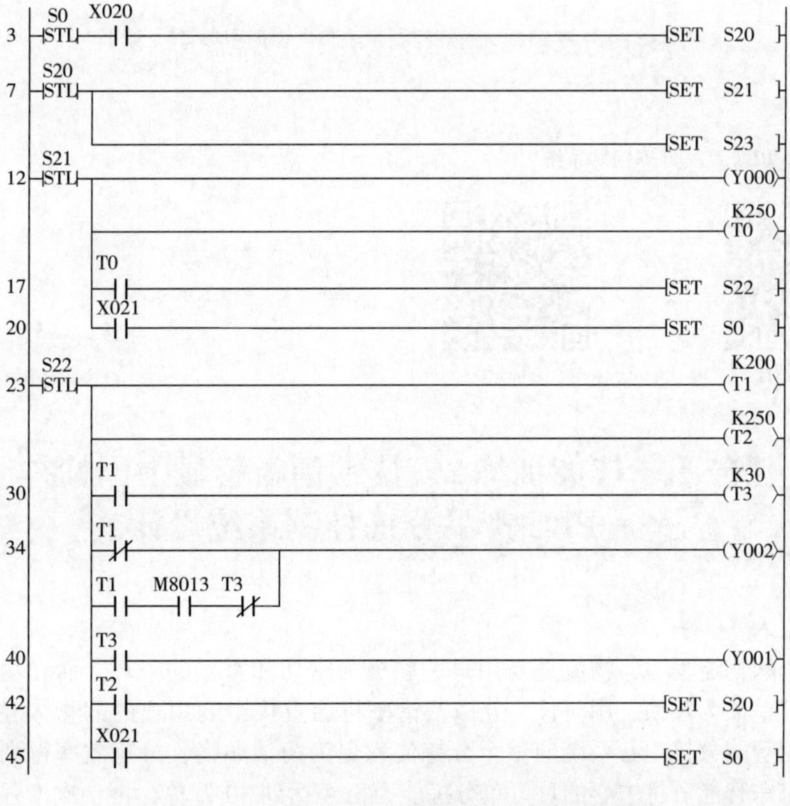

图 3–31　十字路口交通灯控制系统步进梯形图参考

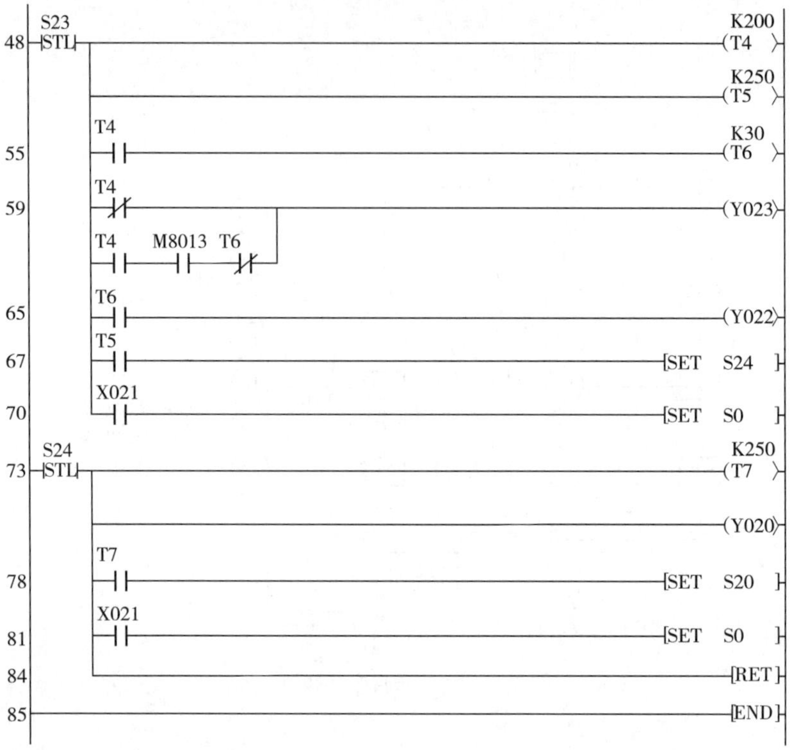

图 3-31　十字路口交通灯控制系统步进梯形图参考（续）

PLC 产品分拣控制系统

配套课件　　教学视频

任务四　技能训练 2：技术创新彰显中国精神——PLC 产品分拣控制系统设计

一、思政引入

在整个购物流程中，物流是与用户关联极为密切和直接的一环。而在物流大环节中，分拣订单最为烦琐，用时长、分拣差错率将会直接影响用户的购物体验。京东智慧物流运用智能分拣中心系统使整个分拣流程更为简洁顺畅，分拣效率得到大幅度提升。固安京东智能分拣中心的日订单分拣能力已经达到 30 万单，再一次增强了京东华北地区的分拣能力，有力提升了运营效率并明确降低了运营成本。京东一号智能分拣中心与矩阵式分拣方式相比，人员投入比例减少了近 70%，坪效提升了 5 倍。

京东智能分拣中心是一套全智能化、机械化操作的平台，它拥有独立的场院管理系统及 AGV 操作台，其完善的远程实时监控体系有效地实现了整个业务操作流程的可视化，如图 3-32 所示。智能分拣机和龙门架的引入实现了智能收货和发货，脱离人工操作，让分拣环节更加自动化和智能化，保证包裹分拣正确率达到 99%，促进了包裹的高速运转；自动称重设备有助于快速、精确地对包裹进行称重，并准确计算物流费用；视觉扫描仪可以实现漏扫描包裹影像照片的调取，通过人工补码方式完成系统数据录入，实现扫描率 100%；智能分拣柜采用立体分拣结构，结合 LED 灯光完成包裹实物分拣和系统数据同步流转；工位管理系统的上线将能够实现对员工的智能排班和岗位管理，有效地提升了运营效率；智能看板和远程视频，将实现对分拣场地的实时流程把控，有效提升集团或区域对现场的管控力度；AGV 机器人自动沿规定的导引路径行驶，将包裹自动移载到特定的位置，极大地节省了人力和运输时间。这一系列设备的引入有力地促进了京东物流的标准化、精细化、可视化，在节约成本的同时，提升了物流的运转效率。

图 3-32　智能分拣中心

目前，快递业务离不开先进的智能分拣系统，2020 年中国快递发展指数为 1259.1，同比提高 26.1%。其中发展规模指数为 2831，同比提高 28.3%。2020 年，全国快递业务量完成 833.6 亿件，同比增长 31.2%，全年业务增量近 200 亿件，增速和增量均创历史新高。快递业务量连续 7 年稳居世界首位，占全球六成以上。快递企业日均快件处理量超 2.3 亿件，同比增长 35.3%；最高日处理量达 6.8 亿件，同比增长 25.9%。快递企业日均服务 4.5 亿人次，相当于全国每天有三分之一的人享受快递服务。人均快件使用量约 59 件，同比增加 14 件，增幅明显。快递业务收入占国内生产总值比例达 8.7‰，同比提高 0.11 个百分点，快递业务收入增速是国内生产总值增速的 7.5 倍。新增社会就业 20 万人以上。在新冠肺炎疫情的不利影响下，行业增长远超预期，为宏观经济复苏提供重要支撑。

随着智慧物流的不断推进，依托京东在物流领域的强大积累，完整物流链、供应链的巨大优势，并结合了大数据、云计算等技术的充分应用。未来，京东的智慧物流体系将会更加智能化、标准化、精细化、高效化，并在更多领域扮演重要角色，从而为驱动整个社会经济的发展做出重要贡献。

二、控制要求

在实际生产过程中涉及零件的搬运、传输、分拣等过程。当供给指令发出后，机械手抓取部件，传输带进行右移，传感器检测出部件的大小，然后运送到相应的位置，放入对应的储物盒。PLC 产品分拣控制系统组成，如图 3-33 所示。

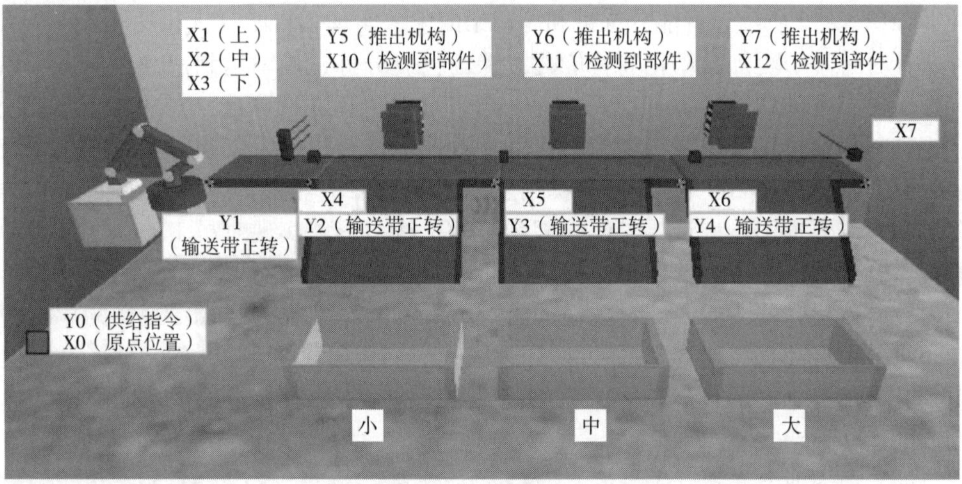

图 3-33　PLC 产品分拣控制系统组成

具体控制要求：

（1）按下 SB1，机械手供料，传送带电机启动，分拣机将产品检测为大中小。

（2）传送带根据产品大小输送到对应的工作区，用推动机构将不同大小的投料推入各个箱子中，大中小的箱子最多放 3、2、2，若箱中的投料数超过，就将其扔掉。

（3）任何时候按下 STOP，则所有输出复位，停止工作。

三、项目实施

1. I/O 分配

传送带启动元件：分别为 Y1、Y2、Y3 和 Y4 输出继电器，气缸推出元件：分别为 Y5、Y6 和 Y7 输出继电器，传感器检测元件：分别为 X1、X2、和 X3 输入继电器，产品统计元件：分别为 X4、X5、和 X6 输入继电器，PLC 的接线图，如图 3-34 所示。

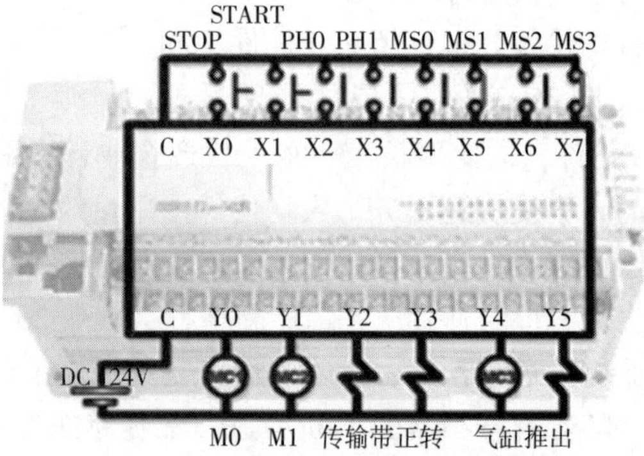

图 3-34　PLC 接线图

2. SFC 流程图设计

PLC 产品分拣控制系统采用选择结构 SFC 完成程序的设计，选择的条件由产品大、中、小的判断安装的 3 个传感器的触点组合完成，具体如图 3-35 所示，可在编程软件 GX-Works 中选择 SFC 编程语言完成。

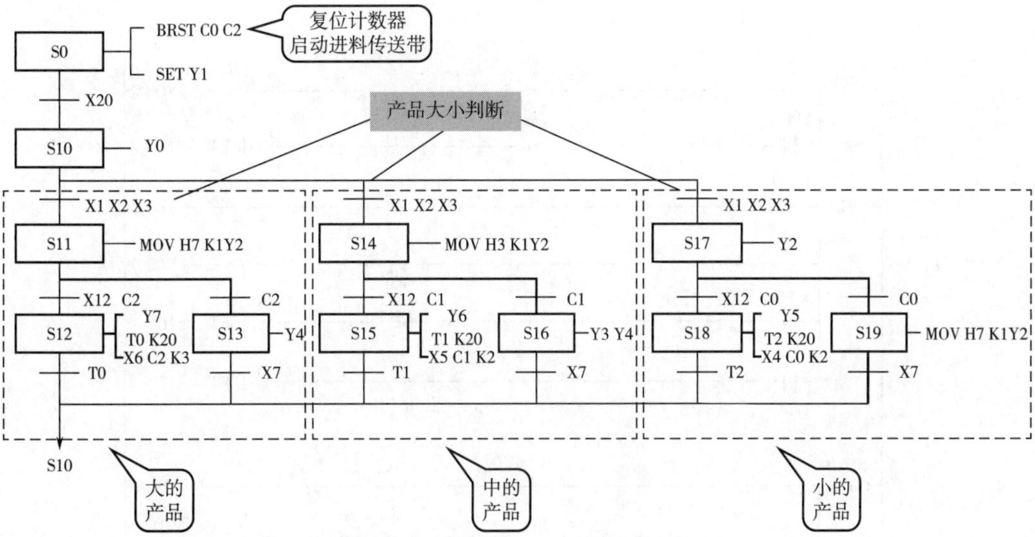

图 3-35　选择结构 SFC 程序设计

3. 参考程序

PLC 产品分拣控制系统的程序可以在 GX-Works 中利用 SFC 语言直接完成编写，也可以转换成步进梯形图在仿真软件中完成运行，步进梯形图，如图 3-36 所示。

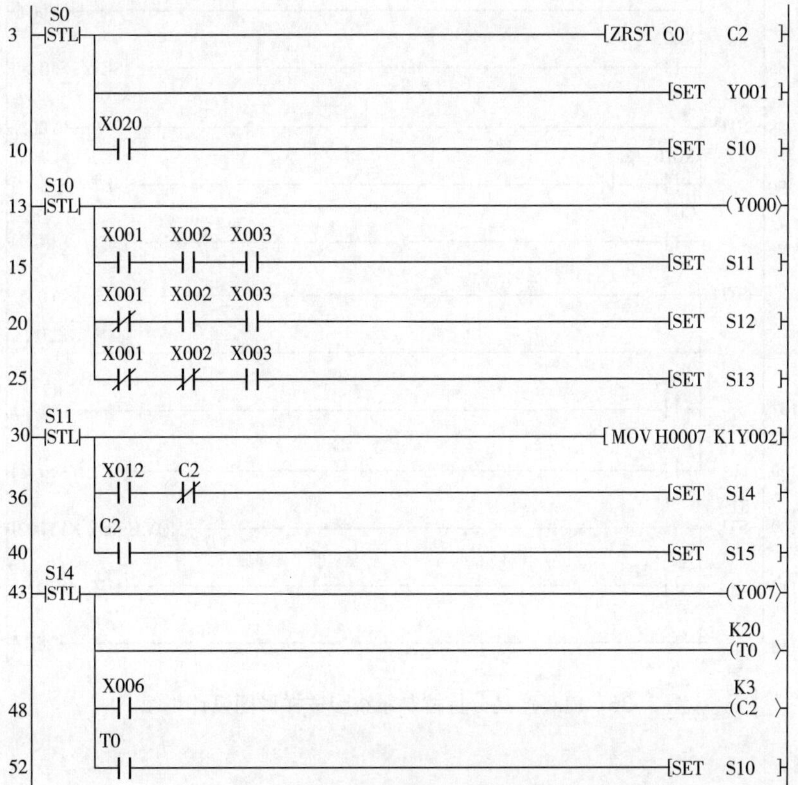

图 3-36　PLC 产品分拣控制系统步进梯形图设计

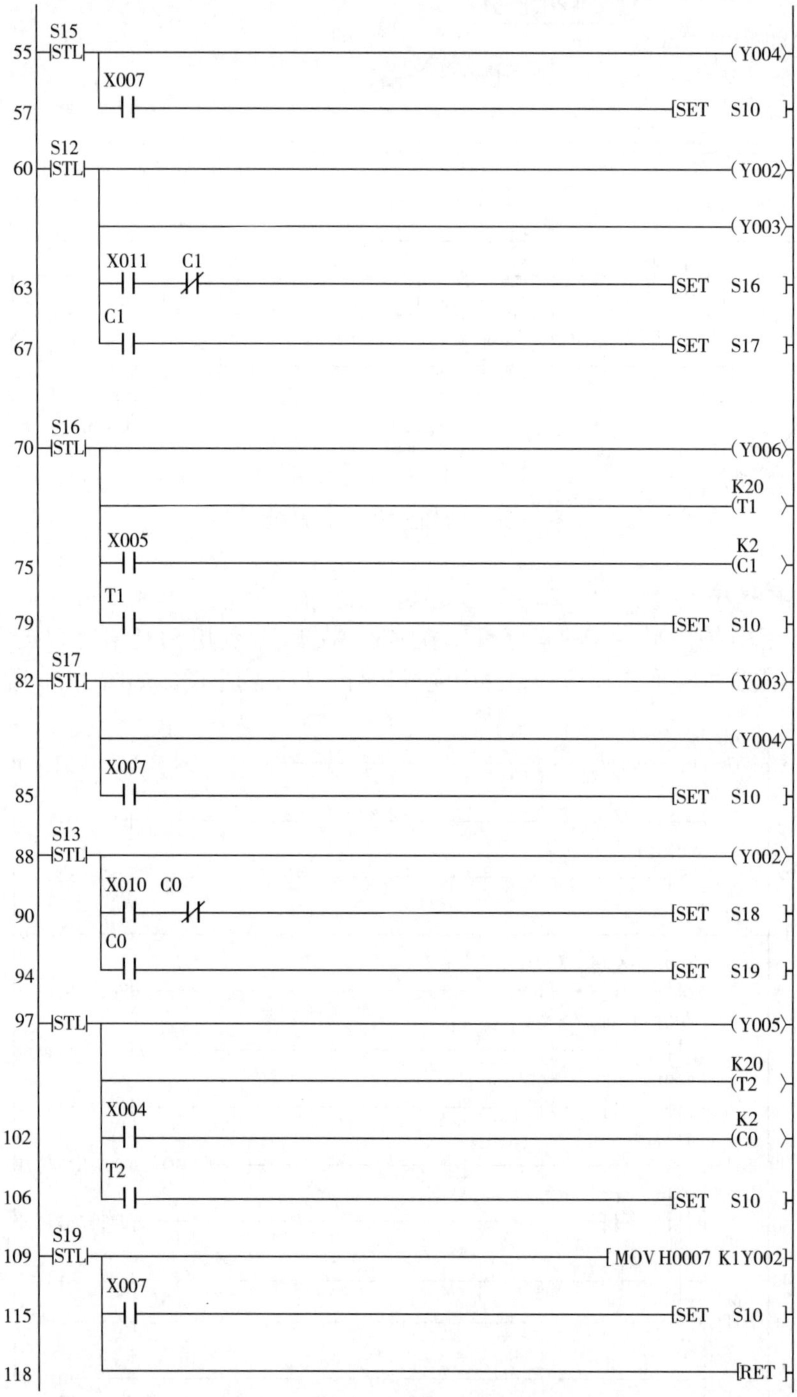

图 3-36　PLC 产品分拣控制系统步进梯形图设计（续）

技术小贴士：

在 GX-Works 软件中选择三菱 Q 系列 PLC 进行 SFC 语言设计时，第二个开始的程序块（Block）需要在程序中用 SET BL1 启动，其他以此类推。

【归纳总结】

一、 SFC 编程的优点

（1）在程序中可以很直观地看到设备的动作顺序。不同的人员都比较容易理解其他人编写的程序，因为程序按照设备的动作顺序进行编写。

（2）在设备故障时能够很容易地查找出故障所处在的工序，从而不用检查整个冗长的梯形图程序。

（3）不需要复杂的互锁电路，更容易设计和维护系统。

二、 SFC 的结构

SFC 图由描述一系列机器工序的各个工序运行的“步”组成，并且包括描述从一个工艺到其他工艺的“转换条件”。

SFC 程序的运行从初始步开始，每次转换条件成立时执行下一步并且在遇到 END 步结束一系列的运行。

SFC 各个步的转换条件都是用梯形图描述。

三、 SFC 的转移分类

串行转移（单流程）：当转换条件成立时执行下一步。

选择转移：只执行其条件在并联排列的多个转换条件中第一个成立的步。

并行转移：同时执行并联排列的多个步。

跳转：跳转至同一块内指定的步。

四、 SFC 的缺点

SFC 适用于顺控程序，不适用于非顺控程序的控制，例如手工操作的控制和中断操作的控制等。

在 Q 系列中 PLC 可以同时使用多种编程语言编写的多个程序，因此，当不适合使用 SFC 的时候可以使用梯形图程序去控制，这样可以实现多个程序的控制。

【习题作业】

一、选择题

1. STL 步进是顺控图中，S10～S19 的功能是（　　）。

A. 初始化　　B. 回原点　　C. 通用型　　D. 基本动作

2. STL 指令仅对状态元件（　　）有效。

A. M　　B. S　　C. X　　D. Y

3. PLC 中步进程序开始指令 STL 的功能是（　　）。

A. 表示状态器 S 线圈被激活　　B. 将状态器 S 的触点与母线连接

C. 将状态器 S 的常开触点与主母线连接　　D. 将步进触点返回主母线

4. 在 PLC 程序设计语言中，（　　）表达方式与继电器原理图相似。

A. 梯形图　　B. SFC　　C. 指令表　　D. 功能块图

5. 步进返回指令是（　　）。

A. RST　　B. RET　　C. ZRST　　D. STL

二、简答题

1. 电镀自控系统设计

（1）控制要求。

① 本实验用两个发光二极管表示升降，两个发光二极管表示进退。P01～P06 为相应的限位开关。

② 吊钩上升，提起工件，直到压下上限开关 P05；行车前进，直到 P01 限位开关；吊钩下降直到 P06 下限开关，工件浸入电镀液中 8s；时间到后吊钩上升直到 P05 上限开关，停 6s 滴液；时间到后行车后退到 P02 限位开关；然后吊钩下降到 P06，将工件放入回收液槽 4s；时间到后吊钩上升到 P05，然后行车后退到 P03；然后吊钩下降至 P06，将工件放入清洗槽中 2s，然后吊钩上升到 P05，停 3s 后行车后退到 P04，然后吊钩下降到 P06 停止。取下电镀好的工件后按启动按钮又重新开始。若在电镀过程中发生错误，按下紧急停止按钮，工序将结束，工作过程如图 3-37 所示。

③ 其默认的 I/O 分配表，如表 3-3 所示。

表 3-3　电镀自控系统默认 I/O 规划

输入触点		输出触点	
命令按钮	输入触点	控制对象	触点
启动按钮	X1	行车前进	Y1
原位限位开关 P04	X2	行车后退	Y2
清水槽限位开关 P03	X3	吊钩上升	Y3
回收液槽限位开关 P02	X4	吊钩下降	Y4

续表

输入触点		输出触点	
命令按钮	输入触点	控制对象	触点
电镀槽限位开关 P01	X5		
上限位开关 P05	X7		
下限位开关 P06	X6		
紧急停止按钮	X10		

（2）作业要求。

① 画出该控制的顺序功能图。

② 以 STL 方式编程。

③ 以 SFC 方式编程。

④ 在 GX-Works 中仿真程序。

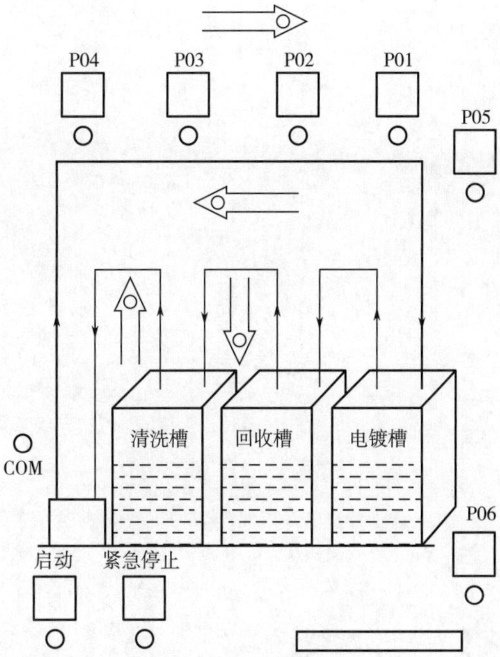

图 3-37　电镀自控系统示意

PROJECTS

项目四
接料盘电机的角度控制

【学习目标】

1. 了解功能指令的基本规则；
2. 了解功能指令的表示方法；
3. 掌握常用的功能指令；
4. 能够利用功能指令完成程序编写。

功能指令也称为应用指令，用于数据的传送、运算和变换以及程序控制等功能的指令。功能指令的表示格式与基本指令不同，一条基本逻辑指令只能完成一个特定操作，而一个功能指令却能完成系列操作，相当于执行一个子程序，所以功能指令的功能更强大，编程更精炼，能用于运动控制、模拟量控制等场合。基本指令和梯形图符号之间是相互对应的。而功能指令采用梯形图和助记符相结合的形式，意在表达本指令要做什么，但不包含表达梯形图符号间相互关系的成分，而是直接表达本指令要做什么。也就是一个能够实现某特定功能的子程序。

常用功能指令与格式

配套课件　　教学视频

任务一　功能指令基本规则

一、功能指令的表示方法

1. 功能指令的两种执行方式

如图 4-1 所示的传送指令“MOV”为例。“MOV”具有传送数据的功能，它的指令编号为 FNC12。图 4-1 中的 K25 是源操作数，D0 是目标操作数，X0 是执行条件，MOV 是指令助记符。指令分为连续执行型（MOV）和脉冲执行型（MOVP）。“MOVP”指令只在接通的第一个扫描周期将数据传送一次，但“MOV”指令在每个扫描周期都会将数据进行传送。“MOV”指令传送的数据是 16 位，执行步数为 5 步。要传送 32 位数据需在指令助记符前加符号“D”，连续执行型为“DMOV”，脉冲执行型为“DMOVP”，执行步数为 9 步。

图 4-1　传送指令“MOV”的格式举例

2. 功能指令的梯形图和语句表表达式

下面以取平均值的功能指令为例进行说明。其梯形图和语句表表达式，如图 4-2 所示。

［S］表示源操作数，若使用变址寄存器时，表示为［S·］，多个操作数用［S1］、［S2］……，或者用［S1·］［S2·］……表示。

［D］表示目标操作数，使用变址寄存器时，表示为［D·］，多个操作数用［D1］、［D2］……，或者用［D1·］［D2·］……表示。n 表示其他操作数，常用于表示常数或表示［S］与［D］的补充说明。有多个其他操作数时可用 m1、m2 或 n1、n2 来表示。

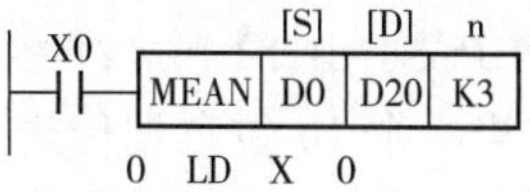


```
0  LD   X  0
1  FNC     45
3       D  0
5       D  20
7       K  2
8  …
```

图 4-2　取平均值指令的梯形图和语句表表达式

在 200 余条功能指令中，有的只有操作码（助记符）而无操作数（操作元件号），而有的功能指令如 MEAN 指令，既有操作码又有操作数。MEAN 是一条占 7 程序步的指令。

图 4-2 中的 D0 是源操作数的首元件，n 是指定取值个数为 3，所以源操作数的个数是 3 个，即 D0、D1、D2。D20 是指定计数结果存放的数据寄存器地址。这条平均指令的含义是 D20=（D0+D1+D2）/3。

操作数［S］、目标操作数［D］以及其他操作数的取值范围如图 4-3 所示。源操作数［S］的取值范围为 KnX、KnY、KnM、KnS、T、C、D，目标操作数的取值范围为 KnY、KnM、KnS、T、C、D、V、Z，其他操作数 n 取值范围为十进制数或十六进制数，用来说明源操作数的长度，大小是十进制数 1~64。上述中的 X、Y、M、S 是位软元件，T、C、D、V、Z 是字软元件，Kn（X、Y、M、S）可组成字软元件。

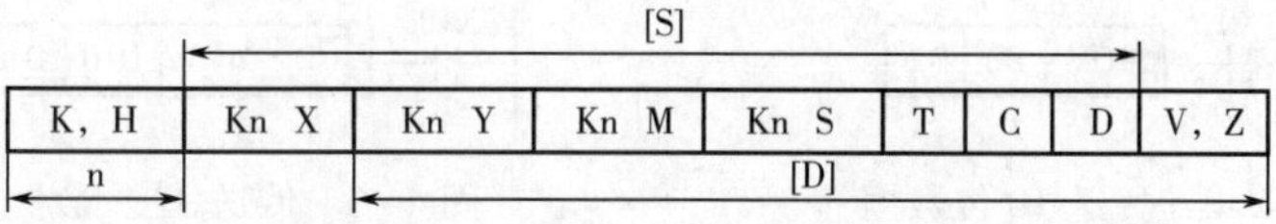

图 4-3　［S］、［D］及 n 的取值范围

二、位软元件与字软元件

1. 位软元件与字软元件

在 PLC 的软元件中，只处理 ON/OFF 状态的元件，例如 X、Y、M 和 S 称为位软元件；而处理数字数据的元件，如 T、C、D 等称为字软元件。但位软元件也可以组合起来进行数字处理，组合位数由 Kn 加首位软元件号来表示。

2. 位软元件组合数及据处理方式

位软元件可以用连续 4 个地址的元件组合为一个单元来处理数据，这样的组合位元件用 KnXn、KnYn、KnMn、KnSn 来表达。其中 Kn 为单元数，K1 表示 1 个单元（4 位）、K2 表示 2 个单元（8 位），依此类推。Xn、Yn、Mn、Sn 为元件的首位编号，一般采用“0”编号，以避免组合位元件混乱，例如 K1X0 表示以 X0 为首位的 4 个元件

（X3、X2、X1、X0）；K2Y0 表示以 Y0 为首位的 8 个元件（Y7、Y6、Y5、Y4、Y3、Y2、Y1、Y0）。

对于 16 位数操作时，单元数为 K1~K4，32 位数操作时，单元数为 K1~K8。例如 K4Y10 表示由 Y10~Y27 组成的 16 位数据，Y10 是最低位。

当一个 16 位数据传送到 K2M0、K3M0 或 K4M0 时，只传送相应的低位数据，较高位不传送，32 位数据传送也是一样。在作 16 位数据操作时，参与操作的位元件由 K1~K4 指定。若仅有 K1~K3 指定时，不足部分的高位均作 0 处理。这就意味着只能处理正数（符号位为 0）。32 位数据操作也是同样处理。

技术小贴士：

处理数据时的字元件 D 和位组合元件 KnXn、KnYn、KnMn 一般都是配合传送指令 MOV 来完成的。

例如：［MOV　D1　K4Y10］表示把数据寄存器 D1 中的数据按照二进制形式存储到以 Y10 开头的连续 16 个输出继电器中。

三、数据长度

1. 处理 16 位数据

传送指令 MOV 传送 16 位数据，如图 4-4 所示。当 X0 接通时，执行 MOV 指令，将 D0 中的数据传送到 D2 中去（处理 16 位数据）。

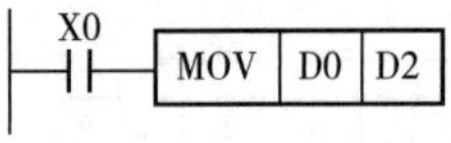

图 4-4　传送 16 位数据

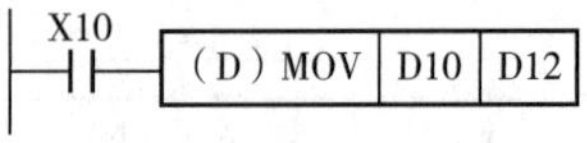

图 4-5　传送 32 位数据

2. 处理 32 位数据

传送指令传送 32 位数据，如图 4-5 所示。当 X10 接通时，执行（D）MOV 指令，将 D11 和 D10 的数据传送到 D13 和 D12 中去（处理 32 位数据）。处理 32 位数据时，用元件号相邻的两元件组成元件对。元件对的首地址选择没有限制，建议统一选择偶数编号。

四、变址寄存器 V，Z

如图 4-6 所示，从 KnY 到 V，Z 都可作为功能指令的目标操作数，［D·］表示变址方式，可以加入变址寄存器。对 32 位指令，V 作高 16 位，Z 为低 16 位，32 位指令中用到变址寄存器时，只需指定 Z，这时 Z 就代表了 V 和 Z。在 32 位指令中，

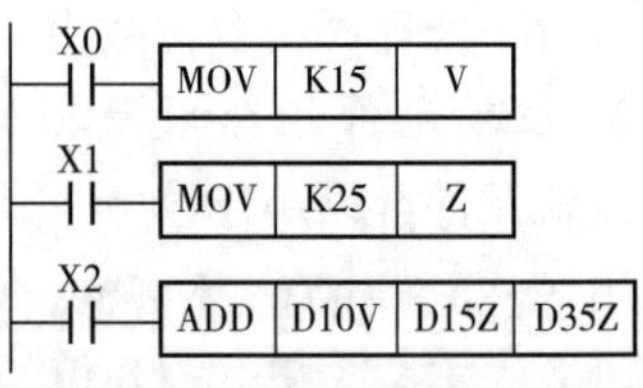

图 4-6　梯形图

V、Z 自动组对使用。现以图 4-6 所示的梯形图为例说明如下：

ADD 是加法指令。当各逻辑行分别满足条件时，K15 送到 V，K25 送到 Z，所以（V）、（Z）的内容分别是 15、25。当（D10V）+（D15Z）→D35Z，即（D25）+（D40）→（D60）。显然，由于 V 和 Z 变址寄存器的应用使编程简化。

任务二　功能指令介绍

一、功能指令的分类

Q 系列 PLC 指令主要分为 18 类，下面列出其中 8 类。

1. 传递与比较指令

如 16 位数据比较指令（=、<>、>、<=、<、>=）、MOV（传送）、BCD（码转换）等。

2. 逻辑运算指令

如 WAND（逻辑“与”运算）、DOR（逻辑“或”运算）、DXOR（逻辑“异或”运算）、WXNR（逻辑“同或”运算）等。

3. 循环移位指令

如 ROR（循环右移）、ROL（循环左移）、SFR（位右移）、SFL（位左移）等。

4. 数据处理指令

如 SER（数据搜索）、DECO（解码）、SEG（7 段解码）、MAX（最大值查找）、MIN（最小值查找）、SORT（排序）等。

5. 结构化程序指令

如 FOR、NEXT（循环控制）、CALL（子程序调用）、COM（刷新）等。

6. 缓冲存储区访问与文件寄存器指令

如 FROM（智能模块读取）、TO（数据写入智能模块）、RSET（文件寄存器切换）等。

7. 字符串处理指令

如 BINDA（BIN 转换为十进制 ASCII 码）、BCDDA（BCD 转换为十进制 ASCII 码）、COMRD（读取软元件注释）、STR（BIN 与字符串转换）、EVAL（实数与字符串转换）等。

8. 特殊函数指令

如 RAD（弧度与角度转换）、SIN（三角函数）、ASIN（反三角函数）、SQR（平方根计算）等。

二、常用功能指令介绍

常用功能指令包括：数据比较、传送、交换与变换。

（一）数据比较指令

1. 比较运算指令 16 位数据比较（=、< >、>、<=、<、>=）

（1）指令说明。比较指令实现数据与数据之间的比较，如图 4-7 所示，[ ]表示指令符号=、< >、>、<=、<、>=，(S1)、(S2)是比较数据或者存储比较数据的软元件的起始号，把由(S1)指定的软元件的 BIN 16 位数据和由(S2)指定的软元件的 BIN16 位数据进行比较运算，如果成立则结果导通。

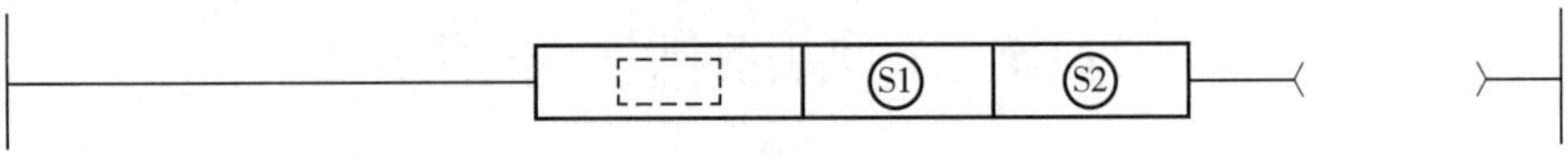

图 4-7　比较运算指令

单个指令的比较结果，如表 4-1 所示。

表 4-1　比较指令操作结果

指令符号	条件	比较操作结果	指令符号	条件	比较操作结果
=	(S1) = (S2)		=	(S1) ≠ (S2)	
< >	(S1) ≠ (S2)		< >	(S1) = (S2)	
>	(S1) > (S2)	导通	>	(S1) ≤ (S2)	不导通
<=	(S1) ≤ (S2)		<=	(S1) > (S2)	
<	(S1) < (S2)		<	(S1) ≥ (S2)	
>=	(S1) ≥ (S2)		>=	(S1) < (S2)	

（2）应用举例。

【例 4-1】下列程序将从 X0 到 XF 的数据与 D3 的数据进行比较，如果数据相同则将 Y33 变为 ON，如图 4-8 所示。

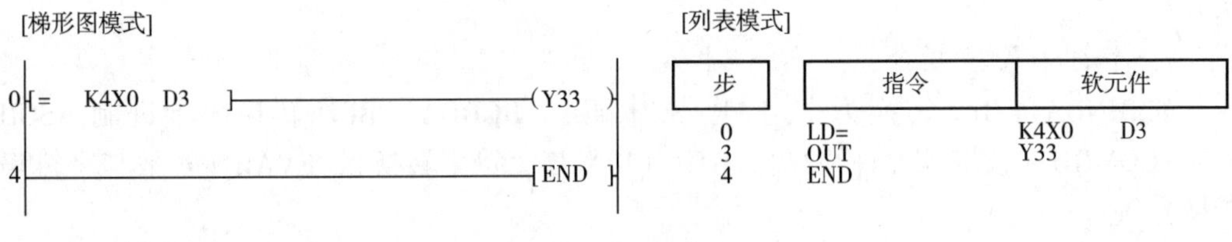

图 4-8　比较指令 1

【例 4-2】下列程序将 BIN 值 K100 与 D3 中的数据进行比较，如果 D3 中的数据不是 100 则导通，如图 4-9 所示。

【例 4-3】下列程序将 BIN 值 100 与 D3 中的数据进行比较，如果 D3 的数据小于 100 则导通，如图 4-10 所示。

[梯形图模式]

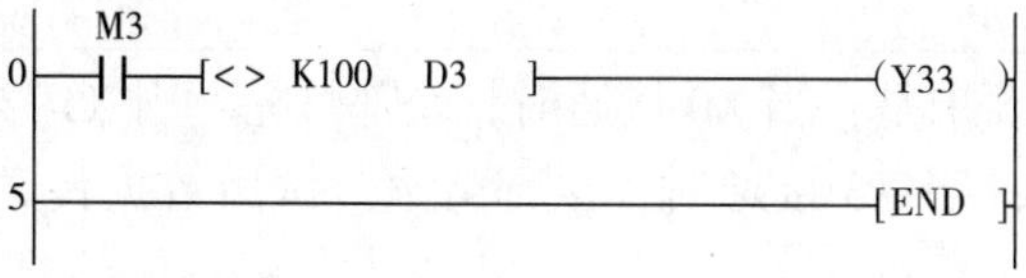

[列表模式]

步	指令	软元件	
0	LD=	M3	
1	AND < >	K100	D3
4	OUT	Y33	
5	END		

图 4-9　比较指令 2

[梯形图模式]

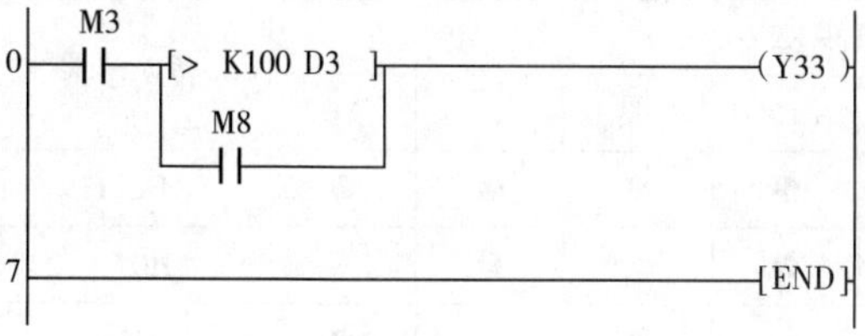

[列表模式]

步	指令	软元件	
0	LD	M3	
1	LD>	K100	D3
4	OR	M8	
5	ANB		
6	OUT	Y33	
7	END		

图 4-10　比较指令 3

【例 4-4】下列程序将 D0 和 D3 里数据进行比较，如果 D0 里的数据等于或小于 D3 里的数据则导通，如图 4-11 所示。

[梯形图模式]

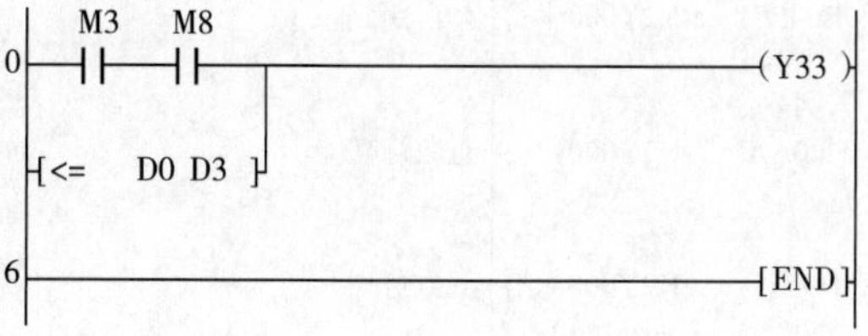

[列表模式]

步	指令	软元件	
0	LD	M3	
1	AND	M8	
2	OR<=	D0	D3
5	OUT	Y33	
6	END		

图 4-11　比较指令 4

（二）传送指令

1. 传送指令 MOV

（1）指令说明。MOV 指令将源操作数的数据传送到目标元件中，即［S］→［D］。MOV 指令的使用说明，如图 4-12 所示。当 X0 为 ON 时，源操作数［S］中的数据 K100 传送到目标元件 D10 中。当 X0 为 OFF，指令不执行，数据保持不变。

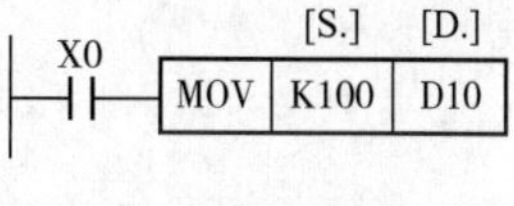

图 4-12　MOV 指令说明

注意：

① 功能指令分为 16 位指令和 32 位指令。功能指令默认是 16 位指令，加上前缀 D 是 32 位指令，例如 DMOV。

② 功能指令默认是连续执行方式，加上后缀 P 表示为脉冲执行方式，例如 MOVP。

> ③ 功能指令有操作数。执行指令后其内容不变的称为源操作数，用 S 表示。被刷新内容的称为目标操作数，用 D 表示。

（2）应用举例。设 8 盏指示灯，控制要求是：当 X0 接通时，全部灯亮；当 X1 接通时，奇数灯亮；当 X2 接通时，偶数灯亮；当 X3 接通时，全部灯灭。试用数据传送指令编写程序。

指示灯控制 I/O，如表 4-2 所示。

表 4-2　　指示灯控制 I/O

输入端口	输出位组件 K2Y0								传送数据
	Y7	Y6	Y5	Y4	Y3	Y2	Y1	Y0	
X0	●	●	●	●	●	●	●	●	H0FF
X1	●		●		●		●		H0AA
X2		●		●		●		●	H55
X3									H0

指示灯的控制 PLC 参考程序，如图 4-13 所示。

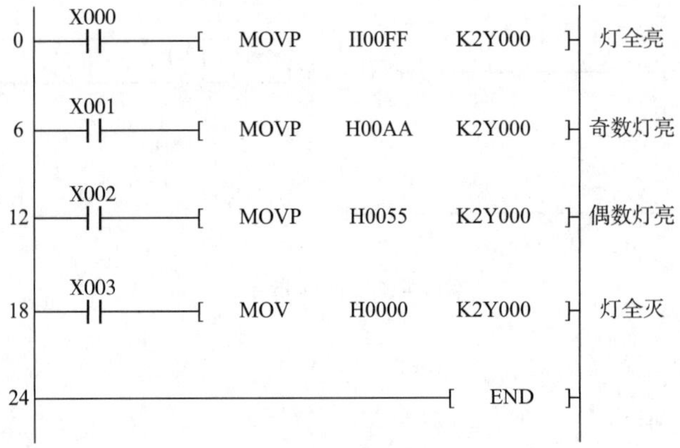

图 4-13　PLC 参考程序

2. 移位传送指令 SMOV

（1）指令说明，如图 4-14 所示。

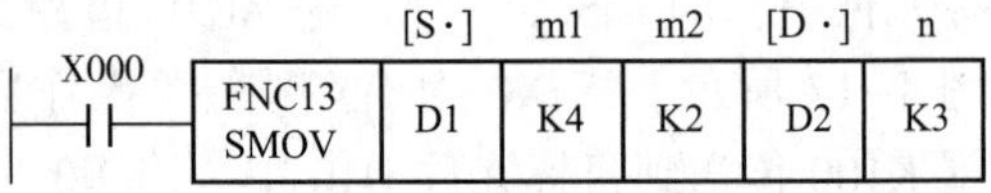

图 4-14　SMOV 指令说明

① [S] 为源数据，m1 为被传送的起始位，m2 为传送位数。

② [D] 为目标软组件，n 为传送的目标起始位。

③ 目标操作数可为 T、C、V、Z、D、KnY、KnM、KnS。

④ 源操作数的软组件有 T、C、V、Z、D、K、H、KnX、KnY、KnM、KnS。

⑤ n，m1，m2 的软组件有 K、H。

（2）应用举例。首先将二进制的源数据（D1）转换成 BCD 码，然后将 BCD 码移位传送，实现数据的分配、组合。源数据 BCD 码右起从第 4 位（m1=4）开始的 2 位（m2=2）移送到目标 D2′的第 3 位（n=3）和第 2 位，而 D2′的第 4 和第 1 两位 BCD 码不变。然后，目标 D2 中的 BCD 码自动转换成二进制数，即为 D2 的内容。BCD 码值超过 9999 时出错。执行过程如图 4-15 所示。

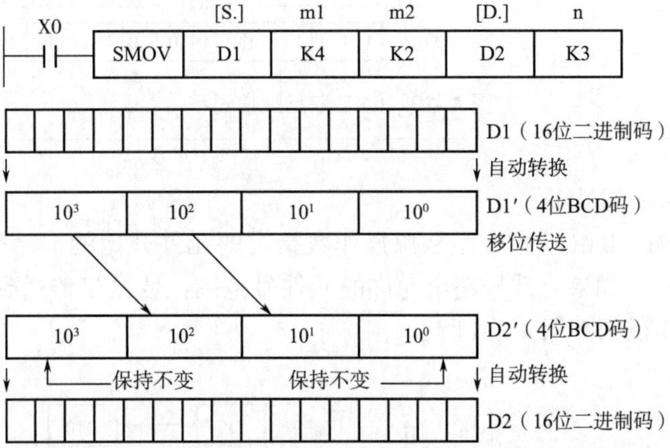

图 4-15　移位指令执行示意图

3. 取反传送指令 CML

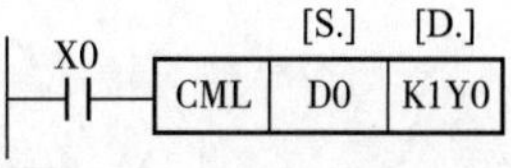

图 4-16　CML 指令说明

（1）指令说明。对［S］中指定的 16 位数据进行逐位取反，并将其结果传送到［D］中指定的软元件中。

CML 指令使用说明如图 4-16 所示。将源操作数中的数据（自动转换成二进制数）逐位取反后传送，如图 4-17 所示。

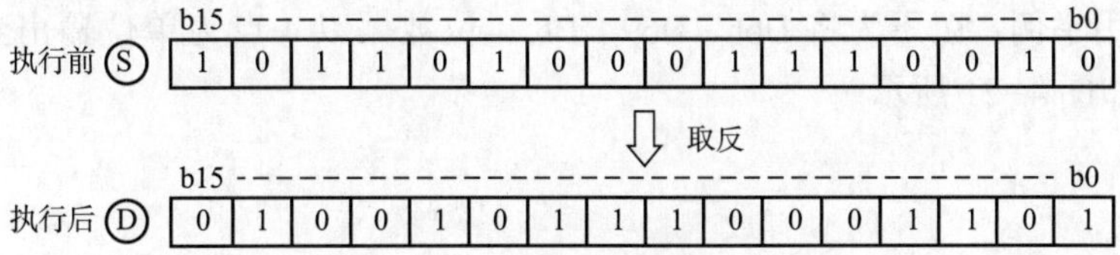

图 4-17　CML 指令执行过程

（2）应用举例。以下为对 X0～X7 的数据进行取反后，将其传送到 D0 中的程序，如图 4-18 所示。

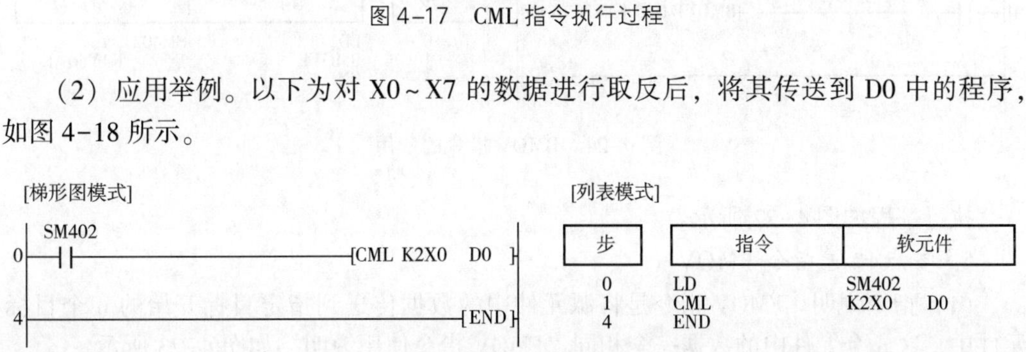

图 4-18　CML 传送过程

注意：

当［S］的位数<［D］的位数时，［S］的高位会被视为 0，如图 4-19 所示。

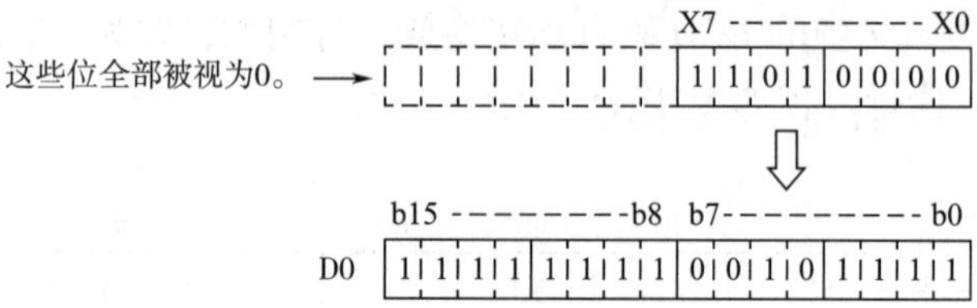

图 4-19　CML 取反赋值过程

4. 块传送指令 BMOV

（1）指令说明。BMOV 指令是从源操作数指定的元件开始的 n 个数组成的数据块传送到指定的目标。如果元件号超出允许的元件号范围，数据仅传送到允许的范围内。BMOV 指令的使用说明如图 4-20 所示。

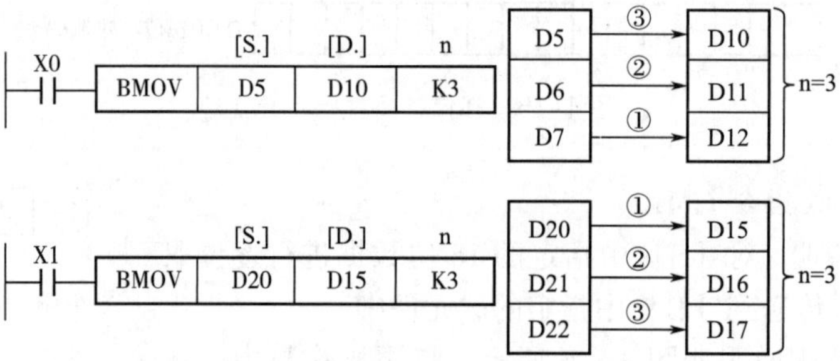

图 4-20　BMOV 指令说明

（2）应用举例。以下为将 D66～D69 的低 4 位数据以 4 点为单位输出到 Y30～Y3F 中的程序，如图 4-21 所示。

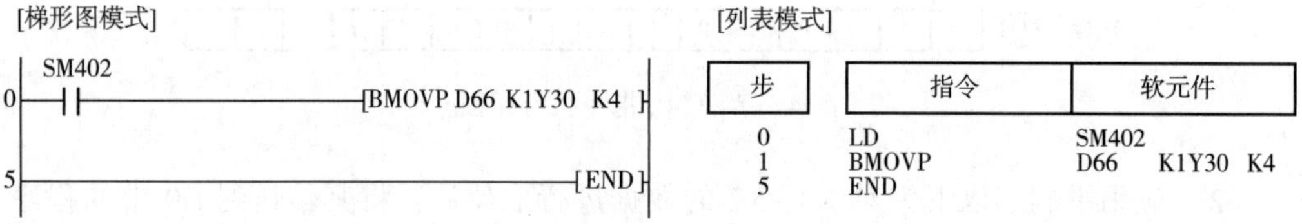

图 4-21　BMOV 指令的应用

执行过程如图 4-22 所示。

5. 多点传送指令 FMOV

（1）指令说明。FMOV 指令是将源元件中的数据传送到指定目标开始的 n 个目标元件中，这 n 个元件中的数据完全相同。FMOV 指令使用说明，如图 4-23 所示。

其中：

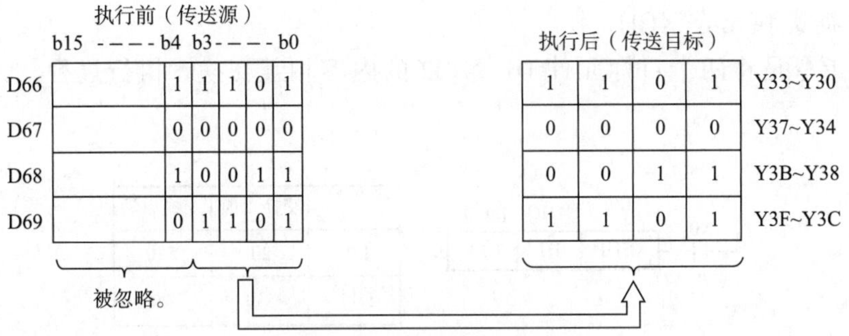

图 4–22　BMOV 执行过程

[S]：传送数据或者存储传送数据的软元件的起始编号（BIN16 位）。

[D]：传送目标的软元件的起始编号（BIN16 位）。

n：传送数（BIN16 位）。

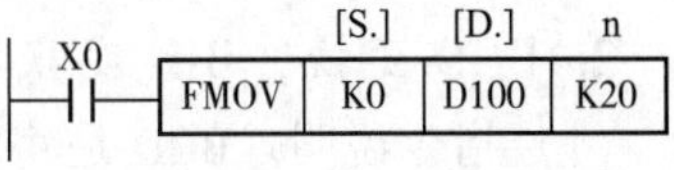

图 4–23　FMOV 指令使用说明

将［S］中指定的软元件的 16 位数据传送到从［D］中指定的软元件开始的 n 点中。

（2）应用举例。

① 当［S］为位元件时如图 4–24 所示，当 X0 接通，把 D100 到 D119 内的所有数据都清 0。

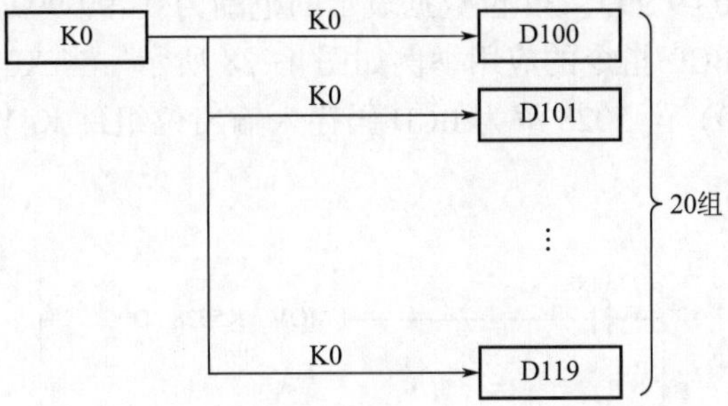

图 4–24　FMOV 操作数举例

②当［S］为字元件时而［D］为位元件时，［S］的字软元件的对象为位软元件的位数指定中指定的位数。例如：［D］中指定了 K1Y30 时，［S］中指定的字软元件的低 4 位将成为对象，如图 4–25 所示。

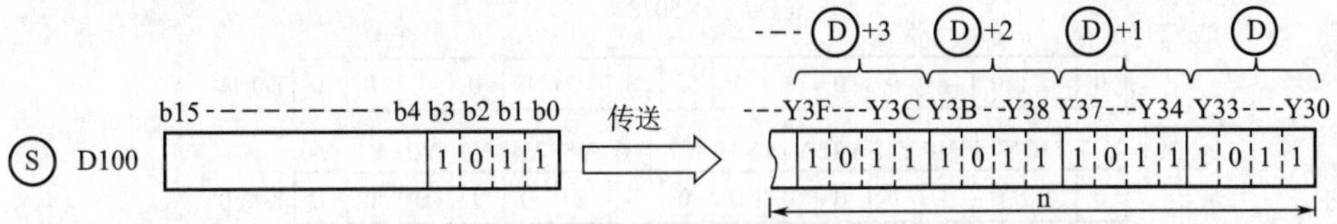

图 4–25　FMOV 传送过程

（三）数据交换与变换指令

1. 数据交换指令 XCH

XCH 指令是将两个目标元件 D1 和 D2 的内容相互交换。执行过程，如图 4-26 所示。

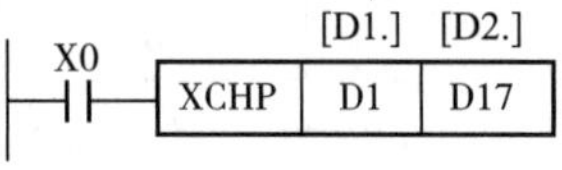

	交换以前	交换以后
D1	20	530
D17	530	20

图 4-26　XCH 指令执行过程

2. BCD 变换、BIN 变换指令

（1）指令说明。BCD 是将源元件中的二进制数转换为 BCD 码送到目标元件中，使用说明如图 4-27 所示。

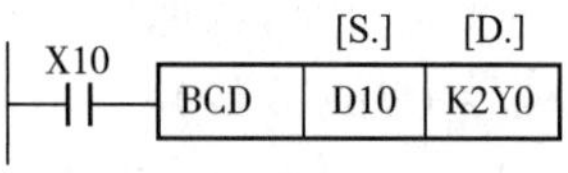

图 4-27　BCD 转换指令使用说明

BCD 转换指令的说明：

① S 为要转换的源操作数，D 为存储 BCD 编码的目标操作数。

② BCD 指令是将源操作数的数据转换成 8421BCD 码存入目标操作数中。在目标操作数中每 4 位表示 1 位十进制数，从低至高分别表示个位、十位、百位、千位……。16 位数据表示的范围为 0~9 999，32 位数据表示的范围为 0~99 999 999。

（2）应用举例。BCD 指令的应用举例如图 4-28 所示。当 X0 接通时，先将 K5028 存入 D0，然后将（D0）= 5028 编为 BCD 码存入输出位组件 K4Y0，执行过程如图 4-29 所示。

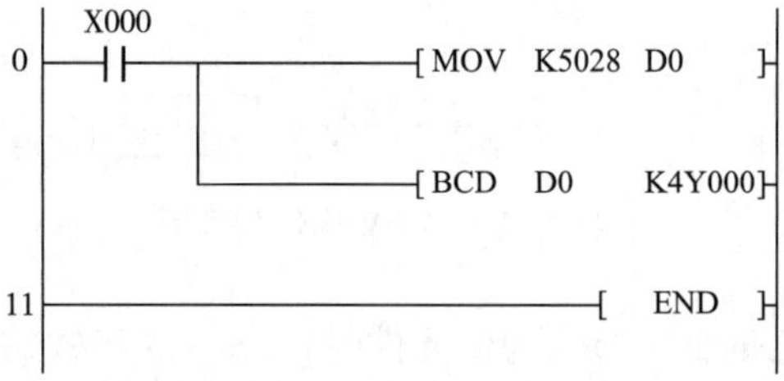

图 4-28　BCD 转换指令应用举例

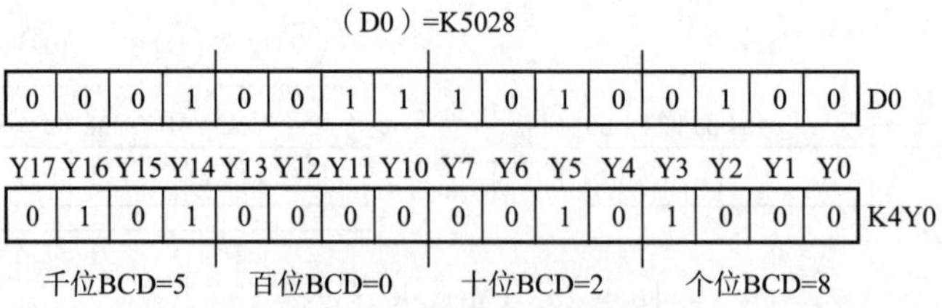

图 4-29　BCD 转换指令执行过程

（四）四则逻辑运算指令

1. 加法指令+

（1）指令说明。

① 指令格式 1，如图 4-30 所示。

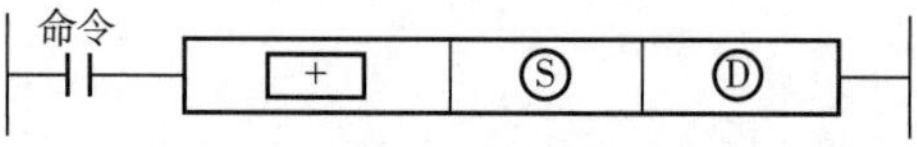

图 4-30　加法指令格式 1

将Ⓓ中指定的 BIN16 位数据与Ⓢ中指定的 BIN16 位数据进行加法运算，并将运算结果存储到Ⓓ中指定的软元件中，如图 4-31 所示。

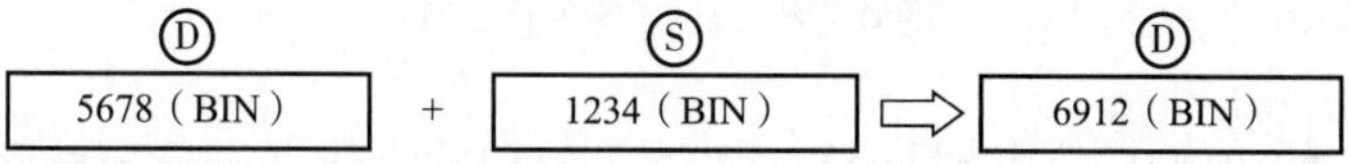

图 4-31　加法指令执行过程 1

②指令格式 2，如图 4-32 所示。

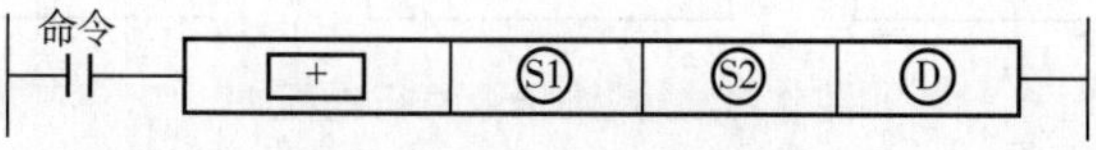

图 4-32　加法指令格式 2

将S1中指定的 BIN16 位数据与S2中指定的 BIN16 位数据进行加法运算，并将运算结果存储到Ⓓ中指定的软元件中，如图 4-33 所示。

图 4-33　加法指令执行过程 2

（2）应用举例。16 位操作数运算时，如图 4-34 所示 D1+D5 的值赋给了 D5。

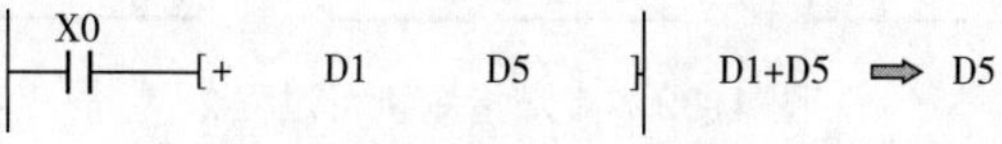

图 4-34　加法指令应用举例

32 位操作数运算时，以下为 X0 变为 ON 时，将 X10～X2B 的 28 位数据与 D9、D10 的数据进行加法运算，并将运算结果输出到 Y30～Y4B 中的程序，如图 4-35 所示。

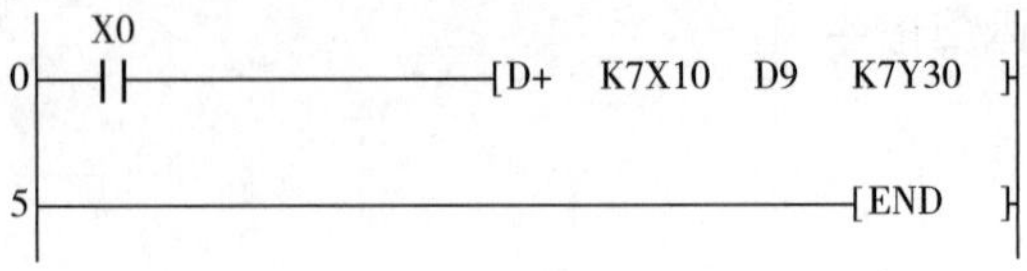

图 4-35 32 位加法指令应用

2. 减法指令-

(1) 指令说明。

① 指令格式 1，如图 4-36 所示。

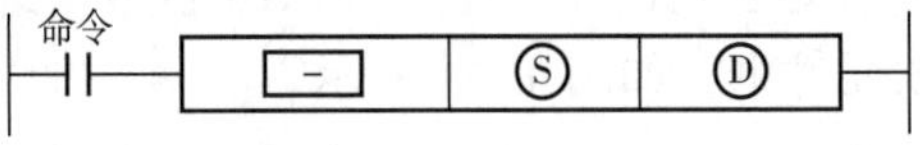

图 4-36 减法指令格式 1

将Ⓓ中指定的 BIN16 位数据与Ⓢ中指定的 BIN16 位数据进行减法运算，并将运算结果存储到Ⓓ中指定的软元件中，如图 4-37 所示。

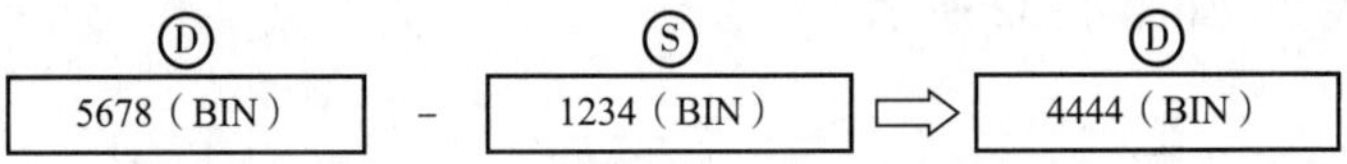

图 4-37 减法指令执行过程 1

② 指令格式 2，如图 4-38 所示。

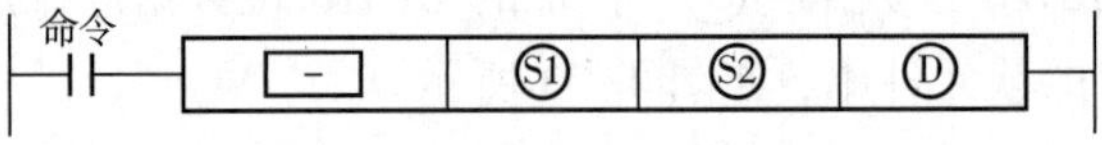

图 4-38 减法指令格式 2

将Ⓢ1中指定的 BIN16 位数据与Ⓢ2中指定的 BIN16 位数据进行减法运算，并将运算结果存储到Ⓓ中指定的软元件中，如图 4-39 所示。

图 4-39 减法指令执行过程 2

(2) 应用举例。16 位操作数运算时，如图 4-40 所示 D1-D5 的值赋给了 D5。

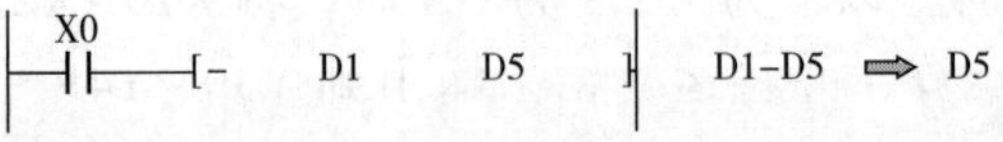

图 4-40 减法指令应用举例

32 位操作数运算时，以下为 XB 变为 ON 时，将 D0、D1 的数据与 M0～M23 的数据进行减法运算，并将运算结果存储到 D10、D11 中的程，如图 4-41 所示。

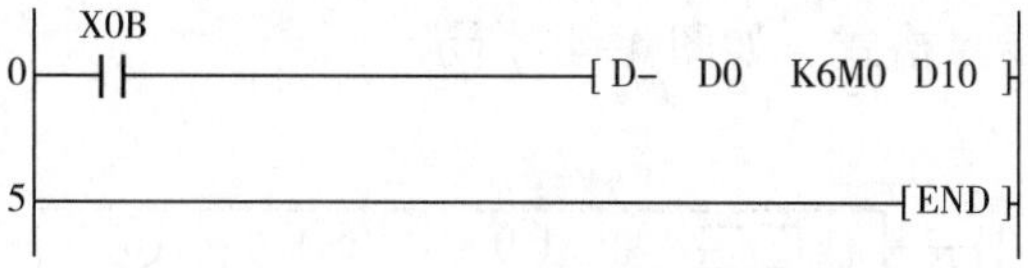

图 4-41　32 位减法指令应用

3. 乘法指令 *

(1) 指令说明。

指令格式，如图 4-42 所示。

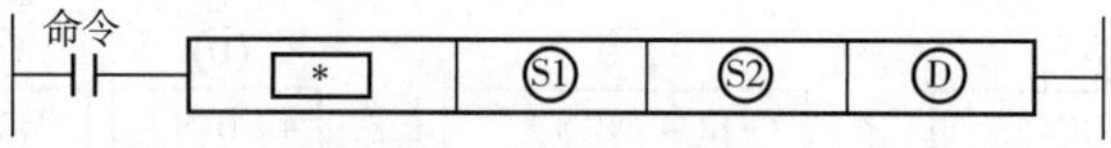

图 4-42　乘法指令格式

将Ⓢ1中指定的 BIN16 位数据与Ⓢ2中指定的 BIN16 位数据进行乘法运算，并将运算结果存储到Ⓓ中指定的软元件中，如图 4-43 所示。

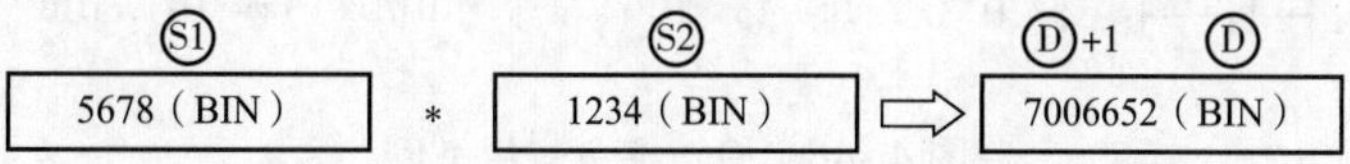

图 4-43　乘法指令执行过程

(2) 应用举例。16 位操作数运算时，如图 4-44 所示 D1 * D5 的值赋给了 D10 和 D11。

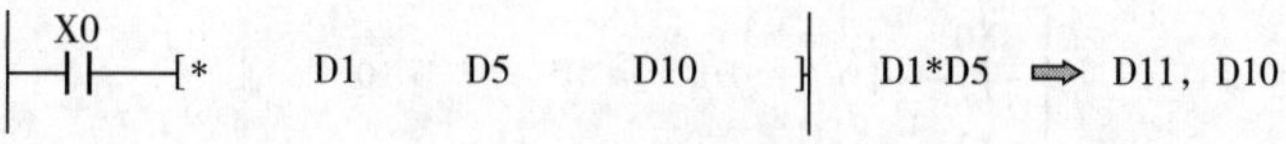

图 4-44　乘法指令应用举例

32 位操作数运算时，以下为 X5 变为 ON 时，将 D7、D8 的 BIN 数据与 D18、D19 的 BIN 数据的乘法运算结果存储到 D1～D4 中的程序，如图 4-45 所示。

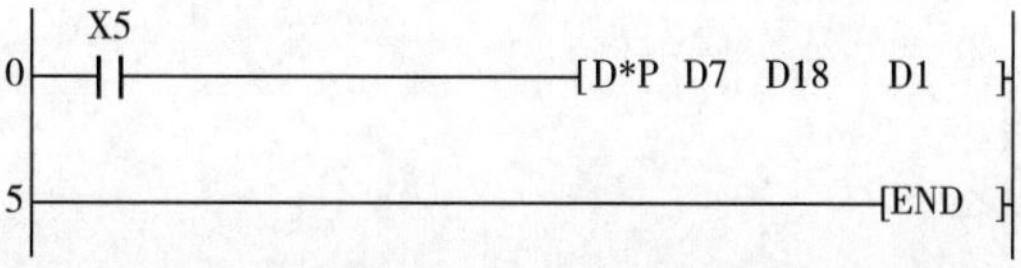

图 4-45　32 位乘法指令应用

假设（D8，D7）组成的 32 位数据 = 50000，（D19，D18）组成的 32 位数据 = 8000，那么指令执行后，（D4，D3，D2，D1）组成的 64 位地址内的数据 = 40000000。

4. 除法指令/

（1）指令说明。指令格式，如图 4-46 所示。

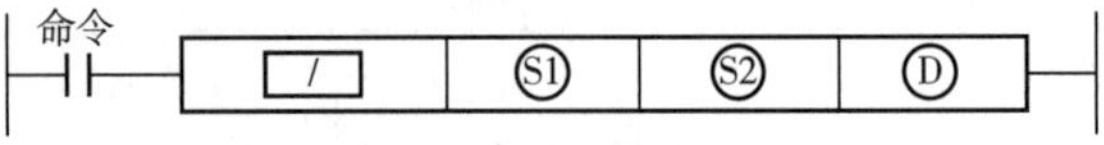

图 4-46　除法指令格式

将Ⓢ1中指定的 BIN16 位数据与Ⓢ2中指定的 BIN16 位数据进行除法运算，并将运算结果存储到Ⓓ中指定的软元件中，如图 4-47 所示。

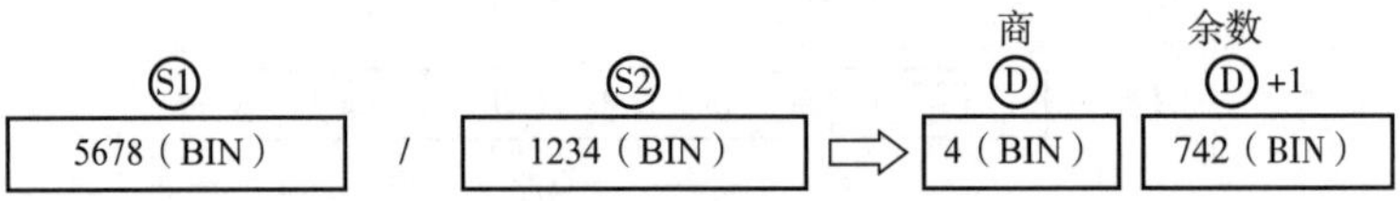

图 4-47　除法指令执行过程

（2）应用举例。16 位操作数运算时，如图 4-48 所示 D1/D5 的值赋给了 D10 和 D11。

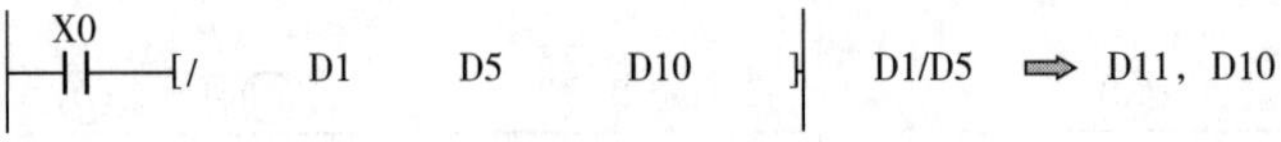

图 4-48　除法指令应用举例

假设 D1 = 9，D5 = 2，那么指令执行后，D10 = 4，D11 = 1。

32 位操作数运算时，以下为 X0 变为 ON 时，将 D1、D2 的 BIN 数据与 D18、D19 的 BIN 数据的除法运算结果存储到 D10~D13 中的程序，如图 4-49 所示。

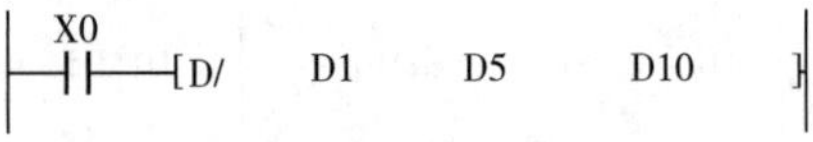

图 4-49　32 位除法指令应用

假设（D2，D1）组成的 32 位数据 50000，（D6，D5）组成的 32 位数据 = 8000，那么指令执行后，（D11，D10）组成的 32 位地址内的数据 = 6（商），（D13，D12）组成的 32 位地址内的数据 = 2000（余数）。

三、常用应用指令介绍

（一）逻辑运算指令

1. 逻辑“与”指令 WAND

（1）指令说明。指令格式，如图 4-50 所示。

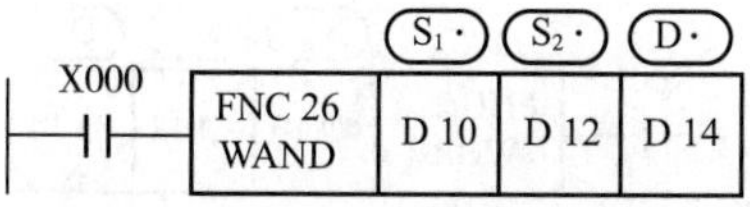

图 4-50　WAND 指令格式

将(S1)中指定的软元件的 16 位数据与(S2)中指定的软元件的 16 位数据逐位进行逻辑与运算，并将结果存储到(D)中指定的软元件中，运算结果，如图 4-51 所示。

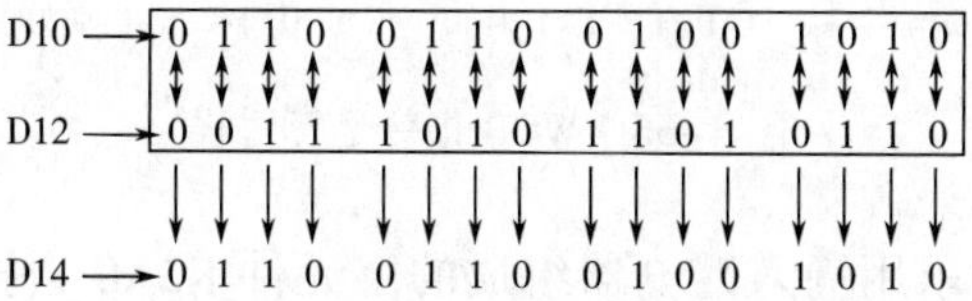

图 4-51　WAND 指令运算过程

（2）应用举例。假设要求用输入继电器 X0～X4 的位状态去控制输出继电器 Y0～Y4，可用字元件 K2X0 去控制字元件 K2Y0。对字元件多余的控制位 X5、X6 和 X7，可与 0 相“与”进行屏蔽。程序如图 4-52 所示。

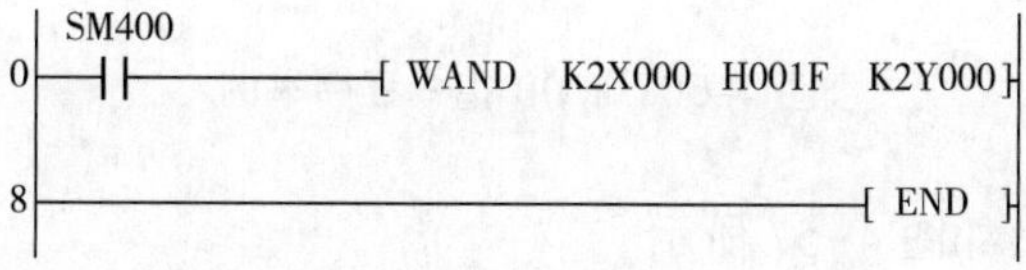

图 4-52　WAND 指令程序举例

指令运算的过程如图 4-53 所示。

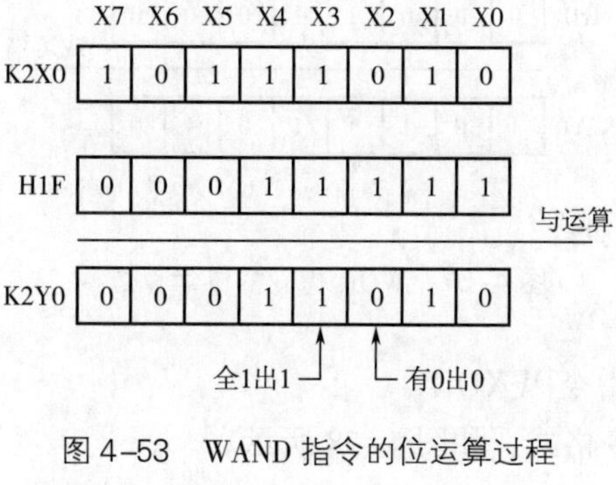

图 4-53　WAND 指令的位运算过程

2. 逻辑“或”指令 WOR

（1）指令说明。指令格式，如图 4-54 所示。

将(S1)中指定的软元件的 16 位数据与(S2)中指定的软元件的 16 位数据逐位进行逻辑或运算，并将结果存储到(D)中指定的软元件中，运算结果如图 4-55 所示。

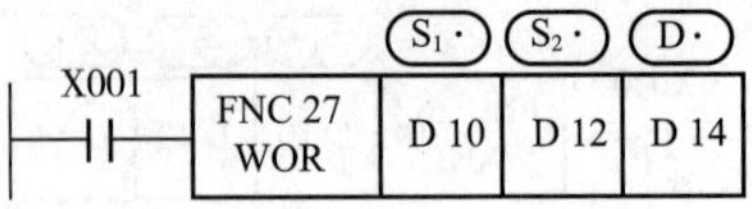

图 4-54 逻辑“或”指令格式

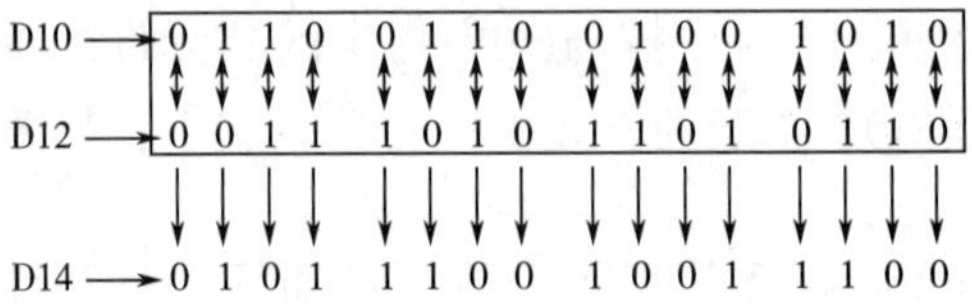

图 4-55 WOR 指令运算过程

（2）应用举例。要求用输入继电器组成的字元件 K2X0 去控制由输出继电器组成的字元件 K2Y0，但 Y3、Y4 位不受字元件 K2X0 的控制而始终处于 ON 状态。可用字“或”指令屏蔽 X3、X4 位，程序如图 4-56 所示。

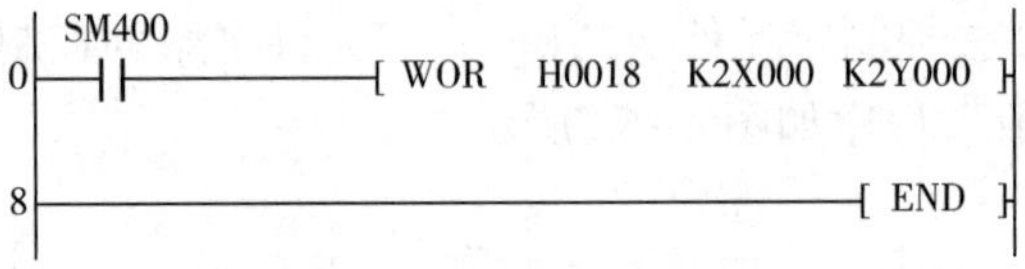

图 4-56 WOR 指令程序举例

指令运算的过程，如图 4-57 所示。

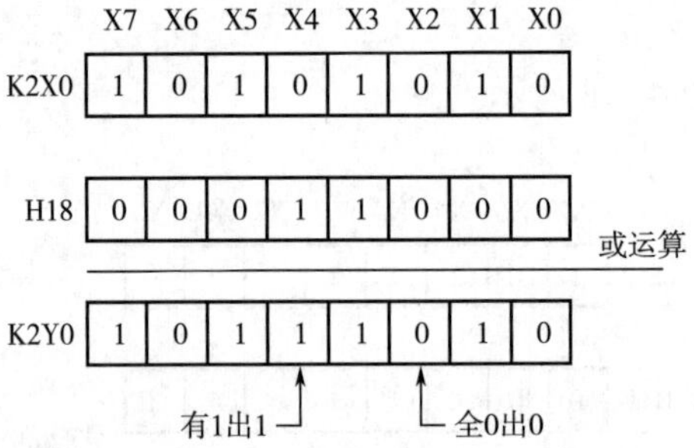

图 4-57 WOR 指令的位运算过程

3. 逻辑“异或”指令 WXOR

（1）指令说明。指令格式，如图 4-58 所示。

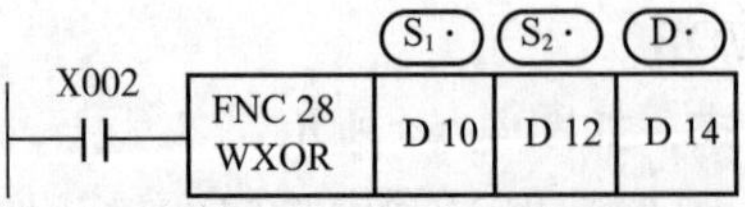

图 4-58 WXOR 指令格式

将Ⓢ1中指定的软元件的16位数据与Ⓢ2中指定的软元件的16位数据逐位进行排他逻辑异或运算，并将结果存储到Ⓓ中指定的软元件中，运算结果如图4-59所示。

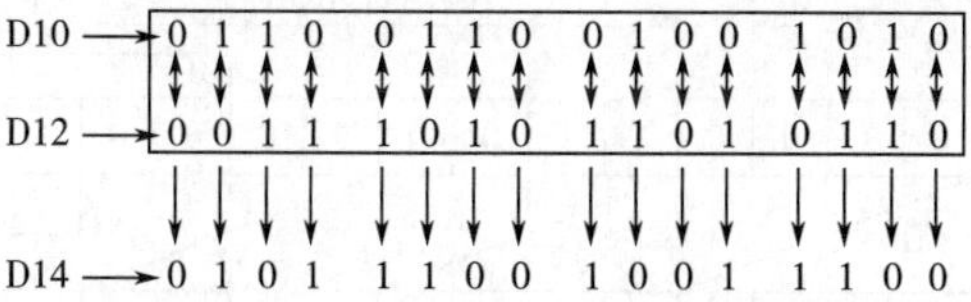

图4-59 WXOR指令运算过程

（2）应用举例。要求用输入继电器组成的字元件K2X0的相反状态去控制由输出继电器组成的字元件K2Y0，即X某位为“1”时，Y的相应位为“0”；X某位为“0”时，Y的相应位为“1”，程序，如图4-60所示。

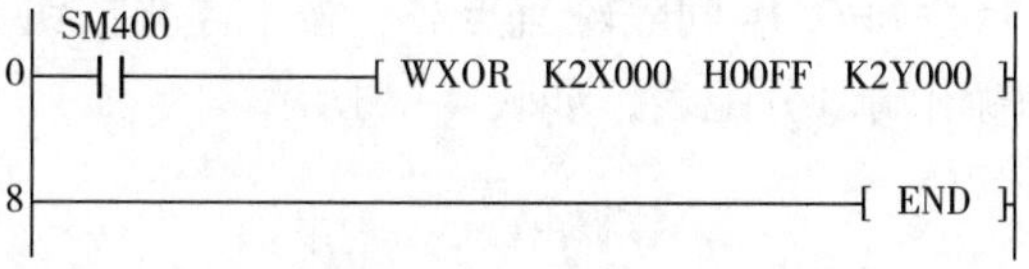

图4-60 WXOR指令程序举例

指令运算的过程，如图4-61所示。

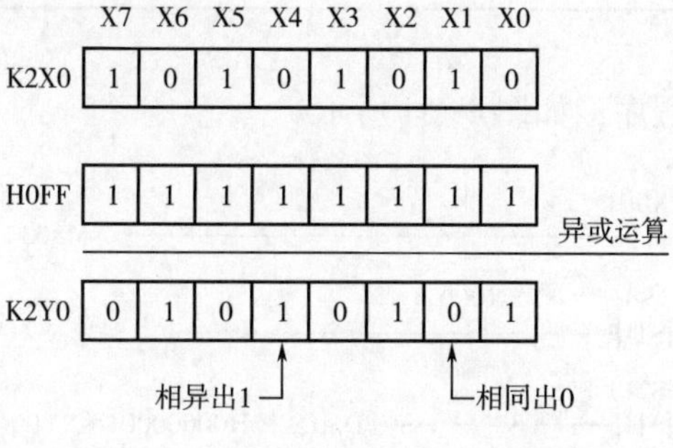

图4-61 WXOR指令的位运算过程

（二）循环与移位指令

1. 循环右移指令ROR

（1）指令说明。指令格式，如图4-62所示。

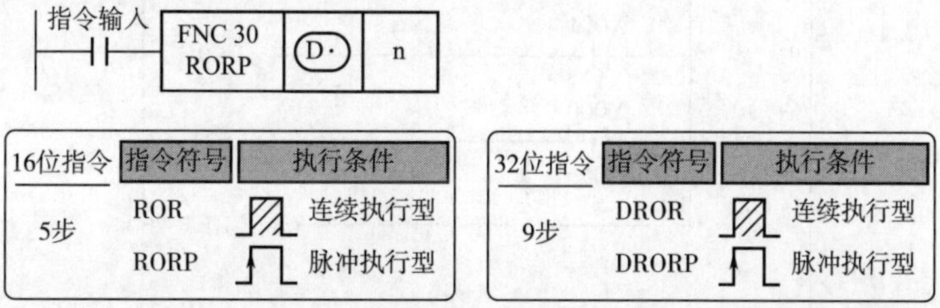

图4-62 循环右移指令ROR指令格式

将Ⓓ中指定的软元件的16位数据在不包含进位标志的状态下进行n位右旋转。进位标志根据ROR执行前的状态而ON/OFF，运算结果，如图4-63所示。

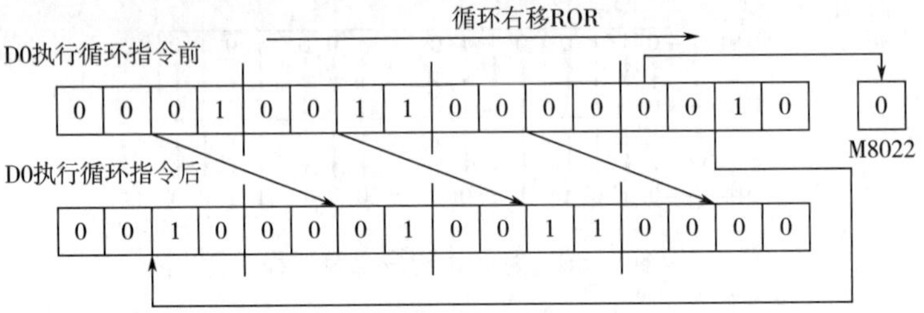

图4-63 循环右移指令ROR执行过程

（2）应用举例。利用PLC实现流水灯控制。某灯光招牌有24个灯，要求按下启动按钮X0时，灯以正、反序每0.1s间隔轮流点亮；按下停止按钮X1时，停止工作。

流水灯控制输入/输出端口分配表，如表4-3所示。

表4-3 输入/输出端口分配表

输入			输出	
输入继电器	输入元件	作用	输出继电器	控制对象
X0	SB1	启动按钮	YF~Y0	HL16~HL1
X1	SB2	停止按钮	Y17~Y10	HL24~HL17

流水灯控制的参考程序，如图4-64所示。

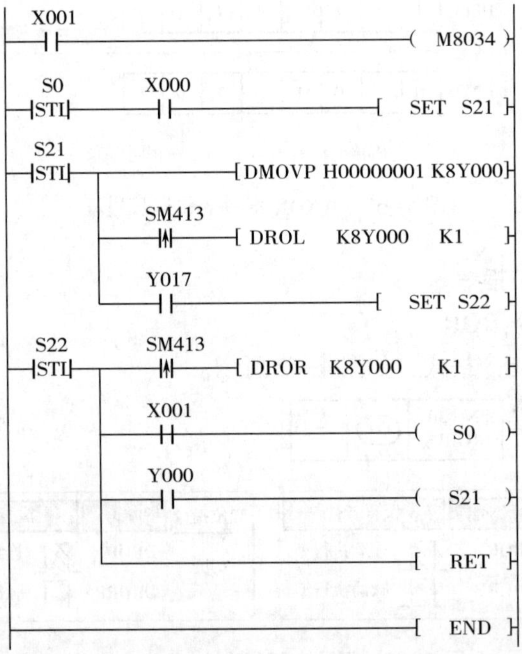

图4-64 流水灯控制的参考程序

2. 循环左移指令 ROL

(1) 指令说明。指令格式，如图 4-65 所示。

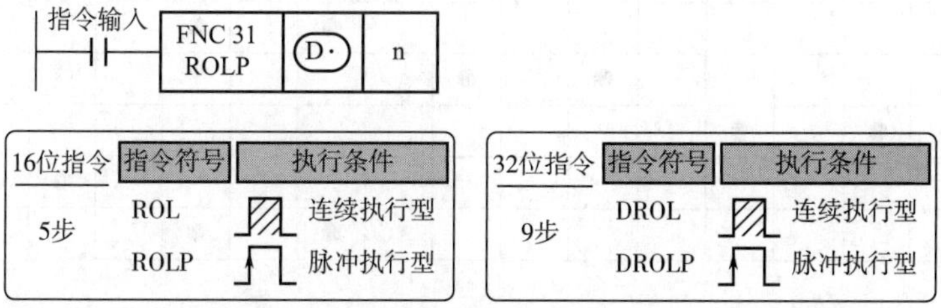

图 4-65　循环左移指令 ROL 指令格式

将Ⓓ中指定的软元件的 16 位数据在不包含进位标志的状态下进行 n 位左旋转。进位标志根据 ROL 执行前的状态而 ON/OFF，运算结果如图 4-66 所示。

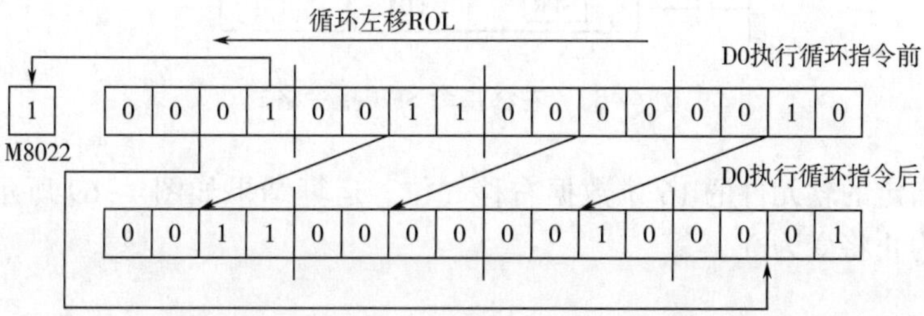

图 4-66　循环左移指令 ROL 执行过程

(2) 应用举例。求输出位组件 K4Y0 在一个循环周期中各位状态的变化。循环左移指令的参考程序如图 4-67 所示。

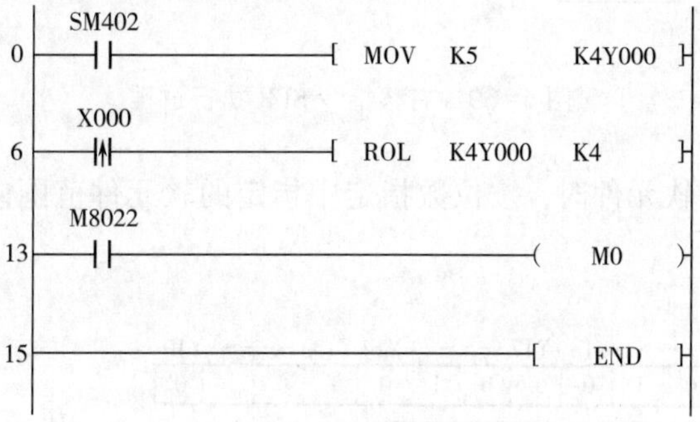

图 4-67　循环左移指令的参考程序

循环左移各位状态的变化情况，如表 4-4 所示。

表 4-4 循环左移各位状态的变化

进位 M8022	Y F	Y E	Y D	Y C	Y B	Y A	Y 9	Y 8	Y 7	Y 6	Y 5	Y 4	Y 3	Y 2	Y 1	Y 0	次 数
														●		●	0
										●		●					1
						●		●									2
		●		●													3
●														●		●	4
										●		●					5
…								…									…

3. 右移指令 SFR

- 指令说明。指令格式，如图 4-68 所示。

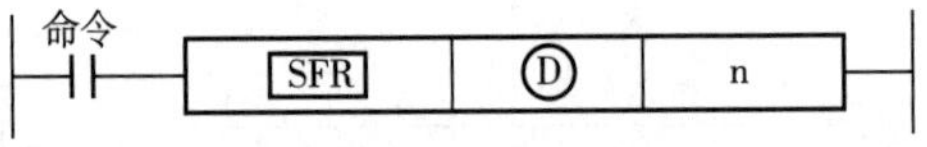

图 4-68 右移指令 SFR 指令格式

将Ⓓ中指定的软元件的 16 位数据右移 n 位。运算结果如图 4-69 所示。从最高位开始至 n 位为止将变为 0。

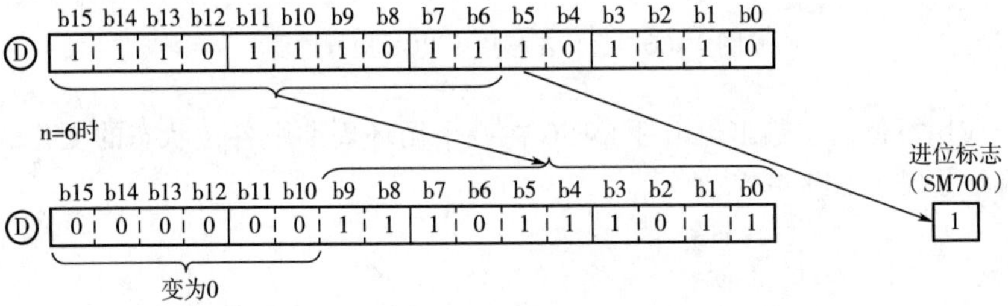

图 4-69 右移指令 SFR 执行过程

当Ⓓ中指定了位软元件时，按位数指定中指定的软元件范围向右移位，如图 4-70 所示。

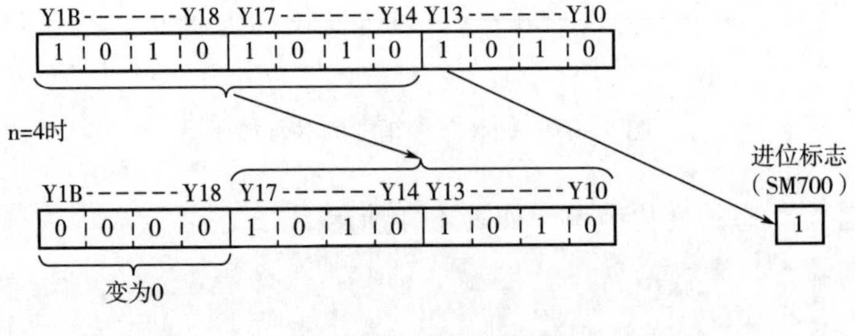

图 4-70 右移指令 SFR 位软元件执行过程

此时实际的移位位数为 n÷（位数指定中指定的点数）的余数。

例如，n=15，（位数指定中指定的点数）= 8 位时，15÷8=1 余数为 7，因此进行 7 位的移位。

4. 左移指令 SFL

• 指令说明。指令格式，如图 4-71 所示。

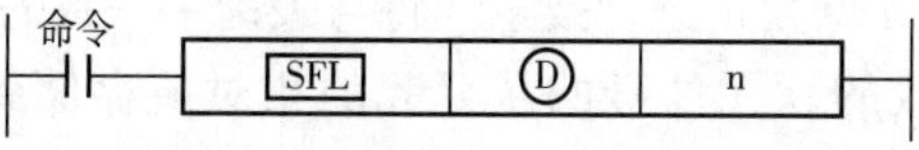

图 4-71　左移指令 SFL 指令格式

将Ⓓ中指定的软元件的 16 位数据左移 n 位。运算结果如图 4-72 所示。从最低位开始至 n 位为止将变为 0。

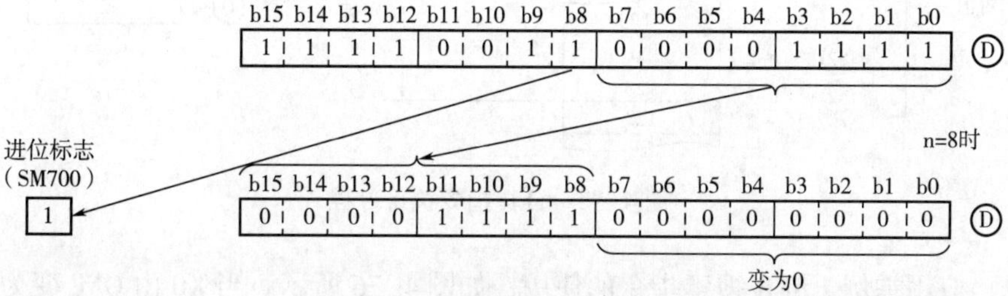

图 4-72　左移指令 SFL 执行过程

当Ⓓ中指定了位软元件时，按位数指定中指定的软元件范围向左移位，如图 4-73 所示。

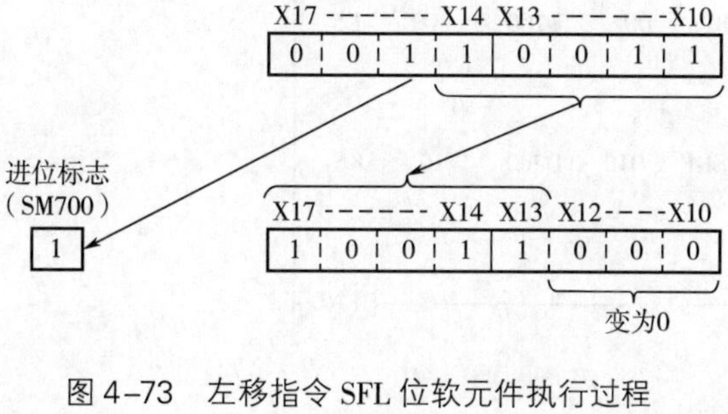

图 4-73　左移指令 SFL 位软元件执行过程

此时实际的移位位数为 n÷（位数指定中指定的点数）的余数。例如，n=15，（位数指定中指定的点数）= 8 位时，15÷8=1 余数为 7，因此进行 7 位的移位。

（三）数据处理指令

1. 数据搜索指令 SER

（1）指令说明。指令格式，如图 4-74 所示。

（D）SER（P）	(S1)	(S2)	(D)	n

图 4-74　数据搜索指令 SER 指令格式

SER 指令是在(S2)起始的 n 个块中搜索与(S1)中内容相同的数据个数，并将结果存储到从(D)起始的单元中。将(S1)中指定的软元件的 16 位数据作为关键字，从(S2)中指定的软元件的 16 位数据开始至 n 点为止进行搜索。将与关键字一致的个数存储到(D)+1 中指定的软元件中，将最先一致的软元件号的从算起的相对值存储到(D)中指定的软元件中，如图 4-75 所示。

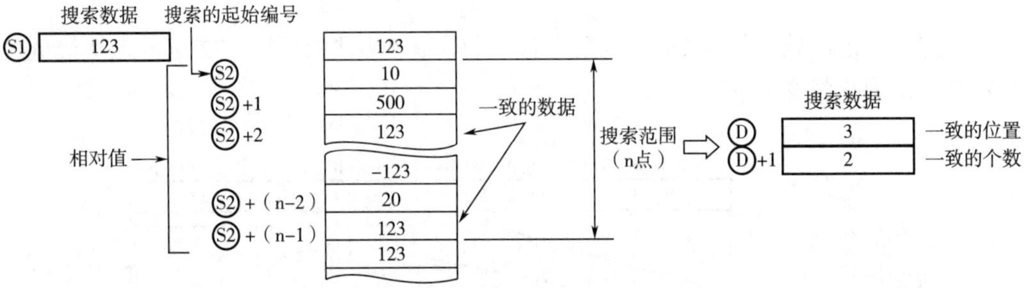

图 4-75　SER 指令执行过程

（2）应用举例。SER 搜索指令的使用，如图 4-76 所示。当 X0 由 OFF 变为 ON 时，执行数据搜索操作。SER 指令是在 D100 起始的 6 个数据单元中查找与 D0 中相同的数据，将第一个找到的数据位置送入 W0 中，将找到相同数据的个数送入 W1 中。DSER 指令是在 D211～D200 中查找 D11、D10 构成的 32 位相同数据，并将第一个找到的数据位置送入 W10 中，将找到相同数据的个数送入 W11 中。

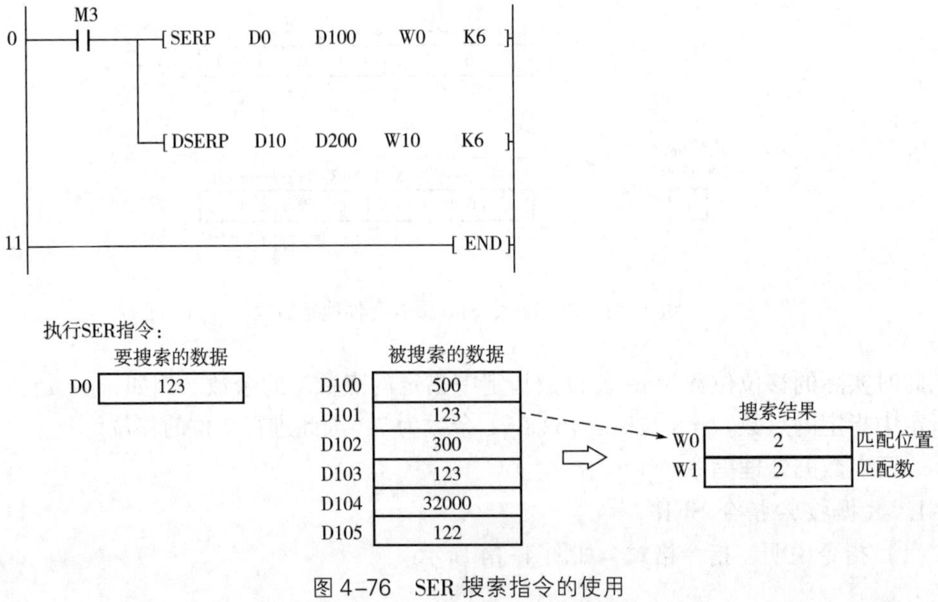

图 4-76　SER 搜索指令的使用

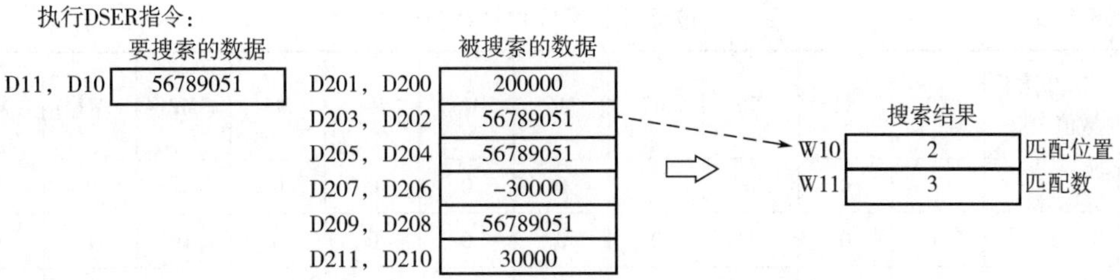

图 4-76　SER 搜索指令的使用（续）

2. 解码指令 DECO

（1）指令说明。指令格式，如图 4-77 所示。

（D）DECO（P）	S	D	n

图 4-77　解码指令 DECO 指令格式

解码指令 DECO（Decode）是将［S］源操作数的 n 位二进制数进行解码，其结果用［D］目的操作数的第 2^n 个元件置“1”来表示，如图 4-78 所示。

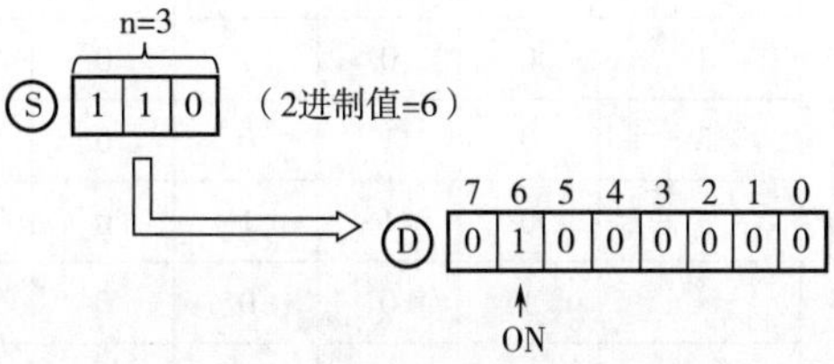

图 4-78　DECO 指令执行过程

（2）应用举例。解码指令的使用，如图 4-79 所示。在程序中，当 X10 动合触点闭合时，执行位元件解码指令。将 X2、X1 和 X0 表示的 3（K3）位二进制数用 M7～M0 的一个位元件来表示。例如，X2、X1、X0 为“010”时，M2 置 1；X2、X1、X0 为“101”时，M5 置 1。当 X11 动合触点闭合时，执行字元件解码指令。将 D0 中的低 3 位（b2～b0）用 D1 中的 b7～b0 之同的一个位来表示。例如，D0 为“1011001101011011”时，D10 的低 3 位（b2～b0）为“011”，则将 D1 中的 b3 位置 1；D0 为“1011010101101110”时，D10 的低 3 位（b2～b0）为“110”，则将 D1 中的 b6 位置 1。执行指令后，位元件、字元件译码值，如表 4-5 所示。

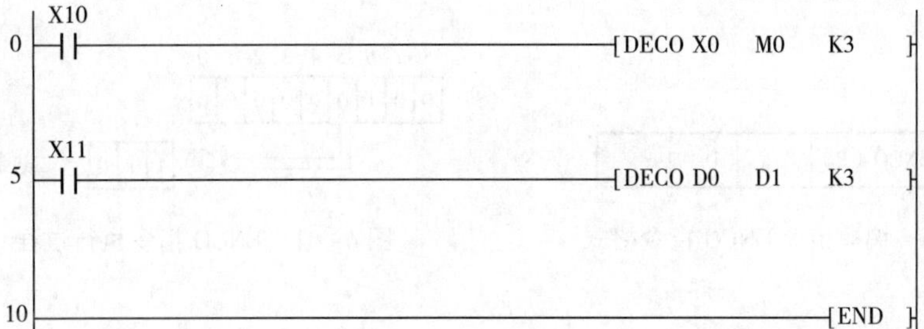

图 4-79　解码指令 DECO 的使用

表 4-5　　位元件、字元件译码值

	数值＼位元件	X2	X1	X0	M7	M6	M5	M4	M3	M2	M1	M0
位元件解码	0	0	0	0	0	0	0	0	0	0	0	1
	1	0	0	1	0	0	0	0	0	0	1	0
	2	0	1	0	0	0	0	0	0	1	0	0
	3	0	1	1	0	0	0	0	1	0	0	0
	4	1	0	0	0	0	0	1	0	0	0	0
	5	1	0	1	0	0	1	0	0	0	0	0
	6	1	1	0	0	1	0	0	0	0	0	0
	7	1	1	1	1	0	0	0	0	0	0	0
字元件解码	数值＼字元件	D0			D1							
		b2	b1	b0	b7	b6	b5	b4	b3	b2	b1	b0
	0	0	0	0	0	0	0	0	0	0	0	1
	1	0	0	1	0	0	0	0	0	0	1	0
	2	0	1	0	0	0	0	0	0	1	0	0
	3	0	1	1	0	0	0	0	1	0	0	0
	4	1	0	0	0	0	0	1	0	0	0	0
	5	1	0	1	0	0	1	0	0	0	0	0
	6	1	1	0	0	1	0	0	0	0	0	0
	7	1	1	1	1	0	0	0	0	0	0	0

3. 编码指令 ENCO

（1）指令说明。指令格式，如图 4-80 所示。

编码指令 ENCO（Decode）是将［S］源操作数的 2^n 位中最高位的“1”进行编码，编码存放在［D］的低 n 位中。如图 4-81 所示。

（D）ENCO（P）	S	D	n

图 4-80　编码指令 ENCO 指令格式

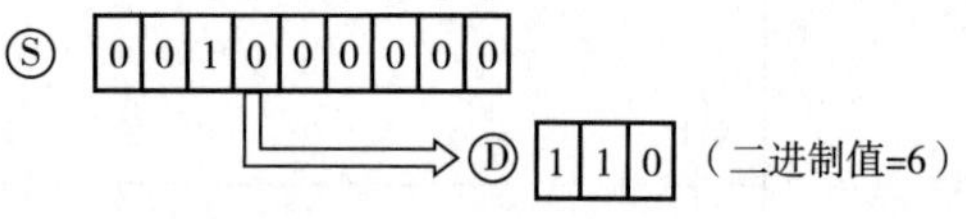

图 4-81　ENCO 指令执行过程

（2）应用举例。编码指令的使用如图 4-82 所示。在程序中，当 X10 动合触点闭合时，将 X7～X0 中的最高位的“1”进行编码，编码值存放在 D0 的低 3 位（b3～b0）中。例如，X7～X0＝01011010，则 D0 中的 b2blb0＝ 110；X7～X0 ＝ 00001001，则 DO 中的 b2b1b0＝011。当 X11 动合触点闭合时，将 D10 中的低 8 位（b7～b0）中的最高位的“1”进行编码，编码值存放在 D1 中的低 3 位（b2～b0）中，如 D10 = 0110100010101101，则 D1 中的 b2b1b0 = 111。执行指令后，位元件、字元件编码值，如表 4-6 所示。表中的“x”表示可以是“0”或“1”。

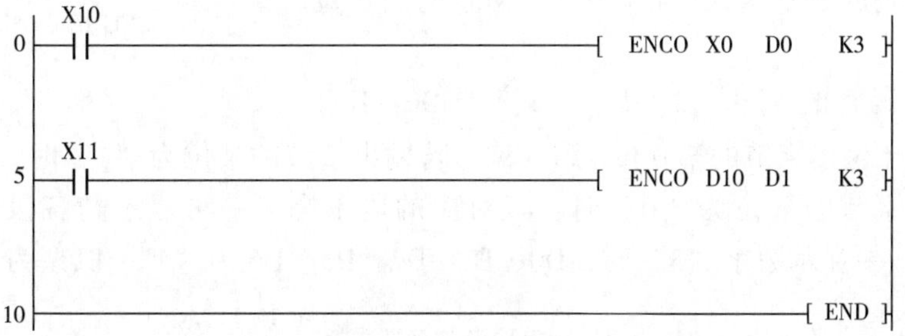

图 4-82　编码指令 ENCO 的使用

表 4-6　　　位元件、字元件编码值

	位元件 / 数值	X7	X6	X5	X4	X3	X2	X1	X0	b2	b1	b0
位元件解码	0	0	0	0	0	0	0	0	1	0	0	0
	1	0	0	0	0	0	0	1	x	0	0	1
	2	0	0	0	0	0	1	x	x	0	1	0
	3	0	0	0	0	1	x	x	x	0	1	1
	4	0	0	0	1	x	x	x	x	1	0	0
	5	0	0	1	x	x	x	x	x	1	0	1
	6	0	1	x	x	x	x	x	x	1	1	0
	7	1	x	x	x	x	x	x	x	1	1	1
	字元件 / 数值	D10								D1		
		b7	b6	b5	b4	b3	b2	b1	b0	b2	b1	b0
字元件编码	0	0	0	0	0	0	0	0	1	0	0	0
	1	0	0	0	0	0	0	1	x	0	0	1
	2	0	0	0	0	0	1	x	x	0	1	0
	3	0	0	0	0	1	x	x	x	0	1	1
	4	0	0	0	1	x	x	x	x	1	0	0
	5	0	0	1	x	x	x	x	x	1	0	1
	6	0	1	x	x	x	x	x	x	1	1	0
	7	1	x	x	x	x	x	x	x	1	1	1

4. 七段解码指令 SEG

（1）指令说明。指令格式，如图 4-83 所示。

七段译码指令 SEG（Seven Segment Decoder）用于控制一位共阴极七段 LED 数码营。它是将源操作数［S］指定元件低 4 位中的十六进制数（0~F）译成七段显示码的数基送入［D］中，［D］的高 8 位不变。

SEG（P）	S	D

图 4-83　七段解码指令 SEG 指令格式

七段数码管的 a、b、c、d、e、f、g（D0 ~ D6）段分别对应于输出字节的第 0 位~第 6 位，若输出字节的某位为“1”时，其对应的段显示；输出字节的某位为“0”时，其对应的段不亮。字符显示与各段的关系见表 4-7。例如，要显示数字“3”时，D0、DI、D2、D3、D6 为“1”，其余为“0”。

表 4-7　字符显示与各段关系

	十六进制数	- g f e d c b a	十六进制数	- g f e d c b a
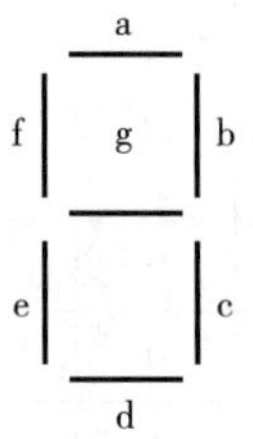	0	0 0 1 1 1 1 1 1	8	0 1 1 1 1 1 1 1
	1	0 0 0 0 0 1 1 0	9	0 1 1 0 0 1 1 1
	2	0 1 0 1 1 0 1 1	A	0 1 1 1 0 1 1 1
	3	0 1 0 0 1 1 1 1	B	0 1 1 1 1 1 0 0
	4	0 1 1 0 0 1 1 0	C	0 0 1 1 1 0 0 1
	5	0 1 1 0 1 1 0 1	D	0 1 0 1 1 1 1 0
	6	0 1 1 1 1 1 0 1	E	0 1 1 1 1 0 0 1
	7	0 0 0 0 0 1 1 1	F	0 1 1 1 0 0 0 1

（2）应用举例。七段译码指令的应用。假设 PLC 的输出模块 Y0~Y6 分别与一位共阴极七段 LED 数码管的 a、b、c、d、e、f、g 段进行连接，每隔 1s 七段 LED 数码管循环显示 0~9，编写的程序如图 4-84 所示。

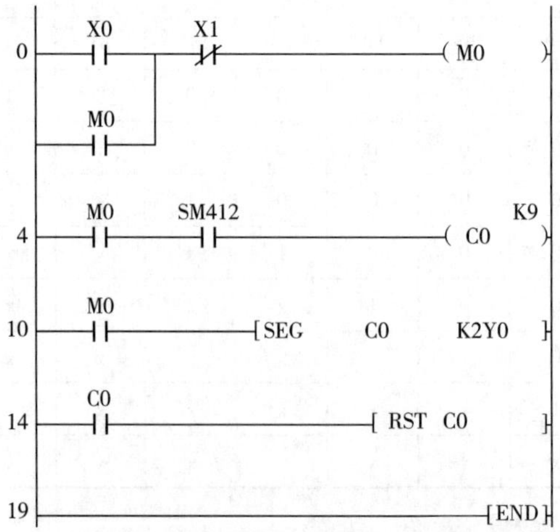

图 4-84　七段译码指令的使用

5. 最大值、最小值查找指令 MAX、MIN

(1) 指令说明。指令格式，如图 4-85 所示。

求最大值指令	(D) MAX (P)	S	D	n
求最小值指令	(D) MIN (P)	S	D	n

图 4-85　MAX、 MIN 指令格式

MAX (P) 为求最大值指令，它是在 S 起始的 n 块 16 位数据中查找最大值，并将该值存储到 D 指定的单元中。MIN (P) 为求最小值指令，它是在 S 起始的 n 块 16 位数据中查找最小值，并将该值存储到 D 指定的单元中。

说明：①从 S 中指定的软元件开始搜索，将最先检测出的存储最大值的软元件号从 S 算起的点数存储到 D+1 中，将最大值的个数存储到 D+2 中，如图 4-86 所示。

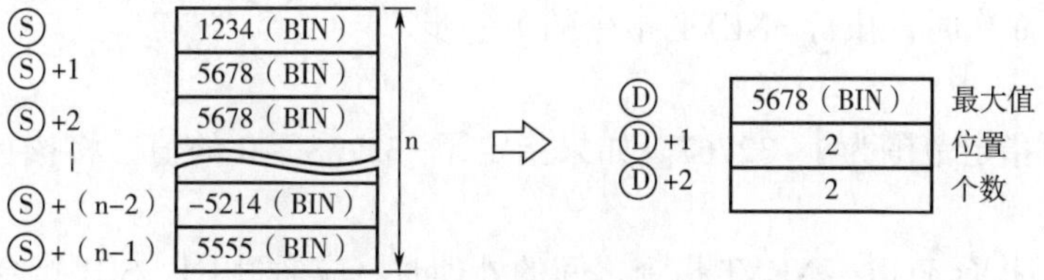

图 4-86　MAX (P) 指令的运行示意图

②从 S 中指定的软元件开始搜索，将最先检测出的存储最小值的软元件号从 S 算起的点数存储到 D+1 中，将最小值的个数存储到 D+2 中，如图 4-87 所示。

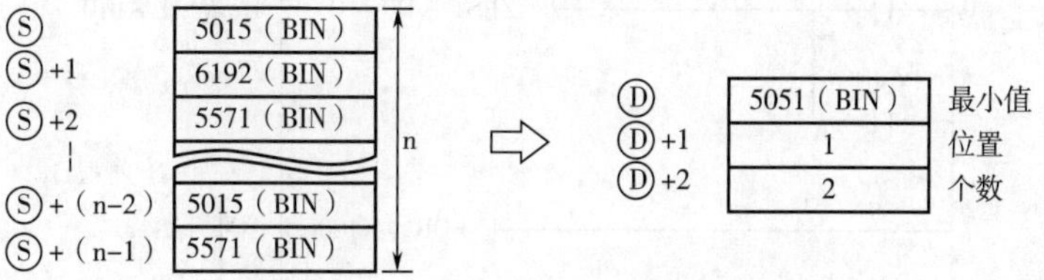

图 4-87　MIN (P) 指令的运行示意图

(2) 应用举例。以下为 X1C 变为 ON 时，将 D100～D103 中存储的数据值与 R0～R3 中存储的数据值进行减法运算，在其结果中搜索出最大值后，存储到 D200～D202 中的程序。运行过程如图 4-88 所示。

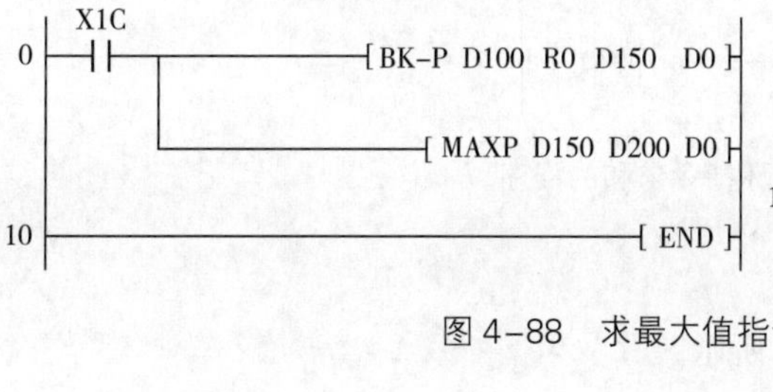

0	LD	X1C			
1	BK-P	D100	R0	D150	D0
6	MAXP	D150	D200	D0	
10	END				

图 4-88　求最大值指令 MAX (P) 的使用

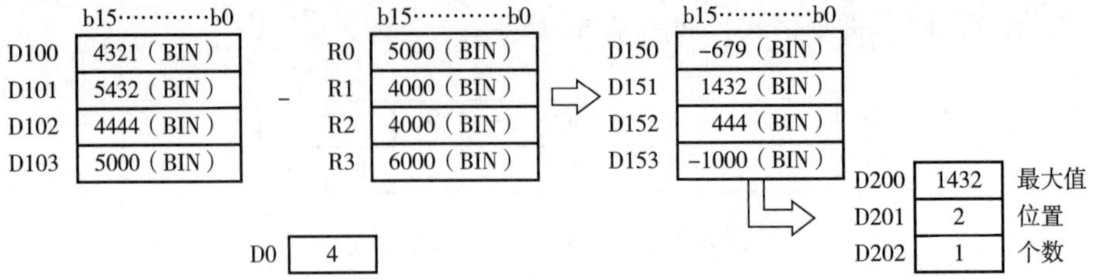

图 4-88 求最大值指令 MAX（P）的使用（续）

（四）结构化程序指令

1. 循环控制指令 FOR、NEXT

（1）指令说明。指令格式，如图 4-89 所示。

循环开始指令	FOR	n
循环结束指令	NEXT	

图 4-89 FOR、NEXT 指令格式

说明：① 将 FOR～NEXT 指令之间的处理无条件地执行了 n 次时，执行 nNEXT 指令的下一步的处理。

② n 的可指定范围为 1～32767。如果指定了-32768 ～0 的值，将执行等同于 n=1 时的处理。

③ 不希望执行 FOR ～NEXT 指令之间的处理时，应通过 CJ、SCJ 指令进行跳转。

④ FOR 的嵌套最多可达 16 级。

（2）应用举例。求 0+1+2+3+…+100 的和，并将和存入 D0。用循环指令编写的程序如图 4-90 所示，D1 作为循环增量。

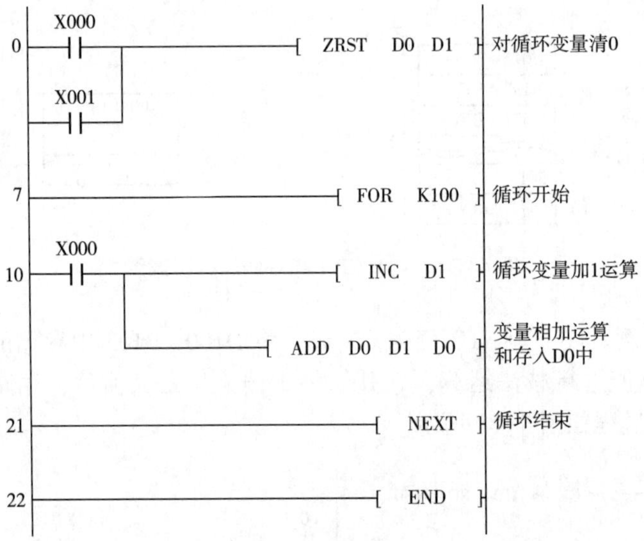

图 4-90 应用循环指令求和的程序

2. 子程序调用 CALL

（1）指令说明。指令格式，如图 4-91 所示。

如果执行 CALL（P）指令，将执行 Pn 中指定的指针的子程序，执行过程如图 4-92 所示。

FEND 指令表示主程序结束。END 是指整个程序（包括主程序和子程序）结束。一个完整的程序可以没有子程序，但一定要有主程序。

子程序编写在 FEND 指令的后面，以标号 P 开头，以返回指令 RET 结束。

如果子程序调用条件满足，则中断主程序去执行子程序，标号是被调用子程序的入口地址。在子程序结束处一定要使用返回指令 RET，意思是返回主程序中断处去继续执行主程序的下一条指令语句。

子程序调用指令	CALL（P）	Pn	S1 to S5
子程序返回指令	RET		
子程序结束指令	FEND		

图 4-91　子程序调用 CALL 指令格式

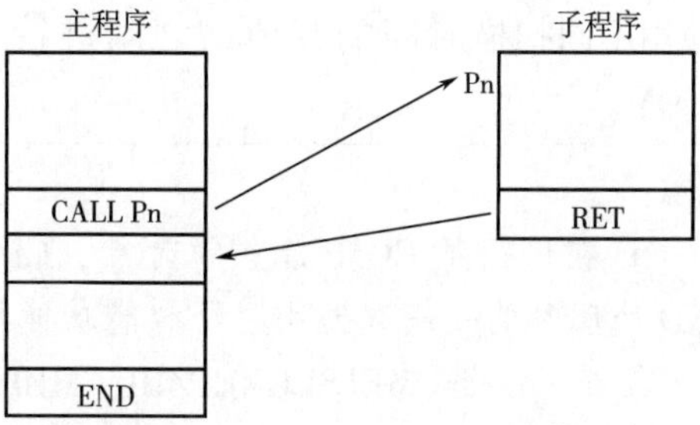

图 4-92　CALL 指令执行过程

（2）应用举例。当 X1、X2、X3 分别接通时，将相应的数据传送到 D0、D10，然后调用子程序；在子程序中，将 D0、D10 存储的数据相加，运算结果存储在 D20，用 D20 存储数据控制输出字元件 K1Y0。参考程序如图 4-93 所示。

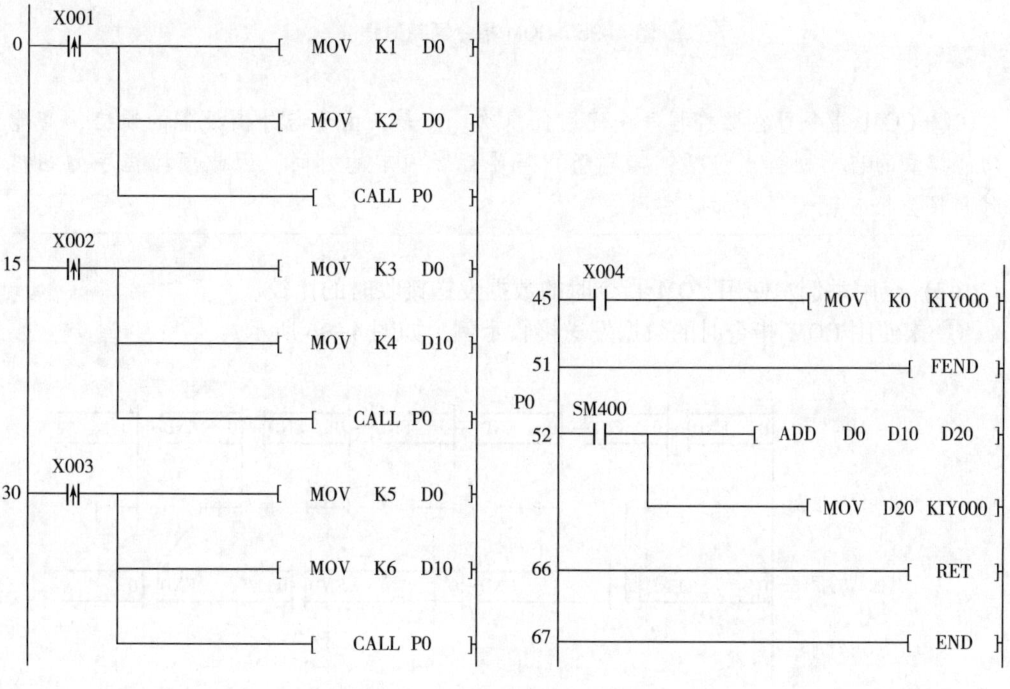

图 4-93　子程序调用指令的程序

3. 刷新指令 COM

（1）指令说明。指令格式，如图 4-94 所示。

刷新指令	COM

图 4-94　刷新指令 COM 指令格式

若要提高与远程 I/O 站的发送/接收处理速度，或者在数据链接执行过程中，希望与使用不同扫描时间的其他站之间进行可靠的数据发送/接收时，可以使用刷新指令 COM。

注意：

① 在执行了 COM 指令的时点，CPU 模块将暂停顺控程序的处理，而进行与 END 处理时的一般数据处理及智能功能模块的自动刷新（包括链接刷新）相同的处理。但是，不进 MELSECNET/10、MELSECNET/H 的低速循环刷新，如图 4-95 所示。

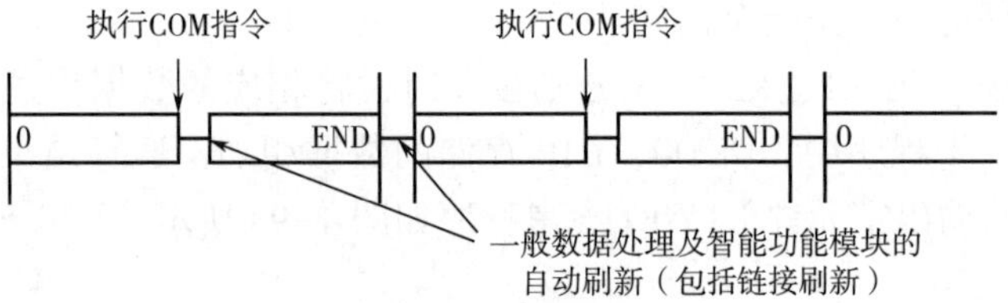

图 4-95　COM 指令刷新过程

② COM 指令可在顺控程序中使用任意次。但是，由于与外围设备的通信、智能功能模块的自动刷新（包括链接刷新）需要耗费一定的时间，因此顺控程序的扫描时间将会相应延长，应加以注意。

（2）应用举例。使用 COM 指令时的数据发送接收时的比较。

① 未使用 COM 指令时的数据发送接收示例，如图 4-96 所示。

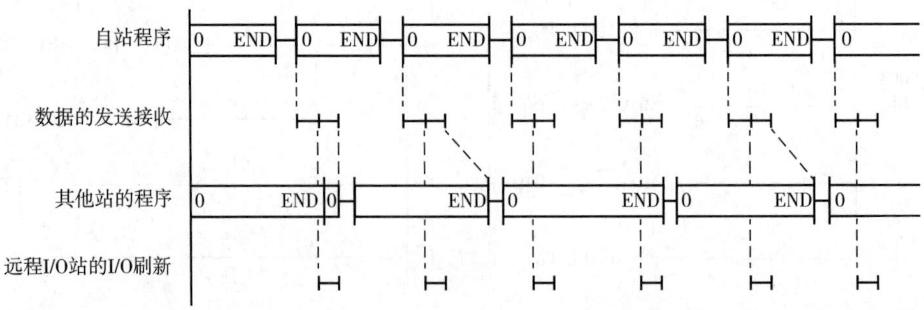

图 4-96　未使用 COM 指令时数据发送示例

② 使用了 COM 指令时的数据发送接收示例，如图 4-97 所示。

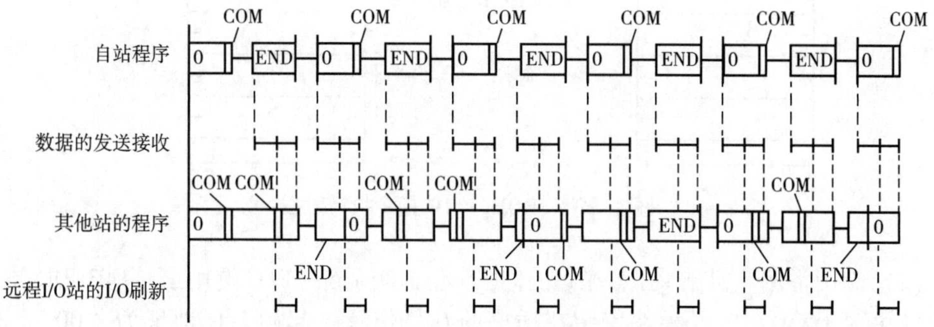

图 4-97　使用 COM 指令时数据发送示例

注意：

① 自站中使用了 COM 指令时，与远程 I/O 站的数据发送接收次数可无条件增多，可以提高数据的发送接收速度。

② 在其他站的扫描时间长于自站的扫描时间的情况下，通过在其他站中使用 COM 指令，可以防止发生无法获取数据的现象。

③ 如果对其他站使用 COM 指令，将在下述期间接收到来自于主站的指令时各进行 1 次链接刷新。

第 0 步～ COM 指令
COM 指令～COM 指令
COM 指令～END 指令
}在此期间可各进行 1 次链接刷新

（五）缓冲存储区访问与文件寄存器指令

1. 智能模块读写指令 FROM、TO

（1）指令说明。指令格式，如图 4-98 所示。

智能模块读取指令	（D）FROM（P）	n1	n2		Ⓓ	n3
数据写入智能模块	（D）TO（P）	n1	n2		Ⓢ	n3

图 4-98　FROM、 TO 指令格式

其中：

n1：智能功能模块的起始 I/O 编号（BIN16 位）。

n2：读取/写入数据的起始地址（BIN16 位）。

Ⓓ Ⓢ：存储读取/写入数据的软元件起始编号（BIN16/32 位）。

n3 ：读取/写入的数据数（BIN16 位）。

从 n1 中指定的智能功能模块的 n2 中指定的缓冲存储器地址开始，读取（n3 × 2）个字的数据后，存储到Ⓓ中指定的软元件后面，如图 4-99 所示。

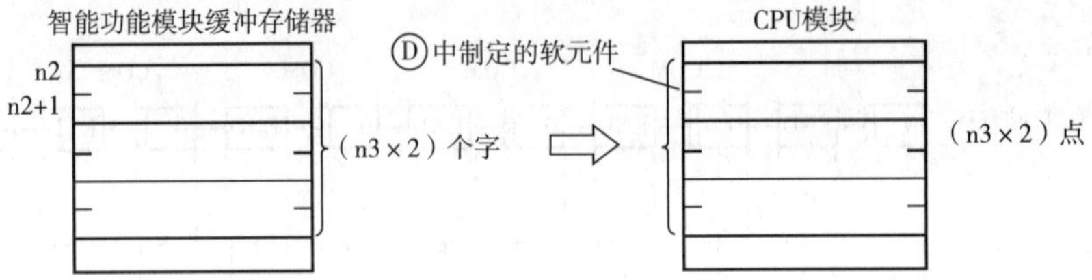

图 4-99 FROM、 TO 指令执行过程

（2）应用举例。机械手工件搬运的伺服定位控制系统，PLC 选用三菱 Q03UDE_ CPU，定位模块选用 QD75P4，模块安装在插槽的 0 号位置，起始 I/O 地址为“00”，利用 FROM/TO 指令实现定位模块的 JOG 运行的速度设置。系统配置图，如图 4-100 所示。

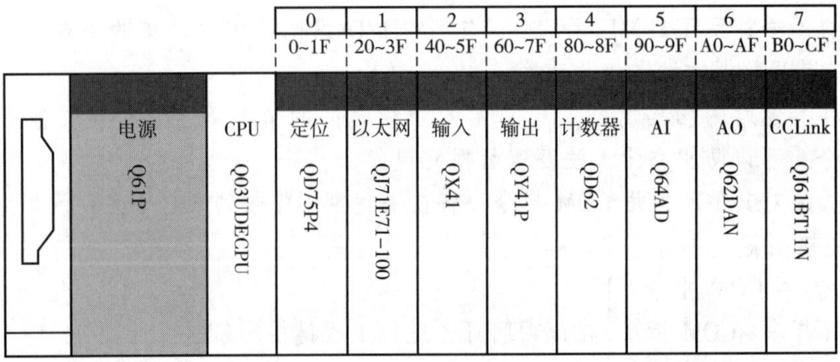

图 4-100 智能模块系统配置图

实现速度的参考程序如图 4-101 所示，其中“1518”为定位模块轴 1 的 JOG 速度设置控制数据，“K5000”为设置的速度值，“K1”为写入一个数据点。

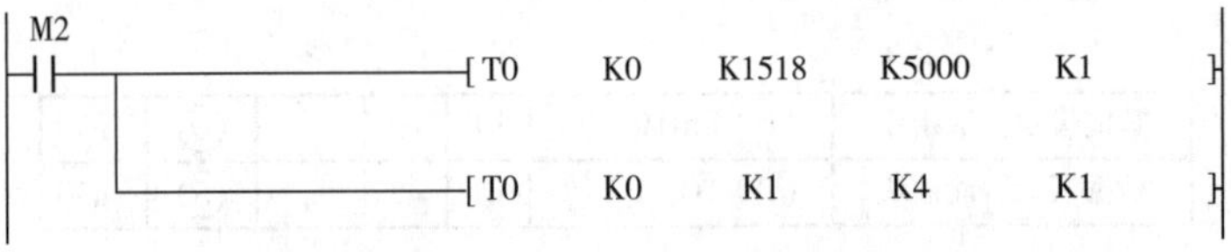

图 4-101 数据写入智能模块参考程序

2. 文件寄存器切换指令 RSET

（1）指令说明。指令格式，如图 4-102 所示。

该指令将程序中使用的文件寄存器的块号变更为Ⓢ中指定的软元件中存储的块号。进行块号变更后，顺控程序中使用的所有文件寄存器均按变更后的块号的文件寄存器进行处理。

文件寄存器切换指令	REST（P）	Ⓢ

图 4-102 RSET 指令格式

例如：从块号 0 切换为块号 1 时，如图 4-103 所示。

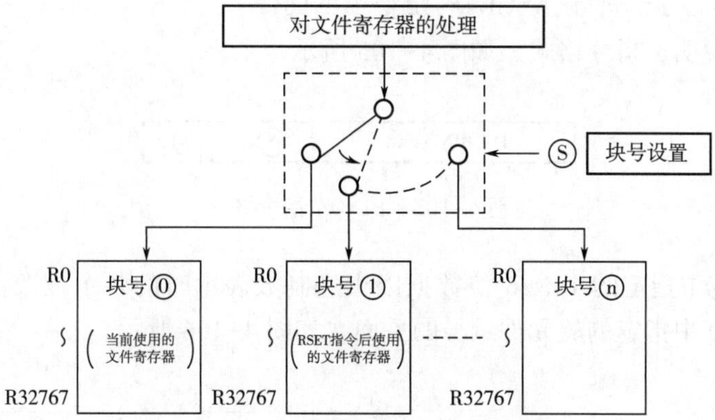

图 4-103　文件寄存器块号变更示意

（2）应用举例。编写程序实现将块号 0 与块号 1 的 R0 的值读取并进行比较，根据比较结果实现输出的控制。参考程序和结果，如图 4-104 所示。

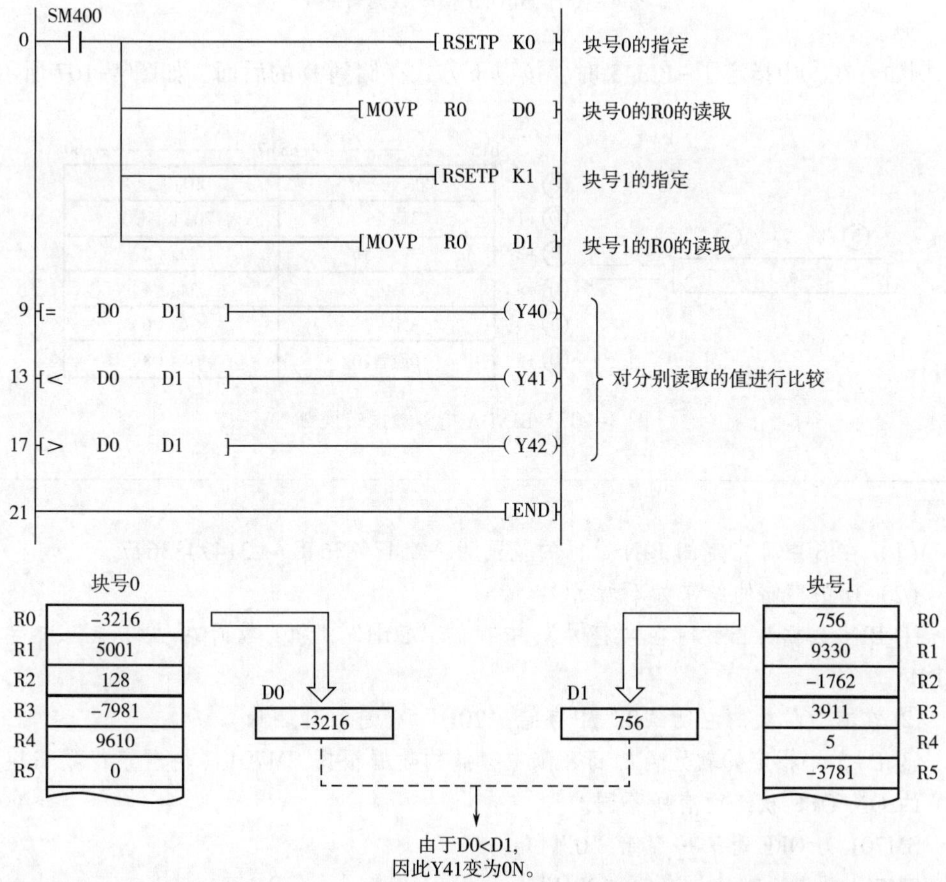

图 4-104　RSET 变更块号程序和运行结果

（六）字符串处理指令

1. BIN 转换为十进制 ASCII 码指令 BINDA

（1）指令说明。指令格式，如图 4-105 所示。

（D）BINDA（P）	Ⓢ	Ⓓ

图 4-105　BINDA 指令格式

该指令将Ⓢ中指定的 BIN16 位数据以十进制数表示时的各个位数值转换为 ASCII 码后，存储到 D 中指定的软元件编号的后面，如图 4-106 所示。

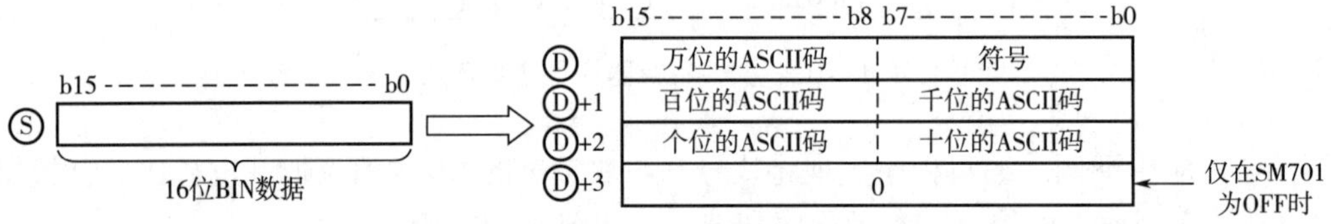

图 4-106　BINDA 指令数据转换 1

例如：在Ⓢ中指定了-12345 时，按以下方式存储到 D 的后面，如图 4-107 所示。

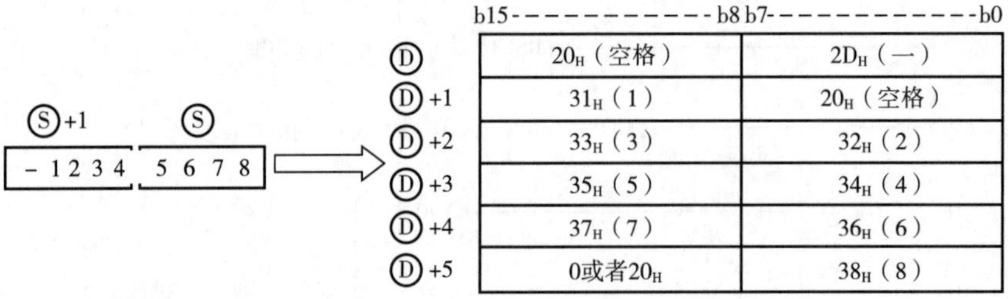

图 4-107　BINDA 指令数据转换 2

注意：

（1）在 S 中可指定的 BIN 数据的范围为 -2147483648 ~ 2147483647。

（2）D 中存储的结果如下所示：

① BIN 数据为正数时在“符号”中存储“20H”，为负数时在“符号”中存储“2DH”。

② 在有效位数的左侧“0”中存储“20H”。(进行 0 删除)

③ D+5 中指定的软元件的高 8 位中存储的数据根据 SM701（输出字符数切换信号）的 ON/OFF 状态而有所不同。

SM701 为 OFF 时……存储“0”。

SM701 为 ON 时……存储“20H”。

（2）指令应用。将16位BIN数据的W0值通过PR指令转换为十进制数的ASCII码后输出到Y40～Y48中的程序。梯形图程序如图4-108所示。（PR为ASCII打印输出指令）

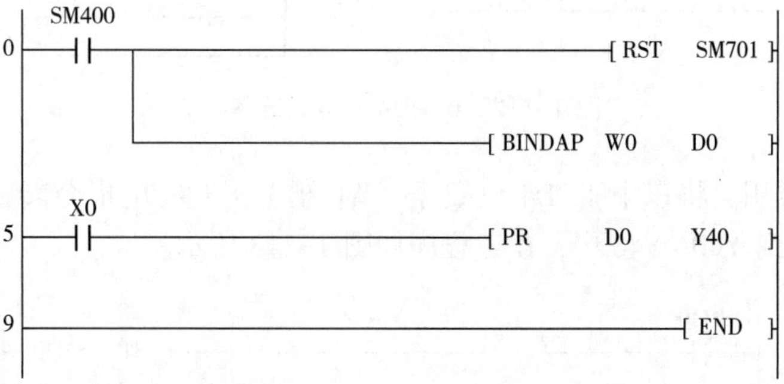

图4-108　BIN指令转换程序

X0变为ON时，通过PR指令对Y40～Y48进行ASCII码输出。由于SM701处于OFF状态，因此PR指令执行输出直至ASCII码00 H为止，如图4-109所示。

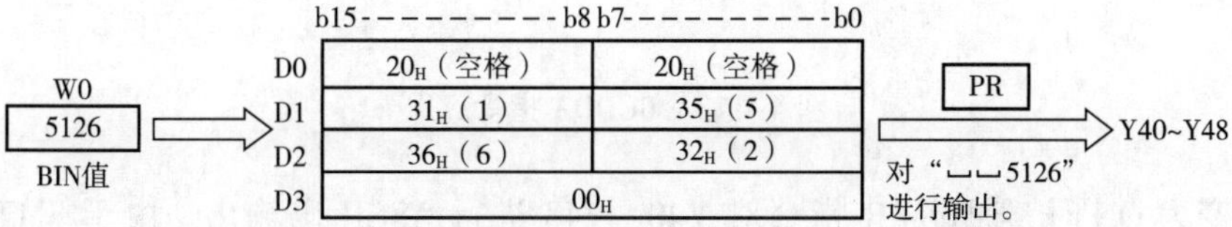

图4-109　BINDA指令执行过程

2. BCD转换为十进制ASCII码指令BCDDA

（1）指令说明。指令格式，如图4-110所示。

（D）BCDDA（P）	Ⓢ	Ⓓ

图4-110　BCDDA指令格式

将Ⓢ中指定的BCD4位数据的各个位数值转换为ASCII码后，存储到Ⓓ中指定的软元件编号的后面，如图4-111所示。

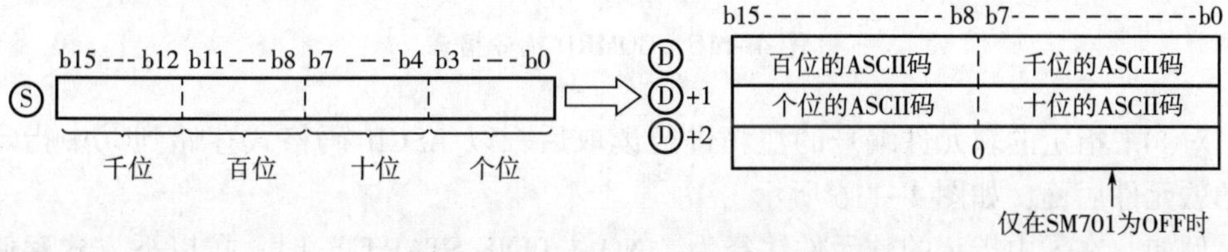

图4-111　BCDDA指令数据转换1

例如：在Ⓢ中指定了 9105 时，按以下方式存储到Ⓓ的后面，如图 4-112 所示。

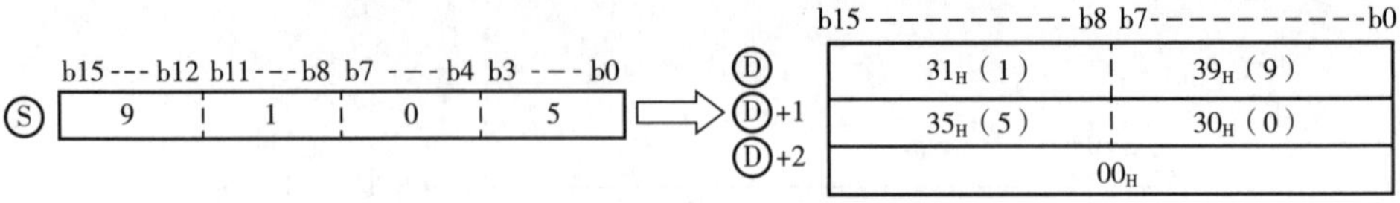

图 4-112　BCDDA 指令数据转换 2

（2）指令应用。将以下 BCD4 位数据（W0 值）通过 PR 指令转换为十进制数的 ASCII 码后输出到 Y40～Y48 中，参考程序如图 4-113 所示。

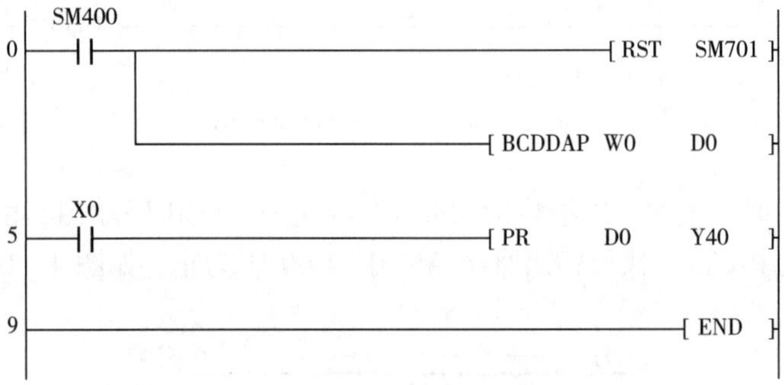

图 4-113　BCDDA 指令应用

X0 变为 ON 时，通过 PR 指令对 Y40～Y48 进行 ASCII 码输出。由于 SM701 处于 OFF 状态，因此 PR 指令执行输出直至 ASCII 码 00H 为止，如图 4-114 所示。

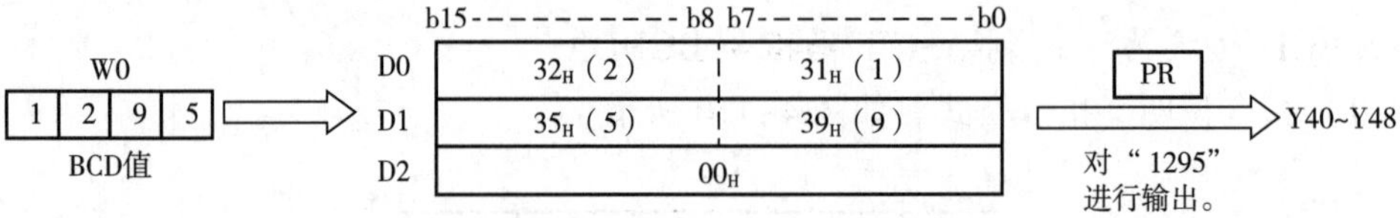

图 4-114　BCDDA 指令执行过程

3. 读取软元件注释指令 COMRD

（1）指令说明。指令格式，如图 4-115 所示。

COMRD（P）	Ⓢ	Ⓓ

图 4-115　COMRD 指令格式

对Ⓢ中指定的软元件编号的注释进行读取后，以 ASCII 码格式存储到Ⓓ中指定编号的软元件后面，如图 4-116 所示。

例如，在Ⓢ中指定的软元件注释为“NO. 1 LINE START ”时，按以下方式存储到Ⓓ中，如图 4-117 所示。

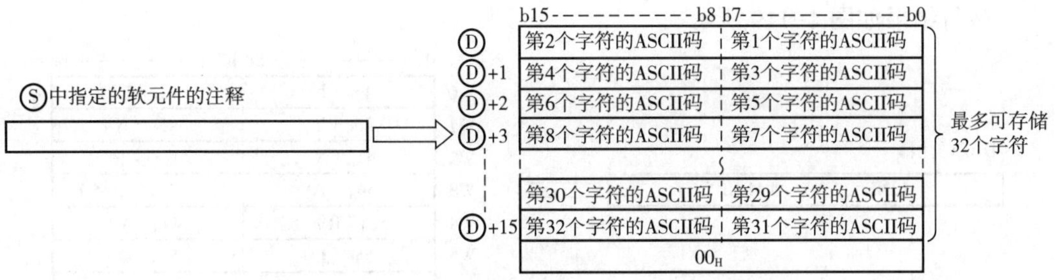

图 4-116　COMRD 指令数据转换 1

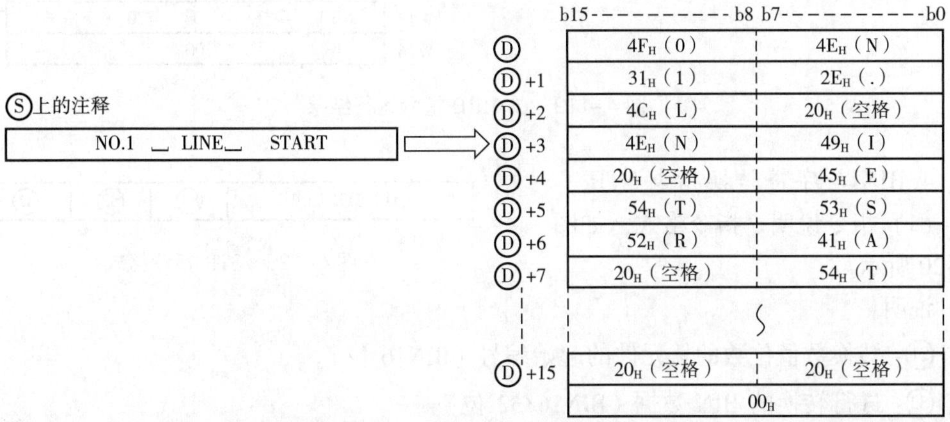

图 4-117　COMRD 指令数据转换 2

注意：

① 在Ⓢ中指定的软元件号未进行注释范围设置，注释未被登录的情况下，注释的字符将全部被处理为“20H”（空格）。

② 存储Ⓓ的最后字符的软元件号+1 根据 SM701（输出字符数切换信号）的 ON/OFF 状态而不同。

SM701 为 OFF 时：无变化。

SM701 为 ON 时：存储“0”。

（2）指令应用。假如当 X1C 变为 ON 时，将 D100 中设置的注释以 ASCII 码格式存储到 W0 的后面。参考程序如图 4-118 所示。

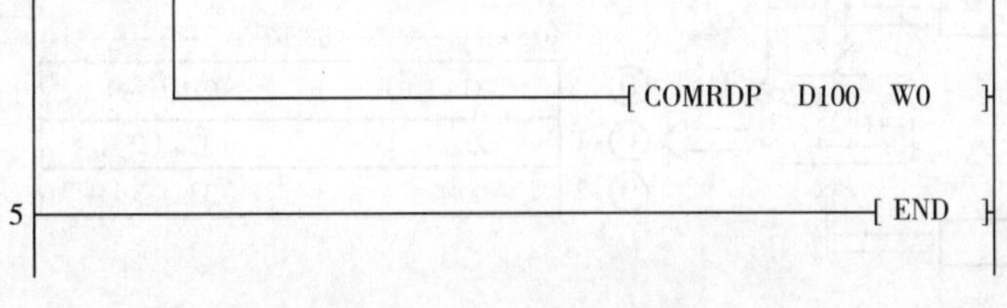

图 4-118　COMRD 指令应用

运行结果如图 4-119 所示。

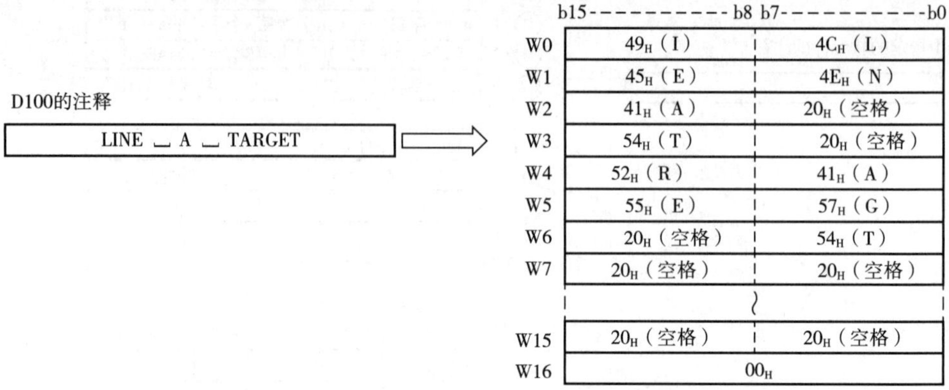

图 4-119 COMRD 指令运行结果

4. BIN 与字符转换指令 STR

(1) 指令说明。指令格式，如图 4-120 所示。

(D) STR (P)	Ⓢ1	Ⓢ2	Ⓓ

图 4-120 STR 指令格式

说明：

Ⓢ1：转换数值位数的软元件的起始编号（BIN16 位）。

Ⓢ2：进行转换的 BIN 数据（BIN16/32 位）。

Ⓓ：存储转换后的字符串的软元件的起始编号（字符串）。

该指令将Ⓢ2中指定的 BIN16 位数据转换为在Ⓢ1中指定位置附加了小数点的字符串后，存储到Ⓓ中指定编号的软元件的后面，如图 4-121 所示。

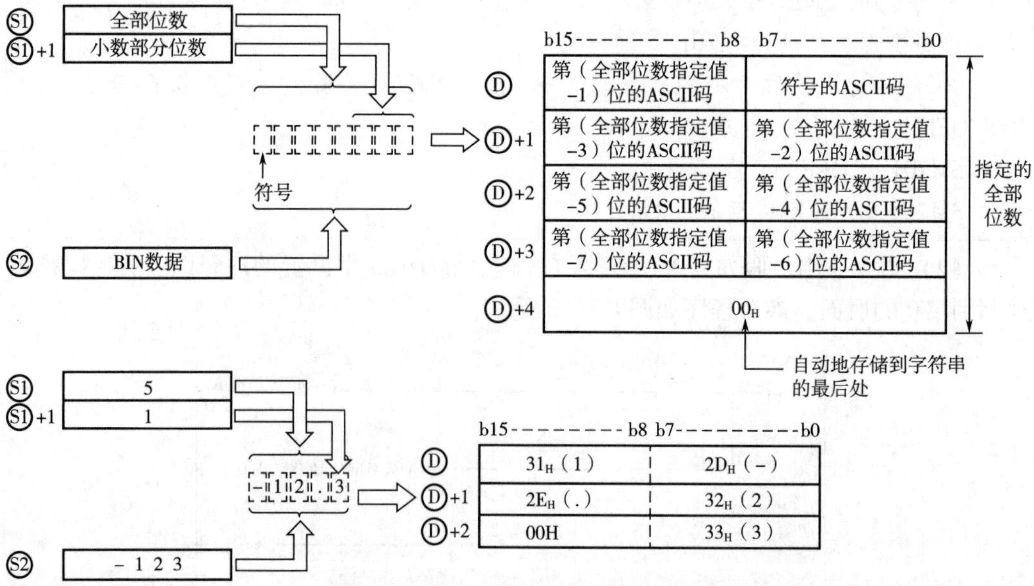

图 4-121 STR 指令执行过程

（2）指令应用。当 X0 变为 ON 时，将 D10 中存储的 BIN16 位数据按照 D0、D1 的位数指定转换为字符串后，存储到 D20~D23 中。参考程序如图 4-122 所示。

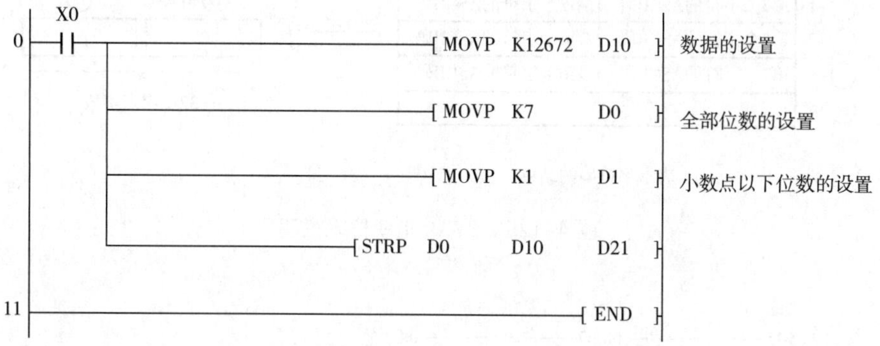

图 4-122　STR 指令应用

运行结果如图 4-123 所示。

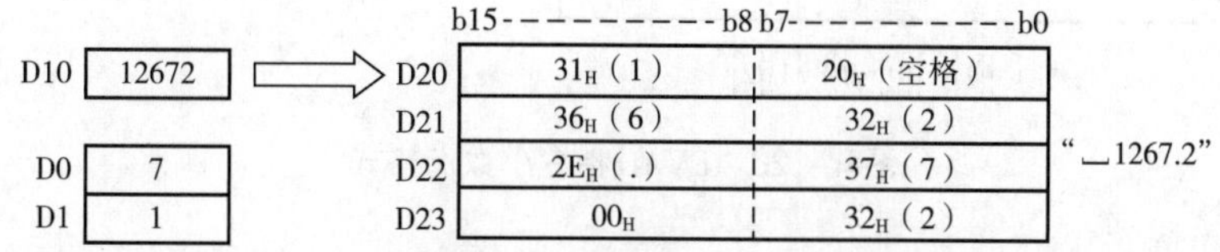

图 4-123　STR 指令执行结果

5. 实数与字符串转换指令 EVAL

（1）指令说明。指令格式，如图 4-124 所示。

EVAL（P）	Ⓢ	Ⓓ	

图 4-124　EVAL 指令格式

格式说明：

Ⓢ：要转换为 32 位浮点实数数据的字符串数据或者存储字符串数据的软元件的起始编号（字符串）。

Ⓓ：存储转换后的 32 位浮点实数数据的软元件的起始编号（实数）。

该指令将Ⓢ中指定的软元件编号后面存储的字符串转换为 32 位浮点实数后，存储到Ⓓ中指定的软元件中，如图 4-125 所示。

① 小数点格式时，如图 4-126 所示。

② 指数格式时，如图 4-127 所示。

（2）指令应用。当 X20 变为 ON 时，将 R0 后面存储的字符串转换为 32 位浮点实数后，存储到 D0、D1 中，参考程序如图 4-128 所示。

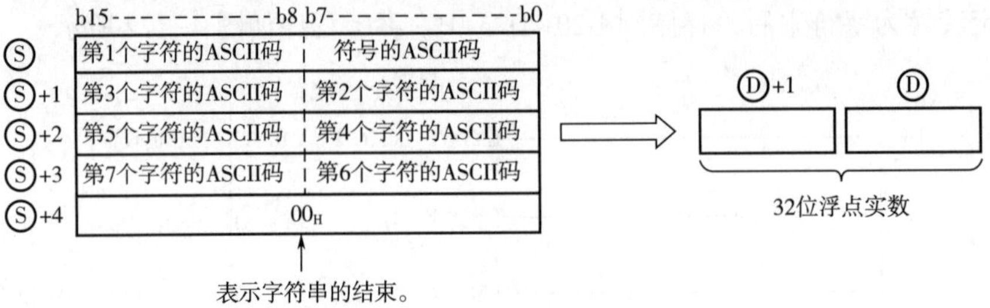

图 4-125　EVAL 指令格式说明

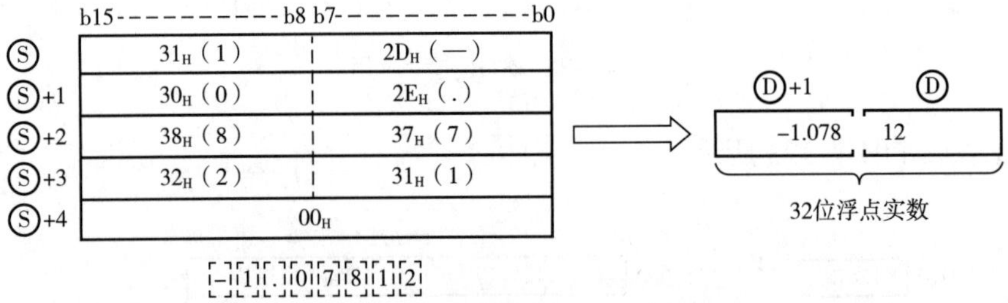

图 4-126　EVAL 指令小数点格式

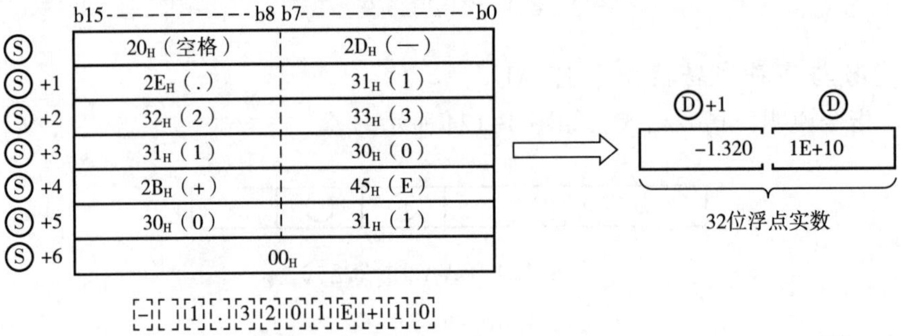

图 4-127　EVAL 指令指数格式

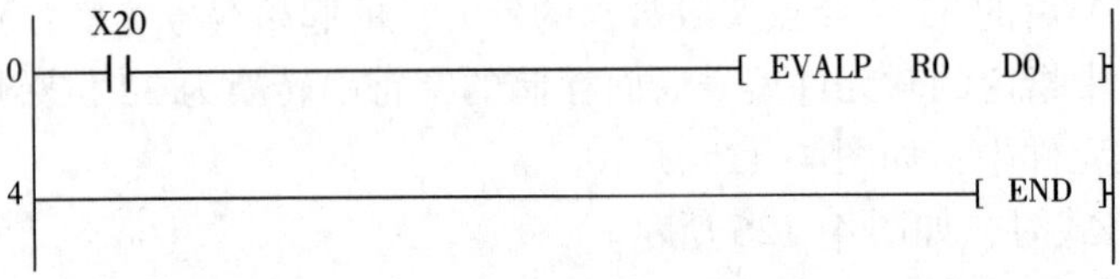

图 4-128　EVAL 指令应用

运行结果如图 4-129 所示。

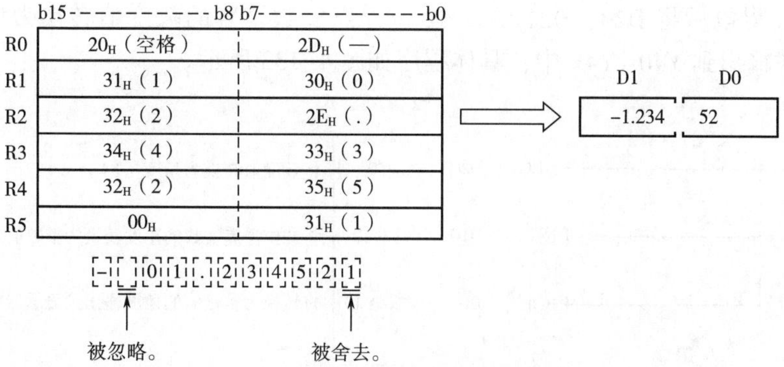

图 4–129　EVAL 指令运行结果

（七）特殊函数指令

1. 弧度与角度转换指令 RAD、DEG

(1) 指令说明。指令格式，如图 4－130 所示。

RAD（P）	Ⓢ	Ⓓ
DEG（P）	Ⓢ	Ⓓ

图 4–130　RAD、 DEG 指令格式

格式说明：

① RAD 指令将角度的大小单位从Ⓢ中指定的度单位转换为弧度单位后，将运算结果存储到Ⓓ中指定编号的软元件中。

② DEG 指令将角度的大小单位从Ⓢ中指定的弧度单位转换为度单位后，将运算结果存储到Ⓓ中指定编号的软元件中。

③ 弧度单位＝角度单位×π/180；角度单位＝弧度单位×180/π。

(2) 指令应用。当 PLC 得电后将 X20～X2F 中以 BCD4 位数设置的角度转换为弧度后，以 64 位浮点实数存储到 D20～D23 中，参考程序如图 4–131 所示。

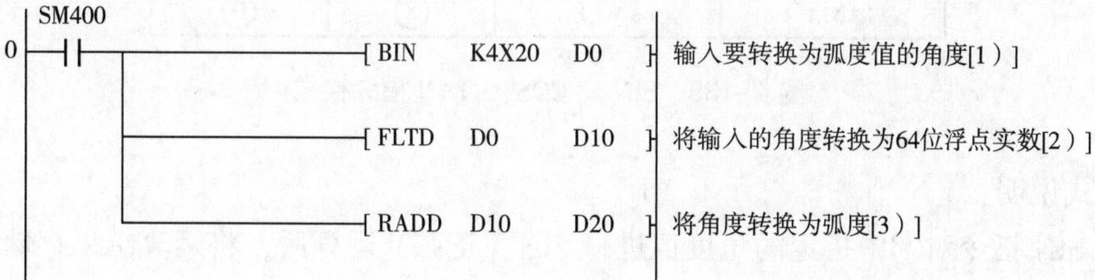

图 4–131　RAD 指令应用

当 X20～X2F 中指定了 BIN 值为 120 时的运行结果，如图 4–132 所示。

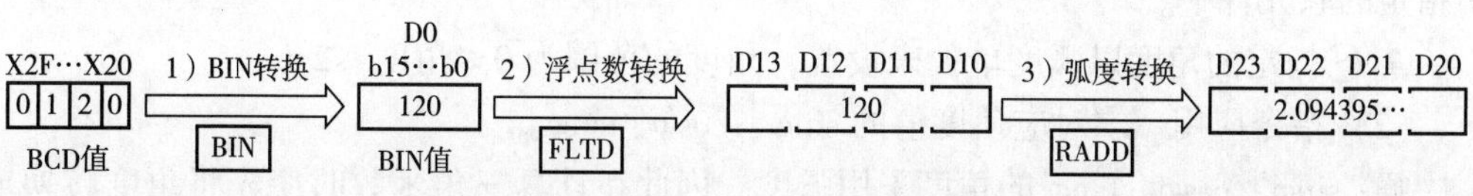

图 4–132　RAD 指令转换过程及运行结果

当 PLC 得电后将 D20、D21 中以 32 位浮点实数设置的弧度值转换为角度后，以 BCD 值格式输出到 Y40～Y4F 中，具体程序如图 4-133 所示。

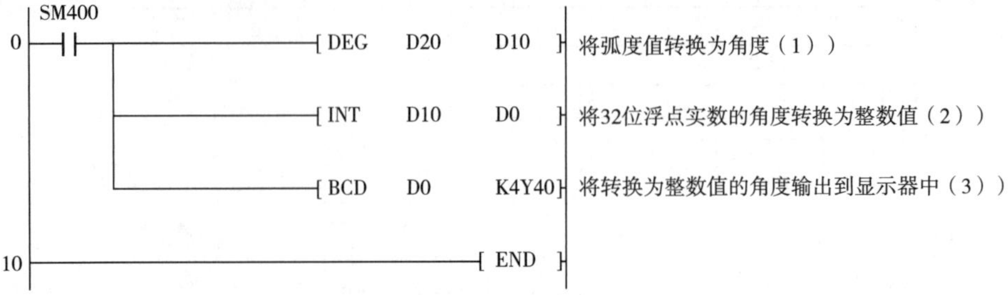

图 4-133　DEG 指令应用

当 D20、D21 的值为 1.435792 时的程序运行结果，如图 4-134 所示。

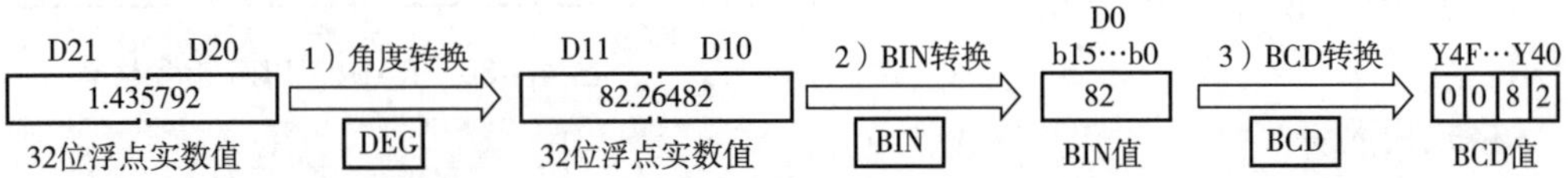

图 4-134　DEG 指令转换过程及运行结果

2. 三角函数 SIN、COS、TAN

（1）指令说明。指令格式，如图 4-135 所示。

SIN指令	SIN（P）	Ⓢ	Ⓓ
COS指令	COS（P）	Ⓢ	Ⓓ
TAN指令	TAN（P）	Ⓢ	Ⓓ

图 4-135　SIN、COS、TAN 指令格式

格式说明：

① SIN 指令对Ⓢ中指定的角度值进行 SIN（正弦）运算后，将运算结果存储到Ⓓ中指定的软元件中。

② COS 指令对Ⓢ中指定的角度值进行 COS（余弦）运算后，将运算结果存储到Ⓓ中指定的软元件中。

③ TAN 指令对Ⓢ中指定的角度值进行 TAN（正切）运算后，将运算结果存储到Ⓓ中指定的软元件中。

④ Ⓢ指定的角度以弧度单位来设置，角度的范围为 $0 \leq 角度 \leq 2\pi$。

（2）指令应用。求对应角度值的 sinφ、cosφ、tanφ。

解：sinφ、cosφ、tanφ 的角度采用弧度，因此在计算三角函数时应先将角度转换成弧度值。编写程序如图 4-136 所示。程序中 X000、X001、X002 和 X003 用于选择输入

的角度。求得的正弦值送入（D41，D40）中；余弦值送入（D51，D50）中；正切值送入（D61，D60）中。程序中 FLT 指令是将输入的角度值转换为相应的实数；RAD 指令是将角度转换为弧度值。

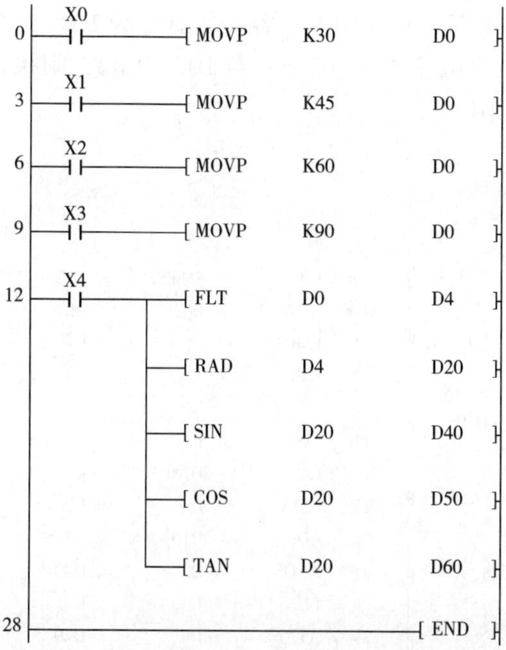

0	LD	X0	
1	MOVP	X30	D0
3	LD	X1	
4	MOVP	X45	D0
6	LD	X2	
7	MOVP	X60	D0
9	LD	X3	
10	MOVP	X90	D0
12	LD	X4	
13	FLT	X0	D4
16	RAD	X4	D20
19	SN	X20	D40
22	COS	X20	D50
25	TAN	X20	D60
28	END		

图 4-136　三角函数指令的应用程序

3. 反三角函数指令

（1）指令说明。指令格式，如图 4-137 所示。

ASIN指令	ASIN（P）	Ⓢ	Ⓓ
ACOS指令	ACOS（P）	Ⓢ	Ⓓ
ATAN指令	ATAN（P）	Ⓢ	Ⓓ

图 4-137　反三角函数指令格式

格式说明：

① ASIN 指令对Ⓢ中指定的正弦值计算出相应的角度值，将运算结果存储到Ⓓ起始的单元中。

② ACOS 指令对Ⓢ中指定的余弦值计算出相应的角度值，将运算结果存储到Ⓓ起始的单元中。

③ ATAN 指令对Ⓢ中指定的正切值计算出相应的角度值，将运算结果存储到Ⓓ起始的单元中。

（2）指令应用。使用反三角函数求出 $\sin^{-1}\theta$、$\cos^{-1}\theta$、$\tan^{-1}\theta$ 的角度值，并将它们的值分别进行显示。

解：使用反三角函数计算出 $\sin^{-1}\theta$、$\cos^{-1}\theta$、$\tan^{-1}\theta$ 的角度值后，需将其转换为弧度值，然后将弧度值转换为整数，最后将这些整数由 K4Y40 输出进行显示。编写的程序如图 4-138 所示。图 4-138 中 DEG 指令将角度转换为弧度；INT 指令将弧度值（实数类型）转换为整数；BCD 指令是将整数输出显示。X0 每发生一次上升沿变化时，D10 中的内容就加 1，然后使用比较指令，判断 D10 中的内容。若 D10 为 K1，则执行反正弦指令 ASIN；若 D10 为 K2，则执行反余弦指令 ACOS；若 D10 为 K3，则执行反正切指令 ATAN；若 D10 超过 K3，则将 D10 复位。

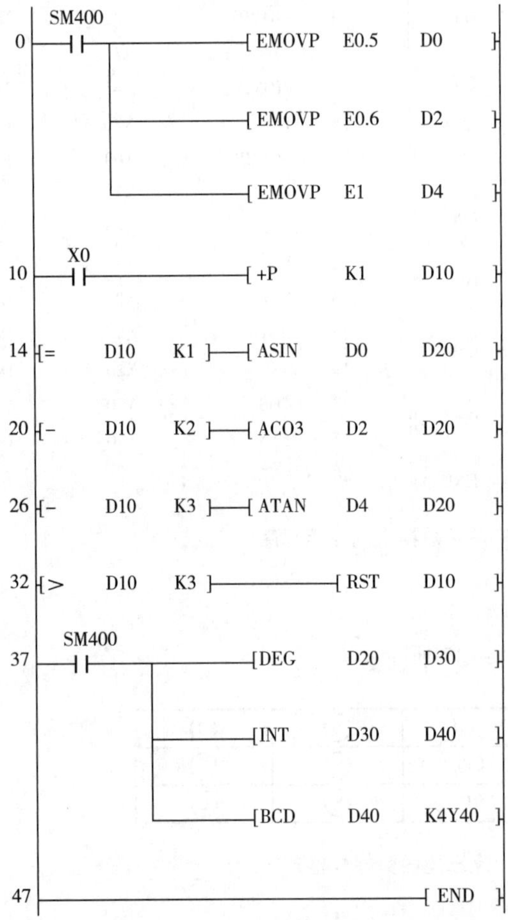

0	LD	SM400	
1	EMOVP	E0.5	D0
4	EMOVP	E0.6	D2
7	EMOVP	E1	D4
10	LD	X0	
11	+P	K1	D10
14	LD-	D10	K1
17	ASIN	D0	D20
20	LD=	D10	K2
23	ACOS	D2	D20
26	LD=	D10	K3
29	ATAN	D4	D20
32	LD>	D10	K3
35	RST	D10	
37	LD	SM400	
38	DEG	D20	D30
41	INT	D30	D40
44	BCD	D40	K4Y40
47	END		

图 4-138 反三角函数指令的应用程序

4. 平方根计算指令 SQR、BSQR、BDSQR

（1）指令说明。指令格式，如图 4-139 所示。

SQR指令	SQR（P）	Ⓢ	Ⓓ
BSQR指令	BSQR（P）	Ⓢ	Ⓓ
BDSQR指令	BDSQR（P）	Ⓢ	Ⓓ

图 4-139 平方根计算指令格式

格式说明：

① SQR 指令对Ⓢ+1、Ⓢ中指定的值进行平方根运算后，将运算结果存储到中Ⓓ+1、Ⓓ指定编号的软元件中。

② BSQR 指令对Ⓢ中指定的 4 位 BCD 数值的平方根，并将运算结果存储到Ⓓ+1、Ⓓ单元中，其中Ⓓ中存储整数部分，Ⓓ+1 存储小数部分。

③ BDSQR 指令计算Ⓢ+1、Ⓢ中指定的 8 位 BCD 数值的平方根，并将运算结果存储到Ⓓ+1、Ⓓ单元中，其中Ⓓ中存储整数部分，Ⓓ+1 存储小数部分。

（2）指令应用。平方根计算指令的使用如图 4-140 所示。PLC 一上电时，执行 BIN 指令，将 X10~X1F 的 4 个 BCD 位数转换为二进制数并送入 D0 中；执行 FLT 指令，将 DO 中的数值转换为实数并送入 D10 中；执行 MOV 指令，将 BCD 值 1324 送入 D30 中。当 X0 为 ON 时，执行 SQR 指令，计算出 D10 的平方根，将结果送入 D20 中。当 X1 为 ON I 时，先执行 BSQR 指令，计算 D30 中 BCD 值的平方根，再执行两条 MOV 指令，将运算结果的整数部分输出到 Y20~ Y2F、小数部分输出到 Y30~Y3F 进行显示。

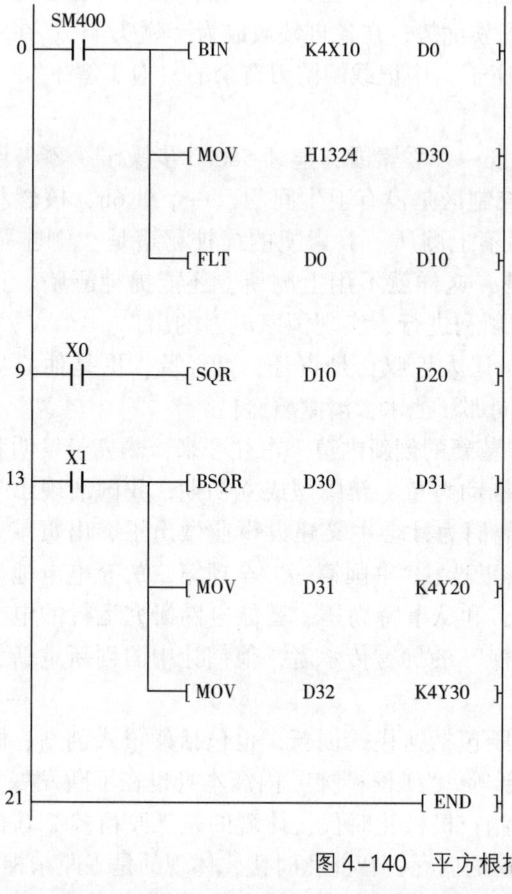

0	LD	SM400	
1	BIN	K4X10	D0
4	MOV	H1324	D30
6	FLT	D0	D10
9	LD	X0	
10	SQR	D10	D20
13	LD	X1	
14	BSQR	D30	D31
17	MOV	D31	K4Y20
19	MOV	D32	K4Y30
21	END		

图 4-140　平方根指令的使用

编码器对接料盘电机的角度控制

配套课件　　教学视频

任务三　技能训练：专注·创新
——编码器实现接料盘电机的角度控制

一、思政引入

专注就是内心笃定而着眼于细节的耐心、执着、坚持的精神，这是一切“大国工匠”所必须具备的精神特质。从中外实践经验来看，工匠精神都意味着一种执着，即一种几十年如一日的坚持与韧性。“术业有专攻”，一旦选定专业，就一门心思扎根下去，心无旁骛，在一个细分产品上不断积累优势，在各自领域成为“领头羊”。在中国早就有“艺痴者技必良”的说法，如《庄子》中记载的游刃有余的“庖丁解牛”，《核舟记》中记载的奇巧人王叔远等。

守护蓝芯，与核共舞26年的大国工匠——乔素凯，连续56000步操作“零失误”；换料修复工作一旦开始就不能停，而在控制区是没有卫生间的，一个班6h，核燃料操作员不仅要集中注意力，还得不吃不喝不上厕所。乔素凯的提神秘籍是“咖啡粥”，就是一下冲两袋咖啡，冲成像粥一样稠，这样就不用上厕所，还能提神醒脑。正是靠着这种专注才让核燃料更换工作能够顺利进行，实现国家电力的出口。

4m长杆，26年，56000步的零失误让人惊叹！是责任，是经验，更是他心里的“安全大于天”！乔素凯，你的守护，如同那汪池水，清澈蔚蓝！

“工匠精神”还包括追求突破、追求革新的创新内蕴。古往今来，热衷于发明和创新的工匠们一直是世界科技进步的重要推动力量。新中国成立初期，我国涌现出一大批优秀的工匠，如倪志福、郝建秀等，他们为社会主义建设事业做出了突出贡献。改革开放以来，“汉字激光照排系统之父”王选、“中国第一、全球第二的充电电池制造商”王传福、从事高铁研制生产的李万君和从事特高压、智能电网研究运行的电力工人、矿产勘查的朱恒银等都是“工匠精神”的优秀传承者，他们让中国创新重新影响了世界。

创新是“工匠精神”的灵魂。创新既包括迭代式创新，也包括颠覆式创新；既包括微创新，也包括巨创新；还有跨界创新等。“工匠精神”内涵本身也在不断发展。手工化时代，体现的是工匠精神1.0的内涵；机械化时代，体现的是工匠精神2.0的内涵；自动化时代，体现的是工匠精神3.0的内涵；智能化时代，体现的是工匠精神4.0的内涵。在工业4.0时代，未来工厂能够自行优化，一并控制整个生产过程，还将实现包括人人互联、物物互联、人机互联在内的智能互联。

在接下来的技能训练中希望大家能够专注于编码器的工作原理，能够正确的使用编码器来完成电机的角度控制，控制程序编写思路和方法上要有创新的意识，能够高效地完成编码器对电机角度控制的程序编写。

二、控制要求

本项目硬件有三菱 Q 系列 PLC、ASC50 系列绝对值编码器、电机、接料盘、支架和同步带等组成，具体如图 4-141 所示。

图 4-141　接料系统组成

绝对编码器光码盘上有许多道光通道刻线，每道刻线依次以 2 线、4 线、8 线、16 线……编排，这样，在编码器的每一个位置，通过读取每道刻线的通、暗，获得一组从 2 的零次方到 2 的 n-1 次方的唯一的二进制编码（格雷码），这就称为 n 位绝对编码器。

由于测定的范围在 360°以内，编码器选分辨率为 1024 /360，就可用 10 位格雷码来映射转角位移量信号，位置变化 1°时，对应的 10 位格雷码只变化 1 位。因此，可通过 1 根 RVVP 多芯电缆和格雷码盘相连，直接采集 10 位格雷码信号至 PLC 输入模块。

具体控制要求如下：

① 初始上电时，复位指示灯以 0. 5Hz 的频率在闪烁；

② 按下复位钮，指示灯常亮启动以 1Hz 的频率闪烁；

③ 启动指示灯闪烁时，按下钮变频器以 20Hz 的频率运行，当编码器值在 900~950 时，变频器以 50Hz 的频率运行，在编码器的值等于 1 时变频器停止运行；

④ 在任何状态下，按停止钮时指示灯常亮变频器停止运行；

⑤ 松开停止按钮，指示灯熄灭。

三、项目实施

1. I/O 分配

接料系统的输入/输出 I/O 信号，如表 4-8 所示。注意实际使用需要根据模块起始地址变更。

表 4-8　　接料系统 I/O 分配表

输入信号				输出信号			
序号	输入	信号名称	信号来源	序号	输出	信号名称	信号来源
1	X40	启动按钮	按钮盒	1	Y60	启动按钮指示灯	按钮盒
2	X41	停止按钮		2	Y61	停止按钮指示灯	
3	X42	复位按钮		3	Y62	复位按钮指示灯	
4	X43	急停按钮		4	Y63	轴+按钮指示灯	
5	X44	手/自动旋钮		5	Y64	轴-按钮指示灯	
6	X45	手动/轴+按钮		6	Y65	*X* 轴按钮就指示灯	
7	X46	手动/轴-按钮		7	Y66	*Y* 轴按钮就指示灯	
8	X47	手动/*X* 轴按钮		8	Y67	*Z* 轴按钮就指示灯	
9	X48	手动/*Y* 轴按钮		9	Y68	三色报警灯（Y）	三色灯
10	X49	手动/*Z* 轴按钮		10	Y69	三色报警灯（G）	
11	X52	视觉检测信号 3		11	Y72	供料转盘电机正转	交流电机
12	X53	压力检测信号	编码器	12	Y73	供料转盘电机反转	
13	X54	编码器当前值 0		13	Y74	接料转盘电机正转	
14	X55	编码器当前值 1		14	Y75	接料转盘电机反转	
15	X56	编码器当前值 2		15	Y76	*X* 轴伺服使能信号	备用
16	X57	编码器当前值 3		16	Y77	*X* 轴伺服复位信号	
17	X58	编码器当前值 4		17	Y78	*Y* 轴伺服使能信号	
18	X59	编码器当前值 5		18	Y79	*Y* 轴伺服复位信号	
19	X5A	编码器当前值 6		19	Y7A	*Z* 轴步进使能信号	
20	X5B	编码器当前值 7		20	Y7B	备用	
21	X5C	编码器当前值 8		21	Y1C	备用	
22	X5D	编码器当前值 9		22	Y1D	备用	
23	X5E	备用		23	Y1E	备用	
24	X1F	备用		24	Y1F	备用	

2. 硬件接线

编码器的 10 根信号线接到 PLC 的输入段，24V 电源线供电，具体接线如图 4-142 所示。

3. 参数设置

PLC 参数设置，如图 4-143 所示，输入模块 QX41 起始 I/O 为“40”。

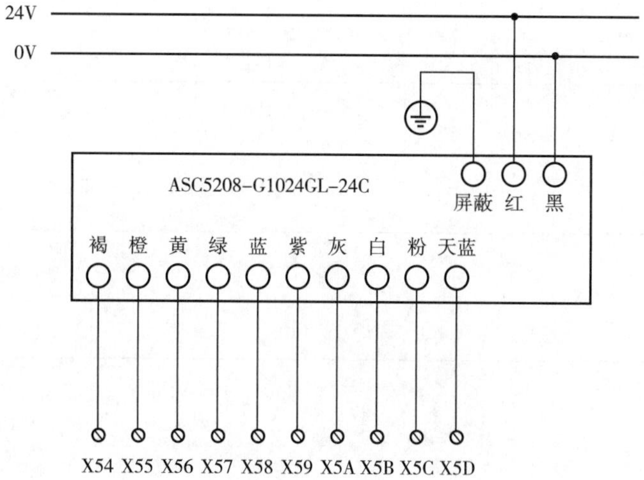

图 4–142　编码器接线图

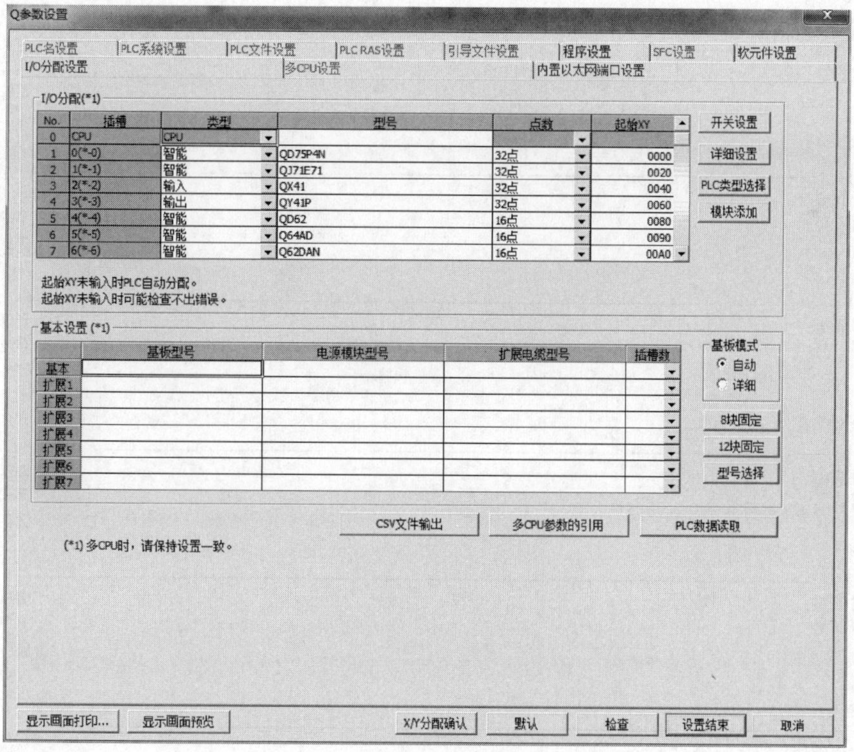

图 4–143　PLC 模块分配参数设置

4. 程序设计

（1）编码器信号输入处理。利用辅助继电器 M55 ~ M64 对应编码器 10 根信号线输入信号进行处理，程序如图 4-144 所示。

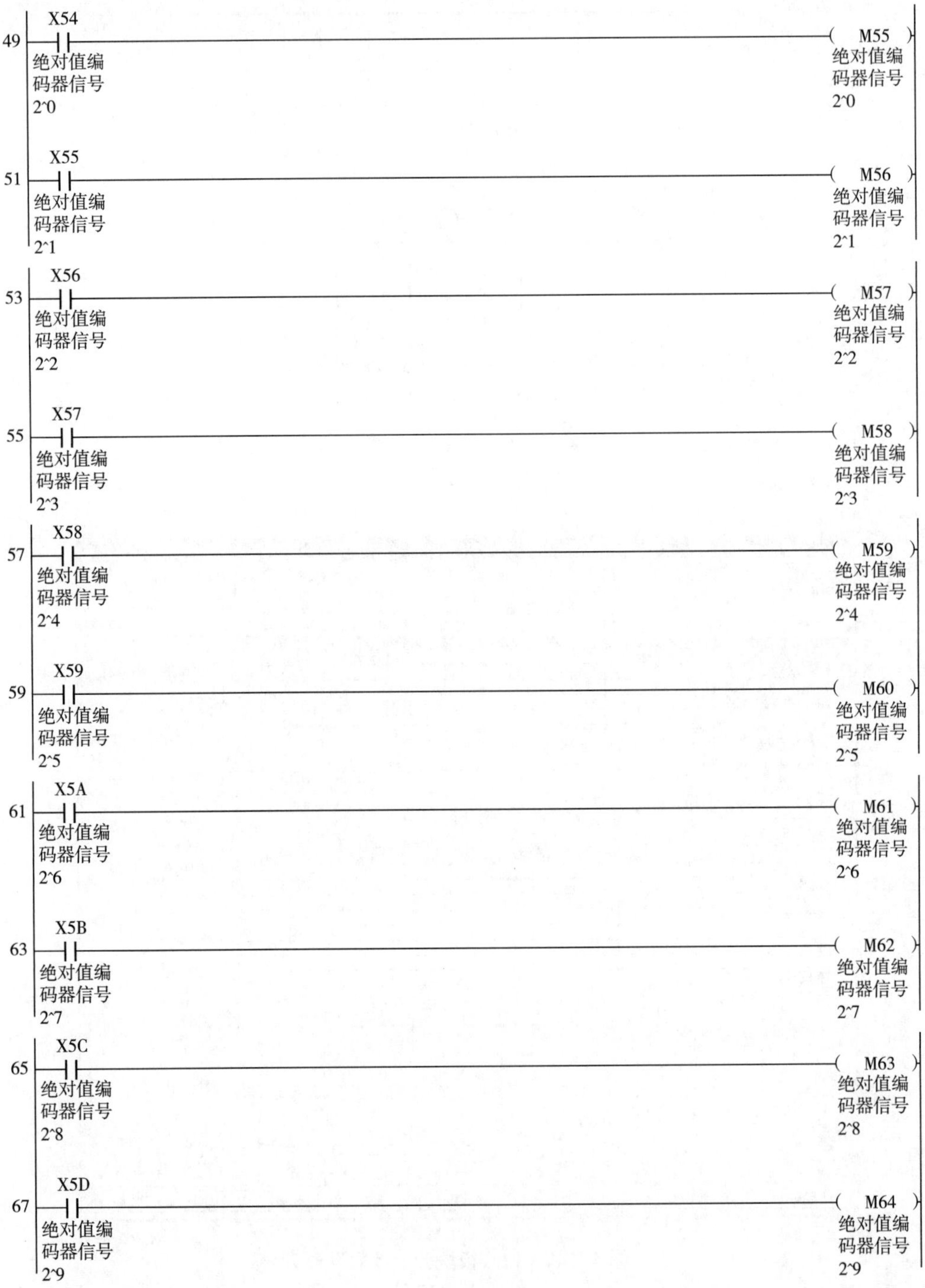

图 4-144　编码器信号输入

（2）GBIN 指令。指令格式如图 4-145 所示。

GBIN	Ⓢ	Ⓓ

图 4-145　GBIN 指令格式

GBIN 指令将Ⓢ中指定的软元件中存储的格雷码数据转换为 BIN16 位数据后，存储到Ⓓ中指定的软元件中。如图 4-146 所示为 GBIN 指令的处理和应用。

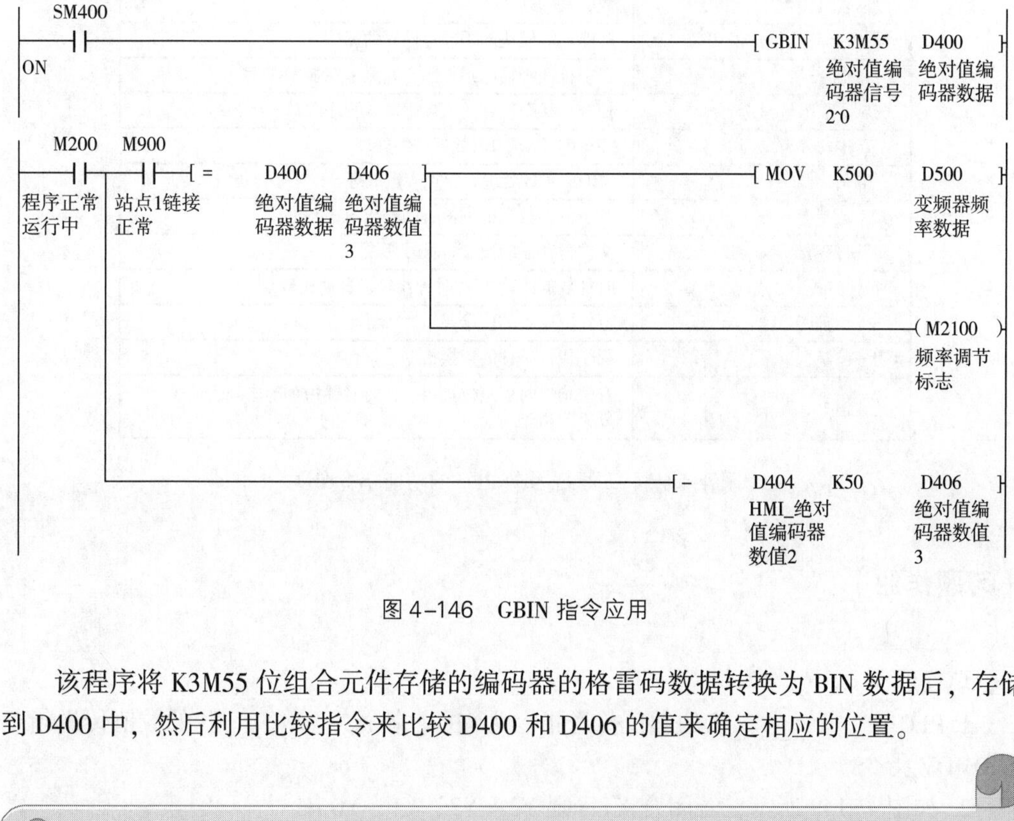

图 4-146　GBIN 指令应用

该程序将 K3M55 位组合元件存储的编码器的格雷码数据转换为 BIN 数据后，存储到 D400 中，然后利用比较指令来比较 D400 和 D406 的值来确定相应的位置。

技术小贴士：

利用编码器来检测并控制接料盘角度时需要注意：每台设备标定的接料盘的初始位置可能不一样，另外要注意当变频器速度改变后标定的编码器对应接料盘的初始值需要重新测定。

【归纳总结】

三菱 Q 系列 PLC 的功能指令分类，如图 4-147 所示。

分　类	处理内容
逻辑运算指令	逻辑和、逻辑积等逻辑运算
旋转指令	指定数据的旋转移动
移位指令	指定数据的移位
位处理指令	位数据的设置/复位、位提取
数据处理指令	数据查找、排序、解码、编码等数据处理
结构化指令	重复运算、子程序调用、梯形图单位的变址修饰
数据表操作指令	数据表的读/写
缓冲存储器访问指令	智能功能模块的缓冲存储器的读/写
显示指令	将字符代码输出到外部，并显示在显示器上
调试、故障诊断指令	检查、状态锁存、采样跟踪、程序跟踪
字符串处理指令	字符串（ASCII码数据）的处理
特殊函数指令	BCD型实数处理、浮点实数处理
数据控制指令	基于输入数据范围检查的输出值控制
文件寄存器切换指令	文件寄存器的设置、块号切换
时钟指令	时钟数据的读/写、时钟比较、日期比较
外围设备用指令	至外围设备的信息显示、按键输入
程序控制指令	程序执行条件的切换指令
其他指令	看门狗定时器复位指令、计时时钟指令等未列入上述分类的指令

图 4-147　三菱 Q 系列 PLC 的功能指令分类

【习题作业】

一、填空题

1. PLC 中，________位的数值传送指令为 MOV 指令，________位的数值传送指令为 DMOV 指令。

2. 如图 4-148 所示，若闭合 X1，则 Y3、Y2、Y1、Y0 中________ 亮。

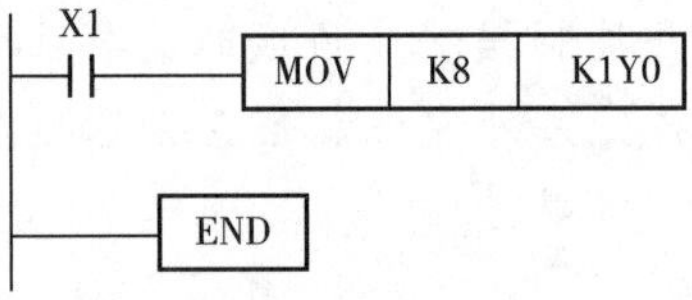

图 4-148　MOV 指令应用

3. M0~M15 中，M0、M1 数值都为 1，其他都为 0，那么 K4M0 数值等于________。

二、简答题

1. K4Y60 是位软元件还是字软元件？［MOV　HF5DA　K4Y60］指令执行后，

Y60~Y6F 的各个软元件的状态什么？

2. 在 Q 系列 PLC 中 J5 \ W10 和 U4 \ G2 具体指什么？

3. BIN 指令和 BCD 指令的具体含义是？并举个例子。

4. 霓虹灯控制

要求按下启动按钮 X1，8 个不同颜色的灯管从左至右间隔 1s 逐个亮，全亮后等待 1s，然后从右至左间隔 1s 逐个灭，全灭后等待 1s，然后又逐个亮，如此循环。

5. 卷绕系统设计

如图 4-149 所示，要求按下启动按钮，卷绕马达转动，将薄膜打包在滚轴上安装一开关，滚轴每转一圈，开关接通一次要求打包 100m 后，自动由切刀将薄膜切断。

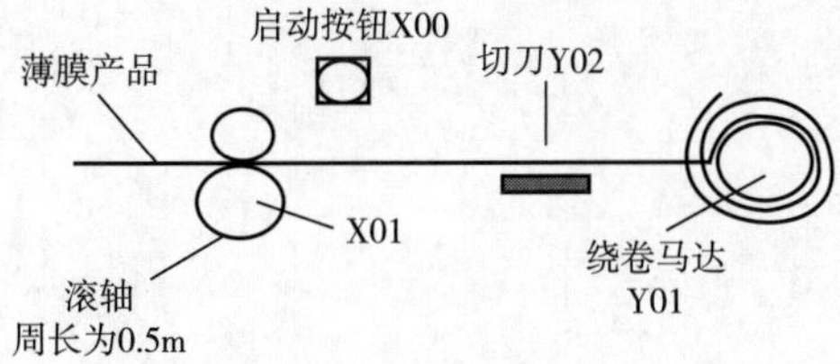

图 4-149　卷绕系统

PROJECTS

项目五
接料盘电机变频调速控制

【学习目标】

1. 掌握变频器参数的设定方法与步骤；
2. 了解三菱 QJ61BT11 模块基本知识；
3. 了解 CC-Link 基本知识；
4. 掌握变频器模拟量调速和 CC-Link 调速方法；
5. 理解在碳达峰/碳中和要求下节能降耗的重要性。

变频器基础操作

配套课件　　教学视频

任务一　变频器介绍

把工频交流电（或直流电）变换为电压和频率可变的交流电的电气设备称为变频器。变频器的主要用途是用于交流电动机的调速控制。

一、变频器概述

变频器是利用电力半导体器件的通断作用将工频电源（50Hz 或 60Hz）变换为另一频率的电能控制装置，它能实现对交流异步电机的软启动，变频调速，提高运转精度，改变功率因数，过流、过压、过载保护等功能。

（一）变频器的用途

1. 调速

如图 5-1 所示，变频器将固定的交流电（50Hz）变换成频率和电压连续可调的交流电，因此，受变频器驱动的三相异步电动机可以平滑地改变转速。

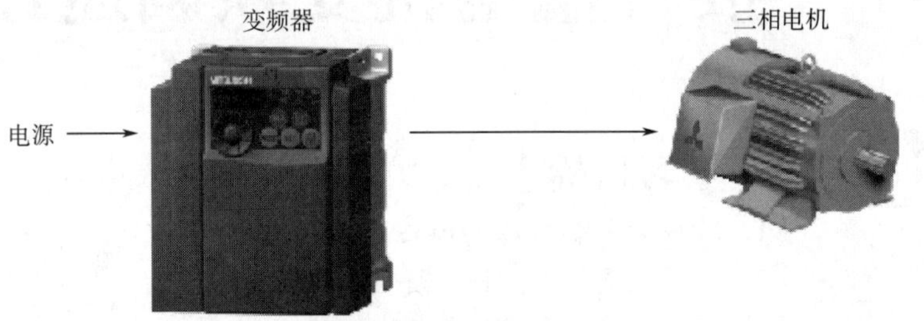

图 5-1　变频器连接图

2. 节能

对风机、泵类负载，通过调节电动机的转速来改变输出功率，不仅能做到流量平稳，减少启动和停机次数，而且节能效果显著，经济效益可观。

3. 提高自动化控制水平

变频器有较多的外部控制接口（数字开关信号或模拟信号接口）和通信接口，控制功能强，并且可以实现组网控制。

使用变频器的电动机大大降低了启动电流，启动和停机过程平稳，减少了对设备的冲击力，延长了电动机及生产设备的使用寿命。

（二）变频器的基本结构

为交流电动机变频调速提供变频电源的一般都是变频器。按主回路电路结构，变频器有交-交变频器和交-直-交变频器两种结构形式。

1. 交-交变频器

交-交变频器无中间直流环节，直接将工频交流电变换成频率、电压均可以控制的交流电，又称直接式变频器。整个系统由两组整流器组成：一组为正组整流器，一组为反组整流器，控制系统按照负载电流的极性，交替控制两组反向并联的整流器，使之轮流处于整流和逆变状态，从而获得变频变流电压，交-交变频器的电压由整流器的控制角来决定。

交-交变频器由于其控制方式决定了其最高输出频率只能达到电源频率的 1/3～1/2，不能高速运行。但由于没有中间直流环节，因此不需换流，提高了变频效率，并能实现四象限运行。

2. 交-直-交变频器

交-直-交变频器，先把工频交流电通过整流器变成直流电，然后再把直流电变换成频率、电压均可以控制的交流电，它又称为间接式变频器。由于直流电逆变成交流电的环节较易控制，现在社会流行的低压通用变频器大多是这种形式，所以在此以交-直-交变频器为例讲述其结构形式。

交-直-交变频器的基本结构，如图 5-2 所示。它由主电路和控制电路组成。

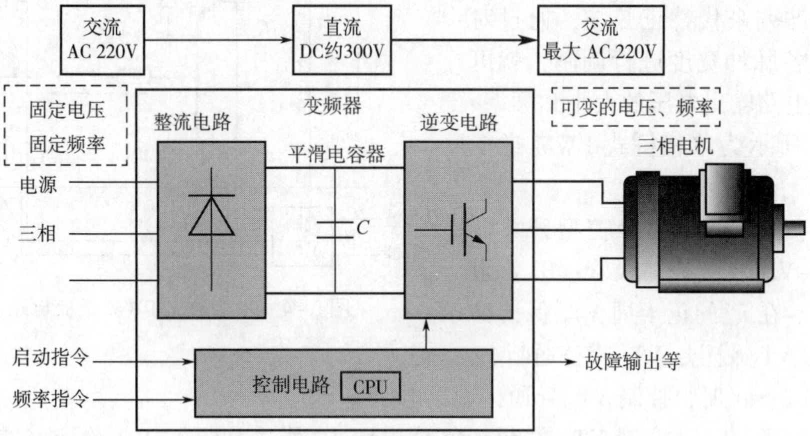

图 5-2　交-直-交变频器的基本结构

（三）变频器工作原理

1. PWM 控制

PWM 控制方式即脉宽调制方式，是变频器的核心技术之一，也是目前应用较多的一种技术。它是通过一系列等幅不等宽的脉冲来代替等效的波形。

一般异步电动机需要的是正弦交流电，而逆变电路输出的往往是脉冲。PWM 控制方式，就是对逆变电路开关器件的通断控制，使输出端得到一系列幅值相等而宽度不等的方波脉冲，用这些脉冲来代替正弦波或所需要的波形，即可改变逆变电路输出电压的大小。如图 5-3 所示就是将正弦波的一个周期分成 N 个等份，并把每一等份所包围的面积，用一个等幅的矩形脉冲来表示，且矩形波的中点与相应正弦波等份的中点重合，就得到正弦波等效的脉宽调制波，称为 SPWM 波。

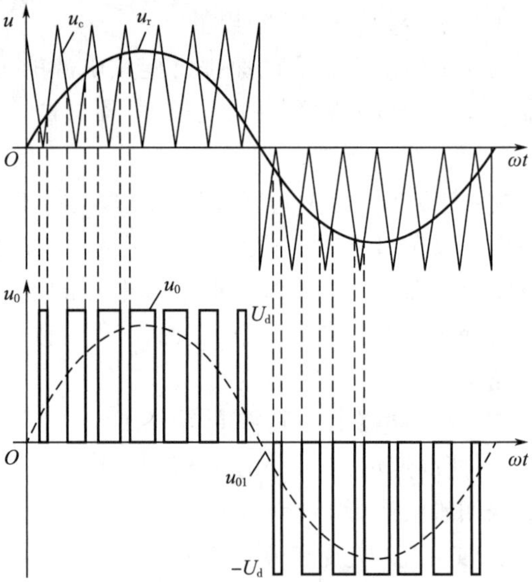

图 5-3　正弦脉宽调制波

从图 5-3 中可以看出，等份数 N 越多，就越接近正弦波。N 在变频器中称为载波频率，通常载波频率为 0.7～15kHz。正弦波的频率称为调制频率。

2. PWM 逆变原理

PWM 逆变电路就是利用 PWM 控制技术对逆变电路中开关器件的通断进行有规律的控制，使输出端得到 SPWM 脉冲列来代替正弦波，通过对脉冲列的各脉冲宽度进行调制，就可改变逆变电路输出电压的大小和频率。如图 5-4 所示为单相桥式 PWM 逆变电路。

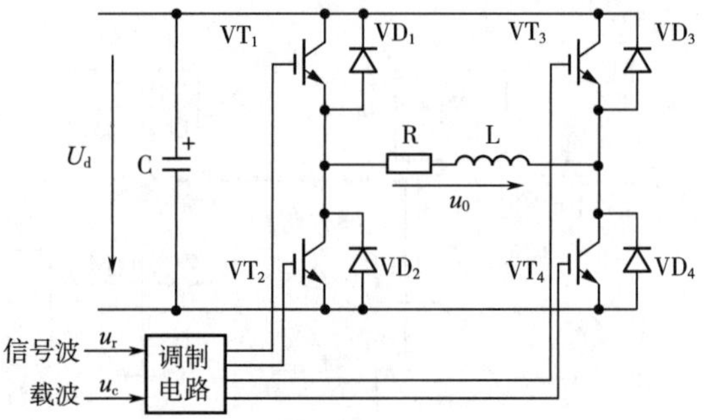

图 5-4　单相桥式 PWM 逆变电路

其中：VT_1～VT_4：全控型开关器件；VD_1～VD_4：续流二极管；RL：阻感性负载。在 u_r 的正半周 VT_1 保持导通，VT_2、VT_3 截止，VT_4 交替通断。

① 当 $u_r>u_c$ 时，控制 VT_4 导通，输出电压 $u_0=U_d$。

②当 $u_r<u_c$ 时，控制 VT_4 关断，负载电流 i_0 通过 VT_1 和 VD_3 续流，输出电压 $u_0=0$。

在 u_r 的负半周 VT_2 保持导通，VT_1、VT_4 截止，VT_3 交替通断。

① 当 $u_r<u_c$ 时，控制 VT_3 导通，输出电压 $u_0=-U_d$。

② 当 $u_r>u_c$ 时，控制 VT_3 关断，负载电流 i_0 通过 VT_2 和 VD_4 续流，输出电压 $u_0=0$。

控制调制波 u_r 幅值和频率，就能控制电路输出电压的幅值和频率。

二、变频器相关知识

（一）功能参数

各种功能按一定方式进行编码，代表某种特定功能的编码称为功能参数。

（二）基本功能参数

1. 上限与下限频率

上限频率：不允许超过的最高输出频率；下限频率：不允许低于的最低输出频率，如图 5-5 所示。

2. 基准频率

最大输出电压对应的频率为基准频率，一般来说基准频率设定等于电机的额定频率。

3. 多段速设定

变频器提供了多段速度控制功能，预先通过参数设定运行速度，并通过外接端子来切换速度使用，如图 5-6 所示。

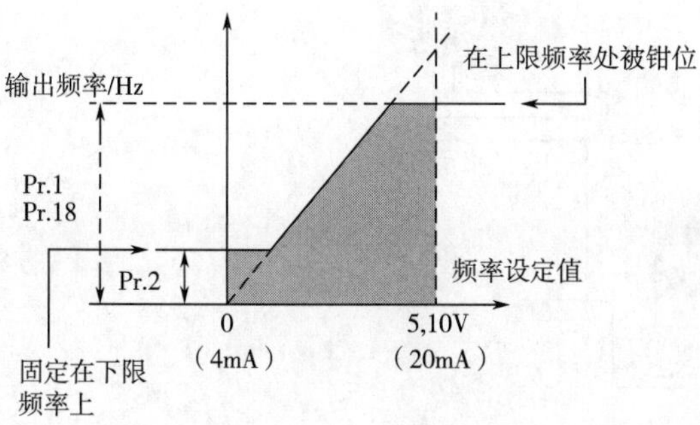

图 5-5　上下限频率

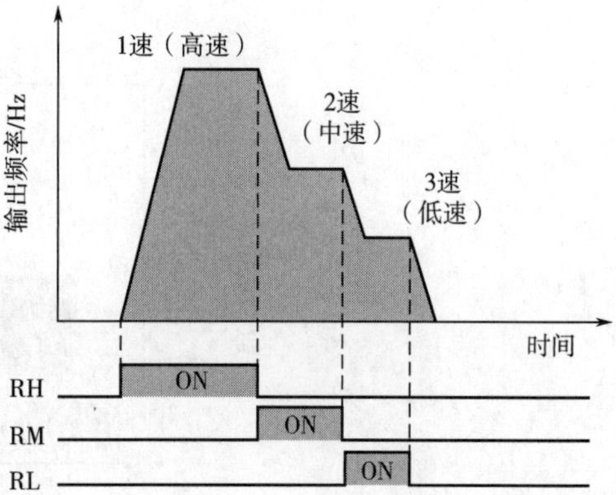

图 5-6　多段速设定

4. 加/减速时间

加速时间是指变频器从启动到输出基准频率所用的时间。减速时间是指变频器从输出基准频率到停止所用的时间，如图 5-7 所示。

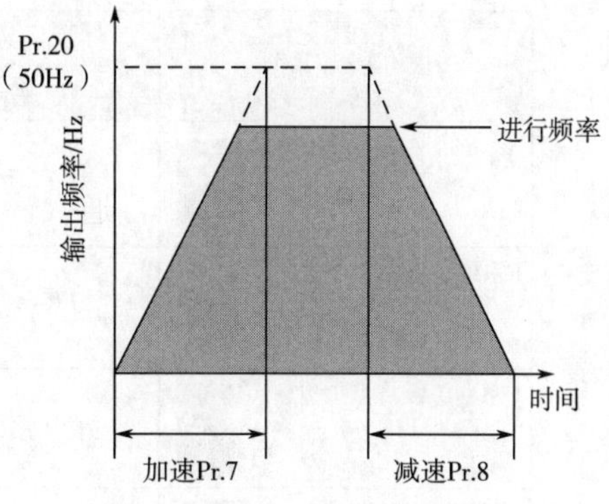

图 5-7　加/减速时间设定

5. 运行模式选择

运行模式主要有：PU 模式、外部模式、网络模式。

（1）PU 模式。通过面板输入指令操作模式称为 PU 模式。PU 模式接线图如图 5-8 所示，启动指令由正转键或反转键按键输入，停止指令由停止键按键输入，使用旋钮改变频率。

（2）外部模式。通过外部输入指令操作模式称为外部模式，主要通过外部开关、电位器和模拟量模块来控制。如图 5-9 所示为开关输入外部方式，图 5-10 为电位器外部输入方式。

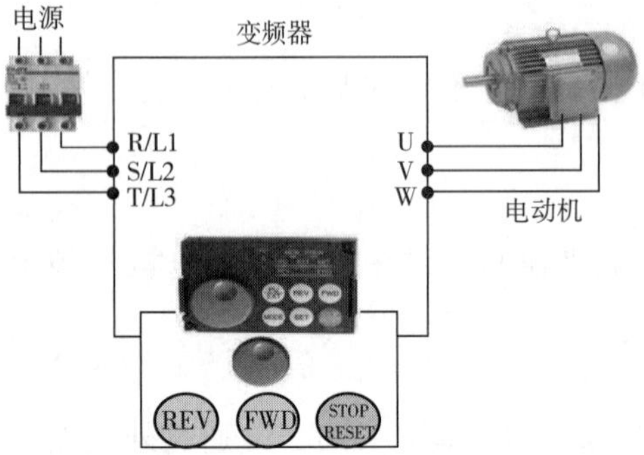

图 5-8　PU 模式接线图

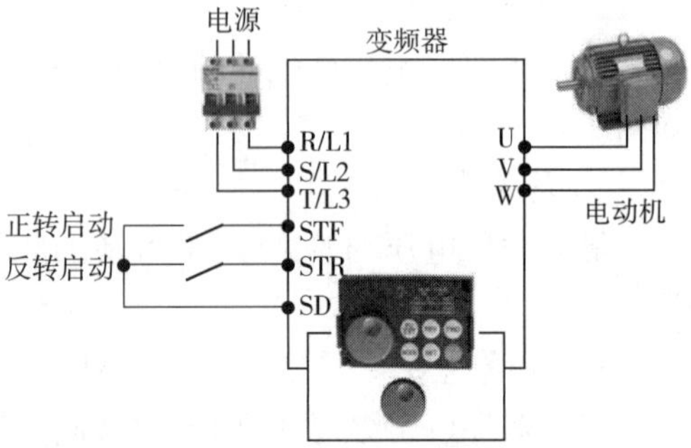

图 5-9　开关输入外部方式

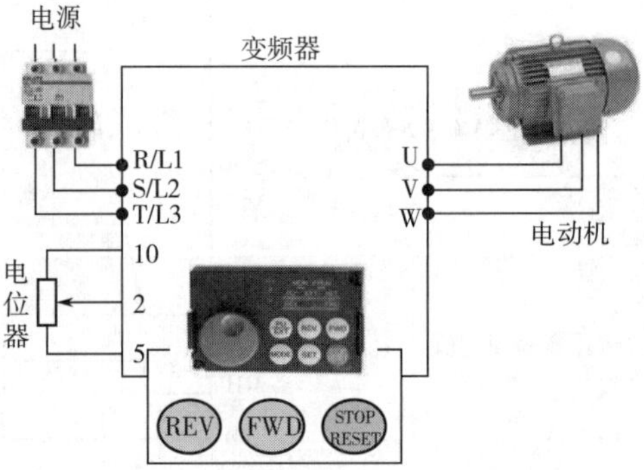

图 5-10　电位器外部输入方式

（3）网络模式。三菱 Q 系列 PLC 与变频器的通信主流通信选件卡，如图 5-11 所示。

700变频器系列	通信方式		
	CC-Link	DeviceNet	Profibus DP
A系列（高性能型） 	FR-A7NC	FR-A7ND	FR-A7NP
F系列（通用型） 	FR-A7NC	FR-A7ND	FR-A7NP
E系列（经济型） 	FR-A7NC E kit	FR-A7ND E kit	FR-A7NP E kit
D系列（紧凑型） 	—	—	—

图 5-11　三菱变频器通信卡选件

三、三菱 FR-E720 变频器

三菱变频器是世界知名的变频器之一，由三菱电动机株式会社生产，在世界各地占有率比较高。三菱变频器目前在市场上用量最多的就是 FR-A700 系列以及 FR-E700 系列。FR-A700 系列为通用型变频器，适合高启动转矩和高动态响应场合的使用，其外形如图 5-12 所示，而 E700 系列则适合于功能要求简单，对动态性能要求较低的场合使用，其外形如图 5-13 所示。

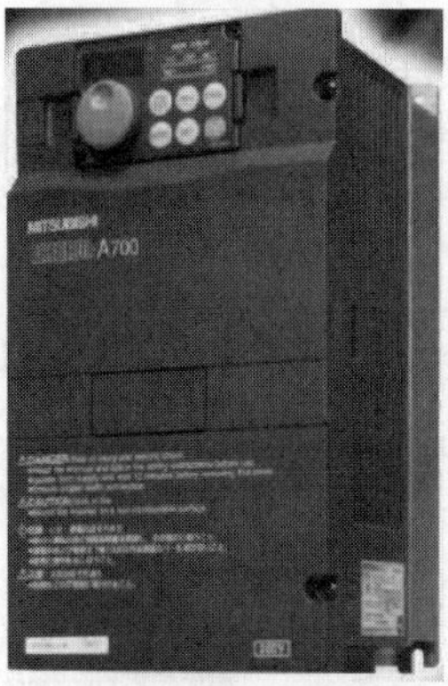

图 5-12　FR-A700 变频器

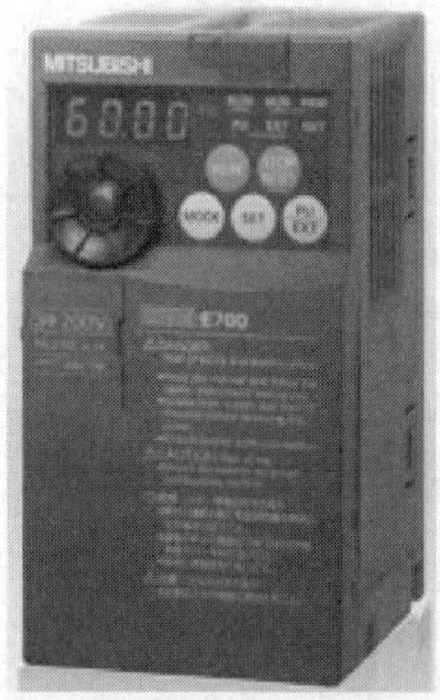

图 5-13　FR-E700 系列变频器

FR-E700 系列是三菱公司新推出的经济型高性能变频器，型号和含义如图 5-14 所示，现在以 FR-E720 系列为例，介绍变频器的相关知识。

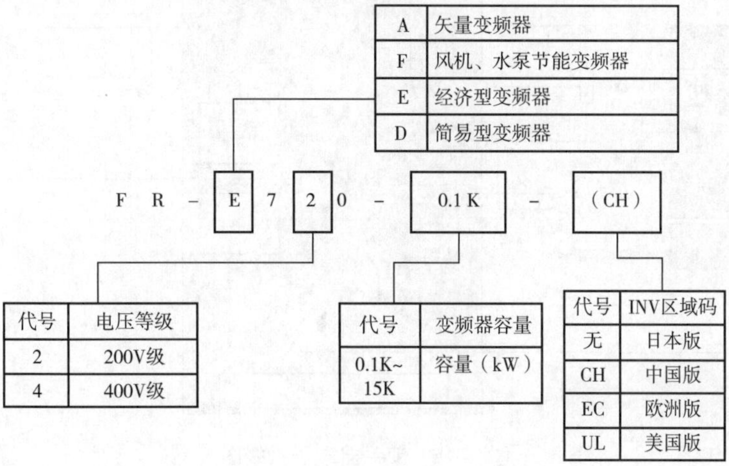

图 5-14　FR-E720 型号含义

（一）端子接线图及功能

变频器的接线图，如图 5-15 所示，主电路端子：R、S、T 和 U、V、W，控制电路端子：数字量输入/输出端、模拟量输入/输出端量。

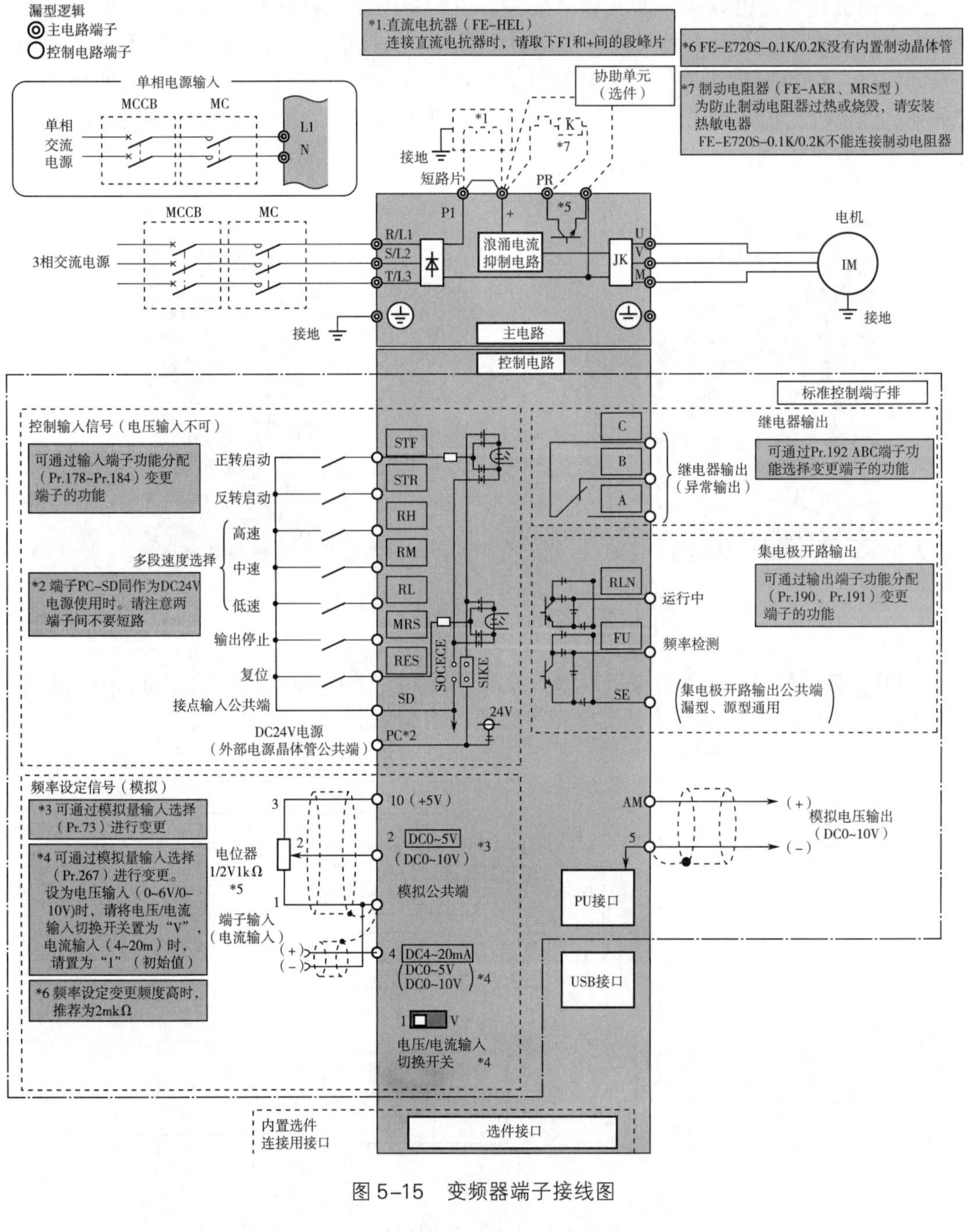

图 5-15　变频器端子接线图

1. 变频器主电路端子

变频器主电路端子，如表 5-1 所示。

表 5-1　　变频器主电路端子

端子符号	端子名称	说明
R、S、T	交流电源输入端子	连接工频电源，当使用功率因数变流器及公共直流母线变流器时不要连接任何东西
U、V、W	变频器输出端子	接三相笼型异步电动机
P/+、PR	连接制动电阻	拆开端子 PR、PX 之间的短路片（7.5kW 以下），在 P/+、PR 之间连接选件制动电阻器
P/+、N-	连接制动单元	连接制动单元或电源再生转换器单元及高功率因数变流器
P/+、P1	连接改善功率因数 DC 电抗器	对 55kW 以下产品请拆开端子 P/+、P1 间的短路片，连接直流电抗器
⏚	接地	变频器外壳接地用，必须接大地

2. 变频器控制端子说明

变频器的控制端子分为：控制输入端子、频率设定（模拟量输入）端子、继电器输出（异常输出）端子、集电极开路输出（状态检测）和模拟电压输出等五部分，如表 5-2 所示。

表 5-2　　变频器控制端子说明

类型		端子记号	端子名称	说明	
输入信号	启动及功能设定	STF	正转启动	STF 信号处于 ON 为正转，处于 OFF 为停止	当 STF 和 STR 信号同时处于 ON 时，相当于给出停止指令
		STR	反转启动	STR 信号处于 ON 为反转，处于 OFF 为停止	
		RH、RM、RL	多段速度选择	用 RH，RM 和 RL 信号的组合可以选择多段速度	
		SD	公共输入端（漏型）	接点输入端子的公共端，AC24V，0.1A（PC）端子电源的输出公共端	
		PC	AC 24V 电源和外部晶体管公共端接点输入公共端（源型）	当连接晶体管输出（集电极开路输出），例如，可编程控制器时，将晶体管输出用的外部电源公共端接到这个端子，可以防止因漏电引起的误动作，该端子可用于 24V，0.1A 电源输出，当选择源型时，该端子作为接点输入的公共端	
模拟信号	频率设定	10	频率设定用电源	作为外接频率设定（速度设定）用电位器时的电源使用	DC 5V，容许负荷电流 10mA
		2	频率设定（电压）	DC 0~5V（出厂设定）和 DC 0~10V 的切换由 Pr. 73 进行控制	
		4	频率设定（电流）	DC 4~20mA，20mA 对应为最大输出频率，输入-输出成正比。只在端子 AU 信号处于 ON 时该输入的信号有效。输入阻抗为 250Ω 时，容许最大电流为 30mA	
		5	频率设定公共端	频率信号设定端（2，1 和 4）和模拟输出端 CA、AM 的公共端子，请不要接大地	

续表

类型		端子记号	端子名称	说明
输出信号	接点	A、B、C	继电器输出（异常输出）	指示变频器因保护功能动作而输出停止的转换接点。AC 230V、0.3A，DC 30V、0.3A，异常时：B、C 间不导通（A、C 间导通），正常时：B、C 间导通（A、C 间不导通）
	集电极开路	RUN	变频器正在运行	变频器输出频率为启动频率（出厂时为 0.5Hz，可变更）以上时为低电平，正在停止或正在直流制动时为高电平。容许负荷为 DC 24V，0.1A
		SE	集电极开路输出公共端	端子 RUN 的公共端子
	模拟电压输出	AM	可以从多种监示项目中选一种作为输出，例如输出频率，输出信号与监示项目的大小成正比	输出项目：输出频率（初始设定）

（二）操作面板

FR-E700 系列变频器的操作可用面板（PU）的键盘进行，可以设定变频器的运行频率、设定各种参数、监示操作命令和显示错误等，如图 5-16 所示，面板上面各按键和功能，如表 5-3 所示。

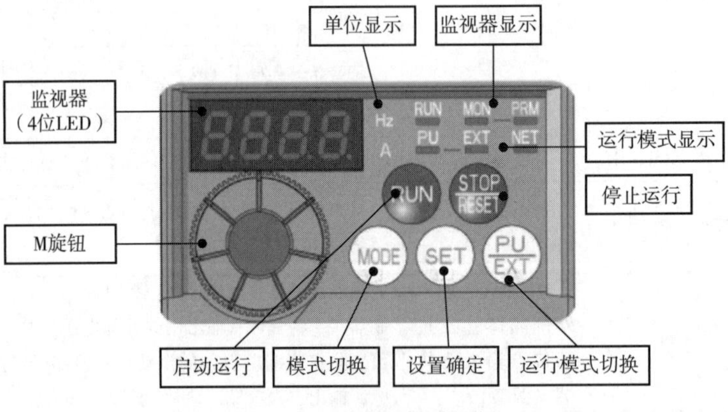

图 5-16　变频器控制面板

表 5-3　显示和按键功能

显示/按键	功能	说明
(RUN) RUN 指示灯	变频器动作中亮灯/闪烁	亮灯：正转运行中；慢闪烁（1.4s/次）：反转运行中；快闪烁（0.2s/次）： · 按键或输入启动指令都无法运行时 · 有启动指令，频率指令在启动频率以下时 · 输入了 MRS 信号时

续表

显示/按键	功能	说明
MON 指示灯	监视显示	监视模式时亮灯
PRM 指示灯	参数设定模式显示	参数设定模式时亮灯
PU 指示灯	PU 运行模式显示	PU 运行模式时亮灯
EXT 指示灯	外部运行模式显示	外部运行模式时亮灯
NET 指示灯	网络运行模式显示	网络运行模式时亮灯
监示用 4 位 LED	监视器	显示频率、参数序号、故障代码等
Hz 指示灯	单位显示	显示频率时亮灯
A 指示灯	单位显示	显示电流时亮灯（显示电压时熄灯，显示设定频率监视时闪烁）
M 旋钮	变更频率设定、参数的设定值	按该旋钮可显示以下内容： · 监视模式时的设定频率 · 校正时的当前设定值 · 报警历史模式时的顺序
PU/EXT 键	切换 PU/外部操作模式	PU：PU 运行模式 EXT：外部运行模式 使用外部运行模式（用另外连接的频率设定旋钮和启动信号运行）时，请按下此键，使 EXT 显示为点亮状态
RUN 键	启动指令	通过 Pr. 40 的设定，可以选择旋转方向
STOP/RESET 键	停止、复位	STOP：用于停止运行 RESET：用于保护功能动作输出停止时复位变频器（用于主要故障）
SET 键	确定各设定	用于确定频率和参数的设定。运行中按此键则监视器出现以下显示：运行频率→输出电流→输出电压
MODE 键	模式切换	用于切换各设定模式。和同时按下也可以用来切换运行模式。长按此键（2s）可以锁定操作

（三）变频器的基本运行与操作

1. 变频器模式的选择

可通过简单的操作来完成利用启动指令和速度指令的组合进行的 Pr. 79 运行模式选择设定。Pr. 79 操作步骤和功能含义，如表 5-4 所示。

表 5-4　Pr. 79 功能

Pr. 79	功能	LED 显示
0	外部/PU 切换模式，电源接通时，为外部运行操作模式，EXT 指示灯点亮；通过 PU/EXT 键可切换 PU 或外部运行操作模式	参考设定值 1 或 2

续表

Pr. 79	功能			LED 显示
	运行模式	运行频率	启动信号	
1	PU 运行模式	操作面板（M 旋钮）	操作面板（RUN 键或正、反转键）	PU 点亮
2	外部运行模式	外部输入信号［端子 2（4）、5 之间、多段速选择、点动］	外部输入信号（STF、STR 端子）	EXT 点亮
3	外部/PU 组合操作模式 1	用操作面板设定或外部输入信号（多段速度设定、端子 4、5 间（AU 信号 ON 时有效））	外部输入信号（STF、STR 端子）	PU 和 EXT 同时点亮
4	外部/PU 组合操作模式 2	外部输入信号（端子 2、4、1、点动、多段速度选择）	RUN 键或正、反转键	PU 和 EXT 同时点亮

2. 参数清除

参数清除步骤如表 5-5 所示，其中如果无法显示 Pr. CL 和 ALLC 时，将 Pr. 160 设为 0，无法清除时将 Pr. 79 改为 1。

表 5-5 参数清除步骤

	操作步骤	显示结果
1	按(PU/EXT)键，选择 PU 操作模式	PU显示灯亮 0.00 PU
2	按(MODE)键，进入参数设定模式	PRM显示灯亮 P. 0
3	拨动设定用旋钮，将参数编号设定为 Pr. CL（ALLC）	参数清除 Pr.CL 参数全部清除 ALLC
4	按(SET)键，读出当前的设定值	0
5	拨动设定用旋钮，把设定值变为 1	1
6	按(SET)键，完成设定	1 参数清除 Pr.CL 参数全部清除 ALLC 闪烁

3. PU 模式运行

用操作面板设定频率运行。采用 PU 运行操作模式，使变频器在 $f=30$Hz 下运行，其操作步骤，如表 5-6 所示。

表 5-6　　　　　　　　　　　　操作面板设定频率运行

操作步骤		显示结果
1	按(PU/EXT)键，选择 PU 操作模式	PU显示灯亮 
2	旋转设定用旋钮，显示想要设定的频率 30Hz，闪烁约 5s	
3	在数值闪烁期间，按(SET)键，设定频率值	
4	闪烁约 3s 后显示将回到 0.00，按(RUN)键运行	
5	按(STOP/RESET)键，停止	

注意：

①如果需要改变变频器的运行方向，将"RUN 键旋转方向的选择" Pr. 40 = 1，变频器就可以反转运行。

②若将 Pr. 161 = 1 则为"M 旋钮电位器模式"，即通过旋转 M 旋钮就可以调节变频器的输出频率大小。

4. JOG 运行

用操作面板进行点动操作，如表 5-7 所示。

表 5-7　　　　　　　　　　　　变频器面板点动操作

操作步骤		显示结果
1	确认运行显示和运行模式显示 · 应为监视模式 · 应为停止中状态	
2	按(PU/EXT)键，进入 PU 点动运行模式	
3	按(RUN)键 · 按下键的期间内电机旋转 · 以 5Hz 旋转（Pr15 的初始值）	
4	松开(RUN)键	停止 

续表

操作步骤		显示结果
5	【变更 PU 点动运行的频率时】 按MODE键，进入参数设定模式	PRM显示灯亮  （显示以前读取的参数编号）
6	旋转，将参数编号设定为 Pr. 15 点动频率	
7	按SET键，显示当前设定值	
8	旋转，将数值设定为 10Hz	
9	按SET键确定	 闪烁…参数设定完成！！
10	执行 1~4 步的操作 电机以 10Hz 旋转	

5. 监视输出电流和输出电压

变频器运行中按SET键，具体步骤如表 5-8 所示。

表 5-8　　　　监视输出电压和电流步骤

操作步骤		显示结果
1	运行中按SET键，使监视器显示输出频率	 Hz亮灯
2	无论在哪种运行模式下，若运行、停止中按住SET键，监视器上显示输出电流	 A亮灯
3	按SET键，监视器上将显示输出电压	 Hz、A熄灭

注意：

若电动机不转，请确认启动频率 Pr. 13。在点动频率设定比启动频率的值低时，电动机不转。变频器切断电源后，在显示屏熄灭前变频器是带电的，不要用身体触及变频器各端子。

技术小贴士：

1. 更改 Pr. 79 参数的值，可以同时按下 MODE 键和 PU/EXT 键。
2. 变频器参数变更后需要断电重启才能生效。

CC-Link 通信基础

配套课件　　　教学视频

任务二　CC-Link 知识和模块介绍

一、 CC-Link 概述

CC-Link（Control & Communication Link）是连接 PLC、控制设备、传感器、驱动设备的现场总线网络的简称，可以满足不同规模的现场控制系统需要。CC-Link 具备以下特点。

1. 高速处理

CC-Link 能够同时高速处理控制与信息数据，在 10Mbit/s 的传输速率下，CC-Link 最大可以达到 100m 的传输距离并且能够连接 64 个站点，链接扫描时间仅为 1~5ms。

2. 减少配线

每个模块都可以被分配或安装在设备装置中，如传输器线缆或机器设备，就可以实现整个系统的线路有效化，如图 5-17 所示。

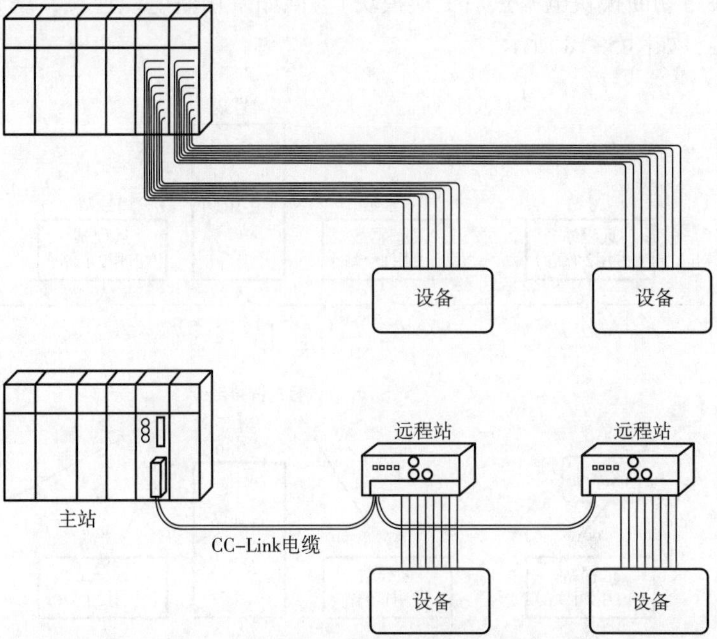

图 5-17　CC-Link 配线

3. 可连接智能功能

除了可以循环传送以位/字为单位的数据，还可以进行瞬时传送。因此智能模块如显示模块、RS 232 接口模块使与个人电脑的数据传送成为可能。

4. 开放网络系统概念

通过与三菱的合作制造商提供的各种设备的连接，系统可以提供各种解决方案来达到使用者的各种要求。

5. 基于客户要求的系统构成有可能

(1) 传送距离与速率，整个网络的传送距离取决于传送速度，传送距离可以达到 100m [传送速率为 10Mbps (兆比特/秒) 时] 到 1200m [传送速率为 156kbps (千比特/秒) 时]。

(2) 网络站数，包括远程 I/O 站、远程设备站、本地站、备用主站以及智能设备站在内的 64 个站可以连接到一个主站上。所有 64 个远程 I/O 站或 42 个远程设备站或 26 个本地站可以连接到一个主站上。

6. 链接点的数目

每个系统可以执行远程输入 (RX) 2048 点，远程输出 (CRY) 2048 点和 512 个远程寄存器 (RW) 点的传送。每个远程站或本地站的链接点的个数为：远程输入 (RX) 32 点，远程输出 (RY) 32 点，远程寄存器 (RW) 8 个 (CRWw4 个，RWr4 个)。

7. 岩机预防 (从站切断功能)

因为系统采用总线连接方法，所以即使一个模块由于断电而出现故障，也不会影响其他正常模块的通信。而且，如果使用两个端子排的模块，可以在数据链接的过程中更换该模块 (切断模块电源然后更换模块)。但如果切断电缆连接，就禁止了与所有站的数据链接，如图 5-18 所示。

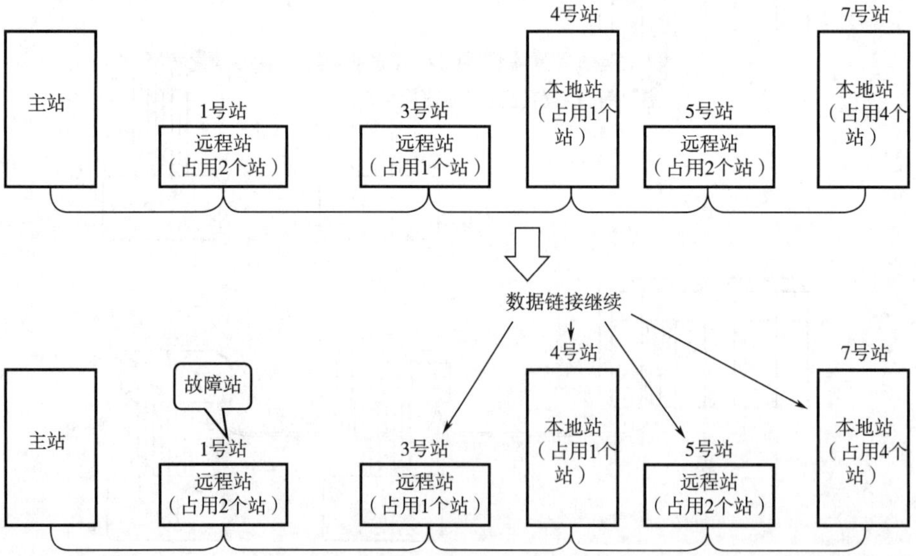

图 5-18 CC-Link 站链接

8. 自动返回功能

当由于断电而链接断开的站复位到正常状态，该站会自动加入数据链接。

9. 主站 PLC CPU 出现故障时数据链接状态设置

当主站的 PLC CPU 产生像“SP UNIT ERROR”这样的错误导致操作停止，数据链接可以设置为“停止”或“继续”，如果是“BATTERY ERROR”这样可以继续进行操作的错误，则不管设置如何，数据链接都会继续。

10. 自动 CC-Link 启动

通过安装 QJ61BT11，不用创建顺控程序，只要打开电源，就启动 CC-Link 并刷新所有数据。但如果连接模块的数目小于 64 的话，就有必要设定网络参数以优化链接扫描时间。

11. 根据系统选择模式

CC-Link 系统有两种模式：远程网络模式和远程 I/O 网络模式。表 5-9 列出了这两种模式的区别。

表 5-9　CC-Link 系统的两种模式

	远程网络模式	远程 I/O 网络模式
可以连接的站	远程 I/O 站 远程设备站 智能设备站 本地站 备用主站	远程 I/O 站
传送速率	最快为 10Mbps	最快为 10Mbps
链接扫描时间	—	比远程网络模式更快

12. 保留站功能

如果把没有实际连接的站（准备在将来连接的站）指定为保留站的话，就不会被当作故障站处理，如图 5-19 所示。

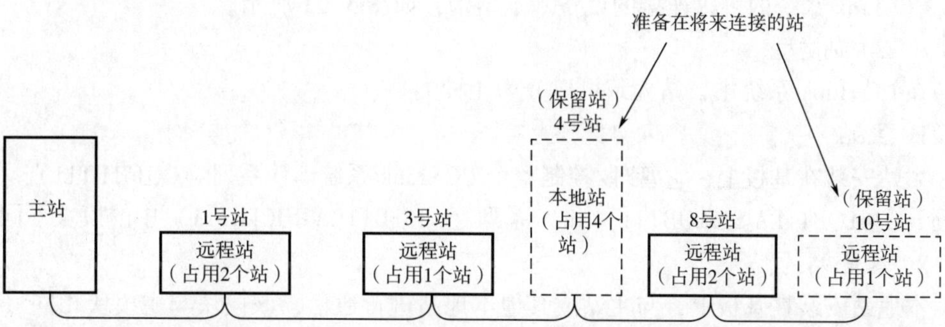

图 5-19　CC-Link 保留站

13. 出错无效站设置功能

通过设置网络参数，主站和本地站就不会把系统配置中断电的模块当作“数据链接故障站”处理。但是，一定要小心，因为不再检测出错，如图 5-20 所示。

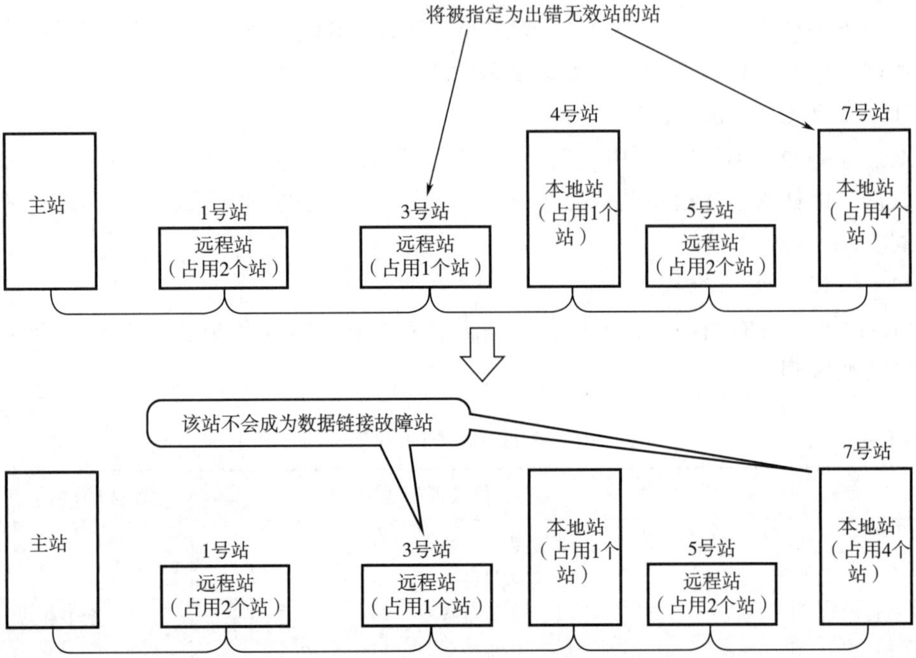

图 5-20　CC-Link 出错无效站设置

14. 站号重合检测功能

本功能检测连接站的状态来查看系统中已占用的站是否重合或者是否有多于一个站的站号被设定为 0。

二、 CC-Link 结构

（一） CC-Link 系统的基本结构示例

CC-Link 系统的可以连接的设备基本结构，如图 5-21 所示。

（二）站类型

在 CC-Link 系统中，站大致可以分为 4 种类型。

1. 主站

主站安装在基板上，它管理/控制整个 CC-Link 系统。Q 系列（CQJ61BT11），QnA 系列（AJ61QBT1LAlSJ61QBT11）和 A 系列（AJ61BT1LA1SJ61BT11）中的模块不同。

2. 本地站

本地站安装在基板上，与主站或其他本地站进行通信，该模块与主模块相同（主/本地站的选择：由网络参数设置决定）。

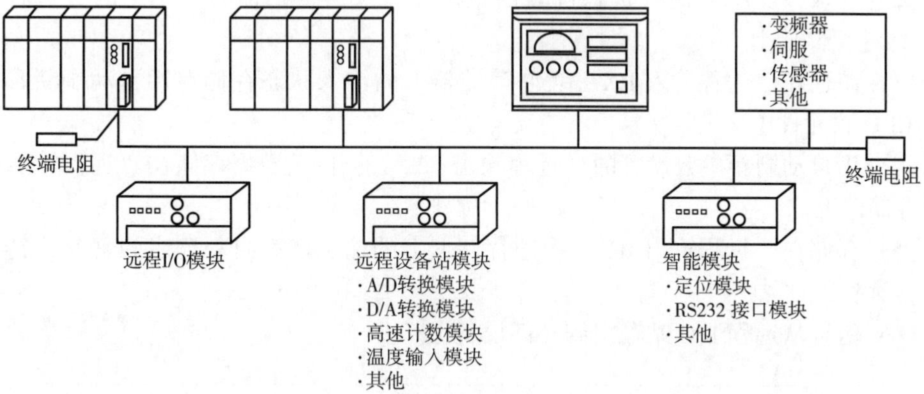

图 5-21　CC-Link 系统的基本结构示例

3. 远程站

远程站与 I/O 或特殊功能模块及其他设备如变频器、显示板、传感器等相应。远程站又可以分为远程 I/O 站（如 I/O 模块）和远程设备站（如特殊功能模块、变频器、显示板、感应器等）。

4. 智能设备站

能够通过瞬时传送或信息传送来执行数据通信的站，如 RS-232C 接口模块、显示器等。

（三） CC-Link 系统基本通信结构（主站↔远程 I/O 站）

仅为开/关信息通信（远程输入 RX，远程输出 RY），如图 5-22 所示。

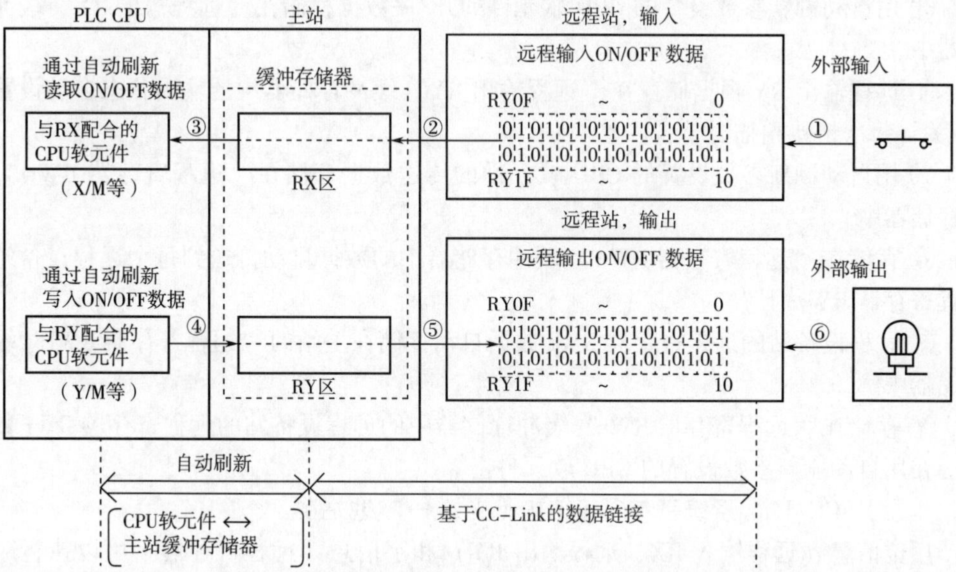

图 5-22　CC-Link 主站和远程 I/O 站通信

(1) 信号从外部设备输入到远程 I/O 站。

(2) 远程 I/O 站的输入状态自动存储在（每次链接扫描时）主站的“远程输入 RX”缓冲存储器上。

(3) 储存在“远程输入 RX”缓冲存储器上的输入状态存储在用自动刷新参数设置的 CPU 软元件中。

(4) 用自动刷新参数设置的“远程输出 RY”的开/关数据存储在“远程输出 RY”缓冲存储器上。

(5) 存储在“远程输出 RY”缓冲存储器上的输出状态自动输出到（每次链接扫描时）远程 I/O 站。

(6) 信号从远程 I/O 站输出到外部设备上。

注意：

① 对于上图所示的“基于 CC-Link 的数据链接”，主模块根据设置条件运行。

② 对于“自动刷新，CPU ↔ 主站存储器”，CPU 根据自动刷新参数运行。

（四） CC-Link 系统基本通信结构（主站↔远程设备站）

通过开/关信息（远程输入 RX，远程输出 RY）和信息数据（远程寄存器）通信，如图 5-23 所示。

① 远程设备站的远程输入 RX 自动存储在（每次链接扫描时）主站的“远程输入 RX”缓冲存储器。

② 储存在“远程输入 RX”缓冲存储器中的输入状态存储在用自动刷新参数设置的 CPU 软元件中。

③ 用自动刷新参数设置的 CPU 软元件的开/关数据存储在“远程输出 RY”缓冲存储器中。

④ 远程输出 RY 根据储存在“远程输出 RY”缓冲存储器中的输出状态自动设置为开/关（每次链接扫描时）。

⑤ 用自动刷新参数设置的 CPU 软元件的传送数据存储在“远程寄存器 RWw”缓冲存储器中。

⑥ 存储在“远程寄存器 RWw”缓冲存储器中的数据自动传送到每个远程设备站的远程寄存器 RWw 上。

⑦ 远程设备站的远程寄存器 RWr 数据自动存储在主站的“远程寄存器 RWr”缓冲存储器中。

⑧ 存储在“远程寄存器 RWr”缓冲存储器中的远程设备站的远程寄存器 RWr 数据存储在用自动刷新参数设置的 CPU 软元件上。

（五） CC-Link 系统基本通信结构（主站↔本地站）

用位信息（远程输入 RX，远程输出 RY）和字信息（远程寄存器）可以执行顺控 CPU 间的 N：N 数据通信，如图 5-24 所示。

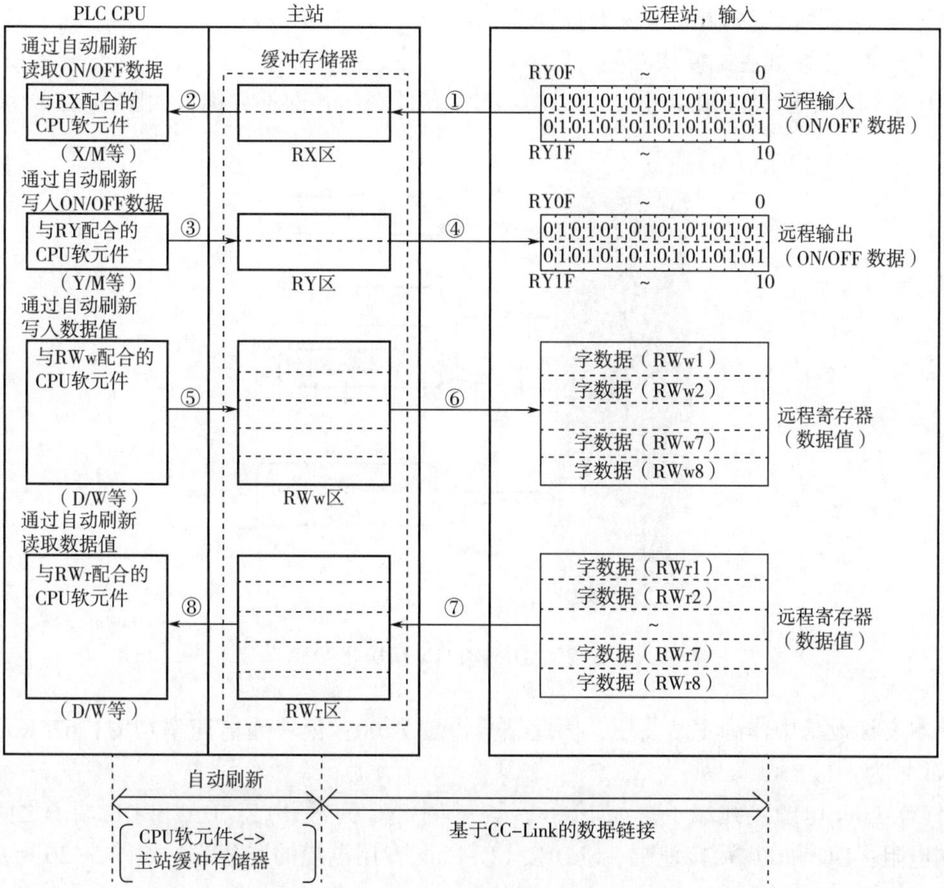

图 5-23 CC-Link 主站和远程设备站通信

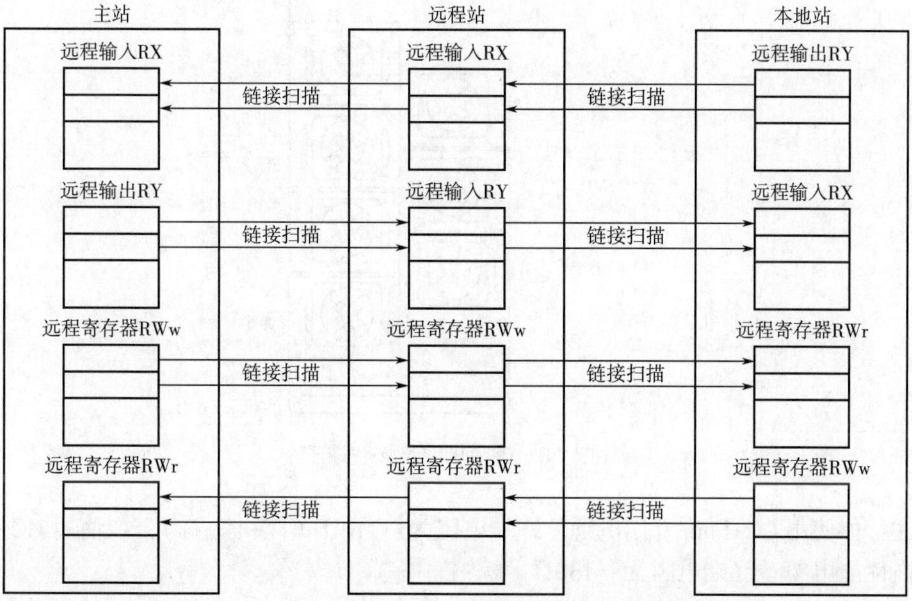

图 5-24 CC-Link 主站和本地站通信

三、三菱 Q 系列 CC-Link 模块 QJ61BT11N

（一） Q 系列主站模块介绍

Q 系列主站模块选用型号为 QJ61BT11N，其外观和各部件名称，如图 5-25 所示。

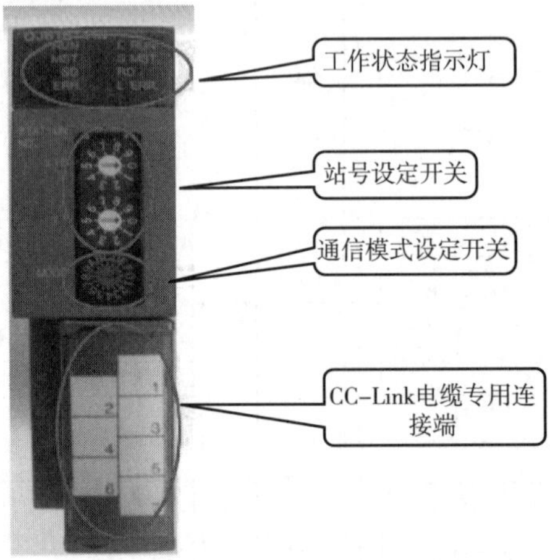

图 5-25 QJ61BT11N 模块外观

本实训设备中作为主站使用，因此站号设置为 00；模块通信速率均为：625Kbitls，model 号为：1。

CC-Link 电缆接线端子排如下图所示，其中 NC 为常开点；DA 和 DB 端子之间接终端电阻；DG 和 FG 为接地端；SLD 接 CC-Link 专用电缆的屏蔽线，如图 5-26 所示。

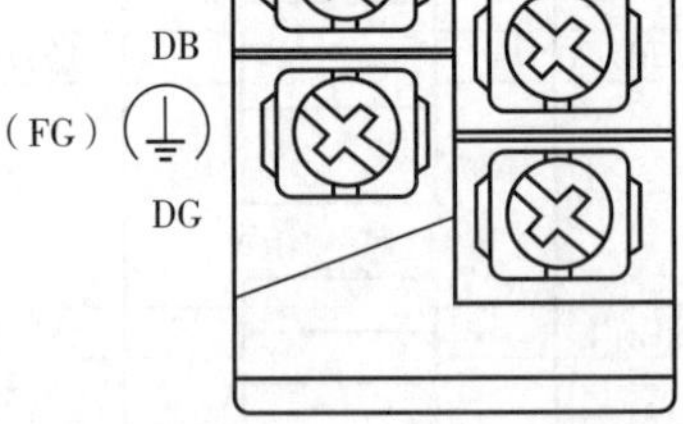

图 5-26 QJ61BT11N 接线端子

注：如使用 CC-Link 专用电缆，终端电阻为：110Ω（棕-棕-棕）；如使用 CC-Link 专用高性能电缆，终端电阻为：130Ω（棕-橙-棕）。

（二）三菱系列 CC-Link 从站模块介绍

变频器则选用 FR-A7NC 通信配件，其外观、规格和安装图如图 5-27~图 5-29 所示。

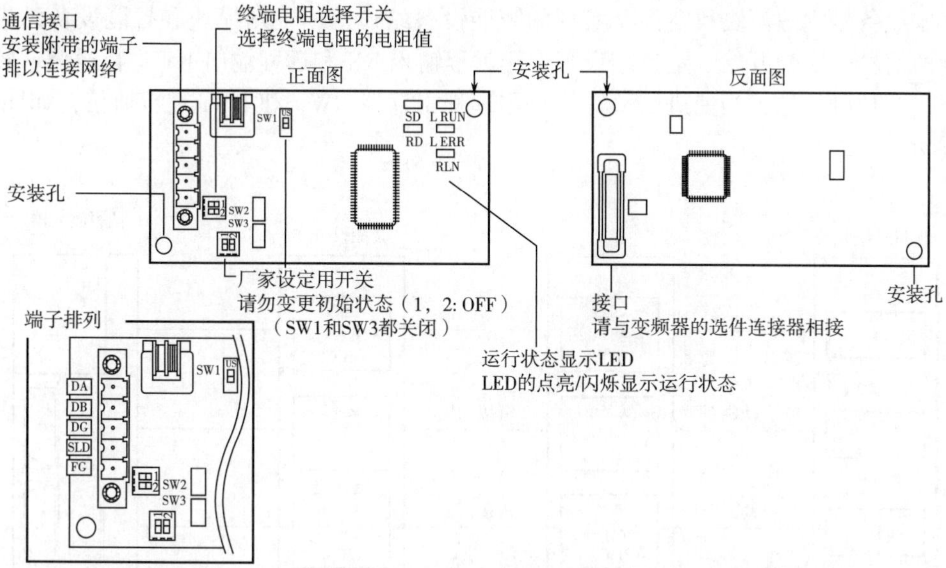

图 5-27　FR-A7NC 外观

类型	变频器内置选件型可连接端子排
电源	DC 5V变频器供电
连接的单元数	最多42个单元（有关占用的站数，请参见第43页），可与其他设备一起使用
电缆尺寸	0.75 ~ 2mm^2
站类型	远程设备站
占用的站数	Ver.1: 占用1站，Ver.2: 占用1站（可从双倍、四倍和八倍中选择）
通信电缆	CC-Link 专用电缆，兼容CC-Link Ver. 1.10 的CC-Link 专用电缆

图 5-28　变频器选件规格

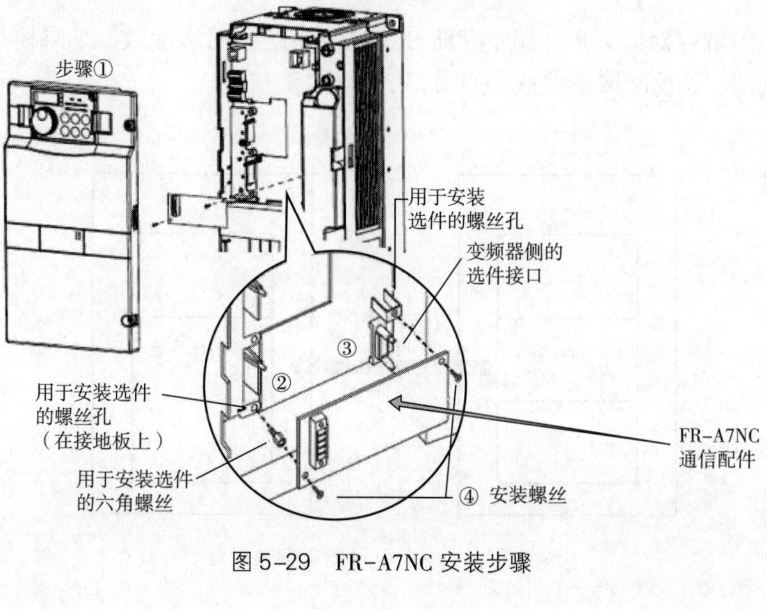

图 5-29　FR-A7NC 安装步骤

（三）参数设置和刷新

1. 主站与从站数据刷新

本设备是主站模块和变频器实现的智能设备站通信，主站模块和智能设备站进行交换的信号（定位开始，定位结束等）用远程输入 RX 和远程输出 RY 进行通信。数字数据（定位开始数，当前进给值等等）用远程寄存器 RWw 和 RWr 进行通信，如图 5-30 所示。

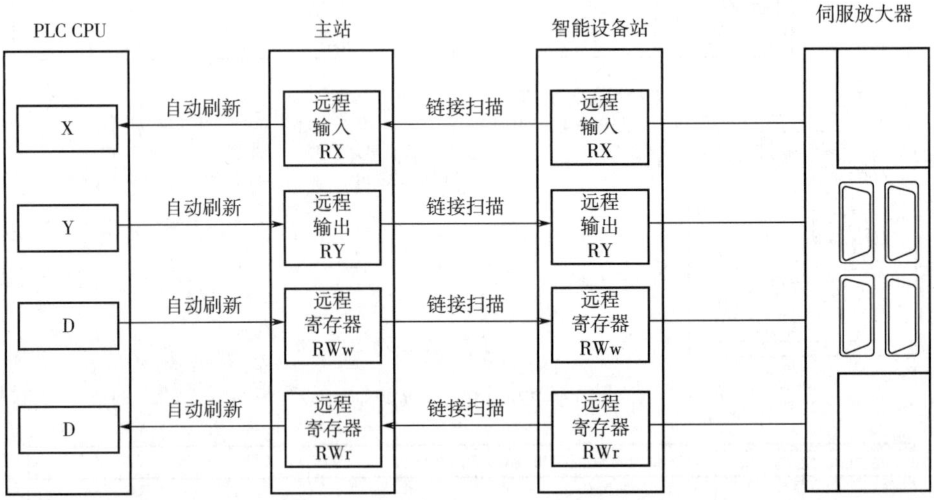

图 5-30　CC-Link 模块主站和智能站的数据传递

2. CC-Link 进行数据通信所需的参数设置

(1) CPU 参数区和主站参数存储器之间的关系如下所述。

① CPU 参数区。本区用于设置控制 PLC 系统的基本值和控制 CC-Link 系统的网络参数。

② 主站参数存储器。本区用于存储 CC-Link 系统的网络参数。如果模块断电或者 PLC CPU 复位，就擦除网络参数，如图 5-31 所示。

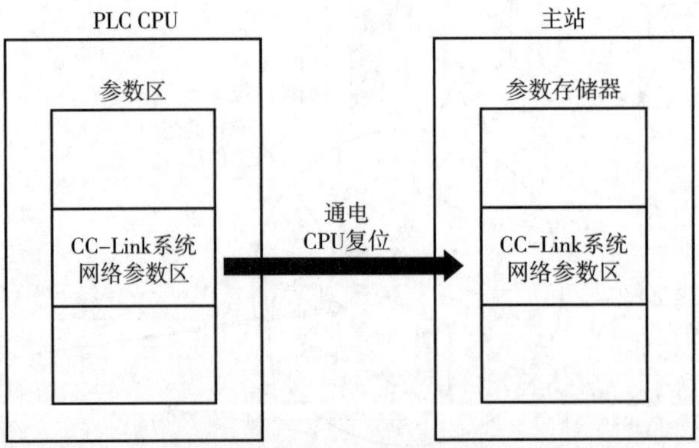

图 5-31　CC-Link 通断电参数设置

（2）从参数设置到数据链接启动的步骤，如图 5-32 所示。

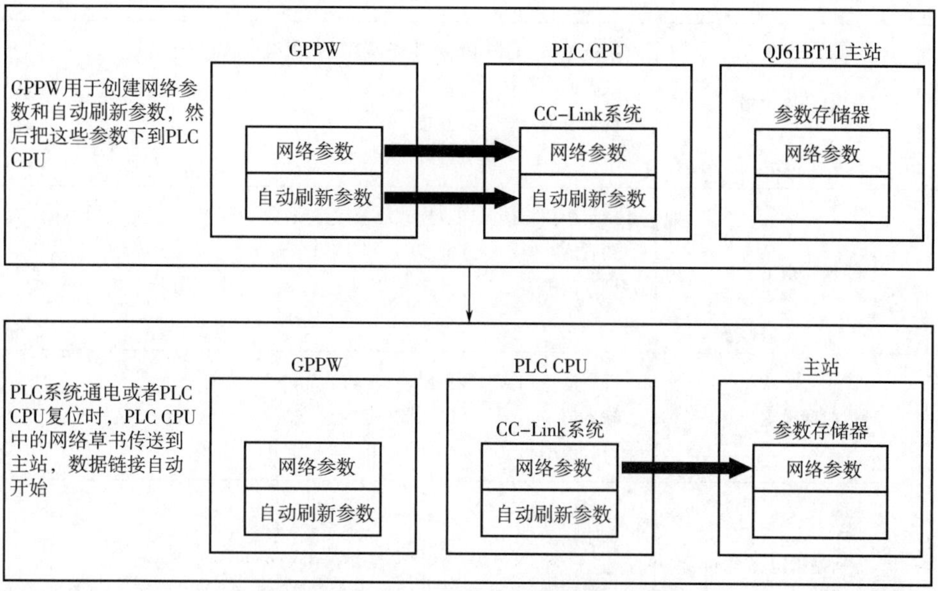

图 5-32 CC-Link 数据链接启动步骤

3. 参数设置项目

与 CC-Link 进行数据通信所需的参数设置，如表 5-10 所示。

表 5-10 CC-Link 数据通信所需参数设置

设置项目	说明
连接模块的数量	设置连接到主站的远程站、本地站、智能设备站和备用主站的总数（包括保留站） 缺省值 ：64（模块） 设置范围 ：1~64（mk）
重试次数	设置发生通信错误时的重试次数 缺省值 ：3（次） 设置范围 ：1~7（次）
自动回复模块数目	设置通过一次链接扫描可以回复到系统运行中的远程站、本地站、智能设备站和备用主站的总数 缺省值 ：1（模块） 设置范围 ：1~10（模块）
备用主站指定	指定备用主站的站号 缺省值 ：空白（未指定备用主站） 设置范围 ：空白，1~64（空白：未指定备用主站）

续表

设置项目	说明
CPU 宕机时的操作指定	指定主站 PLC CPU 发生错误时的数据链接状态 缺省值　　：停止 设置范围　：停止 　　　　　：继续
扫描模式指定	指定顺控扫描是同步模式还是异步模式 缺省值　　：异步 设置范围　：异步 　　　　　：同步
延迟时间设置	设定链接扫描时间间隔。（单位：50μs） 缺省值　　：0（未指定） 设置范围　：0~100（0：未指定）
保留站指定	指定保留站 缺省值　　：未指定 设置范围　：未指定 　　　　　：指定
出错无效站指定	指定出错无效站。 缺省值　　：未指定 设置范围　：未指定 　　　　　：指定
站信息	设置连接的远程站、本地站、智能设备站和备用主站的类型 缺省值　　：远程 I/O 站，占用 1 个站 　　　　　1 号站至远程 I/O 站占用 1 个站，64 号站 设置范围 站类型　　：远程 I/O 站，远程设备站，智能设备站 已占用站的数目：占用 1~4 个站 站号　　　：1~64
分配通信缓冲区和自动更新缓冲区	指定向本地站、备用主站和智能设备站瞬时传送时分配的缓冲存储器容量 缺省值 　发送缓冲区容量　　：40H（64）（字） 　接收缓冲区容量　　：40H（64）（字） 　自动更新缓冲区容量　：80H（128）（字） 设置范围 ●通信缓冲区容量：0H（0）（字）（未指定），或 40H（64）（字）到 1000H（4096）（字） ●但是，总的通信缓冲区容量必需小于或等于 1000H（4096）（字） ●自动更新缓冲区：0H（0）（字）（未指定），或 80H（128）（字）到 1000H（4096）（字） ●但是，总的自动缓冲区容量必须小于或等于 1000H（4096）（字）

注意：

对于通信缓冲区容量，指定的容量要在要发送或接收的数据容量上加 7 个字。

对于自动更新缓冲区容量，指定每个智能设备站需要的容量。

4. 通信原理和 I/O 映射

CC-Link 的通信原理是基于数据链接和自动刷新的原理。具体如下：PLC 分别在 CC-Link 模块和 CPU 中开辟出一块内存缓冲区（BFM），其中，CC-Link 模块中的 BFM 和远程站的输入相对应（I/O 或 RWw，RWr，在编程时可以对此 BFM 不予与理会），通过“数据链接”接收从站的数据变化，同时，把数据传送到 CPU 中的 BFM。而 CPU 模块中的 BFM 通过“自动刷新”的方法接收从站的数据变化。具体实现如图 5-33 所示，远程寄存器的传递过程和远程 I/O 类似。

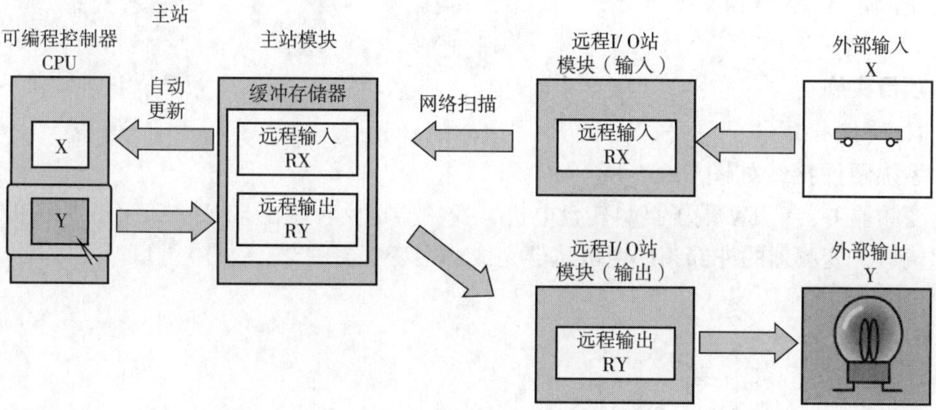

图 5-33　远程 I/O 站通信过程

输入原理流程：X1000→ON ← RX0→ON ← RX0→ON

输出原理流程：Y1000 ⟹ RY0 ⟹ RY0

技术小贴士：

对于多台变频器作为远程设备站时的 I/O 和寄存器的配置，可以借助 GX-Works 软件中的【软元件分配确认】功能。实现自动的链接软元件的分配。

任务三　技能训练 1：变频器外部模拟信号的调速

一、控制要求

本次技能训练设备由接料系统、交流电机和变频器等组成，如图 5-34 所示。接料盘电机的速度控制由三菱变频器 FR-E720 控制，变频器的模拟信号由电位器输入完成，变频器的正反转由 PLC 的输入端 Y14、Y15 来实现。

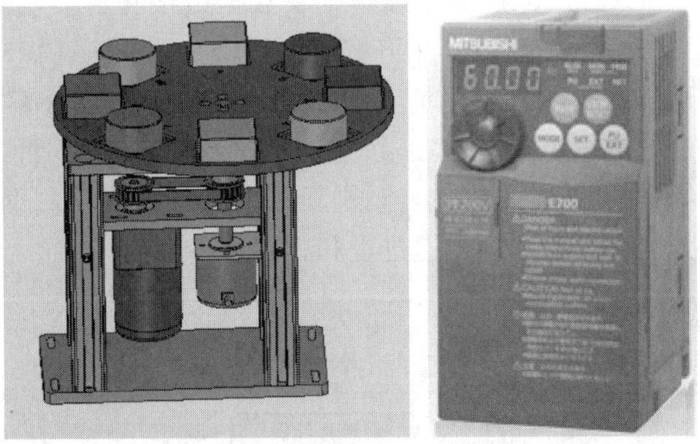

图 5-34　接料系统、交流电机和变频器

二、项目实施

1. 硬件接线

系统硬件接线如图 5-35 所示，变频器 U、V、W 端子接料转盘电机，变频器正反转端子 STF、STR 分别接 PLC 的输出端口，变频器的外部频率由电位器完成，接变频器的 2、5、10 端口。

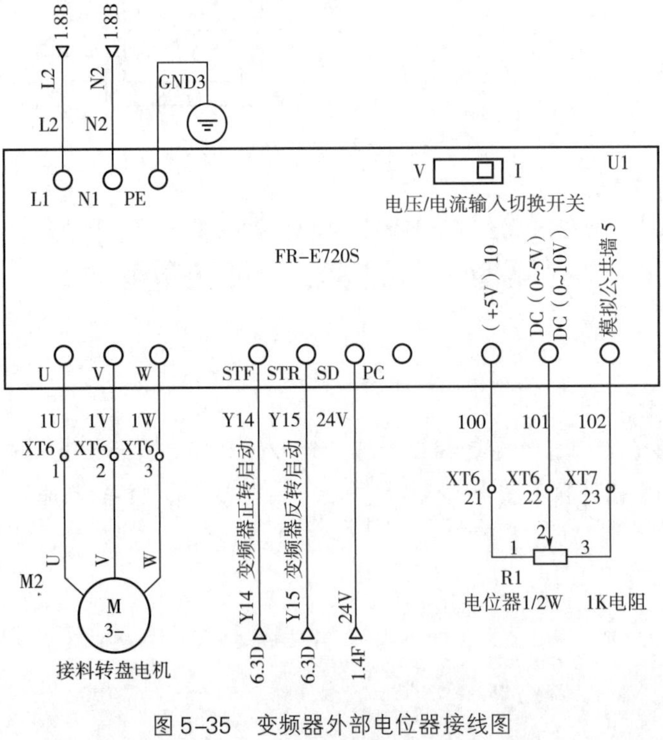

图 5-35　变频器外部电位器接线图

2. 变频器参数设置

变频器外部操作设定的参数表，如表 5-11 所示。

表 5-11　变频器外部操作参数设定

参数名称	参数号	出厂值	设定值	功能说明
上限频率	Pr. 1	120	50	设定上限频率为 50Hz
下限频率	Pr. 2	0	0	设定下限频率 0Hz
电子过电流保护	Pr. 9	变频器额定电流	2. 5	一般将其设为电动机的额定电流
扩展参数的显示	Pr. 160	9999	0	Pr160 = 9999，只显示简单模式的参数 Pr. 160 = 0，可以显示简单模式和扩展参数
运行模式选择	Pr. 79	0	2	选择外部运行操作模式
启动频率	Pr. 13	0. 5	5	设定启动频率为 5Hz
模拟量输入选择	Pr. 73	1	1	设定端子 2 可以输入 0~5V 给定电压
电机容量	Pr. 80	9999	1. 1	设置电机容量为 1. 1kW
电机额定电压	Pr. 83	400	380	设置电机的额定电压为 380V
电机额定频率	Pr. 84	50	50	设置电机额定频率为 50Hz
STF 端子功能选择	Pr. 178	60	60	设置 STF 为正转端子的功能
STR 端子功能选择	Pr. 179	61	61	设置 STR 为反转端子的功能
RL 端子功能选择	Pr. 180	0	25	设置 RL 为启动自保持功能

3. 操作运行

（1）变频器上电，确认运行状态。用(MODE)键切换到参数设定模式，使 Pr. 79 = 2 或 0，确认 EXT 指示灯点亮（如 EXT 指示灯未亮，请切换到外部运行模式）。

（2）开关操作运行。

① 开始。按图 5-35 所示的电路接好线。将启动开关（STF 或 STR）处于 ON。表示运转状态的 RUN 灯闪烁。

② 加速。顺时针缓慢旋转电位器（频率设定电位器）到满刻度。显示的频率数值逐渐增大，电动机加速，当显示 45Hz 时，停止旋转电位器。此时变频器运行在 45Hz 上，RUN 灯一直亮。

③ 减速。逆时针缓慢旋转电位器（频率设定电位器）到底。显示的频率数值逐渐减小到 0Hz，电动机减速，最后停止运行。

④ 停止。断开启动开关（STF 或 STR），电动机将停止运行。

（3）按钮自保持操作运行。按图 5-35 接好电路，并设定 P. 180 = 25，即将 RL 端子功能变更为 STOP 端子功能。当按 SB1 时，电动机开始工作，同时使 STOP 信号接通（即使 SB 按钮保持闭合），当松开 SB1 时，电动机仍然保持正转。当断开 SB 时，电动机停止工作，反之亦然。

接料盘电机的 CC-Link 通信变频调速控制

配套课件　　教学视频

任务四　技能训练 2：节能降耗　提高能效
——接料盘电机的 CC-link 通信变频调速控制

一、思政引入

我国为了实现双碳的目标，抓手就是能耗的双控。能耗双控是为了鼓励节能，提高能效，限制过度用能，以尽可能少的能源消耗支持经济社会持续发展。根据国家的规划，2035 年我国人均收入将较 2020 年翻两番，因此人均能耗还会有一定的增长空间。如果简单地控制能耗，就会制约相应的经济增长。

为了实现碳中和的目标，在保证必要能源供应的前提下，应该通过调整能源结构，用光伏、风能等低碳或则零碳能源代替高碳能源，对于工业领域可以采用智能化的节能降耗手段来提高能效。工业生产活动中，由于生产要求的不同，设备的负荷需要调整，变频器在工业生产中发挥着重要作用，而其对频率的调整使节能降耗也得到了实现。以某工厂中水泵的运行实例为基础，分析变频器节能降耗的作用。在本工厂中，水泵是主要的能耗设备，所以为了落实可持续发展政策，实现节能降耗的目的，需要对其所消耗的电量进行分析，并将其作为调整变频器的依据。相应电动机的变频参数为：输出频率为 0～300Hz，输出电压为 0～400V，输入电压为 380～480V（±10%），额定功率等于 55kW；电动机参数为：转速 2970r/min，额定电流等于 102.6A，额定电压等于 380V，额定功率为 55kW。水泵在未经过变频以前的能耗为 845kWh，进行变频改造以后，其能耗为 506kWh，所以，变频器的节能效果为 39.5%，通过上述案例能够发现，将变频器应用在工厂水泵的节能降耗中，其节能降耗的效果较为明显。

二、控制要求

三轴伺服定位教学设备是安装在架体组件铸铁平台上的机电一体化专业实训台，如图 5-36 所示，机械结构主要由：*X/Y/Z* 三轴线性模组组件、接料转盘组件、供料转盘组件、相机架体组件、电磁阀组件、触摸屏组件、按钮盒组件、看板组件、三色灯组件等组件构成，整体结构如图所示；本次技能训练主要控制对象对接料盘，变频器、三相交流电机 Q 系列 PLC，目的是 PLC 通过 CC-Link 通信模块调节变频器频率，实现供料电机的转速控制。

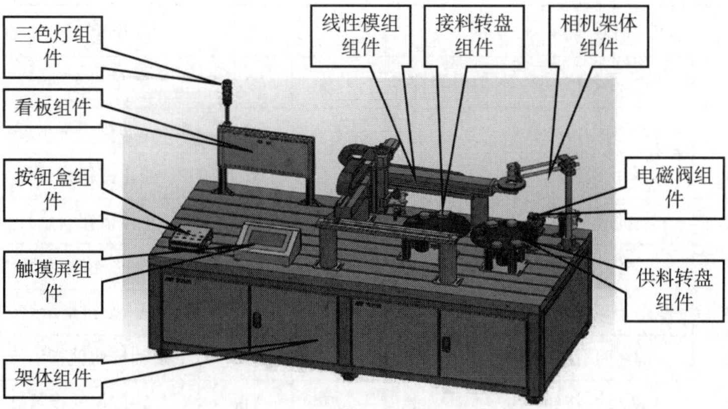

图 5-36　三轴伺服定位教学设备

设备上电后，按启动按钮变频器控制电机以 5Hz 速度运行，10s 以后电机以 20Hz 速度运行，按下停止按钮电机停止运行，频率的数值在 PLC 中完成设置，通过 CC-Link 网络模块传输给变频器，实现对电机的速度控制，基本结构如图 5-37 所示。

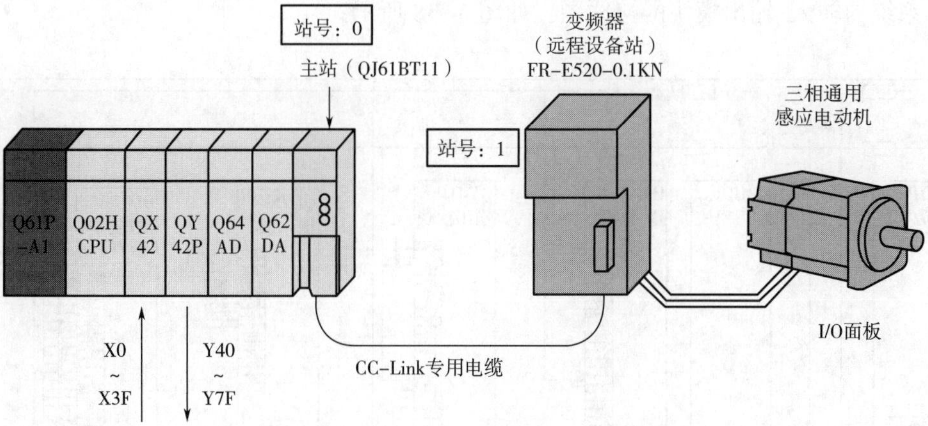

图 5-37　CC-Link 与变频器控制电机配线

三、项目实施

（一）I/O 分配

本次训练选用模块的是 Q 系列 PLC、CC-Link 通信模块（QJ61BT11N）、三菱 E720 变频器和变频器侧组件 FR-A7NC，根据工作单元装置的 I/O 信号分配和工作任务的要求，PLC 选用三菱 Q03UDE_ CPU，输入模块选用 QX41，输出模块 QY41P，共 32 点输入和 32 点输出其 PLC 的 I/O 地址分配表如表 5-12 所示。

表 5-12　PLC 与变频器的 CC-Link 速度控制 I/O 地址分配表

输入信号				输出信号			
序号	输入	信号名称	信号来源	序号	输出	信号名称	信号来源
1	X00	启动按钮	按钮盒	1	Y00	启动按钮指示灯	按钮盒
2	X01	停止按钮		2	Y01	停止按钮指示灯	
3	X02	复位按钮		3	Y02	复位按钮指示灯	
4	X03	急停按钮		4	Y03	轴+按钮指示灯	
5	X04	手/自动旋钮		5	Y04	轴-按钮指示灯	
6	X05	手动/轴+按钮		6	Y05	*X* 轴按钮就指示灯	
7	X06	手动/轴-按钮		7	Y06	*Y* 轴按钮就指示灯	
8	X07	手动/X 轴按钮		8	Y07	*Z* 轴按钮就指示灯	
9	X08	手动/Y 轴按钮		9	Y14	接料转盘电机正转	电机
10	X09	手动/Z 轴按钮		10	Y15	接料转盘电机反转	

（二）硬件接线图

系统的输入/输出模块的接线图，如图 5-38 所示。

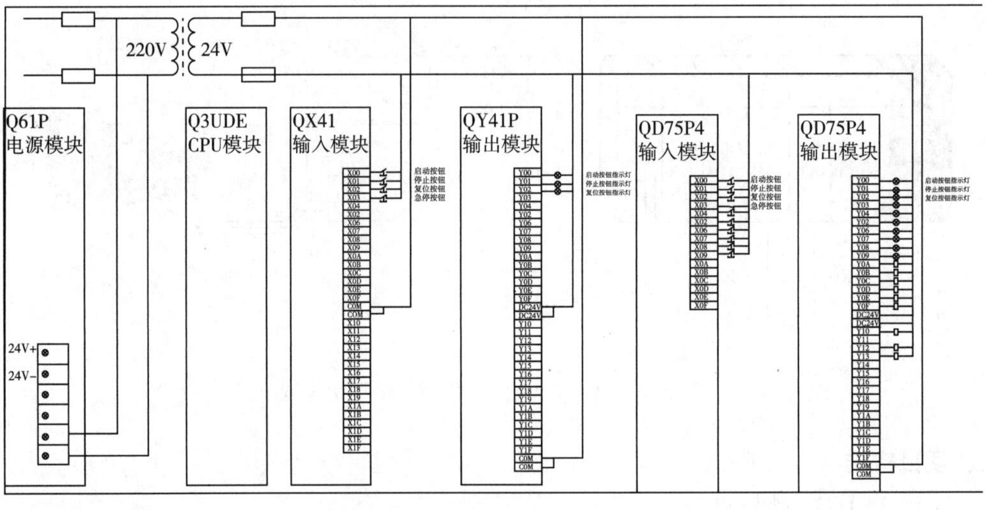

图 5-38　系统输入/输出接线图

主站的 PLC CPU 的主基架单元或扩展基架单元上装入“QJ61BT11N”作为通信链接系统主/本地模块，变频器侧安装 FR-A7NC 模块作为远程设备站，PLC 与变频器的 CC-Link 速度控制电气接线图，如图 5-39 所示。

对于 CC-Link 专用电缆的屏蔽线，请将其连接至各单元的“SLD”并始终通过“FG”接地。端子 SLD 和 FG 在单元内部连接，如图 5-40 所示。

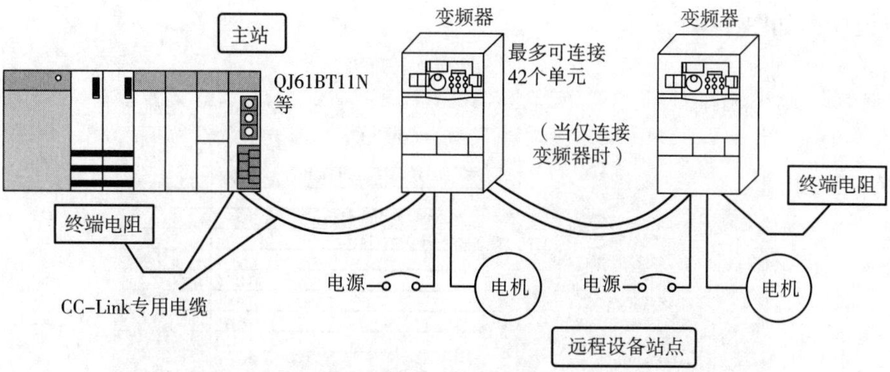

图 5-39　PLC 与变频器的 CC-Link 速度控制电气接线图

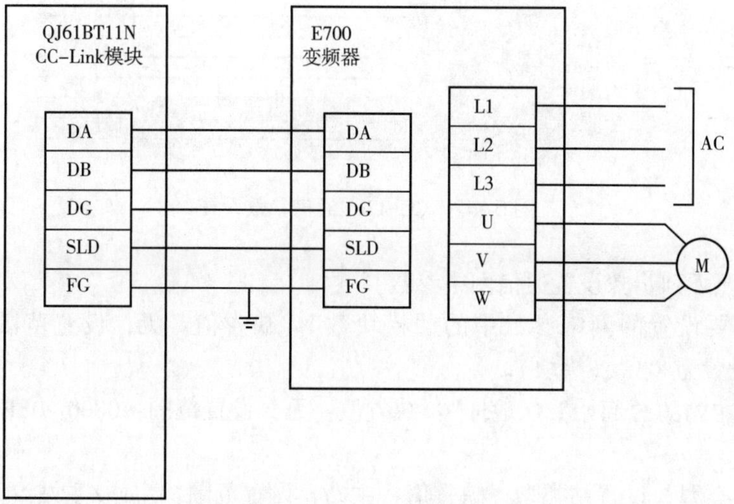

图 5-40　CC-Link 模块接线图

（三）参数配置

1. CC-Link 通信参数设置

在 GXworks2 软件中进行参数设置，点击【网络参数】—【CC-Link】，如图 5-41 所示。

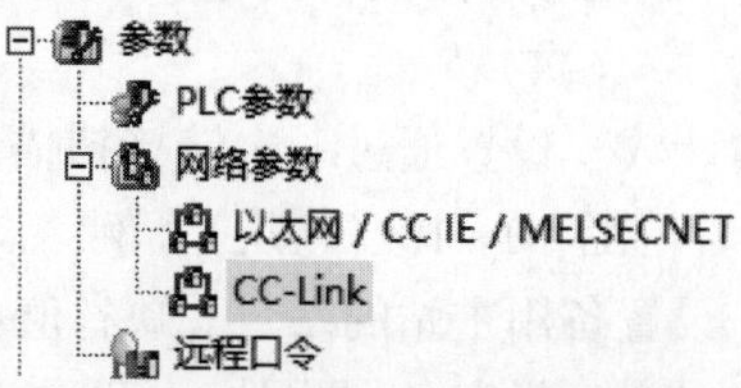

图 5-41　GXworks2 软件参数

点击 CC-Link 进行通信参数的设置，主要完成起始 I/O、远程输入/输出和远程寄存器的设置，如图 5-42 所示。

图 5-42 CC-Link 通信参数设置

(1) 按照下列步骤设置通信网络参数：

① 设置要设置的网络参数中的“模块数”。缺省值：无，设置范围：0~4（模块）。例：设置为“1”（模块）。

② 设置主站的“起始 I/O 地址”：缺省值：无，设置范围：0000~0FE0。例：设置为“00B0”。

③ 用“类型”设置站类型。缺省值：主站，设置范围：主站/主站（双工功能）/本地站/备用主站。例：设置为“主站”。

④ 用“模式”设置 CC-Link 模式。缺省值：在线（远程网络模式），设置范围：在线（远程网络模式）/在线（远程 I/O 网络模式）/离线。例：设置为“在线（远程网络模式）”。

⑤ 用“总连接个数”设置包括保留站在内的 CC-Link 系统中连接的站的总数。缺省值：64（模块），设置范围：1~64（模块）。例：设置为“1（模块）”。

⑥ 用“重试计数”设置发生通信错误时的重试次数。缺省值：3（次），设置范围：1~7（次）。例：设置为“3（次）”。

⑦ 用“自动重新连接站计数”设置通过一次链接扫描可以回复到系统运行的模块数。缺省值：1（模块），设置范围：1~10（模块）。例：设置为“1（模块）”。

⑧ 用“待机主站站号”设置备用主站的站号。缺省值：空白（未指定备用主站），设置范围：空白，1~64（空白：未指定备用主站）。例：设置为“空白（未指定备用主站）”。

⑨ 用“PLC宕机选择”设置主站PLC的CPU发生错误时的数据连接状态。缺省值：停止，设置范围：停止、继续。例：设置为“停止”。

⑩ 用“扫描模式设置”设置顺控扫描的链接扫描是同步的还是异步的。缺省值：异步，设置范围：异步/同步。例：设置为“异步”。

⑪ 用“延迟信息设置”设置链接扫描间隔。缺省值：0（未指定），设置范围：0~100（单位50μs）。例：设置为10（500μs）。

用“站信息设置”设置站数据。缺省值：远程设备站，专有站1，远程站点数为64点，不设置保留站/出错无效站，站信息设置，如图5-43所示。

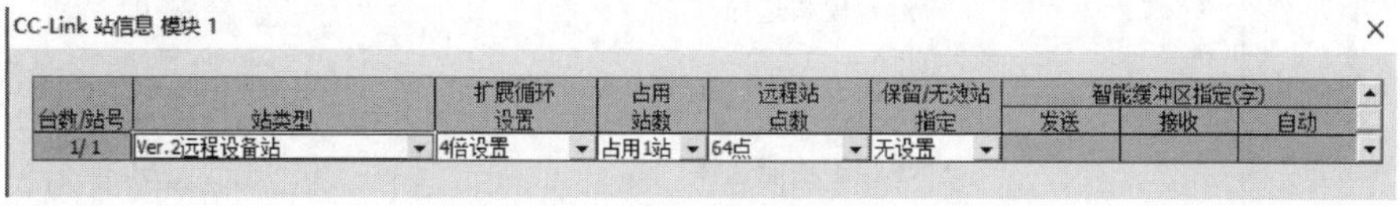

图5-43　站信息设置

（2）主站自动刷新参数设置：

① 用“远程输入（RX）”设置远程输入（RX）刷新软元件。缺省值：无，设置范围：软元件名称从X、M、L、B、D、W、R或ZR中选择。软元件地址号应在CPU拥有的软元件点范围内。例：设置为“X1000”。

② 用“远程输出（RY）”设置远程输出（RY）刷新软元件。缺省值：无，设置范围：软元件名称-从Y、M、L、B、T、C、ST、D、W、R或ZR中选择。软元件地址号应在CPU拥有的软元件点范围内。例：设置为“Y1000”。

③ 用“远程寄存器（RWr）”设置远程寄存器（RWr）刷新软元件。缺省值：无，设置范围：软元件名称从M、L、B、D、W、R或ZR中选择。软元件地址号在CPU拥有的软元件点范围内。例：设置为“W0”。

④ 用“远程寄存器（RWw）”设置远程寄存器（RWw）刷新软元件。缺省值：无，设置范围：软元件名称从M、L、B、T、C、ST、D、W、R或ZR中选择。软元件地址号在CPU拥有的软元件点范围内。例：设置为“W100”。

⑤ 用“特殊继电器（SB）”设置特殊继电器（SB）刷新软元件。缺省值：无，设置范围：软元件名称从M、L、B、D、W、R、SB或ZR中选择。软元件地址号在CPU拥有的软元件点范围内。例：设置为“SB0”。

⑥ 用“特殊寄存器（SW）”设置特殊寄存器（SW）刷新软元件。缺省值：无，设置范围：软元件名称从M、L、B、D、W、R、SW或ZR中选择。软元件地址号在CPU拥有的软元件点范围内。例：设置为“SW0”。

2. 变频器参数设置

变频器的参数设置具体设置步骤为，按下PU/EXT按钮切换到PU模式，按下MODE按钮，拨动旋钮直到出现参数“P.xx”，再按下SET按钮，继续拨动旋钮调节到需要的参数值后再按下SET按钮，重复同样的操作完成，如表5-13所示的设置。

表 5-13 变频器参数

参数名称	参数功能	设定值
P. 1	频率上限	50Hz
P. 2	频率下限	0Hz
P. 3	基准频率	50Hz
P. 7	加速时间	1S
P. 8	减速时间	1S
P. 79	运行模式选择	0
P. 178	STF 端子功能选择	60
P. 179	STR 端子功能选择	61
P. 340	通信启动模式选择	1
P. 542	站号设置	1
P. 543	速率设置	1
P. 544	CC-Link 扩展设定	14

变频器侧相关参数含义：

(1) 站号设定 (Pr. 542)。使用 Pr. 542 通信站号 (CC-Link) 来设定变频器站号规格。在 1~64 的范围内设定此参数，如表 5-14 所示。

表 5-14 站号设定

参数号	名称	初始值	设定范围
542	通信站号 (CC-Link)	1	1~64

注意：

同一个站号不得使用一次以上 (否则会导致通信故障)。

连接示例，如图 5-44 所示。

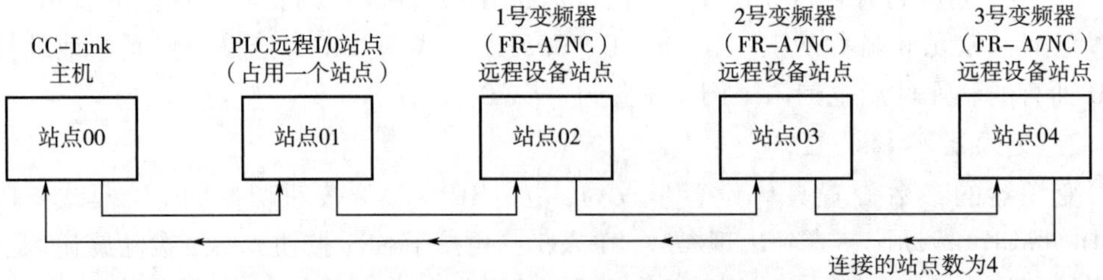

图 5-44 连接示例

（2）速率设定（Pr. 543）。设定传输速度，如表 5-15 所示。

表 5-15　　设定传输速度

参数号	名称	初始值	设定范围	传输速度
543	速率选择	0	0	156kbps
			1	625kbps
			2	2. 5Mbps
			3	5Mbps
			4	10Mbps

（3）CC-Link 扩展设定（Pr. 544）。可以扩展远程寄存器功能，如表 5-16 所示。具体设置可以参考《三菱通用变频器内置选件 FR-A7NC 使用手册》。

表 5-16　　CC-Link 扩展设定

参数号	名称	初始值	设定范围	CC-Link 版本	说明	手册参考页
544	CC-Link 扩展设定	0	0	1	占用 1 站（兼容 FR-A5NC）n	44
			1		占用 1 站	47
			12＊2	2	占用 1 站，双倍	48
			14＊2		占用 1 站，四倍	49
			18＊2		占用 1 站，八倍	50
			100＊3	1	占用 1 站（PLC 功能）	52
			112＊2，＊3	2	占用 1 站，双倍（PLC 功能）	52
			114＊2，＊3		占用 1 站，四倍（PLC 功能）	53
			118＊2，＊3		占用 1 站，八倍（PLC 功能）	53

（四）PLC CPU 与变频器 FR-A7NC 远程站远程输入/输出、远程寄存器等的对应关系

1. 远程 I/O 信号

在 CC-LinkVer. 2 占用一站四倍设置（Pr. 544=0，14）时的 I/O 信号，如表 5-17 所示。

表 5-17　PLC CPU 与变频器 FR-A7NC 远程站远程输入/输出的对应关系

设备编号	信号	手册参考页	设备编号	信号	手册参考页
RYn0	正转指令	54	RXn0	正转中	56
RYn1	反转指令	54	RXn1	反转中	56
RYn2	高速运行指令（端子 RH 功能）	54	RXn2	运行中（端子 RUN 功能）	56
RYn3	中速运行指令（端子 RM 功能）	54	RXn3	频率到达（端子 SU 功能）	56
RYn4	低速运行指令（端子 RL 功能）	54	RXn4	过负荷报警（端子 OL 功能）	56
RYn5	点动运行指令（端子 JOG 功能）	54	RXn5	瞬时停电（端子 IPF 功能）	56
RYn6	第 2 功能选择（端子 RT 功能）	54	RXn6	频率检测（端子 FU 功能）	56
RYn7	电流输入选择（端子 AU 功能）	54	RXn7	异常（端子 ABC1 功能）	56
RYn8	瞬间停止再启动选择（端子 CS 功能）	54	RXn8	—（端子 ABC2 功能）	56
RYn9	输出停止	54	RXn9	Pr. 313 分配功能（D00）	56
RYnA	启动自动保持选择（端子 STOP 功能）	54	RXnA	Pr. 314 分配功能（D01）	56
RYnB	复位（端子 RES 功能）	54	RXnB	Pr. 315 分配功能（D02）	56
RYnC	监视器指令	55	RXnC	监视	56
RYnD	频率设定指令（RAM）	55	RXnD	频率设定完成（RAM）	57
RYnE	频率设定指令（RAM、EEPROM）	55	RXnE	频率设定完成（RAM、EEPROM）	57
RYnF	命令代码执行请求	55	RXnF	命令代码执行完成	57

2. 远程寄存器

在 CC-LinkVer. 2 占用一站四倍设置（Pr. 544 = 14）时的 I/O 信号，如表 5-18 所示。

表 5-18　PLC CPU 与变频器 FR-A7NC 远程站远程寄存器等的对应关系

地址	说明		手册参考页	地址	说明		手册参考页
	高 8 位	低 8 位			高 8 位	低 8 位	
RWwn	监视器代码 2	监视器代码 1	60	RWrn	第一监视器值		64
RWwn+1	设定频率（以 0.01Hz 为单位）		60	RWrn+1	第二监视器值		64
RWwn+2	链接参数扩展设定	命令代码	61	RWrn+2	应答代码 2	应答代码 1	64
RWwn+3	写入数据		61	RWrn+3	读取数据		64

续表

地址	说明		手册参考页	地址	说明		手册参考页
	高 8 位	低 8 位			高 8 位	低 8 位	
RWwn+4	监视器代码 3		61	RWrn+4	第三监视器值		65
RWwn+5	监视器代码 4		61	RWrn+5	第四监视器值		65
RWwn+6	监视器代码 5		61	RWrn+6	第五监视器值		65
RWwn+7	监视器代码 6		61	RWrn+7	第六监视器值		65
RWwn+8	异常内容编号	H00	61	RWrn+8	异常内容编号	异常内容数据	65
RWwn+9	PID 目标值（以 0.01%为单位）+1		62	RWrn+9	异常内容（输出频率）		65
RWwn+A	PID 测量值（以 0.01%为单位）+1		62	RWrn+A	异常内容（输出电流）		65
RWwn+B	PID 偏差值（以 0.01%为单位）+1		62	RWrn+B	异常内容（输出电压）		65
RWwn+C	转矩指令+2		76	RWrn+C	异常内容（通电时间）		65
RWwn+D	H00（自由）		—	RWrn+D	H00（自由）		—
RWwn+E				RWrn+E			
RWwn+F				RWrn+F			

（“n”是指根据站号设定确定的数值。）

3. 参数设置参考

本次项目实施中部分参数设置如表 5-19 所示。

表 5-19　　远程输入/输出和寄存器参数

输入信号		输出信号	
名称	注释	名称	注释
X0B0	模块错误	Y1000	变频器正转指令
X0B1	本地数据链接状况	Y100D	频率设定命令 RAM
X0BF	模块就绪	Y101A	异常状态复位执行位
X100D	频率设定完成信号	W2	应答代码寄存器
X101A	变频器异常状态信号	W101	频率写入寄存器

（五）程序设计

利用 GXworks2 编程软件完成 PLC 与变频器的 CC-Link 速度控制程序的编写，如图 5-45 所示。

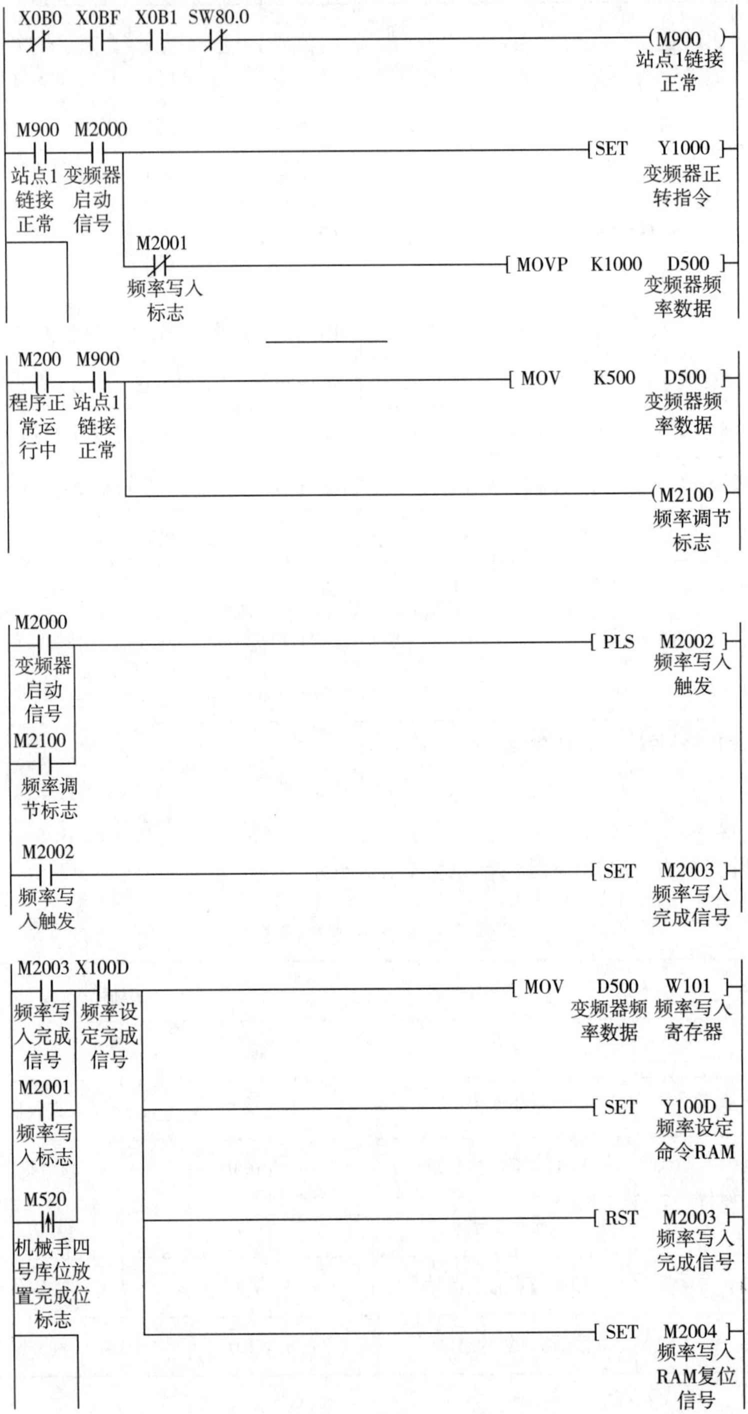

图 5-45 PLC 与变频器的 CC-Link 速度控制参考程序

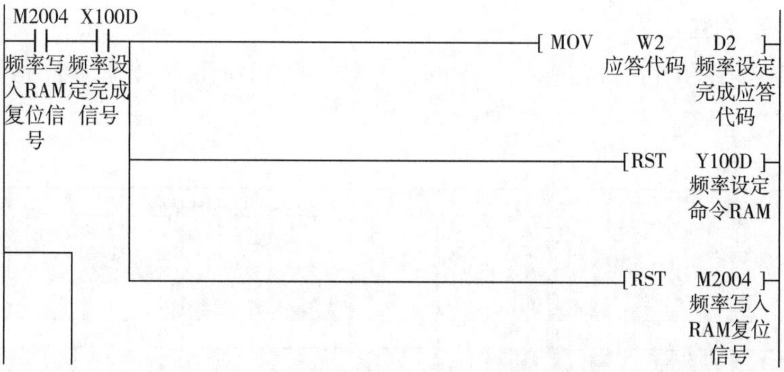

图 5-45　PLC 与变频器的 CC-Link 速度控制参考程序（续）

【归纳总结】

一、本项目所使用的变频器型号说明（图 5-46）

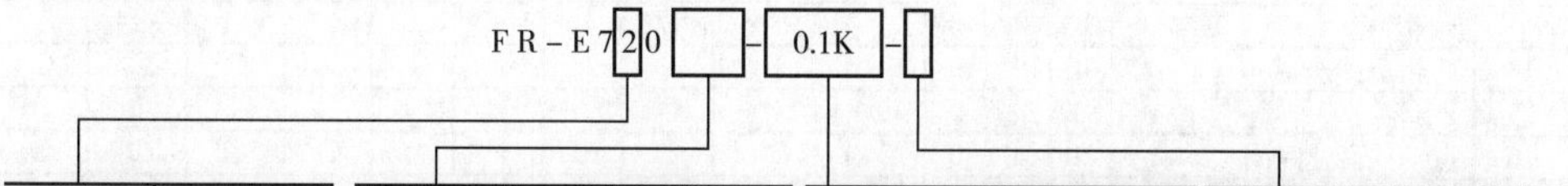

代号	电压
2	200V级
4	400V级

代号	电源相数
无	3相输入
S	单相输入

代号	变频器容量
0.1K~15K	表示容量（KW）

符号	规格
CHT	中国版
无	日本版

<变频器容量>

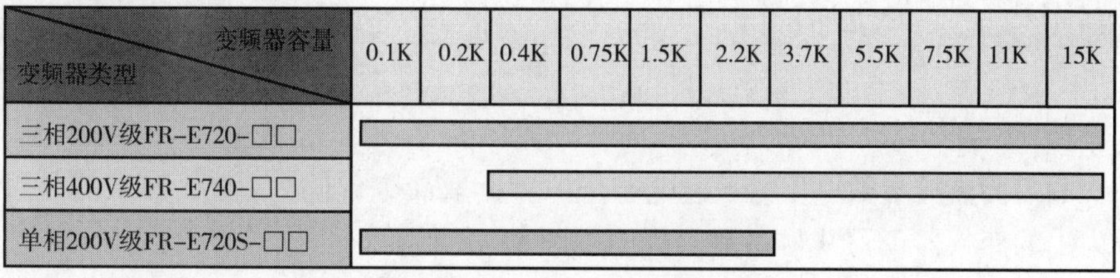

图 5-46　E720 变频器型号说明

二、变频器 CC-Link 通信的基本步骤

1. 首先确定变频器的站号

通过查看变频器 P. 542 参数，确定变频器 CCLINK 通信的站号。

2. 确定变频器的 I/O 信号

打开 GXWORKS2 左侧工程列表【参数】—【网络参数】—【CC-Link】查看变频器的刷新数据。如下设置实例：变频器输入刷新数据为：X1000，输出刷新数据为：

Y1000，远程读刷新数据为：W100，远程写刷新数据为：W1000。

3. 确定需要监控内容

确定需要监控的内容后，查找对应的命令代码。可读取参数命令代码为 0–63，如图 5–47 所示。

参数	名称	命令代码+1			不同控制模式下的对应表+2							参数复制+3	参数清除+3	参数全部清除+3
		读取	写入	扩展	V/F控制	先进磁通矢量控制	矢量控制			实时无传感器矢量控制				
							速度控制	转矩控制	位置控制	速度控制	转矩控制			
0	转矩提升	00	80	0	○	×	×	×	×	×	×	○	○	○
1	上限频率	01	81	0	○	○	○	○	○	○	○	○	○	○
2	下限频率	02	82	0	○	○	○	○	×	○	○	○	○	○
3	基准频率	03	83	0	○	×	×	×	×	×	×	○	○	○
4	多段速设定（高速）	04	84	0	○	○	○	○	△	○	○	○	○	○
5	多段速设定（中速）	05	85	0	○	○	○	○	△	○	○	○	○	○
6	多段速设定（低速）	06	86	0	○	○	○	○	△	○	○	○	○	○
7	加速时间	07	87	0	○	○	○	○	△	○	○	○	○	○
8	减速时间	08	88	0	○	○	○	○	△	○	○	○	○	○
9	电子过电流保护	09	89	0	○	○	○	○	○	○	○	○	○	○
10	直流制动动作频率	0A	8A	0	○	○	○	○	×	○	○	○	○	○
11	直流制动动作时间	0B	8B	0	○	○	○	○	×	○	○	○	○	○
12	直流制动动作电压	0C	8C	0	○	○	×	×	×	○	○	○	○	○
13	启动频率	0D	8D	0	○	○	○	○	×	○	○	○	○	○
14	适用负载选择	0E	8E	0	○	×	×	×	×	×	×	○	○	○
15	点动频率	0F	8F	0	○	○	○	○	×	○	○	○	○	○
16	点动加减速时间	10	90	0	○	○	○	○	×	○	○	○	○	○
17	MRS输入选择	11	91	0	○	○	○	○	○	○	○	○	○	○
18	高速上限频率	12	92	0	○	○	×	×	×	×	×	○	○	○
19	基准频率电压	13	93	0	○	×	×	×	×	×	×	○	○	○
20	加减速基准频率	14	94	0	○	○	○	○	△	○	○	○	○	○
21	加减速时间单位	15	95	0	○	○	○	○	△	○	○	○	○	○
22	失速防止动作水平（转矩限制水平）	16	96	0	○	○	○	×	○	○	×	○	○	○
23	倍速时失速防止动作水平补偿系数	17	97	0	○	○	×	×	×	×	×	○	○	○

图 5–47　变频器监控参数表

实例：如需要监控参数 9【电子过电流保护】读取命令代码为：09. 如果需要对第一台站号为 1 的变频器读写 9 号参数，程序如图 5–48 所示。

【习题作业】

一、填空题

1. 操作面板包括键盘、显示屏等，三菱 EA700 系列变频器的操作面板，如图 5–49 所示。

（1）数码显示屏可以显示________位数字量或简单的英文字母。其显示的数据类型可分为以下三大类：________；________；________。

（2）在图 5–49 中，分别标出各按键功能。

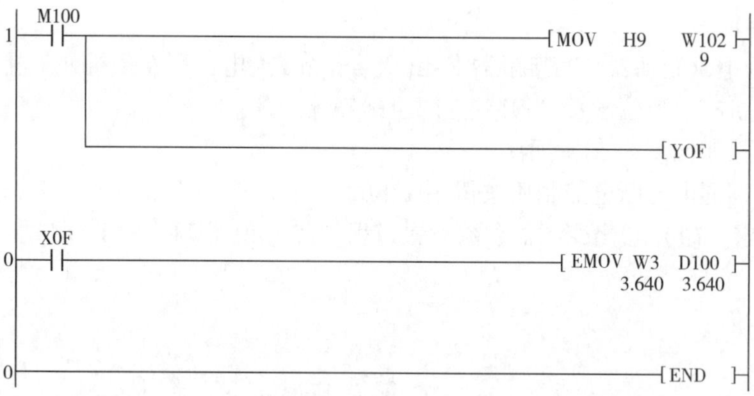

图 5-48　参考程序

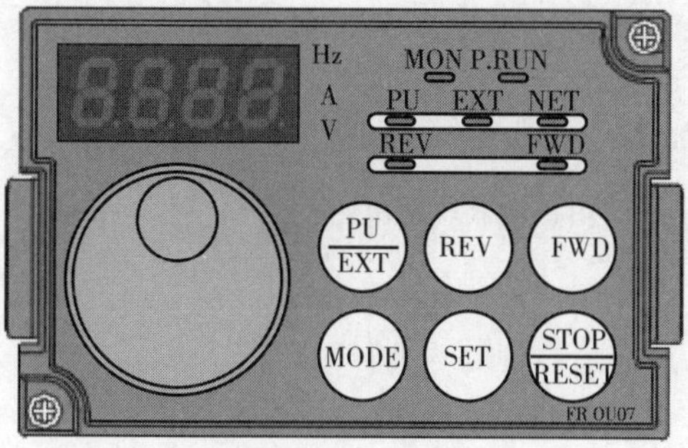

图 5-49　变频器面板

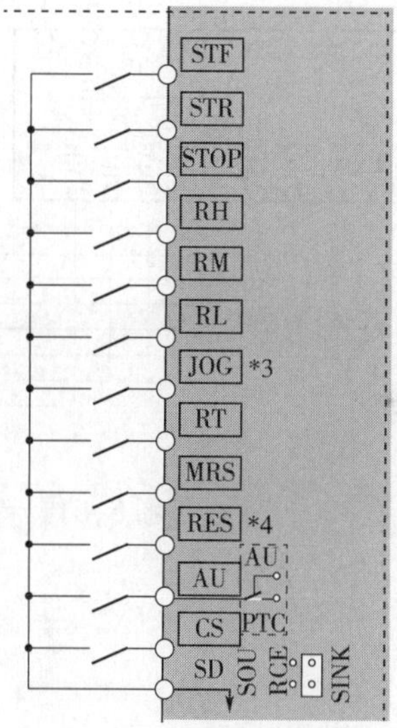

图 5-50　变频器外部端子

2. 三菱 A700 变频器的外端子，如图 5-50 所示。

（1）该部分端子为变频器＿＿＿＿＿＿＿端子。

（2）端子 STF 功能为＿＿＿＿＿；端子 STR 功能为＿＿＿＿＿。

（3）端子 RH/RM/RL 功能为＿＿＿＿＿。

（4）端子 STOP 功能为＿＿＿＿＿；端子 MRS 功能为＿＿＿＿＿；他们之间的区别是＿＿＿＿＿＿＿＿＿＿。

二、综合题

卷扬机变频-PLC 控制系统电路控制要求如下：

1. 卷扬机升降各有三个高中低转速控制，高速频率为 50Hz、中速频率为 30Hz、低速频率为 10Hz；

2. MB 为电磁制动器，当接触器 KMB 吸合，MB 通电，则卷扬机处于制动状态；

3. 卷扬机有上限位 SQ，当升到上限位则停止上升；

4. 控制按钮如图 5-51 所示；

5. 变频器通电与断电控制用按钮 SB1/SB2。

设计要求：(1) 写出变频器参数设置过程；(2) 说明 PLC 的 I/O 扣配置；(3) 完成程序编制。

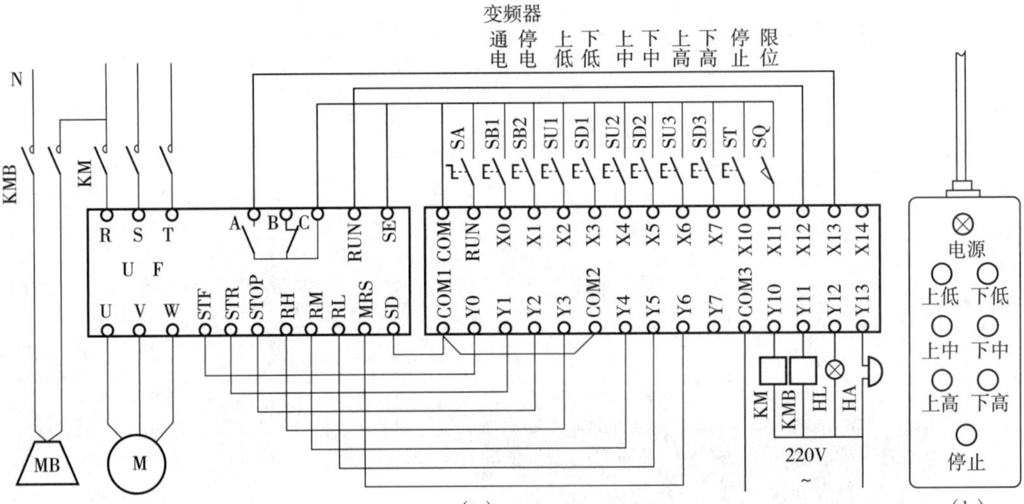

(a) (b)

图 5-51 卷扬机变频-PLC 控制系统电路

PROJECTS

项目六
三轴直角坐标机械手伺服运动控制

【学习目标】

1. 了解伺服放大器的控制模式；
2. 了解伺服放大器的标准规格；
3. 掌握伺服放大器的接线；
4. 掌握伺服放大器的内部参数设置；
5. 了解 QD75 系列定位模块型号；
6. 熟悉 QD75 定位模块的功能与特点；
7. 熟悉 QD75 定位模块的工作原理；
8. 掌握 QD75 定位模块的参数和数据设置；
9. 掌握 QD75 定位模块的面板与信号连接；
10. 能够进行 QD75P4N 定位模块的三轴控制；
11. 能够进行 QD75P4N 定位模块的插补控制；
12. 在设备调试中领悟职业精神、工匠精神。

伺服控制基础

配套课件　　教学视频

任务一　伺服运动控制系统介绍

将物体移动到规定的位置，或者跟踪一个运动的目标时，经常能听到“伺服”这个词。“伺服（Servo）机构”一词的词源据说来自拉丁语中的“Servus”，即“奴隶”的意思。表示完全按照指令行动而构建的控制系统。利用伺服机构可进行位置、速度、转矩的单项控制及组合控制。

伺服机构被定义为“以物体的位置、方向、速度等为控制量，组成能跟踪目标的任意变化的控制系统”。伺服机构大致由以下三部分组成：①指令部：发出动作的指令信号；②控制部：使电机按照指令运行；③驱动、检测部：驱动控制对象，对其运行状态进行检测；伺服机构组成如图 6-1 所示。伺服机构在由指令部输入目标值（位置、速度等）时，就能检测当前值（位置、速度等），并与目标值相比较，经常进行着使其差值变小的控制。

构成伺服机构的元件称为伺服元件。由驱动放大器（AC 伺服放大器）、驱动电机（AC 伺服驱动电机）和检测器组成。伺服系统的最大特点是“比较指令值与当前值，为了缩小该误差”进行反馈控制。反馈控制中，确认机械（控制对象）是否忠实地按照指令进行跟踪，有误差（偏差）时改变控制内容，并将这一过程进行反复控制，以到达目标。由于该控制流程是：误差→当前值→误差，形成一个闭合的环，因此也称为闭环（CLOSEDLOOP）；反之，无反馈的方式，则称为开环（OPENLOOP）。

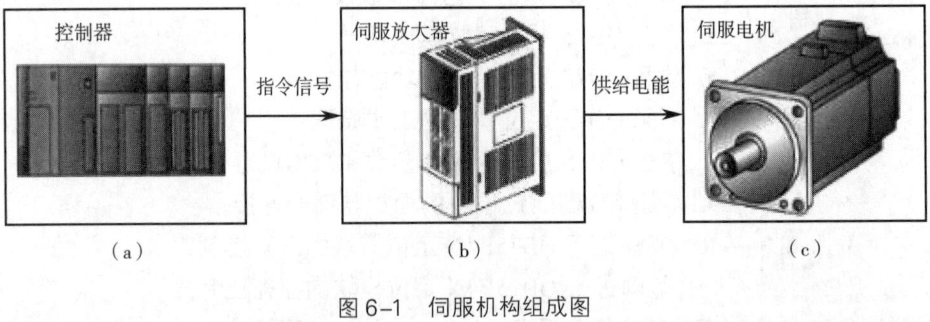

（a）　　（b）　　（c）

图 6-1　伺服机构组成图

（a）指令部　（b）控制部　（c）驱动，检测部由于具有通用性，伺服机构的应用领域非常广泛，如计算机的 DVD 驱动器、HD 驱动器、复印机的送纸机构、数码摄像机的录像带传送机构、机器人等，从与生活密切相关的领域到飞机的控制机构、天文望远镜的驱动机构等伺服机构无处不在，如图 6-2 所示中列举了三种典型的伺服应用案例。

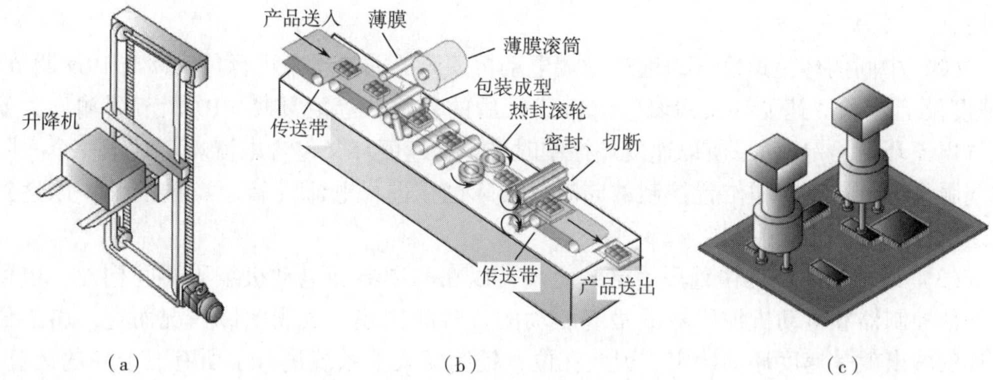

图 6-2　伺服的应用
(a) 搬运机构　(b) 包装机流水线　(c) 电子零件装配机

图 6-2（a）搬运机构中由于导入了伺服机构，可提高机械速度、从而提高生产效率。可在指定位置正确停止。采用带电磁制动器的伺服电机，可防止停电时货物下降；图 6-2（b）用薄膜卫生且正确地包装食品时，也用到伺服机构。使用卷筒形状的薄膜，根据各种食品的大小进行包装后，切割成正确的尺寸并分离薄膜是技术的关键；图 6-2（c）中将电子零件（IC 芯片、电阻、电容器等）安装在印刷电路板上，要求正确的定位和高速性能。

伺服系统的发展经历了从液压、气动到电气的过程，而电气伺服系统包括伺服电机、反馈装置和控制器。一般情况下交流伺服控制系统是包含三个闭环负反馈组成的 PID 调节器，从内到外依次是电流环、速度环、位置环，其示意图如图 6-3 所示。

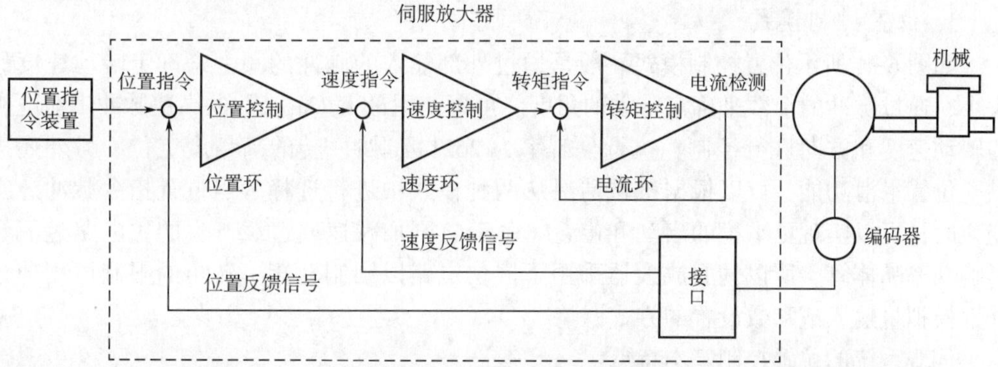

图 6-3　伺服控制系统框图

（1）最里面的环是电流环。这个环路完全在伺服驱动器内部，通过霍尔装置检测驱动器和电动机的各相输出电流，负反馈给电流控制器，进行 PID 调节，从而达到输出电流尽量接近设定电流。速度环 PID 调节后的输出，就是电流环的给定值，电流环的这个给定值和电流环的反馈值进行比较后的差值在电流环内做 PID 调节后输出给电机。电流环就是控制电动机的转矩，所以在转矩模式下驱动器的运算最少，动态响应最快。

（2）中间的环是速度环。通过检测电动机编码器的信号来进行负反馈与 PID 调节。“速度设定”和“速度环反馈值”进行比较后的差值在速度环做 PID 调节后输出，就是“电流环的给定值”，所以速度环控制时既包含速度环又包含电流环。对于一个实际的伺服系统，在速度和位置控制的同时，实际也在进行电流（转矩）的控制，以达到对速度和位置的相应控制。

（3）最外面的环是位置环。这个闭环可以在驱动器和电动机编码器间构建，也可在外部控制器和电动机编码器或最终驱动的负载间构建，要视实际情况而定。由于位置环的输出就是速度环的给定，因此在位置控制模式下系统进行了所有三个环的运算，此时系统运算量最大，动态响应最慢。外部脉冲经过平滑滤波处理和电子齿轮计算后作为“位置环的设定”，该设定值和来自编码器反馈的脉冲信号经过偏差计数器计算后的数值，再经过位置环 PID 调节后的输出，就构成了的速度环给定值。

一、伺服放大器的控制模式

伺服放大器又称为伺服驱动器，是一种控制伺服电机的装置。它的作用就好像普通交流电机中的变频器，是伺服系统的一个重要组成部分，主要实现高精度定位。

三菱 MR-J4 伺服放大器具有位置控制、速度控制和转矩控制三种控制模式，还可以选择位置/速度切换控制，速度/转矩切换控制和转矩/位置切换控制。本伺服放大器不但可以用于机床和普通工业机械的高精度定位和平滑的速度控制，还可以用于线控制和张力控制等，应用范围十分广泛。此外，该系列产品具有 USB 和 RS-422 串行通信功能，可以使用装有伺服设置软件的个人计算机，进行参数的设定、试运行、状态显示的监控和增益调整等。

1. 位置控制模式

如图 6-4 所示位置控制模式一般是通过外部输入的脉冲的频率来确定转动速度的大小，通过脉冲的个数来确定转动的角度。可以使用最大 1Mpps* 的高速脉冲串对电机的转动速度和方向进行控制，执行分辨率为 262144 脉冲/转的高精度定位。另外还提供了位置平滑功能，可以根据机械情况从两种模式中进行选择。当位置指令脉冲急剧变化时，可以实现更平稳的启动和停止。由于急剧加减速或过载产生的主电路过流会影响功率晶体管，所以伺服放大器采用了嵌位电路以限制转矩。转矩的限制可用通过外部模拟量输入或参数设置的方式调整。

伺服系统的位置控制基本特点：

* Mpps 表示每秒兆脉冲数。

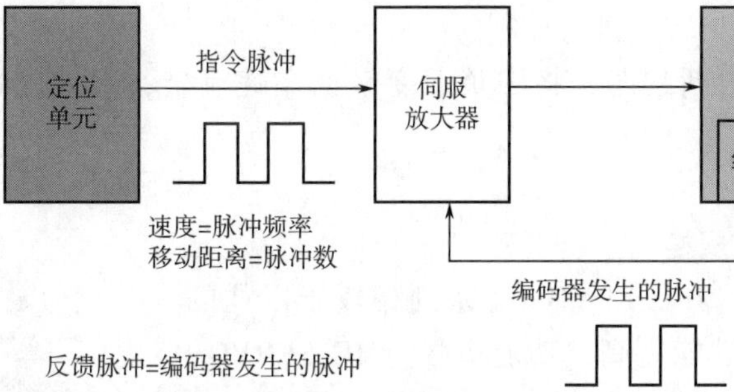

图 6-4　伺服位置控制模式

① 机械的移动量与指令脉冲的总数成正比。

② 机械的速度与指令脉冲串的速度（脉冲频率）成正比。

③ 最终在±1 个脉冲的范围内定位即完成，此后只要不改变位置指令，则始终保持在该位置。

2. 速度控制模式

如图 6-5 所示通过外部模拟速度指令（DC 0~±10V）或参数设置的内部速度指令（最大 7 速），可对伺服电机的速度和方向进行高精度的平稳控制。另外，还具有用于速度指令的加/减速时间常数设定功能、停止时的伺服锁定功能和用于外部模拟量速度指令的偏置自动调整功能。

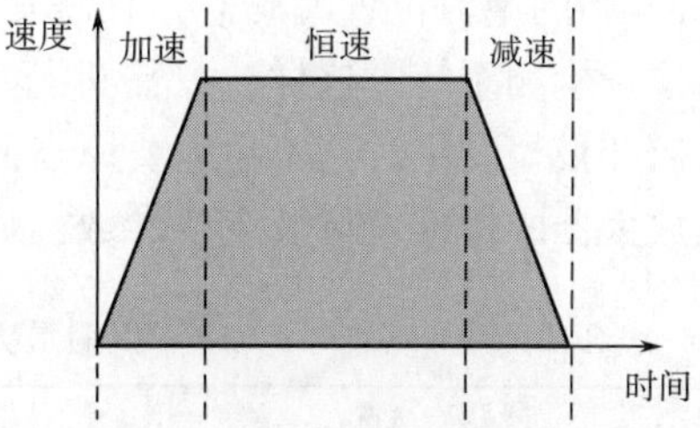

图 6-5　伺服速度控制模式

伺服系统的速度控制基本特点：

可实现“精细、速度范围宽、速度波动小”的运行。

① 软启动、软停止功能。

② 速度控制范围宽。

可进行从微速到高速的宽范围的速度控制［1：（1000~5000）］，速度控制范围内为恒转矩特性。

③ 速度变化率小。即使负载有变化，也可进行小速度波动的运行。

3. 转矩控制模式

如图 6-6 所示通过外部模拟量转矩输入指令（DC 0~±8V）或参数设置的内部转矩指令可以控制伺服电机的输出转矩。具有速度限制功能（外部或内部设定），可以防止无负载时电机速度过高，本功能可用于张力控制等场合。

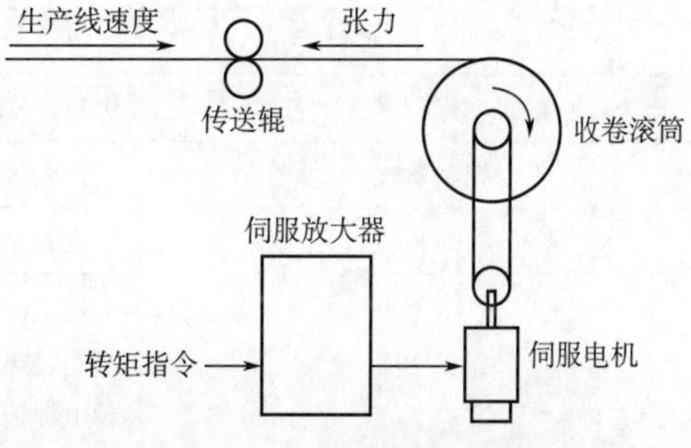

图 6-6　伺服转矩控制模式

伺服系统的转矩控制基本特点：

转矩控制就是通过控制伺服电机的电流，以达到输出目标转矩的控制。

① 进行恒定的张力控制时，由于负载转矩会因收卷滚筒半径的增大而增加，因此，需据此对伺服电机的输出转矩进行控制。

② 卷绕过程中材料断裂时，将因负载变轻而高速旋转，因此，必须设定速度限制值。

二、伺服放大器的标准规格

三菱通用 AC 伺服 MELSERVO-J4 系列相较于以往的 MELSERVO-J3 系列，性能更高，功能更强。MELSERVO-J4 系列对应的旋转型伺服电机采用的是 22 位（4194304Pluse/rev）高分辨率绝对位置编码器。此外，速度频率响应性达到 2. 5kHz 的高速化。因此，与 MELSERVO-J3 相比，可以进行更高速更高精度的控制，外形如图 6-7 所示。

图 6-7　MR-J4 驱动器外形图

MELSERVO-J4 系列伺服电机采用了分辨率为 262144 脉冲/转的绝对位置编码器，只需安装电池，就可以构成绝对位置检测系统。这样，只需进行一次原点设定，在电源开启和报警发生时就不再需要原点回归。MR-J4-A 系列伺服放大器的标准规格及主要参数，如表 6-1 所示。

表 6-1　　伺服放大器的标准规格及主要参数

项目		10A	20A	40A	60A	70A	100A	200A	350A	500A	700A
主电路电源	电压（范围）/V	三相 AC 200~230（AC 170~253）或单相 AC 230（AC 207~253）					三相 AC 200~230（AC 170~253）				
	频率（范围）/Hz	50/60（±5%以内）									
	电源容量/kVA	0. 3	0. 5	0. 9	1. 0	1. 3	1. 7	3. 5	5. 5	7. 5	10. 0
控制电路电源	电压（范围）/V	单相 AC 230（AC 207~253）									
	频率（范围）/Hz	50/60（±5%以内）									
	输入功率/W	30								45	
接口用电源	电压/V	DC 24±10%									
	电源容量/mA	300 以上									
额定输出功率/kW		0. 1	0. 2	0. 4	0. 6	0. 75	1	2	3. 5	5	7
控制系统		正弦波 PWM 控制，电流控制方式									
动态制动		内置									
保护功能		过电流切断，再生过电压切断，过载切断（电热继电器），伺服马达过热保护，编码器异常保护，再生异常保护，电压不足、瞬间掉电保护，超速保护，误差过大保护									

续表

<table>
<tr><th colspan="3">项目</th><th>10A</th><th>20A</th><th>40A</th><th>60A</th><th>70A</th><th>100A</th><th>200A</th><th>350A</th><th>500A</th><th>700A</th></tr>
<tr><td rowspan="5">位置控制模式</td><td colspan="2">最大输入脉冲频率</td><td colspan="10">1Mpps（差动接收器时），200kpps（集电极开路时）</td></tr>
<tr><td colspan="2">指令脉冲放大倍数（电子齿轮）</td><td colspan="10">电子齿轮 A/B 倍 A：1～1048576　B：1～1048576　1/10<A/B<2000</td></tr>
<tr><td colspan="2">定位完成范围设定</td><td colspan="10">0～±10000pulse（指令脉冲单位）</td></tr>
<tr><td colspan="2">误差范围</td><td colspan="10">±3 转</td></tr>
<tr><td colspan="2">转矩限制</td><td colspan="10">由参数设定或外部模拟输入（DC 0～+10V/最大转矩）</td></tr>
<tr><td rowspan="4">速度控制模式</td><td colspan="2">速度控制范围</td><td colspan="10">模拟速度指令 1∶2000，内部速度指令 1∶5000</td></tr>
<tr><td colspan="2">模拟速度指令输入</td><td colspan="10">DC 0～±10V/额定速度</td></tr>
<tr><td colspan="2">速度波动</td><td colspan="10">±0.01%以下（负载变化 0～100%）
0%（电源变化±10%）
±0.2%以下（环温度 25℃±10℃）　仅用于外部速度设置时</td></tr>
<tr><td colspan="2">转矩限制</td><td colspan="10">由参数设定或外部模拟输入（DC 0～+10V/最大转矩）</td></tr>
<tr><td rowspan="2">转矩控制模式</td><td colspan="2">模拟转矩指令输入</td><td colspan="10">DC 0～±8V/最大转矩（输入阻抗 10～12kΩ）</td></tr>
<tr><td colspan="2">速度限制</td><td colspan="10">由参数设定或外部模拟输入（DC 0～±10V/额定速度）</td></tr>
<tr><td rowspan="7">环境</td><td rowspan="2">环境温度</td><td>运行</td><td colspan="10">0～+55℃（不冻结）</td></tr>
<tr><td>保存</td><td colspan="10">-20～+65℃（不冻结）</td></tr>
<tr><td rowspan="2">环境湿度</td><td>运行</td><td colspan="10" rowspan="2">RH90%以下（不凝结）</td></tr>
<tr><td>保存</td></tr>
<tr><td colspan="2">空气条件</td><td colspan="10">室内（无阳光直射）、无腐蚀性气体，可燃气体，油雾，灰尘的地方</td></tr>
<tr><td colspan="2">海拔</td><td colspan="10">海拔 1000m 以下</td></tr>
<tr><td colspan="2">振动</td><td colspan="10">5.9m/s² 以下</td></tr>
<tr><td colspan="3">质量/kg</td><td>0.8</td><td>0.8</td><td>1.0</td><td>1.0</td><td>1.4</td><td>1.4</td><td>2.3</td><td>2.3</td><td>4.6</td><td>6.2</td></tr>
</table>

使用时，伺服放大器的规格必须和伺服电机的型号规格相匹配，如表 6-2 所示。

表 6-2　　伺服放大器与伺服电机配合表

伺服放大器	伺服电机			
	HG-MR 系列	HG-KR 系列	HG-SR 系列	HG-JR 系列
MR-J4-10A	HG-MR053	HG-KR053		
MR-J4-20A	HG-MR23	HG-KR23		
MR-J4-40A	HG-MR43	HG-KR43		
MR-J4-60A			HG-SR51，HG-SR52	HG-JR534
MR-J4-70A	HG-MR73	HG-KR73		

续表

伺服放大器	伺服电机			
	HG-MR 系列	HG-KR 系列	HG-SR 系列	HG-JR 系列
MR-J4-100A			HG-SR81，HG-SR102	HG-JR734，HG-JR1034
MR-J4-200A			HG-SR121，HG-SR201，HG-SR152，HG-SR202	HG-JR1534，HG-JR2034
MR-J4-350A			HG-SR301，HG-SR352	HG-JR3534
MR-J4-500A			HG-SR421，HG-SR502	HG-JR5034
MR-J4-700A			HG-SR702	HG-JR7034，HG-JR701M4
MR-J4-11KA				HG-JR903，HG-JR11K1M HG-JR801，HG-JR12K1
MR-J4-15KA				HG-JR15K1M，HG-JR15K1
MR-J4-22KA				HG-JR22K1M，HG-JR20K1 HG-JR25K1

（一）伺服驱动器介绍

三菱 MR-J4 系列伺服驱动器型号构成，如图 6-8 所示。

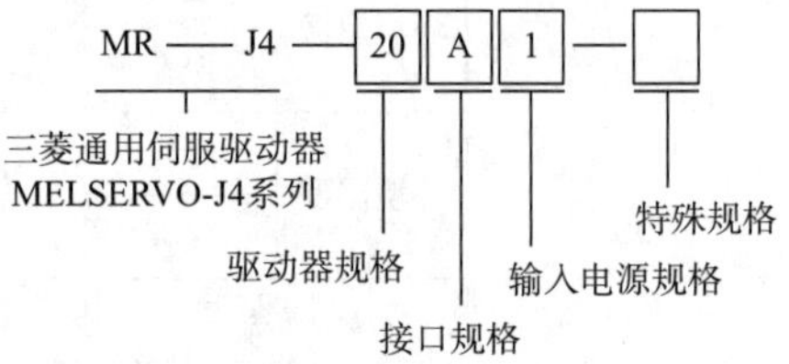

图 6-8　MR-J4 系列伺服驱动器型号构成图

1. 驱动器规格

驱动器规格数字代表最大可控制的伺服电机功率，单位为 0.01kW。例如，数字“20”表示 20×0.01kW＝0.2kW，即最大可控制伺服电机功率为 0.2kW。当功率大于 0.1kW 时，以字母 K 表示其单位为 1kW，例如“11K”表示最大可控制伺服电机功率为 11kW。

MR-J4 系列伺服驱动器规格，如表 6-3 所示。

表 6-3　MR-J4 系列伺服驱动器规格

符号	10	20	40	60	70	100	200	350	500	700	11K	15K	22K
额定输出/kW	0.1	0.2	0.4	0.6	0.75	1	2	3.5	5	7	11	15	22

2. 接口规格

接口规格指 MR-J4 系列伺服驱动器接收控制器的控制信号方式，有 A、B、GF、TM 四种规格。

（1）通用接口 A。A 表示此伺服驱动器是通用接口，在进行位置控制模式时是通过外界脉冲、方向等信号进行控制的，对应上位机可以是 PLC、运动控制卡等能发出脉冲的控制器，品牌也不局限于三菱的控制器，只要是有能发出脉冲功能的就可以。

（2）SSCNET 总线方式 B。B 表示此伺服驱动器为通信接口，对应是光纤通信，为三菱专用的 SSCNET 总线协议，此型号伺服要求上位的控制器也拥有对应的通信接口，所以此型号的伺服要用三菱带有此接口功能的控制器，如三菱的 Q 系列 PLC 中的定位模块 QD75MH，或是三菱运动 CPU：Q172HCPU、Q173HCPU 等。

（3）CCLINKIEField 方式 GF。GF 表示伺服驱动器使用 CCLINKIEField 网络通信方式，如 MR-J4-10GF、MR-J4-20GF 等，须搭配 RD77GF/QD77GF 使用，物理连接介质为网线。同步控制，对于复杂的应用程序来说，是一种易于编程的解决方案。结合 CC-LinkIE 字段兼容的 MR-J4-GF-RJ 伺服系统，其优越的速度和性能使其成为广泛应用的伟大产品。该解决方案还提供了极佳的灵活性，减少了布线，提高了抗噪声功能，并易于编程。

（4）EtherCAT 方式 TM。TM 表示伺服驱动器使用 EtherCAT 总线协议，如 MR-J4-10TM、MR-J4-20TM 等，基于 EtherCAT（COE）的 CAN 应用协议-标准 IEC61158 类型 12CANEtherCAT（COE）和 IEC61800-7 CiA 402 驱动器配置文件上的应用协议提供了与普通控制器的良好兼容性和易于系统集成，使用该网络时，需要单独购买 EtherCAT 选件卡 ABCC-M40-ECT（三菱型号 AB6916-C）。

3. 输入电源规格

输入电源规格指伺服驱动器输入供电电源的规格，其标识含义如表 6-4 所示。

表 6-4　输入电源规格

标识	电源规格
无	三相或单相 AC 200V～240V 单相 AC　200V～240V 仅适用于 MR-J4-70A 以下的伺服驱动器
1	单相 AC 100V～120V 仅适用于 MR-J4-40A 以下的伺服驱动器
4	三相 AC 380V～480V 仅适用于 MR-J4-60A 以上的伺服驱动器

4. 特殊规格

特殊规格是指具有特殊功能规格的伺服驱动器，其标识以及对应的特殊功能如表 6-5 所示。

表 6-5　特殊功能规格

符号	特殊规格
无	标准品
-RJ	支持全闭环控制 4 线式/机械侧编码器 ABZ 相输入
-ED	去除了 MR-J4-_ A_ 的动态制动器
-RU	去除了 MR-J4-_ A_ -RJ 的动态制动器
-PX	无 MR-J4-_ A_ 的再生电阻器

续表

符号	特殊规格
-RZ	无 MR-J4-_ A_ -RJ 的再生电阻器
-EB	MR-J4-_ A_ 的特殊涂层规格品（3C2）
-KS	MR-J4-_ A_ -RJ 的特殊涂层规格品（3C2）

（二）伺服电机介绍

伺服驱动器的控制方式是带编码器反馈的半闭环矢量控制方式。矢量控制方式要求驱动器在软件设计时必须考虑所驱动的伺服电动机的基本参数和运行参数，这就决定了伺服驱动器不能像变频器那样可以随意驱动小于自己功率的任意品牌电动机，而是一对一方式驱动同等功率（最多可下浮一级）的伺服电动机。在实际应用中，一般在伺服电动机选择后，都是根据同一生产商的伺服驱动器产品目录选取生产商规定的配套规格的伺服驱动器。

与三菱 MR-J4 伺服驱动器配套的伺服电动机根据用途可分为小惯量系列（HG-MR、HG-KR）、中惯量系列（HG-RR、HG-JR）和中大惯量系列（HG-SR、HG-UR）三大类。下面以 HG-KR 伺服电机为例，对其型号构成进行说明，如图 6-9 所示。

HG-K R 1 3 B J G 1 D W 0 C

系列名	特点
HG-MR	超低惯性·小容量
HG-KR	低惯性·小容量

额定输出

符号	额定输出[kW]
05	0.05
1	0.1
2	0.2
4	0.4
7	0.75

额定转速
3000[r/min]

电磁制动器

符号	电磁制动器
无	无
B	有

油封

符号	油封
无	无
（注2）J	有

特殊规格

符号	特殊规格
无	标准品
（注3）WOC	功能安全对应伺服电机

轴类型

符号	轴形状	HG-MR_ HG-KR_
无	标准（直线轴）	053~73
（注1）K	键槽轴（带键）	23~73
（注1）D	D切割轴	053·13

减速机

符号	减速机
无	无
G1	一般产业机械对应（法兰安装）
G5	高精度法兰安装法兰输出型
G7	高精度法兰安装轴输出型

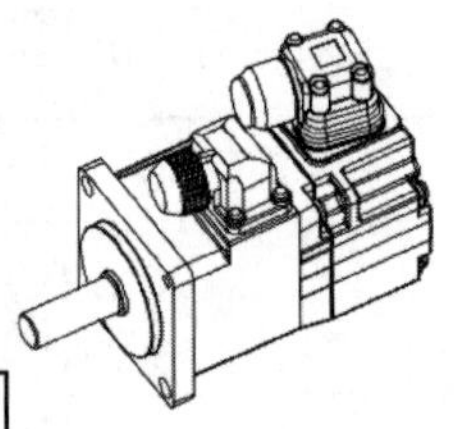

图 6-9　HG-KR 系列伺服电机型号

伺服驱动器与伺服电机使用时需要配套，如不配套会发生电机配合异常报警，驱动器上显示 AL. 1A 的报警代码。伺服驱动器和伺服电机配套，如表 6-2 所示。

三、伺服放大器的接线

（一）端口说明与连接

MR-J4 伺服驱动器的端口面板各部分构成，如图 6-10 所示。由操作显示面板、主电路端口、控制信号端口和通信端口等组成。

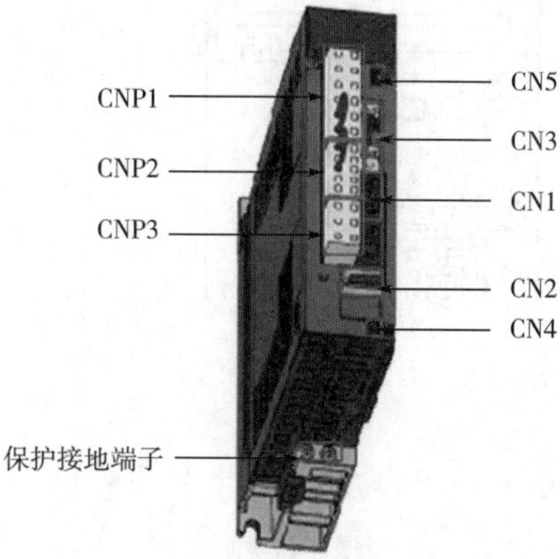

图 6-10　伺服放大器前面板卸下后的结构示意图

1. 主电路端口

主电路端口由 CNP1、CNP2、CNP3 端口组成。

① CNP1：三相电源接入端及电动机接入端口。

② CNP2：控制电路电源端口及再生电阻接入端口。

③ CNP3：输出三相变频电压端口。

2. 控制信号端口

控制信号端口主要是 CN1 端口。CN1：这是一个 50 针的连接器，为驱动器的各种开关量输入/输出信号、定位控制器等信号的接口。

3. 通信端口

通信端口由 CN3、CN5 组成。

① CN3 为 RS-422 接口标准通信端口，可连接外部输入/输出通信设备。

② CN5 为 USB 接口通信端口，可连接电脑。

4. 其他

① CN2 为伺服电机编码器连接接头端口。

② CN4 为绝对位置数据保存用电池接口。

（二）外部结构示意图

下面以 MR-J4-100A 以下规格的伺服放大器为例，来介绍伺服放大器的外部结构。伺服放大器前面板卸下后，其中 LED 数码显示器和操作按钮的安排，如图 6-11 所示。

（三）伺服放大器与外部设备的连接

日本的电压等级和我国不同，有三相 AC 200~240V（线电压）、单相 AC 200V 和单相 100~120V 等电压等级。其中，规格为 MR-J4-10A~MR-J4-70A 的伺服放大器，可以使用三相 AC 200~240V（线电压）和单相 AC 200V 电压等级，在我国只能选用单相 AC 200V 电压等级的伺服放大器；而规格为 MR-J4-100A~MR-J4-700A 的伺服放大器，由于使用三相 AC 200~240V（线电压）电压，而不能在我国使用。伺服放大器和单相 AC 200V 电源、个人计算机、中继端子台、伺服电机等外部设备的连接示意图，如图 6-12 所示。CN1 端口主要接定位模块，CN2 端口连接伺服电机的编码器；CN3 是 RS-422 数据通信接口，CN5 是 USB 接口，利用这两个端口可以个人计算机（PC）连

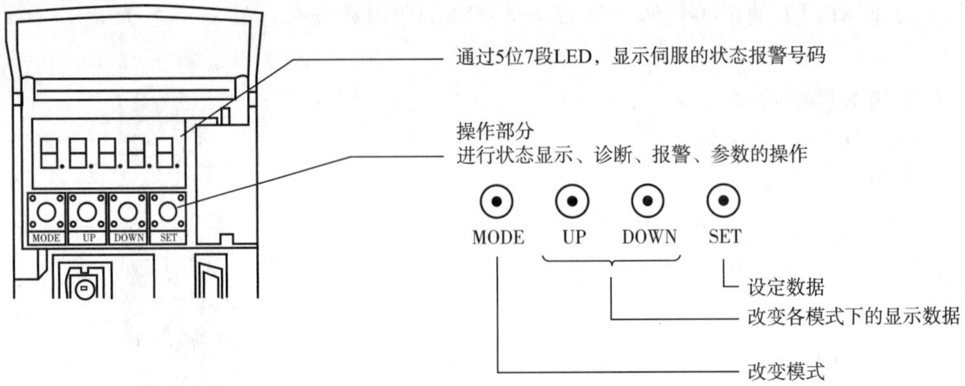

图 6-11　伺服放大器的显示操作面板

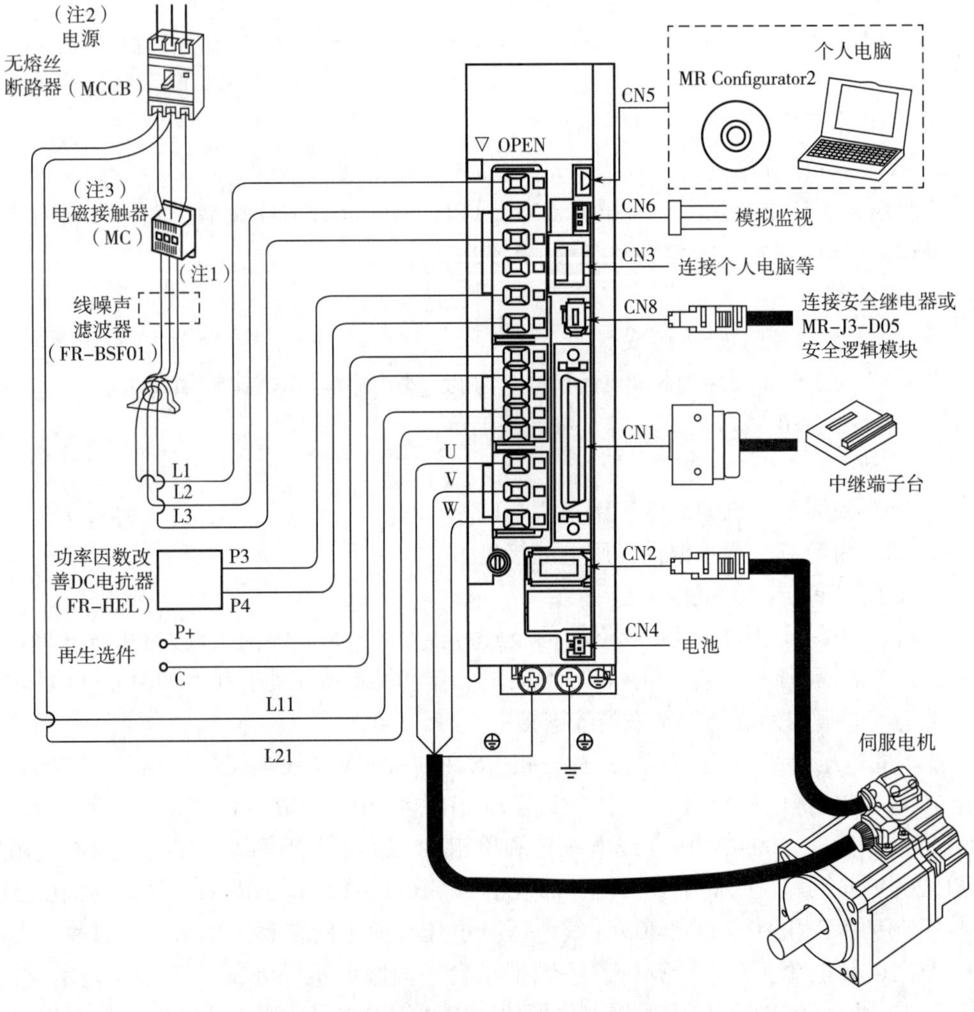

图 6-12　伺服放大器与外部设备连接示意图

接；CN4 是电源电池接口，当伺服系统是绝对系统时，电池安装在机体中，当伺服系统是增量式系统时则不需要。CN6 是模拟监控输出端口。L1 和 L3 为输入电源，L11 和 L21 为控制电路电源，U、V、W 为伺服电机的动力线。使用伺服放大器内置再生电阻时，请连接 P 端子和 C 端子（出厂时已接好）。使用再生选件时，务必卸下 P 端子和 C 端子的连线，将再生制动选件连接到 P 端子和 C 端子之间。对于规格为 MR-J4-10A～MR-J4-70A 的伺服放大器，使用单相 200V 电源时，请参照图 6-13 进行电源和主电路接线，这样可以在检测到报警发生时切断电源的同时，也使伺服开启（SON）OFF。电源输入线必须使用断路器 QF 和接触器 KM。为了考虑安全，设计了启动、停止、紧急停止、故障停止电路。

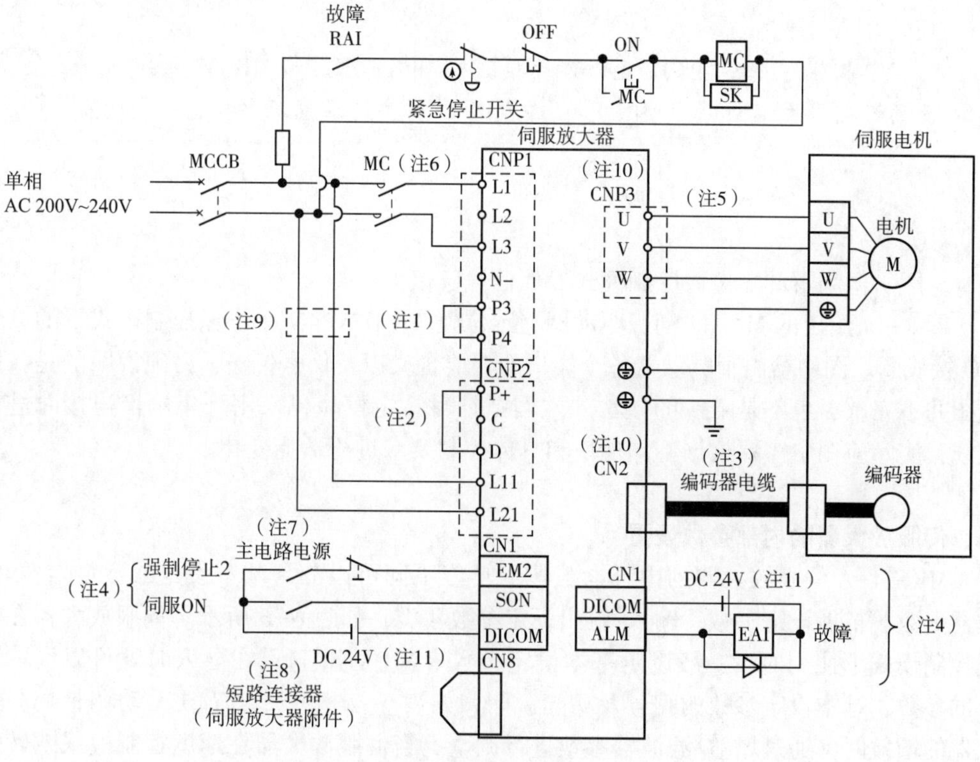

图 6-13　伺服放大器的输入电源电路

（注 1）必须连接 P1 和 P2（出厂时已经连接好）。

（注 2）必须连接 P 和 D（出厂时已经连接好）。

（注 3）伺服放大器与伺服电机的连接推荐使用选件电缆。

（注 4）图中为漏型输入/输出接口的情况。

（注 5）电缆可以选择 MR-PWS1CBL_ M-A2-L 或 MR-PWS1CBL_ M-A2-H 或 MR-PWS2CBL03M-A2-L。

（注 6）请使用动作延迟时间（从操作线圈有电流流过到触点关闭为止的时间）为 80 毫秒以下的电磁接触器。

（注 7）为了防止伺服放大器发生预料之外的再启动，请构建关闭主电路电源时 EM2 也 OFF 的电路。

（注 8）不使用 STO 功能时，请安装伺服放大器附带的短路连接器。

（注 9）用于 L11 和 L21 的电线比用于 L1 及 L2 的电线细时，请使用无熔丝断路器。

（注 10）请勿在伺服放大器 U、V、W 及 CN2 上连接错误轴的伺服电机，否则会导致故障。

（注 11）为了方便起见，将输入信号用与输出信号用的 DC 24V 电源分别记载，也可以由 1 台电源构成。

技术小贴士：

单相 AC 200V~240V 电源请连接到 L1 和 L3 上。与 MR-J3 系列伺服放大器的连接位置不同。将 MR-J3 换成 MR-J4 时，请注意不要弄错接线位置。

（四）伺服驱动器位置控制模式 I/O 信号连接

图 6-14 给出的 MR-J4 伺服驱动器与定位模块 QD75P4N 在位置控制模式下的典型 I/O 接线图。图中给出了驱动器各个端口的功能含义以及信号传送，必须说明的是，接线图并不完整，也不是唯一的接法，本例是针对特定模块，采用开集电极连接时进行接线，实际应用中需要根据不同模块和具体控制要求进行适当变化。

四、伺服放大器的内部参数设置

MR-J4-A 伺服放大器的内部参数按照功能不同可以分为基本设定参数、增益/滤波器参数、扩展设定参数、输入/输出设定参数 4 类，如表 6-6 所示。伺服放大器在位置控制模式下使用时，一般设定基本设定参数（№PA□□），在导入时就可以设定基本的参数，基本设定参数的编号及功能说明，如表 6-7 所示。当需要手动调整伺服放大器的增益时，通过增益/滤波器参数进行调整。当伺服放大器在速度控制模式或转矩控制模式时，主要通过扩展设定参数进行设定。当需要变更伺服放大器的输入/输出信号时，通过输入/输出设定参数进行设定。

表 6-6　　MR-J4-A 系列伺服放大器内部参数的分类

参数组	主要内容
基本设定参数（№PA□□）	伺服放大器在位置控制模式下使用时，通过此参数进行基本设定
增益、滤波器参数（№PB□□）	当需要手动调整增益时，使用此参数
扩展设定参数（№PC□□）	伺服放大器在速度控制模式、转矩控制模式下使用时，主要使用此参数
输入/输出设定参数（№PD□□）	变更伺服放大器的输入/输出信号时使用此参数

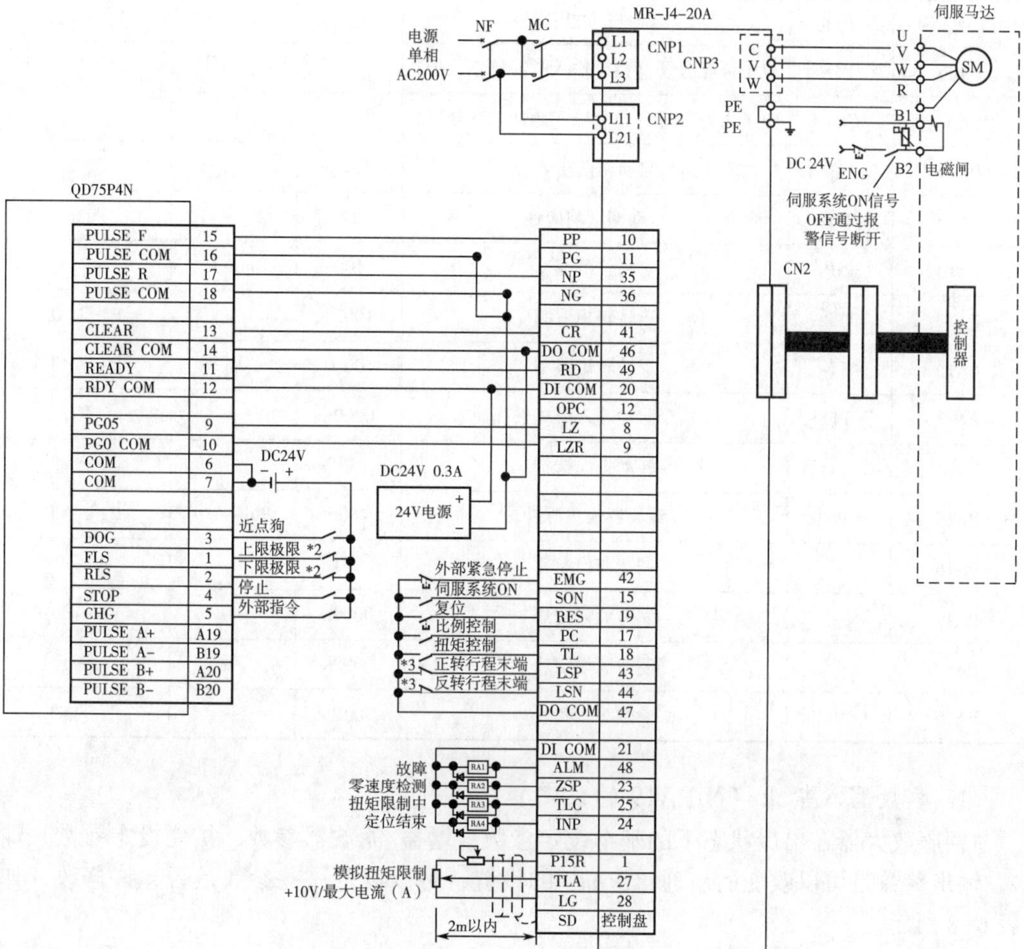

图 6-14　MR-J4 与定位模块 QD75P4N 信号连接图

在表 6-7 中，若在简称之前标有 * 标记，则进行参数设定后，需要将电源关闭（OFF），再次接通电源（ON）后才能使该设定参数有效。在所列表中“控制模式”一列：P 代表位置控制模式；S 代表速度控制模式；T 代表转矩控制模式。

表 6-7　　MR-J4-A 系列伺服放大器基本设定参数表

参数号（№）	简称	名称与功能说明	初始值	单位	控制模式
PA01	* STY	控制模式	0000h	—	P、S、T
PA02	* REG	再生选件	0000h	—	P、S、T
PA03	* ABS	绝对位置检测系统	0000h	—	P
PA04	* AOP1	功能选择 A-1	0000h	—	P、S、T
PA05	* FBP	伺服电机旋转一周所需的指令脉冲数	0	—	P

续表

参数号（№）	简称	名称与功能说明	初始值	单位	控制模式
PA06	CMX	电子齿轮分子（指令输入脉冲倍率分子）	1	—	P
PA07	CDV	电子齿轮分母（指令输入脉冲倍率分母）	1	—	P
PA08	ATU	自动调谐模式	0001h	—	P、S
PA09	RSP	自动调谐响应性	12	—	P、S
PA10	INP	到位范围	100	pulse	P
PA11	TLP	正转转矩限制	100.0	%	P、S、T
PA12	TLN	反转转矩限制	100.0	%	P、S、T
PA13	*PLSS	指令脉冲输入形式选择	0000h	—	P
PA14	*POL	转动方向选择	0	—	P
PA15	*ENR	编码器输出脉冲	4000	Pulse/rev	P、S、T
PA16	—	制造商设定用	0	—	—
PA17	—	制造商设定用	0000h	—	—
PA18	—	制造商设定用	0000h	—	—
PA19	*BLK	参数写入禁止	000Bh	—	P、S、T

1. 参数写入禁止（№PA19 的设定）

伺服放大器在出厂状态下的基本设定参数、增益/滤波器参数、扩展设定参数、输入/输出参数是可以改变的。通过 PA19 的设置，可以设定这些参数是否允许修改，如表 6-8 所示。

表 6-8　PA19 设定值决定参数是否允许修改情况表

PA19 设定值	设定参数操作	基本设定参数	增益/滤波器参数	扩展设定参数	输入/输出设定参数
0000h	读出	允许	禁止	禁止	禁止
	写入	允许	禁止	禁止	禁止
000Bh（初始值）	读出	允许	允许	允许	禁止
	写入	允许	允许	允许	禁止
000Ch	读出	允许	允许	允许	允许
	写入	允许	允许	允许	允许
100Bh	读出	允许	禁止	禁止	禁止
	写入	仅参数№PA19	禁止	禁止	禁止
100Ch	读出	允许	允许	允许	允许
	写入	仅参数№PA19	禁止	禁止	禁止

2. 控制模式选择（№PA01 的设定）

当 PA01 初始值为 0000h 时，为位置控制模式；当 PA01 设置为 0001h 时，为位置/速度控制模式；当 PA01 设置为 0002h 时，为速度控制模式；当 PA01 设置为 0003h 时，为速度/转矩控制模式；当 PA01 设置为 0004h 时，为转矩控制模式；当 PA01 设置为 0005h 时，为转矩/位置控制模式。当该参数设置后，电源从 OFF→ON 后变为有效。

3. 再生选件的选择（№PA02 的设定）

使用再生选件时，设定此参数。当 PA02 初始值为 0000h 时，不使用再生制动选件；当 PA02 设定为 0001h 时，使用制动单元（FR-BU-15K 和 MR-J4-500A 配套使用；FR-BU-30K 和 MR-J4-700A 配套使用）或者电源再生转换器（FR-RC-15 和 MR-J4-500A 配套使用；FR-RC-30K 和 MR-J4-700A 配套使用）；当 PA02 设定为 0002h 时，使用 MR-RB032；当 PA02 设定为 0003h 时，使用 MR-RB12；当 PA02 设定为 0004h 时，使用 MR-RB32；当 PA02 设定为 0005h 时，使用 MR-RB30；当 PA02 设定为 0006h 时，使用 MR-RB50；当 PA02 设定为 0008h 时，使用 MR-RB31；当 PA02 设定为 0009h 时，使用 MR-RB51。如果参数设定错误，再生制动选件可能会烧坏；如果选择与伺服放大器不匹配的再生制动选件，将出现参数异常报警（AL. 37）。与伺服放大器配合的再生选件及再生功率，如表 6-9 所示。当该参数设置后，电源从 OFF→ON 后变为有效。

表 6-9　与伺服放大器配合的再生选件及再生功率

伺服放大器	再生功率/W							
	内置再生电阻	MR-RB032（40Ω）	MR-RB12（40Ω）	MR-RB30（13Ω）	MR-RB31（6.7Ω）	MR-RB32（40Ω）	MR-RB50（13Ω）	MR-RB51（6.7Ω）
MR-J4-10A	—	30	—	—	—	—	—	—
MR-J4-20A	10	30	100	—	—	—	—	—
MR-J4-40A	10	30	100	—	—	—	—	—
MR-J4-60A	10	30	100	—	—	—	—	—
MR-J4-70A	20	30	100	—	—	300	—	—
MR-J4-100A	20	30	100	—	—	300	—	—
MR-J4-200A	100	—	—	300	—	—	500	—
MR-J4-350A	100	—	—	300	—	—	500	—
MR-J4-500A	130	—	—	—	300	—	—	500
MR-J4-700A	170	—	—	—	300	—	—	500

4. 使用绝对位置检测系统（№PA03 的设定）

位置控制模式下使用绝对位置检测系统时，设定此参数。当 PA03 为初始值 0000h 时，使用增量系统；当 PA03 设定为 0001h 时，使用绝对位置系统，通过 DIO 进行 ABS 传送；当 PA03 设定为 0002h 时，使用绝对位置系统，通过通信进行 ABS 传送。当该参数设置后，电源从 OFF→ON 后变为有效。

5. 使用电磁制动器内锁（№PA04 的设定）

当 CN1-23 管脚分配为电磁制动器时，设定此参数。当 PA04 为初始值 0000h 时，通过参数№PD14 分配的输出信号；当 PA04 设定为 0001h 时，电磁制动器内锁（MBR）。当该参数设置后，电源从 OFF→ON 后变为有效。

6. 伺服电机旋转一周所需的指令输入脉冲数（№PA05 的设定）

在位置控制模式下，当 PA05 为初始值 0 时，电子齿轮（参数№PA06、№PA07）为有效。当 PA05 设定为 1000～50000 时，该值为伺服电机旋转一周所需要的指令输入脉冲数，此时电子齿轮无效。当该参数设置后，电源从 OFF→ON 后变为有效。

7. 电子齿轮（№PA06、№PA07 的设定）

在位置控制模式下，电子齿轮分子 CMX（№PA06）的初始值为 1，设定范围为 1～1048576，电子齿轮分母 CDV（№PA07）的初始值为 1，设定范围为 1～1048576，但它们的比值必须满足：

$$\frac{1}{10} < \frac{CMX}{CDV} < 2000$$

如果设定的比值超出这个范围，那么将导致加减速时发出噪声，也不能按照设定的速度或加减速时间常数运行伺服电机。电子齿轮的作用是，伺服放大器对输入的指令脉冲串可以乘上任意的倍率使伺服电机能够正常地运转。因为来自编码器反馈脉冲的频率一般远远高于指令输入脉冲的频率，所以电子齿轮具有使输入指令脉冲串频率加快（倍频）的功能。

8. 自动调谐（№PA08、№PA09 的设定）

在位置控制模式或速度控制模式下，自动调谐模式（№PA08），用于选择增益调整模式。当 PA08 设定为 0000h 时，采用插补模式进行增益调整，自动设定参数为 PB06、PB08、PB09、PB10；当 PA08 为初始值 0001h 时，采用自动调整模式 1 进行增益调整，自动设定参数为 PB06、PB07、PB08、PB09、PB10；当 PA08 设定为 0002h 时，采用自动调整模式 2 进行增益调整，自动设定参数为 PB07、PB08、PB09、PB10；当 PA08 设定为 0003h 时，采用手动模式进行增益调整。这里，PB06 为负载和伺服电机的惯量比，PB07 为模型环增益，PB08 为位置环增益，PB09 为速度环增益，PB10 为速度积分补偿。

当机械发生振动或者齿轮声音很大时，请调小自动调谐响应性（将№PA09 的设定值调小）；为提高性能，在缩短定位调整时间时应增大自动调谐响应性（将№PA09 的设定值调大）。PA09 的初始值为 12，设定范围为 1～32，分别对应机械振动频率 10.0～400.0Hz。

9. 到位范围（№PA10 的设定）

在位置控制模式下，该参数 PA10 为用电子齿轮计算前的指令脉冲单位来设置定位完成的输出范围，初始值为 100 个脉冲（当定位距离终点目标还有 100 个脉冲时，引脚 INP 将会有输出信号），设定范围 0～10000 个脉冲。

10. 转矩限制（№PA11、№PA12 的设定）

在位置控制、速度控制、转矩控制模式下，该参数可以限制伺服电机的输出转矩。如果在伺服锁定中解除转矩限制，由于对指令位置响应的位置偏差量，伺服电机可能会急速转动。如果设定了参数№PA11（正转转矩限制）或参数№PA12（反转转矩限制），在运行中一直会限制最大转矩。

当正转转矩限制（参数№PA11）设定为初始值 100%时，则伺服电机以最大转矩进行逆时针（CCW）驱动；如果将正转转矩限制（参数№PA11）设定为 0.0%，则不输出转矩。当反转转矩限制（参数№PA12）设定为初始值 100%时，则伺服电机以最大转矩进行顺时针（CW）驱动；如果将反转转矩限制（参数№PA12）设定为 0.0%，则不输出转矩。

11. 指令脉冲输入形式（参数№PA13 的设定）

在位置控制模式下，该参数用于指令脉冲输入形式的选择，可以选择负逻辑的 3 种脉冲输入形式和正逻辑的 3 种脉冲输入形式，如表 6-10 所示。

表 6-10　　参数№PA13 设定值确定的脉冲串输入形式

PA13 设定值	脉冲串形式		正转指令	反转指令
0010h	负逻辑	正转脉冲串		
		反转脉冲串		
0011h		脉冲串+符号		
0012h		A 相脉冲串		
		B 相脉冲串		
0000h（初始值）	正逻辑	正转脉冲串		
		反转脉冲串		
0001h		脉冲串+符号		
0002h		A 相脉冲串		
		B 相脉冲串		

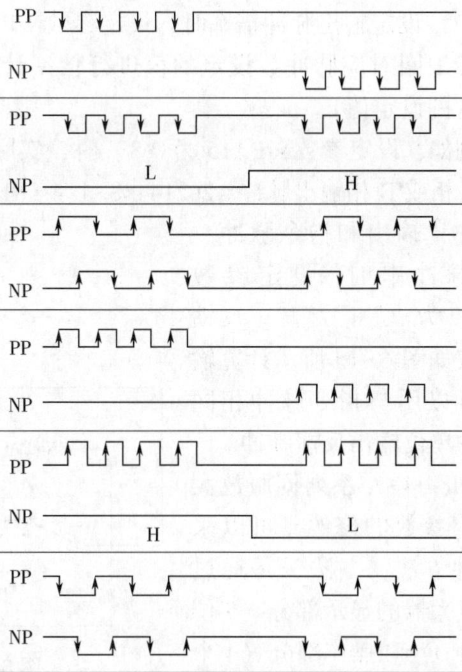

12. 伺服电机转动方向的选择（参数№PA14 的设定）

参数№PA14 的设定值（0 或 1）和输入脉冲形式（正转脉冲输入或反转脉冲输入）共同决定电机的旋转方向，如表 6-11 所示。该参数设定后，电源从 OFF→ON 后变为有效。

表 6-11　　伺服电机转动方向的选择

参数№PA14 的设定值	伺服电机转动方向	
	正转脉冲输入时	反转脉冲输入时
0	正转 CCW（逆时针）	反转 CW（顺时针）
1	反转 CW（顺时针）	正转 CCW（逆时针）

13. 编码器输出脉冲（参数№PA15 的设定）

初始值为 4000p/r，设定范围是：1～100000p/r。该参数设定后，电源从 OFF→ON 后变为有效。伺服放大器设定编码器输出脉冲（A 相/B 相脉冲），即设定 A 相/B 相脉冲乘以 4 倍以后的值。用参数№PC19 选择输出脉冲设定或输出脉冲倍率设定。实际输出的 A 相/B 相脉冲的脉冲数为设定数的 1/4。输出最大频率为 4.6Mpps（4 倍后），请在这个范围内设定。

（1）指定输出脉冲时，设定参数№PC19 为“□□0□”（初始值）。此时，PA15 用于设定伺服电机转 1 圈对应的脉冲数，输出脉冲=设定值［p/r］。

【例】参数№PA15 设定为“5600”时，实际输出的 A 相/B 相脉冲如下：

A 相/B 相输出脉冲=5600/4=1400［p/r］

（2）设定输出脉冲倍率时，设定参数№PC19 为“□□1□”。此时，按照对应伺服电机转 1 圈对应脉冲数设定的值进行倍率计算。输出脉冲=伺服电机编码器分辨率/（PA15 的设定值）［p/r］。

例如，设定参数№PA15 为“8”时，实际输出的 A 相/B 相脉冲如下：

A 相或 B 相输出脉冲=262144/8×1/4=8192［p/r］

（3）输出和指令脉冲一样的脉冲串时，设定参数№PC19 为“□□2□”。反馈脉冲按如图 6-15 所示计算输出。可以用与指令脉冲相同的脉冲单位输出反馈脉冲。

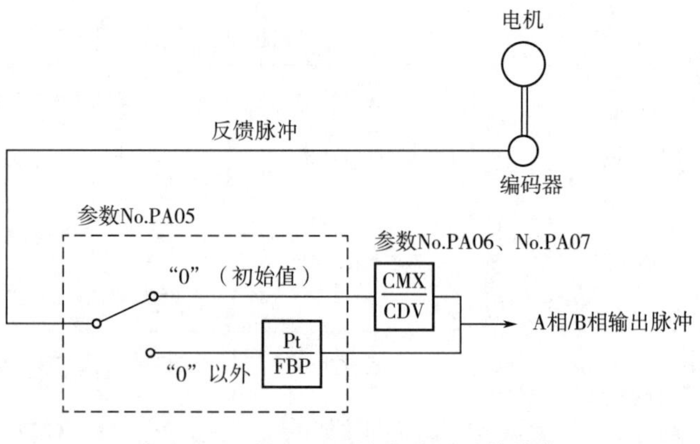

图 6-15　编码器反馈脉冲的计算输出

MR-J4-A 系列伺服放大器设定参数的修改，可以采用两种方法：方法一是通过伺服放大器的显示部分（5 位 7 段 LED）和操作部分（4 个按钮），可进行伺服放大器的状态显示、报警和参数设定；方法二是通过使用伺服设置软件（MR Configurator），可以使用个人计算机进行参数设定、试运行、状态显示等。

14. 伺服电机功能选择（参数№PA21 的设定）

在 MR-J4 伺服的参数中 PA21 的值将决定伺服电机运行时是否使用电子齿轮。例如，当PA21的值设置为1001时，伺服电机将按照PA05中设置的每旋转一周所需的脉冲数来运行，此时PA06和PA07的电子齿轮设置值将不起作用，如图6-16所示。

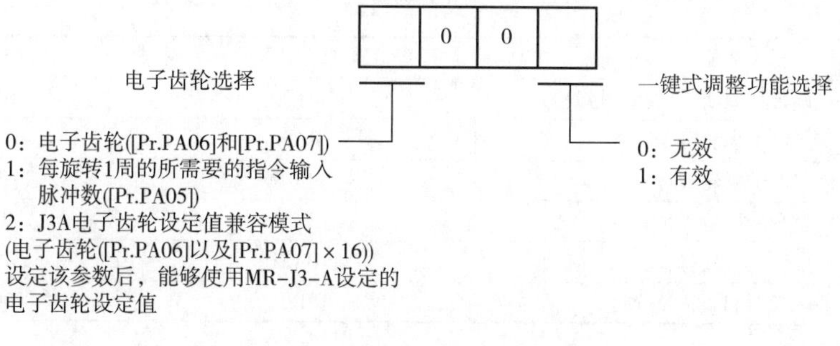

图6-16　伺服电机功能选择

15. 输入信号自动ON选择设定功能参数PD01

MR-J4伺服驱动器中有几个输入信号要求其在伺服工作时为常闭型输入（常为ON），且与控制方式无关。这些信号是急停信号（EMG）、伺服ON信号（SON）、正/反转限位（LSP/LSN），而外部转矩限制信号（TL）和速度调节器切换信号（PC）则是在某些控制条件下要求为常闭型输入。对上述这些保持常闭型输入（常为ON）的信号来说，可以通过内部参数设置使之常为ON，这样做就不需要外接信号开关，既不占用输入端口，又避免了外接信号开关所引起的故障。PD01就是设置这些信号为内部自动常为ON的功能参数。

PD01的设置由4位十六进制数组成，如图6-17所示。其中首位固定为0，其余3位由4位二进制数组成一个十六进制数。二进制位的顺序是由上到下对应于b0～bl1。b0～b3为最后一位十六进制数，以此类推。例如，当仅置伺服ON信号（SON）选择由外部输入信号控制（PLC的输入端子）时，LSP（正转行程末端）和LSN（反转行程末端）

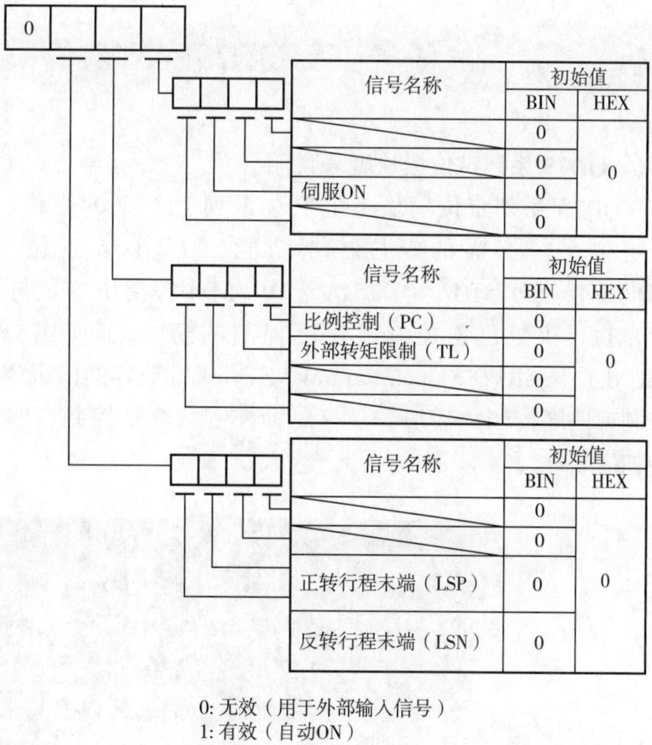

图6-17　PD01参数设置

选择自动 ON 即均为“1”，PD01 的设定值为“0000110000000000”，即 PD01＝0C00。

本教材设备使用的部分伺服参数设置如表 6-12 所示。

表 6-12　　伺服参数设置

功能	参数代码	设定值
伺服电机旋转一周所需的指令脉冲数	PA05	10000
电子齿轮分子	PA06	(4194304)
电子齿轮分母	PA07	(10000)
指令脉冲输入形式	PA13	0201
模式选择	PA21	1001
输入信号自动 ON 选择	PD01	0C00

QD75P4 定位模块

配套课件　　教学视频

任务二　QD75P4N 定位模块介绍

一、 QD75 系列定位模块型号说明

QD75 系列定位模块是用于 Q 系列 PLC 上的模块，如图 6-18 所示可以支持任何定位系统必需的定位控制功能。在 QD75 定位模块中，QD75P1、QD75P2、QD75P4，QD75D1、QD75D2、QD75D4 等模块，是与步进电动机或伺服放大器组合来执行机械位置控制或速度控制的模块，而 QD75M1、QD75M2 和 QD75M4 是与 SSCNET（SERVO System Control NETwork）兼容的伺服放大器组合使用来执行机械位置控制或速度控制的模块，具有单轴控制、双轴控制、四轴控制功能的模块可供选择，详如表 6-13 所示。

图 6-18　QD75P4 定位模块在主基板上安装结构

表 6-13　　QD75 系列定位模块型号与功能说明

型号	功能说明
QD75P1	单轴控制，采用集电极开路脉冲输出方式
QD75P2	双轴控制，采用集电极开路脉冲输出方式
QD75P4	四轴控制，采用集电极开路脉冲输出方式
QD75D1	单轴控制，采用差动驱动脉冲输出方式
QD75D2	双轴控制，采用差动驱动脉冲输出方式
QD75D4	四轴控制，采用差动驱动脉冲输出方式
QD75M1	单轴控制，采用 SSCNET 伺服专用控制网络
QD75M2	双轴控制，采用 SSCNET 伺服专用控制网络
QD75M4	四轴控制，采用 SSCNET 伺服专用控制网络

二、 QD75 定位模块的特点

（1）脉冲输出为开集电极输出型，安装在基板时插槽必须为 1 插槽，输入/输出占用点数均为 32 点，在可编程控制器 CPU 输入/输出点数以内，最多可同时使用 64 个模块。

（2）配备了至任意位置的定位控制、固定尺寸进给控制、等速控制等定位系统的多个必要功能；在各个轴的定位中可进行直线控制（可轴 4 同时执行）；在多个轴的定位中，可以进行通过轴 2~轴 4 的速度控制、轴 2~轴 4 的位置控制进行的直线插补控制、通过轴 2 进行的圆弧插补控制以及通过轴 3 进行的轴 3 螺旋插补控制；对于这些控制，可以通过 1 个定位数据进行单独定位，或者通过多个数据的连续执行进行定位。在各定位数据中指定的控制方式中，有位置控制、速度控制、速度·位置切换控制、位置·速度切换控制等；作为“机械原点复归”的原点复归方式，配备了近点狗式（1 种类型）、止挡停止式（3 种类型）、计数式（2 种类型）共 6 种类型；为了实现从任意位置至机械原点的原点复归控制，配备了原点复归重试功能。

（3）为了实现定位启动时的处理高速化，缩短了启动处理时间。此外，通过同时启动功能执行了运行或者插补运行的情况下，在执行对象的各轴之间不会发生启动延迟。

（例）将轴 1、轴 3 作为对象通过同时启动功能启动：在轴 1~轴 3 之间无启动延迟；将轴 2、轴 4 作为对象的插补运行启动：在轴 2~轴 4 之间无启动延迟。

（4）定位数据、参数等的各种数据可存储到 QD75 内的闪存中。因此可以实现无电池情况下的数据保持；通过出错内容的细分化，提高了一次诊断的准确性。

（5）配备了绝对位置恢复指令、定位启动指令、示教指令等的专用指令；通过使用专用指令，可以简化程序，如表 6-14 所示。

（6）通过 GX Configurator-QP 可在无须考虑缓冲存储器地址的状况下对 QD75 的参

数、定位数据进行设置。在创建定位控制用的顺控程序之前，可以通过 GX Configurator-QP 的测试功能进行配线检查、通过设置的参数及定位数据运行 QD75，进行参数、定位数据的检查。此外，可以通过控制状态的监视等进行高效率的调试。

表 6-14　　QD75 定位模块的专用指令

用途	指令标记	功能概要
绝对位置复位	ABRST（ABRST1：轴 1；ABRST2：轴 2；ABRST3：轴 3；ABRST4：轴 4）	恢复指定轴的绝对位置
定轴启动	PSTRT（PSTRT1：轴 1；PSTRT2：轴 2；PSTRT3：轴 3；PSTRT4：轴 4）	启动指定轴的定位控制
示教	TEACH（TEACH1：轴 1；TEACH2：轴 2；TEACH3：轴 3；TEACH4：轴 4）	示教指定轴
内存写入	PFWRT	把 QD75 参数、定位数据和块启动数据写入 QD75 内置的闪存 ROM 中
参数初始化	PINIT	使 QD75 缓冲存储器和闪存 ROM 中的设置数据恢复其工厂设置数据（初始值）

三、 QD75 定位模块的工作原理

QD75 定位模块在伺服控制系统中的应用，如图 6-19 所示，它在 PLC CPU 模块的控制下向驱动单元输出正向运行脉冲串或者反向运行脉冲串。驱动单元中的偏差计数器积累脉冲信号串和反馈脉冲信号的差值，并发送给数模转换器处理；数模转换器将差值脉冲信号转换为直流模拟电压，成为控制伺服电机的速度指令；这个速度指令（设定值）和“速度环反馈值”进行比较后的差值在速度环做 PID 调节后输出，就是

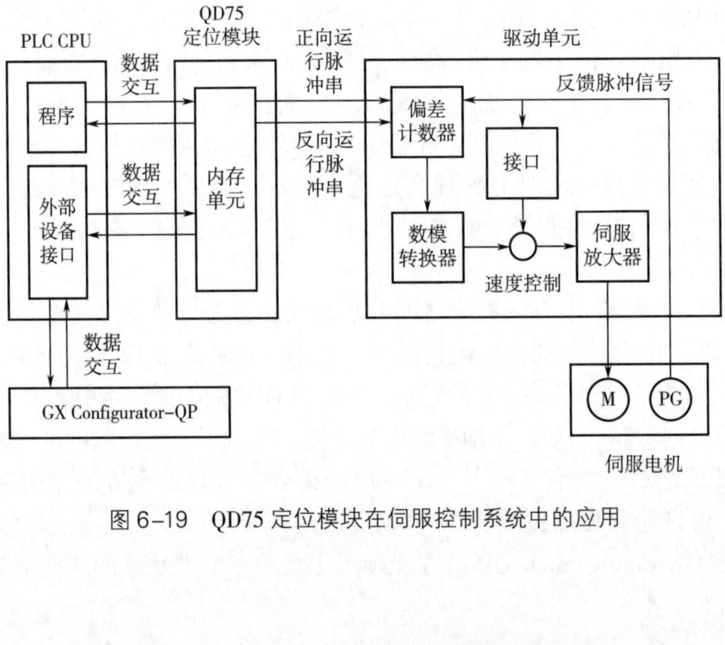

图 6-19　QD75 定位模块在伺服控制系统中的应用

"电流环的给定值"，电流环的这个给定值经过伺服放大器处理后输出给伺服电机。偏差计数器保持一定累积量，使伺服电机保持旋转状态；当偏差计数器的累积脉冲减少时伺服电机转速变慢，当累积脉冲为 0 时伺服电机停止旋转。同时，伺服电机附带脉冲发生器产生与转速成比例的反馈脉冲，供偏差计数器和速度控制电路使用。因此，伺服电机的转速与指定脉冲的频率成比例；伺服电机的转角与指定脉冲的数量成比例。在规定每个脉冲的移动量后，就可以将工件定位传送到与脉冲串数量成比例的位置。

定位系统的组成和控制流程，如图 6-20 所示。

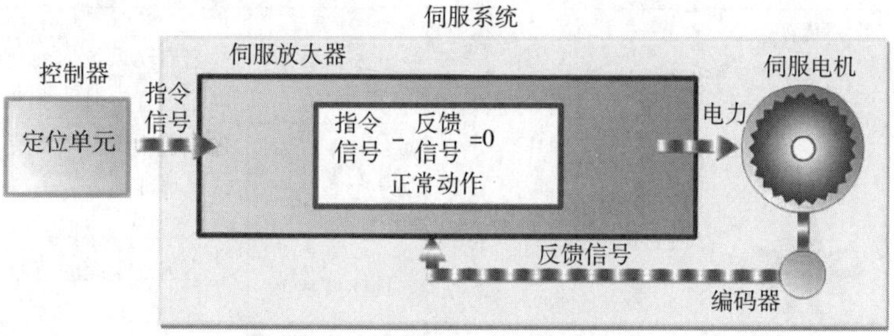

图 6-20　QD75 定位控制流程

① 定位模块将指令信号输出给伺服放大器。
② 伺服放大器向伺服电机提供电力。
③ 编码器读取伺服电机旋转值，并反馈给伺服放大器。
④ 伺服放大器根据指令信号和反馈信号的差值来执行动作。

技术小贴士：

工件移动距离 D：定位模块发出的脉冲数决定工件行走的距离；

工件移动速度 S：定位模块发出脉冲频率；

工件移动距离 D 计算：建议定位模块参数和伺服参数（PA05、PA13）设置一致，

项目	符号	单位或备注
脉冲总数	A	PULSE
伺服分辨率（步距角）	B	（即每圈需要的脉冲数）
螺距	C	mm
移动量	D	mm

则工件移动量 D=（A/B）C。

四、 QD75 定位模块的参数和数据设置

要想使定位模块 QD75 工作，必须对其设定各种参数和数据。设定的方法包括使用“GX-Works”软件在 Windows 计算机中设定以及通过顺控程序写入这两种方法。用 QD75 执行控制时需要设置的参数和数据包括“参数数据”“监视数据”和“控制数据”，如表 6-15 所示。

表 6-15　　QD75 定位模块需要设置的参数和数据

名称	分类			功能
参数数据	参数	定位参数（Pr. 1～Pr. 42，Pr. 150）	基本参数 1	当启动系统时按照设备和适用电动机设置（注：如果基本参数 1 的设置不正确，则旋转方向可能相反，或者可能不发生运行）
			基本参数 2	
			具体参数 1	当启动系统时按照系统配置设置（注：具体参数 2 是最全面使用 QD75 功能的数据项目，按需要设置）
			具体参数 2	
		OPR（回原点）参数（Pr. 43～Pr. 57）	OPR 基本参数	设置执行 OPR 控制需要的值
			OPR 具体参数	
	定位数据	定位数据（Da. 1～Da. 10）		设置“主要的定位控制”用的数据
		块启动数据（Da. 11～Da. 14）		设置“高级定位控制”用的数据
	块启动数据	条件数据（Da. 15～Da. 19）		设置“高级定位控制”用的条件数据
		备忘录数据		设置“高级定位控制”中使用的条件数据用的条件判断值
监视数据	系统监视数据（Md. 1～Md. 19）			监视 QD75 规格和运行历史
	轴监视数据（Md. 20～Md. 47）			监视与运行轴有关的数据，诸如当前位置和速度
控制数据	系统控制数据（Cd. 1～Cd. 2）			把“设置数据”写入模块/初始化模块中的“设置数据”
	轴控制数据（Cd. 3～Cd. 40）			进行与运行相关的设置，控制运行期间的变速，并停止/重新启动运行

GX-Works 软件可以对 QD75 定位模块的参数和数据进行设置。图 6-21 为 QD75P4 定位模块基本参数设定窗口示例，对 1 轴、2 轴的基本参数 1 和基本参数 2 进行设置；图 6-22 为 QD75P4 定位模块的轴定位数据设置示例，对轴定位数据进行设置；图 6-23

为 QD75P4 定位模块的块启动数据设置示例，对块启动数据进行设置。这些参数和数据的详细设置方法，请参考《系列定位模块 QD75P/QD75D 用户手册（详细篇）》。

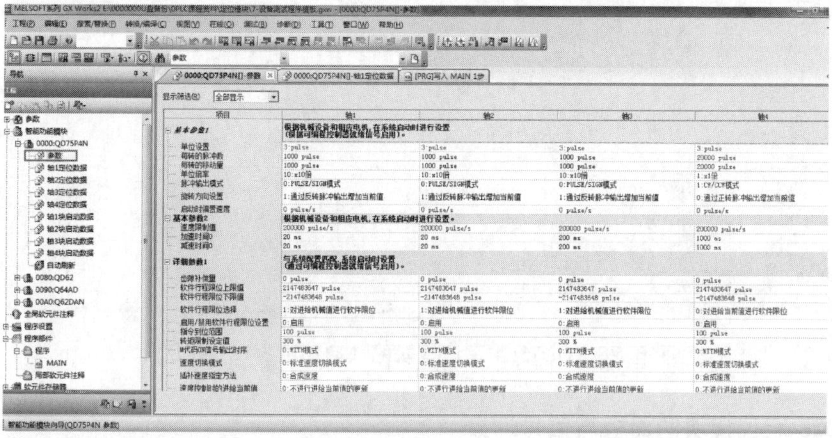

图 6-21　QD75P4 定位模块基本参数设定窗口示例

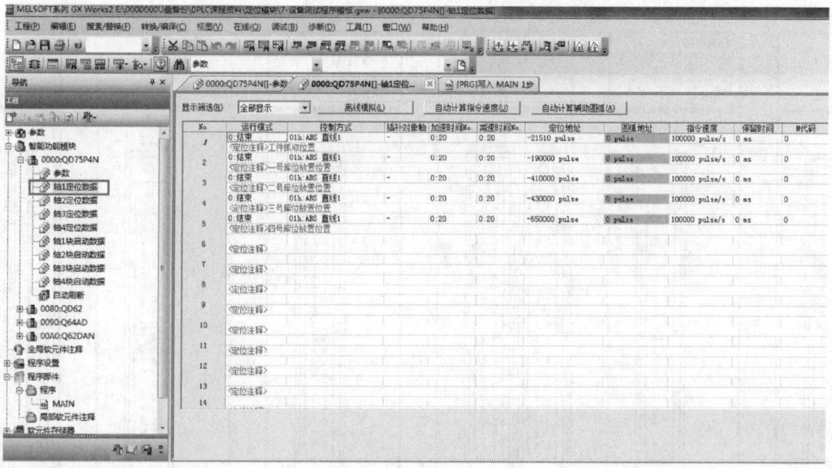

图 6-22　QD75P4 定位模块轴定位数据设置示例

当设置的数据需要下载到 QD75 中或监视运行状态时，通过网线把装有 GX-Works 的个人计算机与 Q 模式 CPU 模块相连接，实现 QD75 的参数设置、定位数据编写、监控和测试。使用 GX-Works 有如下优点：

① 参数设置简单。代替了对参数设置的顺控程序。

② 可以通过采用连续动作、循环指令、跳转指令以及块启动指令等对定位数据进行编辑，从而简化了复杂动作顺控程序的编辑。

③ 可以通过时序图形式表示定位模块 I/O 信号、外部 I/O 信号和缓冲存储器状态的采样监视。

④ 可以进行（离线）预设定位数据基础上的模拟。

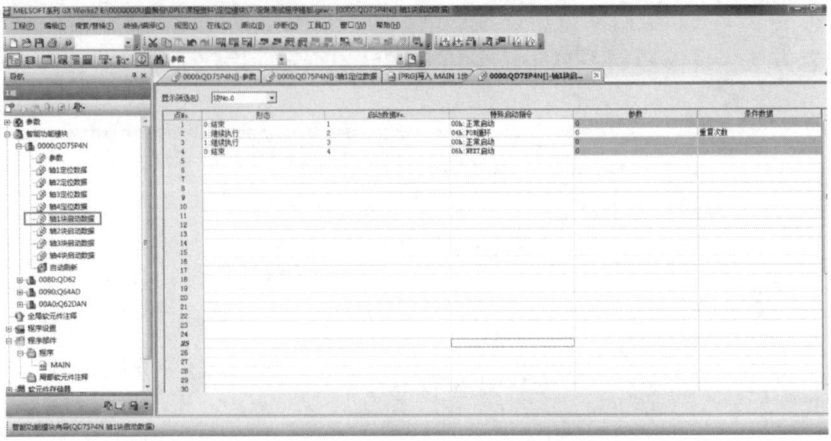

图 6-23　QD75P4 定位模块的块启动数据设置示例

五、 QD75 定位模块的面板与信号连接

QD75 定位模块的面板主要包括 LED 指示灯和外部设备连接器，如图 6-24 所示。

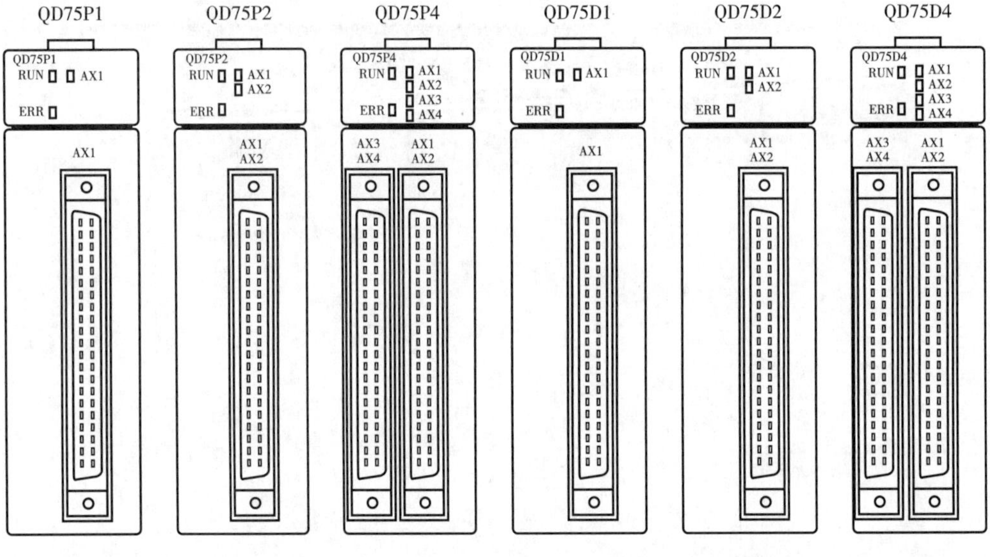

图 6-24　QD75 模块 LED 指示灯与外部设备连接器布置图

1. LED 指示灯

LED 指示灯有运行（RUN）指示灯、故障（ERR.）指示灯、轴 1～轴 4（AX1～AX4）指示灯。以 QD75P4 或 QD75D4 为例，当 PLC 运行后，发现 RUN 指示灯熄灭时，说明 QD75 硬件故障或 WDT 出错；当 RUN 指示灯亮，而 ERR. 指示灯熄灭时，说明 QD75 模块运行正常；当 RUN 指示灯和 ERR. 指示灯均亮时，说明系统出错；当 RUN 指示灯和 AX1（或其他轴）指示灯均亮时，说明轴 1（或其他轴）运行中；当 RUN 指示灯亮，而 ERR. 指示灯和 AX1（或其他轴）指示灯均闪烁时，说明轴 1（或其他轴）出错；当 RUN 指示灯、ERR. 指示灯和 AX1～AX4 全部 LED 均亮时，说明硬件故障。

2. 外部设备连接器

轴 1（AX1）控制模块、轴 2（AX1 和 AX2）控制模块、轴 4（AX1~AX4）控制模块的外部设备连接器如图 6-10 所示。每个连接器的引脚排列及对应信号，如表 6-16 所示。

3. QD75 与外部设备之间的输入信号规格

与 QD75P1、QD75P2、QD75P4、QD75D1、QD75D2、QD75D4 等模块相连的外部输入信号的规格（电压、波形等）要求，如表 6-17 所示。

4. QD75 与外部设备之间的输出信号规格

QD75P1、QD75P2、QD75P4，QD75D1、QD75D2、QD75D4 等模块的输出信号规格，如表 6-18 所示。

5. QD75 定位模块和 PLC CPU 模块之间的 I/O 信号

当 QD75 定位模块安装在主基板的第 0 槽上时，QD75 定位模块和 PLC CPU 模块之间的 I/O 信号（包括地址分配）如表 6-19 所示。

表 6-16　QD75 模块的外部设备连接器信号排列 *1

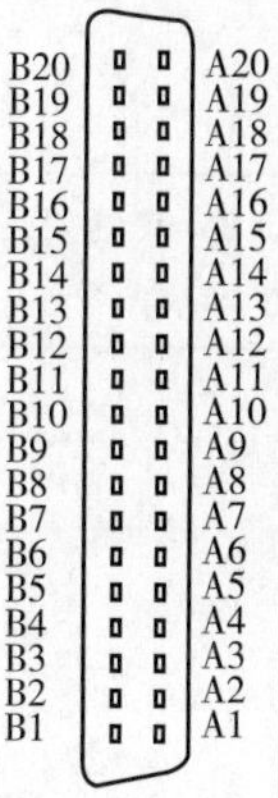

引脚布局	轴 4（AX4）		轴 3（AX3）		轴 2（AX2）		轴 1（AX1）	
	针 No.	信号名	针号	信号名	针 No. *2	信号名	针号	信号名
	2B20	空	2A20	空	1B20	PULSER B−	1A20	PULSER B+
	2B19	空	2A19	空	1B19	PULSER A−	1A19	PULSER A+
	2B18 *3	PULSE COM	2A18 *3	PULSE COM	1B18 *3	PULSE COM	1A18 *3	PULSE COM
		PULSE R−		PULSE R−		PULSE R−		PULSE R−
	2B17 *3	PULSE R	2A17 *3	PULSE R	1B17 *3	PULSE R	1A17 *3	PULSE R
		PULSE R+		PULSE R+		PULSE R+		PULSE R+
	2B16 *3	PULSE COM	2A16 *3	PULSE COM	1B16 *3	PULSE COM	1A16 *3	PULSE COM
		PULSE F−		PULSE F−		PULSE F−		PULSE F−
	2B15 *3	PULSE F	2A15 *3	PULSE F	1B15 *3	PULSE F	1A15 *3	PULSE F
		PULSE F+		PULSE F+		PULSE F+		PULSE F+
	2B14	CLRCOM	2A14	CLRCOM	1B14	CLRCOM	1A14	CLRCOM
	2B13	CLEAR	2A13	CLEAR	1B13	CLEAR	1A13	CLEAR
	2B12	RDYCOM	2A12	RDYCOM	1B12	RDYCOM	1A12	RDYCOM
	2B11	READY	2A11	READY	1B11	READY	1A11	READY
	2B10	PGOCOM	2A10	PGOCOM	1B10	PGOCOM	1A10	PGOCOM
	2B9	PGO5	2A9	PGO5	1B9	PGO5	1A9	PGO5
	2B8	PGO24	2A8	PGO24	1B8	PGO24	1A8	PGO24
	2B7	COM	2A7	COM	1B7	COM	1A7	COM
	2B6	COM	2A6	COM	1B6	COM	1A6	COM
	2B5	CHG	2A5	CHG	1B5	CHG	1A5	CHG
	2B4	STOP	2A4	STOP	1B4	STOP	1A4	STOP
	2B3	DOG	2A3	DOG	1B3	DOG	1A3	DOG
	2B2	RLS	2A2	RLS	1B2	RLS	1A2	RLS
	2B1	FLS	2A1	FLS	1B1	FLS	1A1	FLS

*1 针号中显示为 1□□□表示右侧连接器的针号，显示为 2□□□表示左侧连接器的针 No. 。

*2 关于 QD75P1 或 QD75D1 模块，1B1 至 1B18 将是空的。

*3 假如上面一排和下面一排均显示信号名称，则上面一排表示 QD75P1、QD75P2 和 QD75P4 的信号名称，下面一排表示 QD75D1 QD75D2 和 QD75D4 的信号名称。

6. QD75 型定位模块设定

监视工具 GX-Works，通过 Q 模式 CPU 模块进行数据通信，用网线把装有 GX-Works 的电脑与 Q 模式 CPU 模块相连。

MR-J4 伺服放大器与 HG-KR 伺服电机之间有两条电缆相连，都使用三菱专用电缆。一条用于伺服放大器给伺服电机提供工作电压，另一条用于伺服电机的光栅码盘信号反馈给伺服放大器。

表 6-17　　QD75 定位模块外部输入信号的规格要求

<table>
<tr><th>信号名称</th><th>额定输入
电压/电流</th><th>使用电压
范围</th><th>ON 电压/
电流</th><th>OFF 电压/
电流</th><th>输入
电阻</th><th>响应
时间</th></tr>
<tr><td>驱动模块就绪（READY）
停止信号（STOP）
上限限位信号（FLS）
下限限位信号（RLS）</td><td>DC 24V/5mA</td><td>DC 19.2～26.4V</td><td>DC 17.5V 或更大/3.5mA 或更大</td><td>DC 7V 或更小/1.7mA 或更小</td><td>约 4.7kΩ</td><td>4ms 或更少</td></tr>
<tr><td rowspan="3">零点信号（PG05/PG024）</td><td>DC 5V/5mA</td><td>DC 4.5～6.1V</td><td>DC 2V 或更大/2mA 或更大</td><td>DC 0.5V 或更小/0.5mA 或更小</td><td>约 0.3kΩ</td><td>1ms 或更少</td></tr>
<tr><td>DC 24V/5mA</td><td>DC 12～26.4V</td><td>DC 10V 或更大/3mA 或更大</td><td>DC 3V 或更小/0.2mA 或更少</td><td>约 4.7kΩ</td><td>1ms 或更少</td></tr>
<tr><td colspan="6">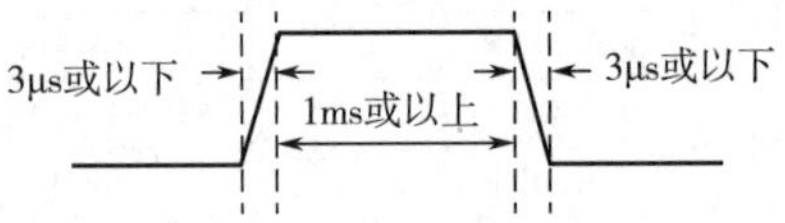
</td></tr>
<tr><td>零点信号差动输入</td><td colspan="6">与 Am26LS32 相当的差动输入接收器（ON/OFF 电平 ON：1.8V 或更大，OFF：0.6V 或更少）</td></tr>
<tr><td rowspan="2">手动脉冲发生器 A 相（脉冲 A）
手动脉冲发生器 B 相（脉冲 B）</td><td>DC 5V/5mA</td><td>DC 4.5～6.1V</td><td>DC 2.5V 或更大/2mA 或更大</td><td>DC 1V 或更小/0.1mA 或更小</td><td>约 1.5kΩ</td><td>1ms 或更少</td></tr>
<tr><td colspan="6">① 脉冲宽度
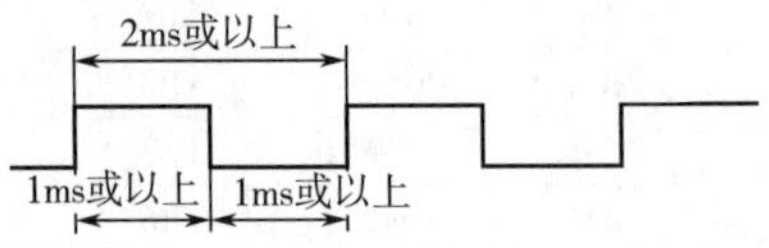

（占空比50%）
②位相差
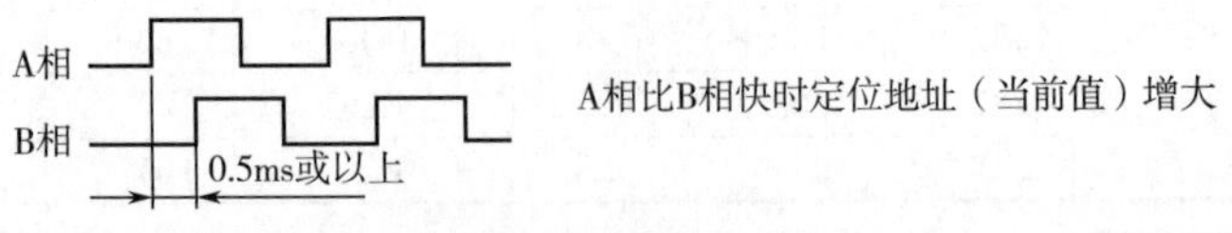
</td></tr>
<tr><td>近点狗信号（DOG）
外部指令信号（CHG）</td><td>DC 24V/5mA</td><td>DC 19.2～26.4V</td><td>DC 17.5V 或更大/3.5mA 或更大</td><td>DC 7V 或更小/1.7mA 或更小</td><td>约 4.3kΩ</td><td>1ms 或更少</td></tr>
</table>

表 6-18　　QD75 定位模块的输出信号规格

<table>
<tr><th>信号名称</th><th>额定负载电压</th><th>使用负载电压范围</th><th>最大负载电流/冲击电流</th><th>在 ON 时的最大电压降</th><th>在 OFF 时的泄漏电流</th><th>响应时间</th></tr>
<tr><td rowspan="2">脉冲输出（CW/脉冲/A 相）
脉冲标记（CCW/SIGN/B 相）</td><td colspan="6">与 Am26C31 相当的差动驱动器（QD75D□时）
· CW/CCW 型，PULSE/SIGN 型，A 相/B 相型用 QD75 和驱动模块的参数（Pr. 5 脉冲输出模式）选择
· “Pr. 5 脉冲输出模式”和“Pr. 23 输出信号逻辑选择”的脉冲输出关系如下所示
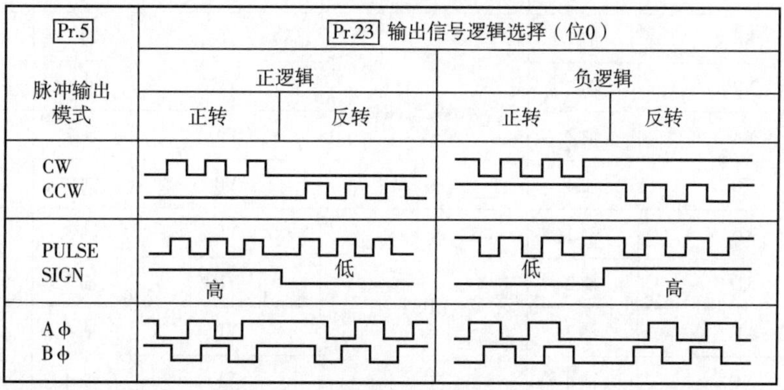

QD75P□时，上升/下降时间和占空率如下表。
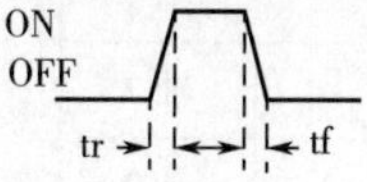
</td></tr>
<tr><td>DC5～24V</td><td>4.75～30V</td><td>50mA/1 点/200mA10ms 或更少</td><td>DC 0.5V（TYP）</td><td>0.1mA 或更少</td><td>——</td></tr>
<tr><td>偏差计数清零（CLEAR）</td><td>DC5～24V</td><td>4.75～30V</td><td>0.1A/1 点/0.4A10ms 或更少</td><td>DC 1V（TYP）
DC 2.5V（MAX）</td><td>0.1mA 或更少</td><td>2ms 或更少（电阻负载）</td></tr>
</table>

表 6-19　　QD75 与 PLC CPU 之间的 I/O 信号

<table>
<tr><th colspan="2">信号方向：QD75→可编程控制器 CPU</th><th colspan="2">信号方向：可编程控制器 CPU→QD75</th></tr>
<tr><td>软元件 No.</td><td>信号名称</td><td>软元件 No.</td><td>信号名称</td></tr>
<tr><td>X0</td><td>QD75 准备就绪</td><td>Y0</td><td>可编程控制器就绪</td></tr>
<tr><td>X1</td><td>同步用标志</td><td>Y1</td><td rowspan="3">禁止使用</td></tr>
<tr><td>X2</td><td rowspan="2">禁止使用</td><td>Y2</td></tr>
<tr><td>X3</td><td>Y3</td></tr>
</table>

续表

信号方向：QD75→可编程控制器 CPU			信号方向：可编程控制器 CPU→QD75		
软元件 No.	信号名称		软元件 No.	信号名称	
X4	轴 1	M 代码 ON	Y4	轴 1	轴停止
X5	轴 2		Y5	轴 2	
X6	轴 3		Y6	轴 3	
X7	轴 4		Y7	轴 4	
X8	轴 1	出错检测	Y8	轴 1	正转 JOG 启动
X9	轴 2		Y9	轴 1	反转 JOG 启动
XA	轴 3		YA	轴 2	正转 JOG 启动
XB	轴 4		YB	轴 2	反转 JOG 启动
XC	轴 1	BUSY	YC	轴 3	正转 JOG 启动
XD	轴 2		YD	轴 3	反转 JOG 启动
XE	轴 3		YE	轴 4	正转 JOG 启动
XF	轴 4		YF	轴 4	反转 JOG 启动
X10	轴 1	启动结束	Y10	轴 1	定位启动
X11	轴 2		Y11	轴 2	
X12	轴 3		Y12	轴 3	
X13	轴 4		Y13	轴 4	

QD75P4N 定位模块常用缓冲存储器地址，如表 6-20 所示。

表 6-20　　QD75 常用缓冲存储器地址

项目	轴 1	轴 2	轴 3	轴 4	注释
MD20 当前进给值	800 ǀ 801	900 ǀ 901	1000 ǀ 1001	1100 ǀ 1101	存储当前命令的地址（可用命令更改）
MD21 机器进给值	802 ǀ 803	902 ǀ 903	1002 ǀ 1003	1102 ǀ 1103	存储符合机器坐标的当前位置的地址（建立完坐标系之后，不可更改）
MD23 轴出错编号	806	906	1006	1106	当监测到轴出错后，存储出错的代码
Cd3 定位启动编号	1500	1600	1700	1800	定位启动编号
Cd4 定位启动点编号	1501	1601	1701	1801	定位启动点编号（用于块启动数据）
Cd. 17JOG 速度	1518	1618	1718	1818	使用该数据项目设置 JOG 速度

具体定位模块的接线图，以 *X* 轴为例，如图 6-25 所示。

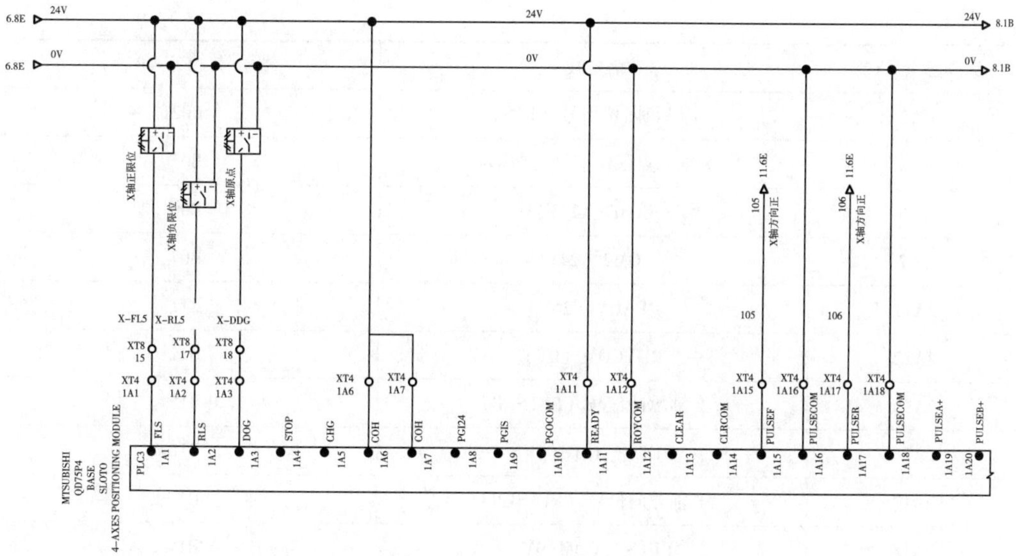

图 6-25 定位模块接线图

X 轴信号分配表，如表 6-21 所示。

表 6-21 *X* 轴信号分配表

针脚号（AX1）	信号线	端子号（FX-40_3）
1A1	*X* 轴正限位信号（FLS）	A01
1A2	*X* 轴负限位信号（RLS）	A02
1A3	*X* 轴原点限位信号（DOG）	A03
1A6	COM1（24V）	A06
1A7	COM2（24V）	A07
1A11	READY（24V）	A11
1A12	RDYCOM（0V）	A12
1A15	*X* 轴脉冲信号（PULSEF）	A15
1A16	PULSE_COM(0V)	A16
1A17	*X* 轴方向信号（PULSER）	A17
1A18	PULSE_COM(0V)	A18

Y 轴信号分配表，如表 6-22 所示。

表 6-22 *Y* 轴信号分配表

针脚号（AX2）	信号线	端子号（FX-40_3）
2A1	*Y* 轴正限位信号（FLS）	B01

续表

针脚号（AX2）	信号线	端子号（FX-40_3）
2A2	*Y* 轴负限位信号（RLS）	B02
2A3	*Y* 轴原点限位信号（DOG）	B03
2A6	COM1（24V）	B06
2A7	COM2（24V）	B07
2A11	READY（24V）	B11
2A12	RDYCOM（0V）	B12
2A15	*Y* 轴脉冲信号（PULSEF）	B15
2A16	PULSE_COM(0V)	B16
2A17	*Y* 轴方向信号（PULSER）	B17
2A18	PULSE_COM(0V)	B18

Z 轴信号分配表，如表 6-23 所示。

表 6-23　*Z* 轴信号分配表

针脚号（AX3）	信号线	端子号（FX-40_4）
3A1	*Z* 轴正限位信号（FLS）	A01
3A2	*Z* 轴负限位信号（RLS）	A02
3A3	*Z* 轴原点限位信号（DOG）	A03
3A6	COM1（24V）	A06
3A7	COM2（24V）	A07
3A11	READY（24V）	A11
3A12	RDYCOM（0V）	A12
3A15	*Z* 轴脉冲信号（PULSEF）	A15
3A16	PULSE_COM(0V)	A16
3A17	*Z* 轴方向信号（PULSER）	A17
3A18	PULSE_COM(0V)	A18

直角坐标机械手 JOG 与原点回归控制

配套课件　　　　教学视频

任务三　定位控制与程序编写

一、手动 JOG 控制

“手动 JOG 控制”指的是不使用定位数据并响应从外部源输入的信号而执行定位运行的控制，手动 JOG 有 3 种方式。

（1）JOG 运行，如图 6-26 所示。

其特点为：启动信号为 ON 期间伺服系统控制的滑台持续移动。

（2）微动运行，如图 6-27 所示。

其特点为：启动信号为 ON 期间伺服系统控制的滑台只移动微小距离。

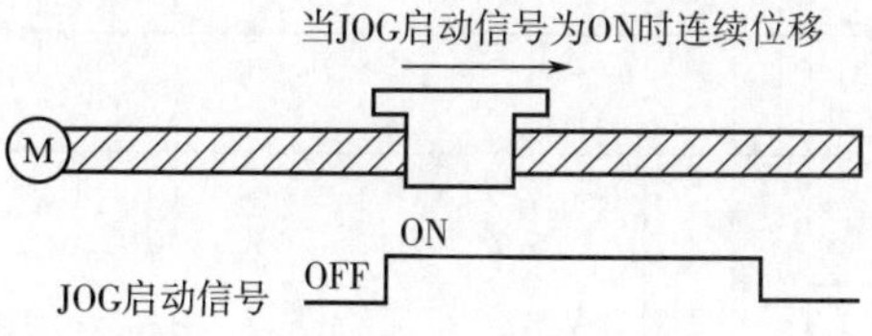

图 6-26　JOG 运行

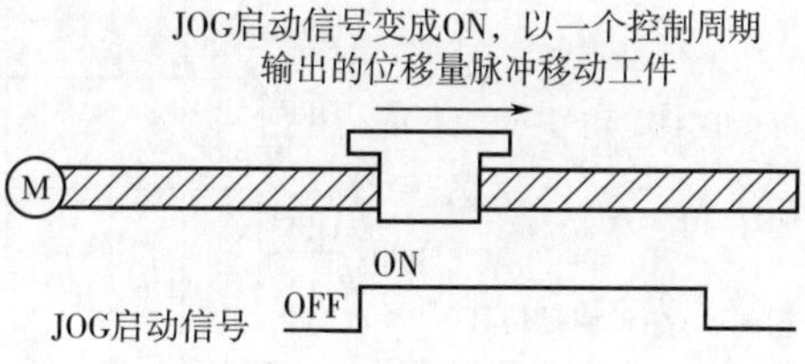

图 6-27　微动运行

（3）手动脉冲发生器运行，如图 6-28 所示。

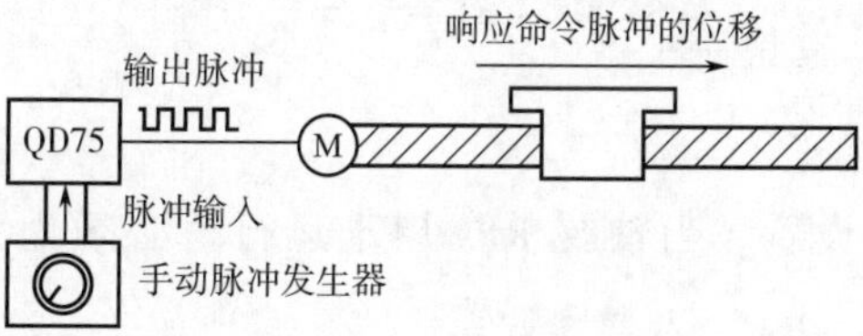

图 6-28　手动脉冲发生器运行

其特点为：手动脉冲控制移动，这种运行用于在执行精确定位时手动精细调节等，以获得定位地址。

本教材主要以 JOG 运行为例进行编写。

1. JOG 运行操作

在 JOG 运行中，正向运行 JOG START 信号（Y8、YA、YC、YE）或反转 JOG START 信号（Y9、YB、YD、YF）变成 ON，使能信号为 ON 时脉冲从 QD75 输出到驱动装置。然后工件以指定的方向按照设定的速度移动，如图 6-29 所示。

（1）当启动信号变成 ON 时，以启动信号指定的方向开始加速，并在“Pr. 32JOG 运行加速时间选择”中指定的加速时间保持加速。此时，BUSY 信号从 OFF 变成 ON。

（2）当被加速的工件达到“JOG 速度”中设置的速度时，继续以该速度移动。在②和③发生恒定速度移动。

（3）当启动信号变成 OFF 时，从“Cd. 17JOG 速度”中设置的速度开始减速，并在“Pr. 33JOG 运行减速时间选择”中指定的减速时间内保持减速。

（4）当速度变成“0”时运行停止。此时，BUSY 信号从 ON 变成 OFF。

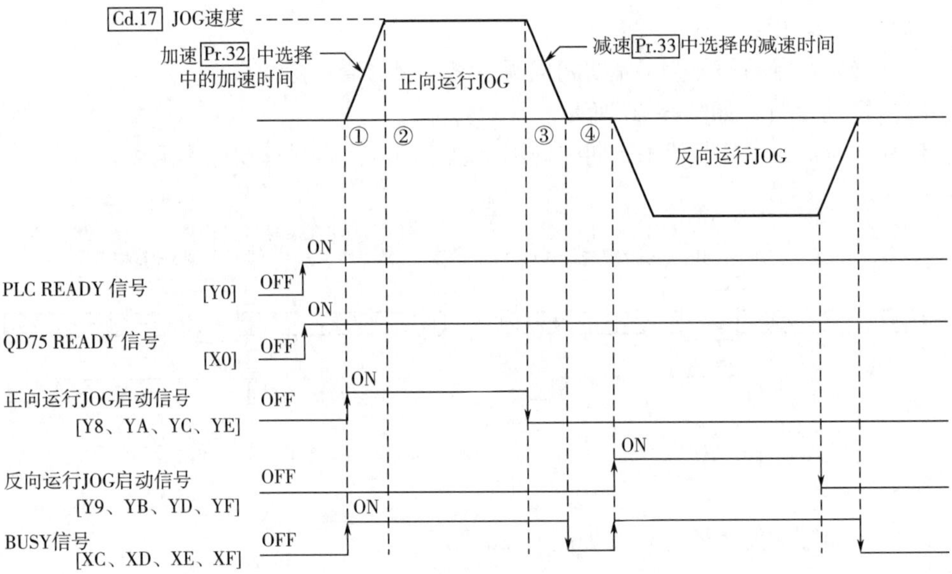

图 6-29 JOG 手动运行时序图

2. 参数设置

（1）JOG 运行速度设置。当轴要 JOG 启动运行时必须先要设置其运行速度，如表 6-24 所示。

表 6-24 JOG 速度设置参数

设置项目		设置值	设置细节	缓冲存储器地址			
				轴 1	轴 2	轴 3	轴 4
Cd. 16	微动位移量	0	设置“0”	1517	1617	1717	1817

续表

设置项目		设置值	设置细节	缓冲存储器地址			
				轴 1	轴 2	轴 3	轴 4
Cd. 17	JOG 速度	10000	设置大于等于“Pr. 7 启动时的偏置速度”并且小于等于“Pr. 31 JOG 速度极限值”的值	1518 1519	1618 1619	1718 1719	1818 1819

例如要设置轴 1 的速度为 5000pluse/s，可以表示为［MOVE　K5000　U0 \ G1518］，其中 MOVE 为赋值命令，K5000 为十进制数 5000，U0 \ G1518 中“Un \ Gxxx”为智能软元件表示形式，1518 为轴 1 的 JOG 速度设置对应的缓冲存储器地址。

（2）JOG 运行启动元件。轴 JOG 启动运行时需要满足表 6-25 所示中的条件，在编写程序是需要合理的使用这些条件对应的软元件。

表 6-25　　JOG 运行启动软元件

软元件名称		软元件				应用	当 ON 时的情况
		轴 1	轴 2	轴 3	轴 4		
QD75 的输入/输出	输入	X0				QD75 READY 信号	准备完成
		X1				同步标志	QD75 缓冲存储器可访问
		X4	X5	X6	X7	M 代码 ON 信号	M 代码输出
		X8	X9	XA	XB	出错检测信号	检测到出错
		XC	XD	XE	XF	BUSY 信号	BUSY（运行中）
		X10	X11	X12	X13	启动完成信号	启动完成
		X14	X15	X16	X17	定位完成信号	定位完成
	输出	Y0				PLC READY 信号	PLC CPU 准备完成
		Y4	Y5	Y6	Y7	轴停止信号	请求停止
		Y8	YA	YC	YE	正向运行 JOG 启动信号	启动正向运行 JOG
		Y9	YB	YD	YF	反向运行 JOG 启动信号	启动反向运行 JOG
		Y10	Y11	Y12	Y13	定位启动信号	请求启动

3. 程序设计

轴手动 JOG 运行的程序编写步骤，如图 6-30 所示，以轴 1 的 JOG 正反转运行为例，速度为 5000pluse/s，具体编写程序，如图 6-31 所示。

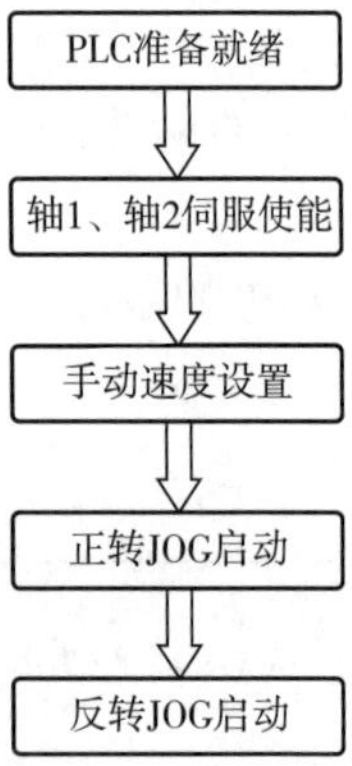

图 6-30　JOG 程序流程

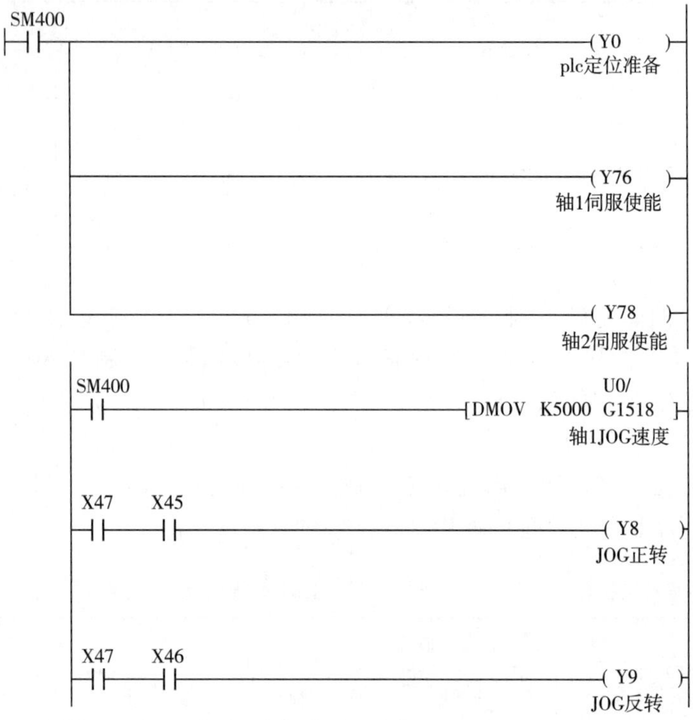

图 6-31　JOG 正反转控制程序

技术小贴士：

1. 当“轴停止信号”为 ON 时，定位模块 QD75 不接收“JOG 启动信号”；

2. 当 JOG 运行速度超过 32767 时，需要使用 32 位传送指令 DMOVE；

3. 编写程序时也可以利用 FROM/TO 指令带代替“智能软元件”。

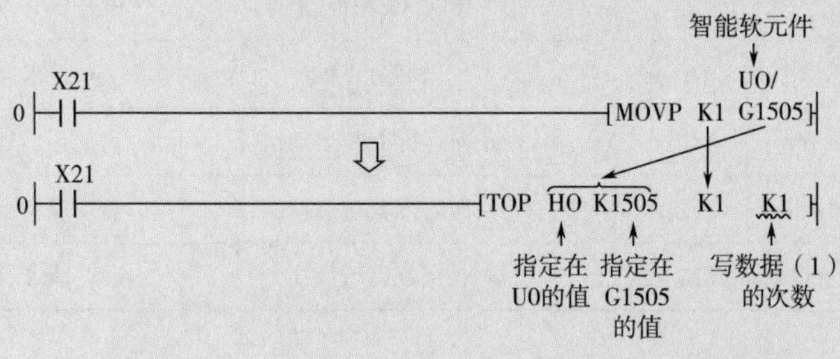

二、原点回归控制

当需要进行绝对式定位时，就需要对应的机械系统上具有地址，这也就需要一个基准位置，通过这个基准位置去确定机械系统上的每个位置的地址。而这个基准位置，在伺服定位系统里称为原点。

“原点回归控制”是指，确定进行定位控制时作为起点的位置（=原点），向该起点进行定位的控制。

一般在电源接通时等 QD75 进行了“原点回归请求”的情况下，以及定位结束后将位于原点以外位置的机械系统回归到原点时使用原点回归控制。

1. 原点回归动作（图 6–32）

（1）启动机械原点回归。

（2）以通过原点回归用参数（Pr. 43 ~ Pr. 57）设置的方向及速度开始执行动作。

（3）以“Pr. 43 原点回归方式”中设置的方式确定“原点”后，停止。

（4）一般将“Pr. 45 原点地址”设置为“0”。

（5）机械原点回归结束。

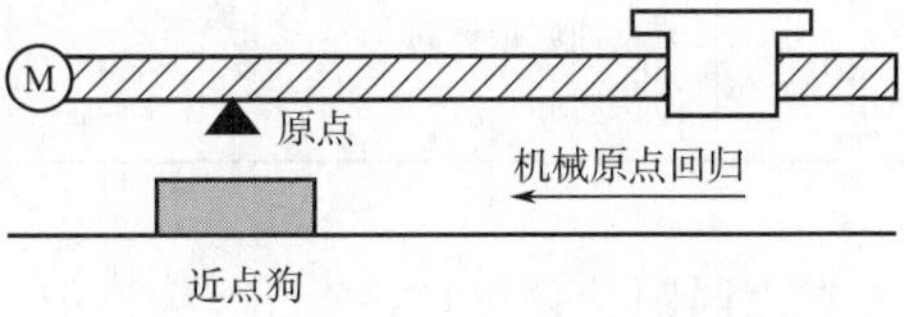

图 6–32　原点回归动作

2. 原点回归参数

进行“原点回归控制”时，需要进行“原点回归用参数”设置。“原点回归用参数”的设置项目，如表 6–26 所示。“原点回归用参数”是对各轴进行通用的设置。

表 6–26　原点回归参数

原点回归用参数 \ 原点回归控制			机械原点回归控制						高速原点回归控制
原点回归基本参数	Pr. 43	原点回归方式	近点狗式	止挡停止式 1)	止挡停止式 2)	止挡停止式 3)	计数式 1)	计数式 2)	○
	Pr. 44	原点回归方向	◎	◎	◎	◎	◎	◎	
	Pr. 45	原点地址	◎	◎	◎	◎	◎	◎	
	Pr. 46	原点回归速度	◎	◎	◎	◎	◎	◎	
	Pr. 47	蠕动速度	◎	◎	◎	◎	◎	◎	
	Pr. 48	原点回归重试	R	R	R	—	R	R	
原点回归详细参数	Pr. 49	原点回归停留时间	—	◎	—	—	—	—	
	Pr. 50	近点狗 ON 后的移动量设置	—	—	—	—	◎	◎	
	Pr. 51	原点回归加速时间选择	◎	◎	◎	◎	◎	◎	
	Pr. 52	原点回归减速时间选择	◎	◎	◎	◎	◎	◎	
	Pr. 53	原点移动量	S	S	S	S	S	S	

续表

原点回归控制 原点回归用参数			机械原点回归控制						高速原点回归控制
原点回归详细参数	Pr. 54	原点回归扭矩限制值	—	◎	◎	◎	—	—	○
	Pr. 55	偏差计数器清除信号输出时间	C	C	C	C	C	—	
	Pr. 56	原点移动时速度指定	S	S	S	S	S	S	
	Pr. 57	原点回归重试时停留时间	R	R	R	—	R	R	

原点回归参数在 GX-Works 编程中定位模块 QD75P4 的参数中进行设置，可以参考如图 6-33 所示。

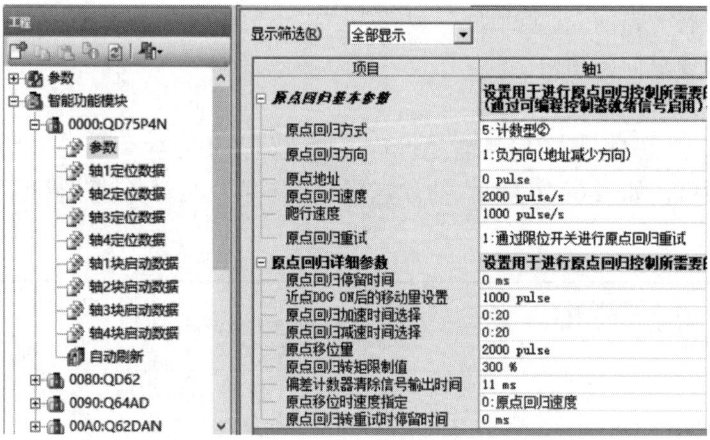

图 6-33　原点回归参数设置

机械原点回归控制中的定位数据编号为 9001，对应的设置内容，如表 6-27 所示。

表 6-27　　原点回归定位启动编号

设置项目		设置值	设置内容	缓冲存储器地址			
				轴 1	轴 2	轴 3	轴 4
Cd. 3	定位启动编号	→	1～600：定位数据 No. 9001：机械原点回归 9002：高速原点回归 9003：当前值变更 9004：同时启动 7000～7004：块 No. （“高级定位控制”时）	1500	1600	1700	1800

3. 原点回归的方式

三菱 QD75 系列定位模块有六种回归方式，如图 6-34 所示。

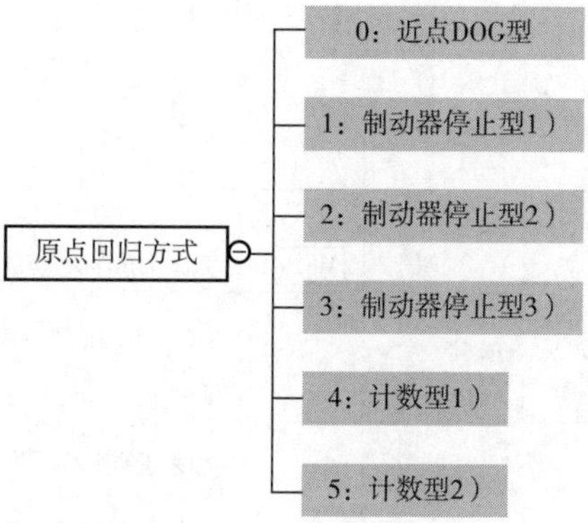

图 6-34　原点回归方式

原点回归中使用的外部输入/输出信号，如表 6-28 所示。

表 6-28　原点回归中使用的外部输入/输出信号

Pr. 43 原点回归方式	控制所需信号				扭矩限制
	近点狗	零点信号	上限/下限极限开关	偏差计数器清除输出	
近点 DOG 式	◎	◎	○	◎	—
止挡停止式①	◎	—	○	◎	◎
止挡停止式②	◎	◎	○	◎	◎
止挡停止式③	—	◎	○	◎	◎
计数式①	◎	◎	○	◎	—
计数式②	◎	—	○	—	—

◎：必须　○：根据需要使用　—：不需要

（1）原点回归方式 1：近点 DOG 型动作。

动作过程：原点回归速度→DOG↑→爬行速度→DOG↓→零点信号↓→原点回归完成。(↑表示信号上升沿，↓表示信号下降沿)，如图 6-35 所示。

（2）原点回归方式 2：制动器停止型①动作。

动作过程：原点回归速度→DOG↑→爬行速度→止挡块→根据 DOG↑后停留时间停止→完成，如图 6-36 所示。

（3）原点回归方式 3：制动器停止型②动作。

动作过程：原点回归速度→DOG↑→爬行速度→止挡块→同时零点↓→完成，如图 6-37 所示。

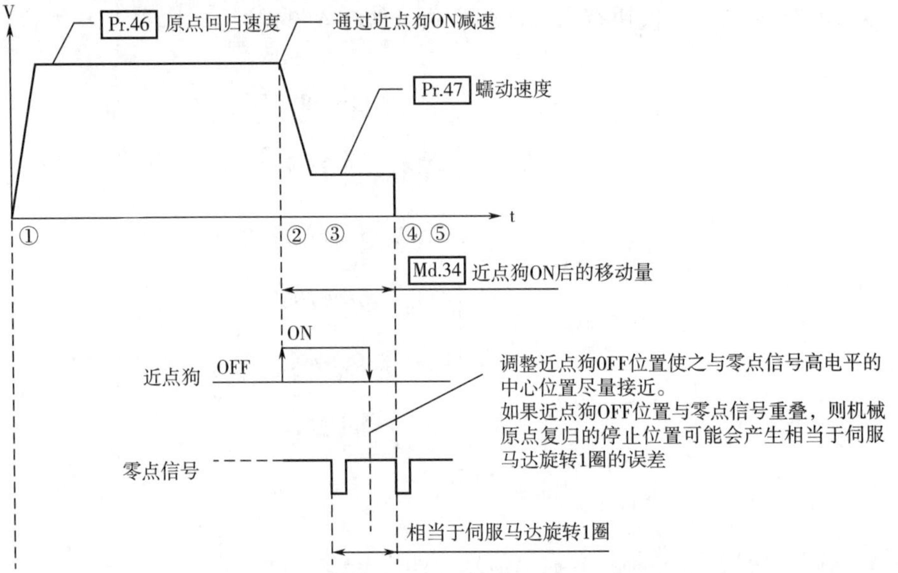

图 6-35 近点 DOG 型动作过程

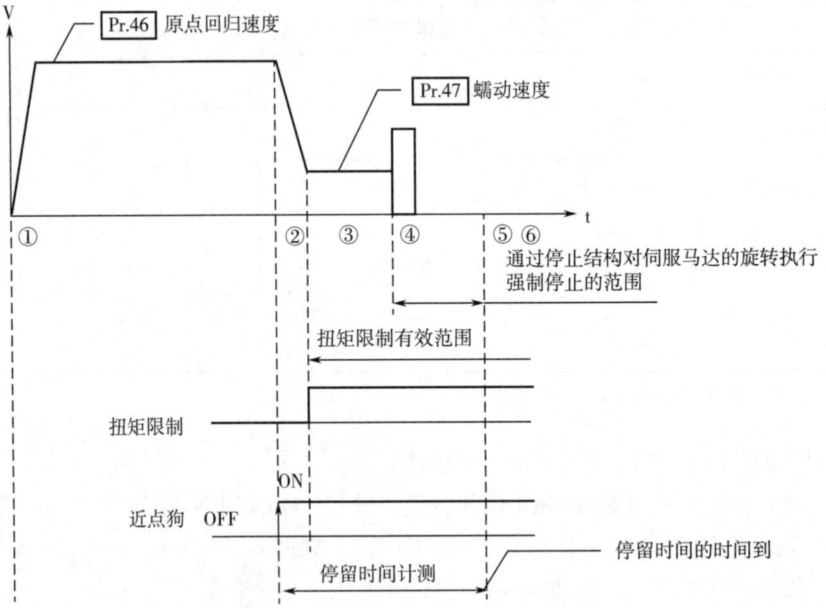

图 6-36 制动器停止型①动作过程

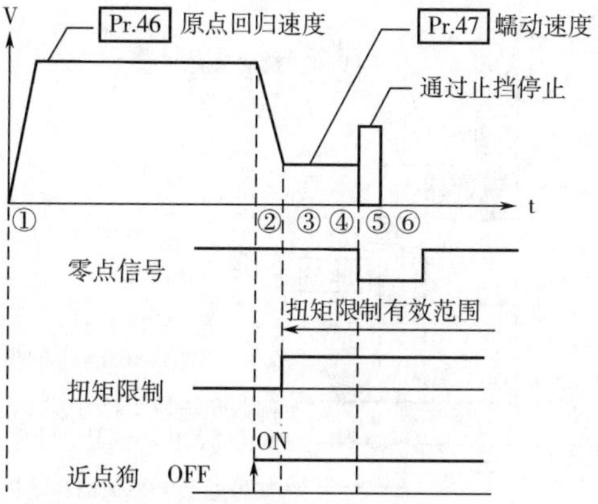

图 6-37　制动器停止型②动作过程

（4）原点回归方式 4：制动器停止型③。

动作过程：爬行速度→止挡块→同时零点↓→完成，如图 6-38 所示。

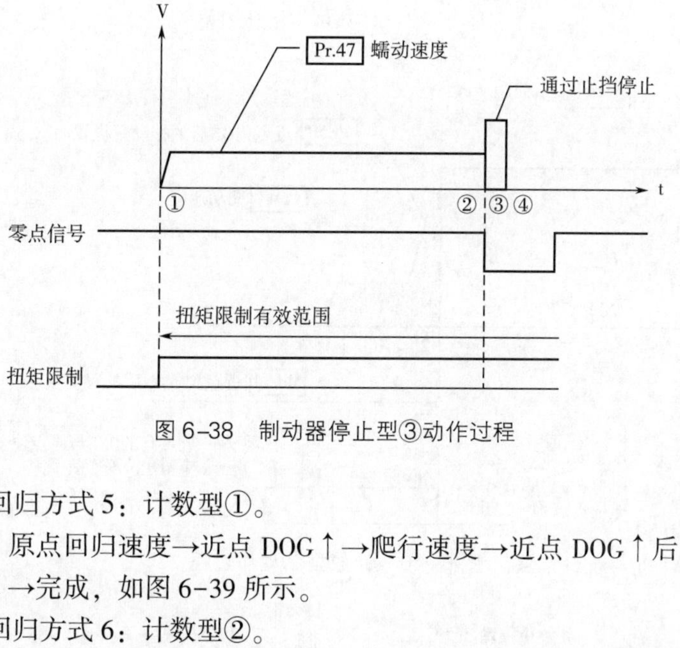

图 6-38　制动器停止型③动作过程

（5）原点回归方式 5：计数型①。

动作过程：原点回归速度→近点 DOG↑→爬行速度→近点 DOG↑后的移动量移动后的最初零点↓→完成，如图 6-39 所示。

（6）原点回归方式 6：计数型②。

动作过程：原点回归速度→近点 DOG↑→爬行速度→近点 DOG↑后的移动量→完成，如图 6-40 所示。

4. 原点回归程序编写

工件进行原点回归控制的动作过程，如图 6-41 所示，各项参数设置如图 6-42 所示。

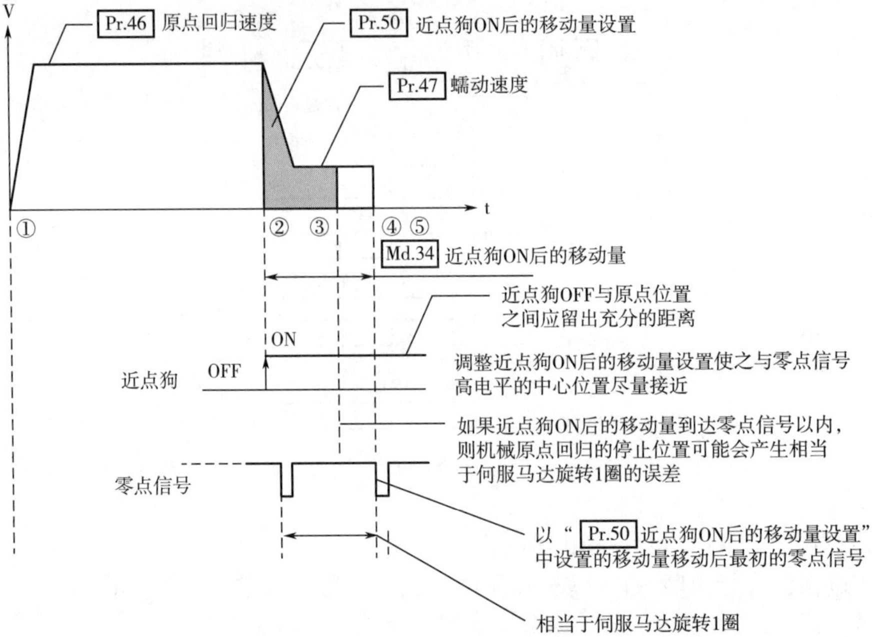

图 6-39 计数型①动作过程

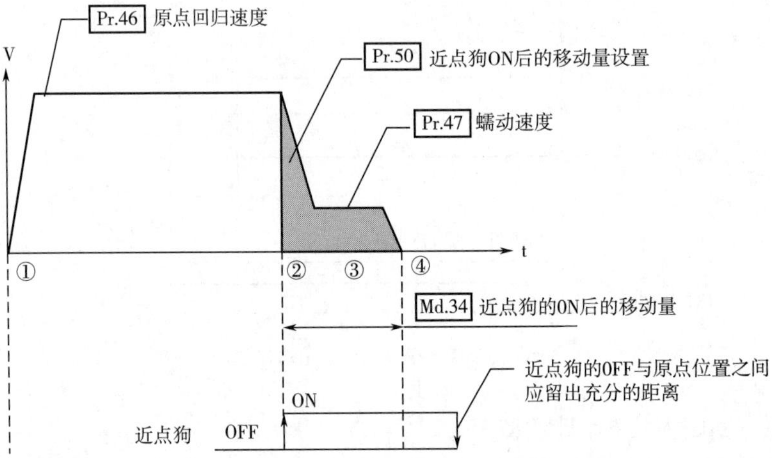

图 6-40 计数型②动作过程

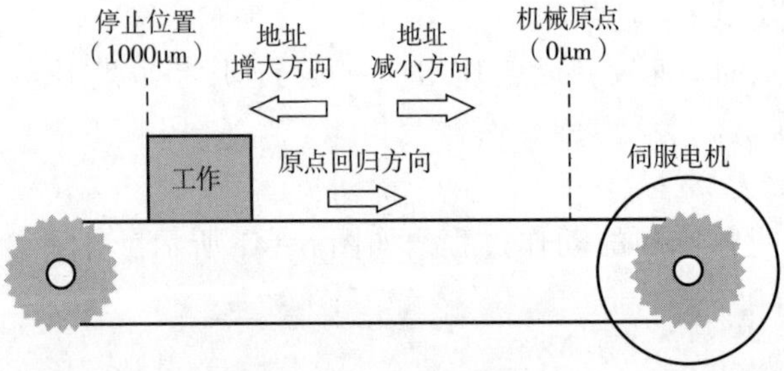

图 6-41 原点回归模型

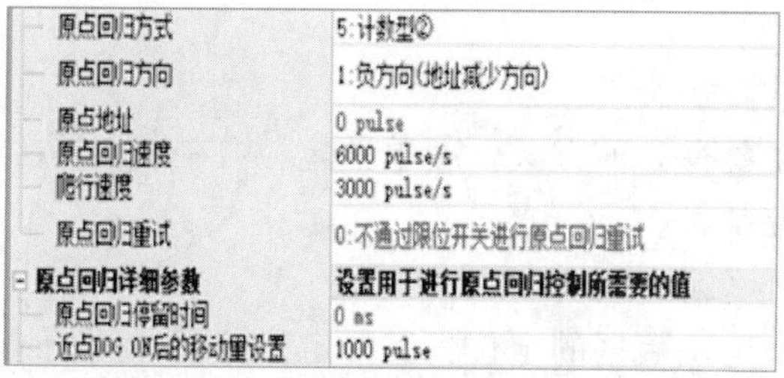

图 6-42　GX-Works 软件原点回归参数设置

原点回归的程序如图 6-43 所示。

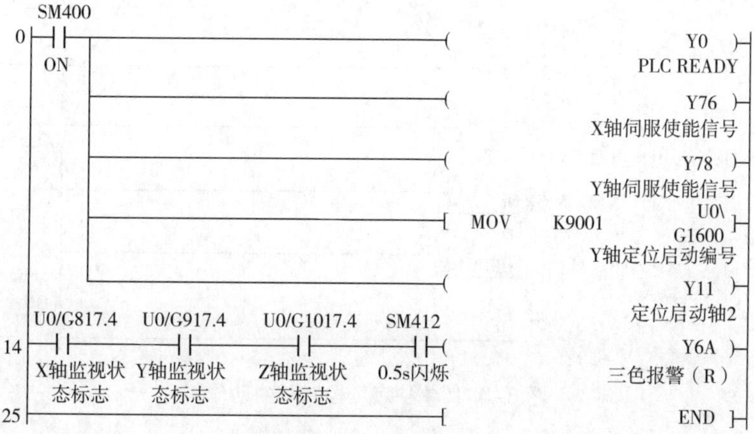

图 6-43　原点回归参考程序

技术小贴士：

如何判断原点回归是否结束？

例：轴 1 的原点回归结束，对应的 U0 \ G817. 4 为 ON。

读监视值	默认值	存储缓冲存储器地址			
		轴1	轴2	轴3	轴4
■ 以十六进制显示执行监视 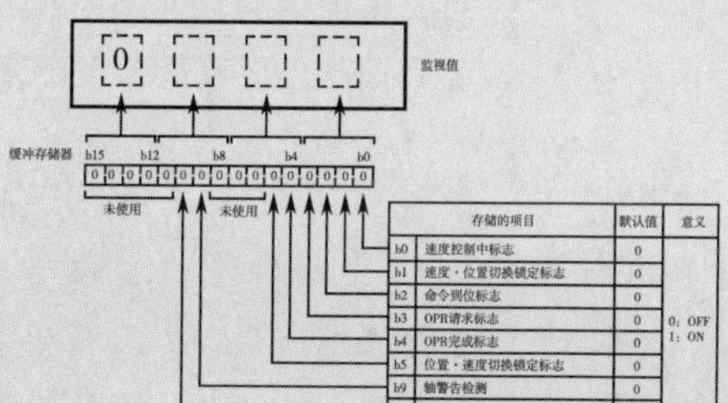	0000_H	817	917	1017	1117

三、单轴定位控制

（一）定位控制的模式

定位控制的模式主要有三种方式：①单独定位控制（定位结束）；②连续定位控制；③连续轨迹定位控制。

1. 单独定位控制（定位结束）

仅执行指定的 1 个定位数据的定位，在指定了停留时间的情况下，经过指定时间后，结束定位。如图 6-44 所示，执行 1 条定位数据，加速到该指令的指定速度，当运行到位后减速到 0，结束定位。

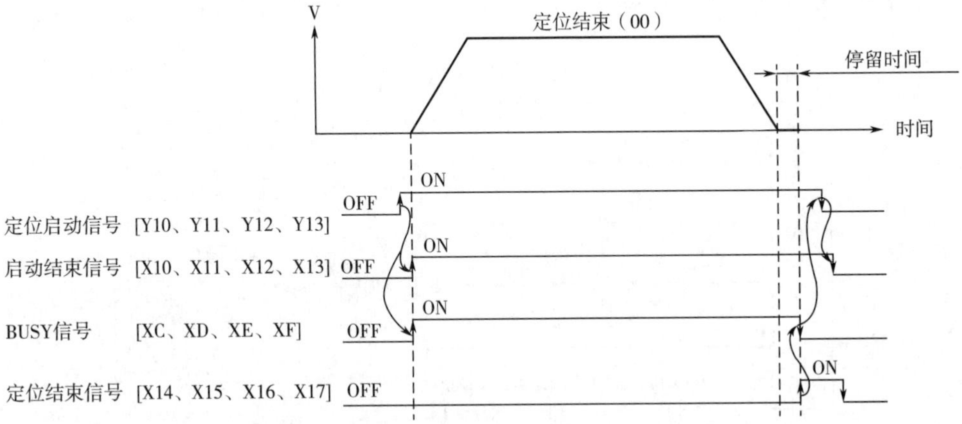

图 6-44　单独定位控制时的动作

2. 连续定位控制

根据 1 次的启动信号按数据号的顺序进行连续定位，每一个定位数据停止一次。如果指定了停留时间的情况下，经过指定时间后进行加速。

在进行连续定位控制（运行模式“01”）的运行中，自动地执行下一个 No. 的定位。最后的定位数据必须设置为运行模式“00”（定位结束）才能结束定位，如图 6-45 所示。

3. 连续轨迹定位控制

根据 1 次的启动信号按数据号的顺序进行连续定位，每一个定位数据不停止。如果当前的速度与下一个速度相等的情况下不进行速度变更，如图 6-46 所示。

技术小贴士：

一般连续轨迹控制中不进行减速停止，但是当满足如下情况下将减速停止，速度将暂时变为“0”：①当前执行中的定位数据的移动方向与下一个定位数据的移动方向不相同的情况下（仅轴 1 的定位控制）；②正在单步运行的情况下；③下一个运行定位数据中有错误的情况下。

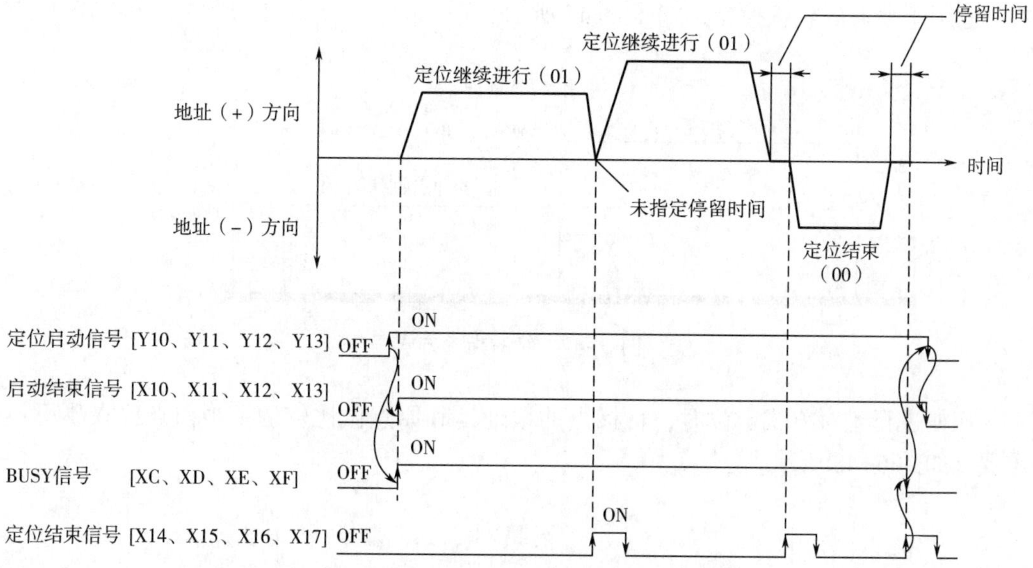

图 6-45　连续定位控制时的动作

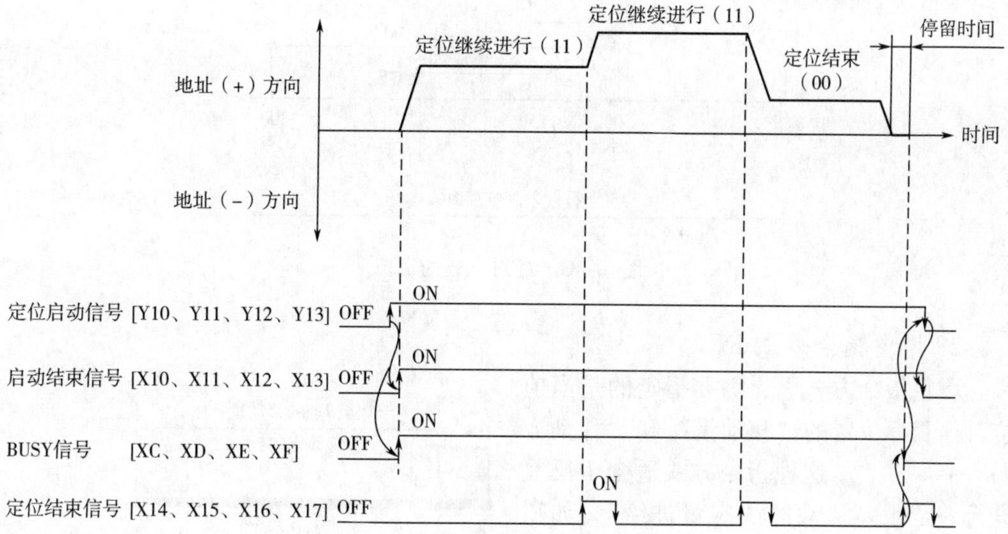

图 6-46　连续轨迹定位控制时的动作

（二）定位指令控制方式

定位控制的指令方式有两种，分别为绝对指令方式（绝对地址指令方式，ABS）和增量指令方式（相对地址指令方式，INC）。不同的指令方式下，目标位置的指定方式也有所不同。

1. 绝对指令方式 ABS

定位控制中，目标位置至原点的距离称为“地址”（原点的地址为0）。绝对指令方式下，用“地址”来指定目标位置。使用这种指令方式时，目标位置的设定一目了然，适用于普通的机械控制，如图 6-47 所示。

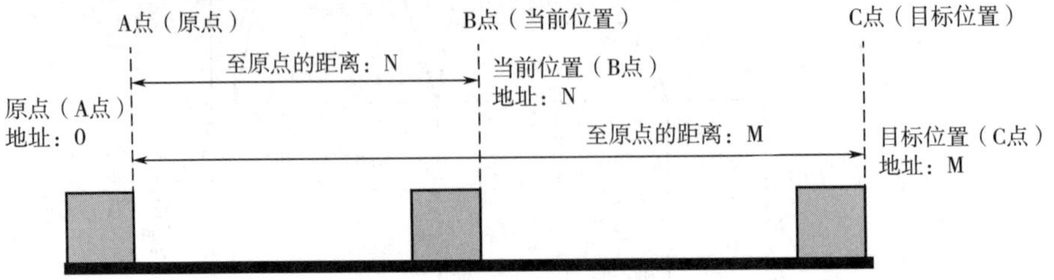

图 6-47 绝对指令方式

例如进行绝对方式定位时，目标点的地址是和原点做比较的，当前点停在哪里不重要，如图 6-48 所示。

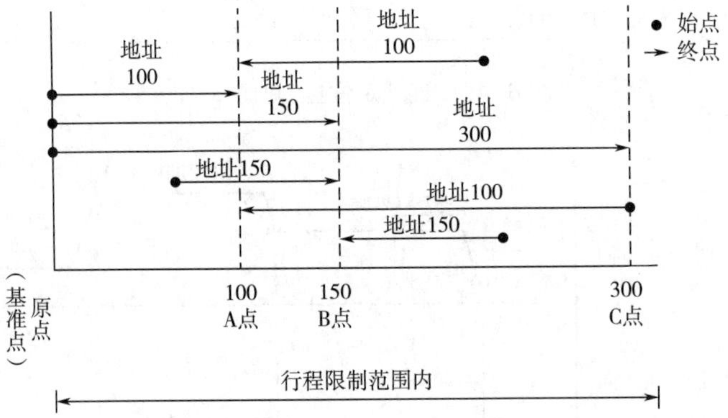

图 6-48 绝对方式的定位

2. 增量指令方式 INC

增量指令方式下，需要指定的是当前位置至目标位置的“移动量”和“移动方向（+、-）”。这种指令方式适合于反复进行一定距离移动的“定量进给”，如喷墨打印机的进纸控制，工件的搬运，如图 6-49 所示。

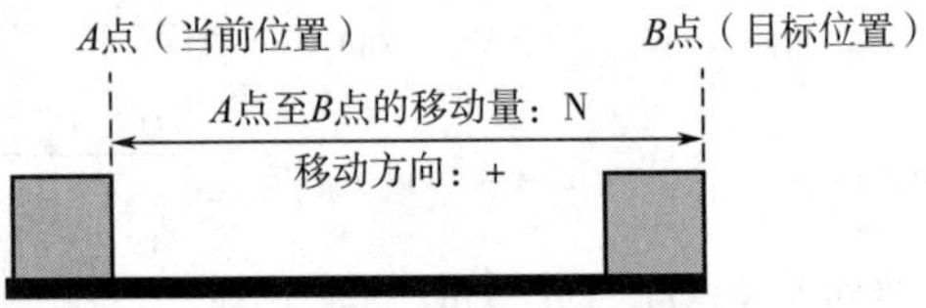

图 6-49 增量指令方式

例如进行增量方式定位时，目标点的位置是将当前停止的位置作为起始点，指定移动方向及移动量进行定位，此时原点的位置不用考虑，如图 6-50 所示。

计算工件的移动量时，绝对指令方式下移动量等于开始位置地址和目标位置地址之间的差值，而增量指令方式下，移动量已直接指定。

（三）程序设计

定位控制相关的数据填在编程软件 GX-Works 的定位模块的轴 1 定位数据中，如图 6-51 所示，轴 1 定位数据运行模式为：单独定位控制（定位结束）；控制方式为：

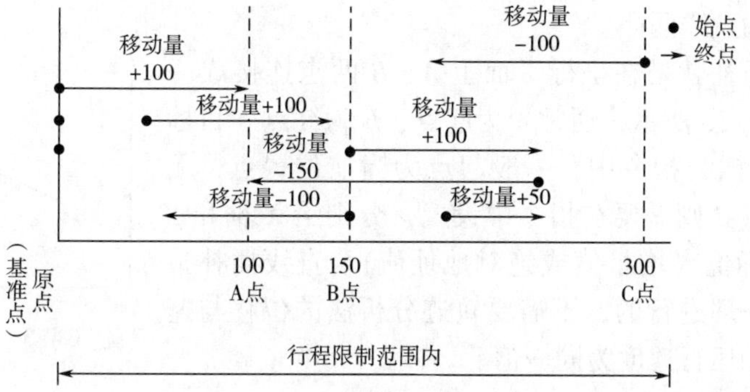

图 6-50　增量方式的定位

绝对指令方式 ABS；定位地址：工件放置目标位置地址；指令速度：10000pulse/s。

No.	运行模式	控制方式	插补对象轴	加速时间No.	减速时间No.	定位地址	圆弧地址	指令速度	停留时间	M代码
1	0:结束	01h:ABS 直线1	-	0:20	0:20	-21510 pulse	0 pulse	100000 pulse/s	0 ms	0
	<定位注释>工件抓取位置									

图 6-51　定位模块的轴 1 定位数据

单轴定位控制程序如图 6-52 所示。

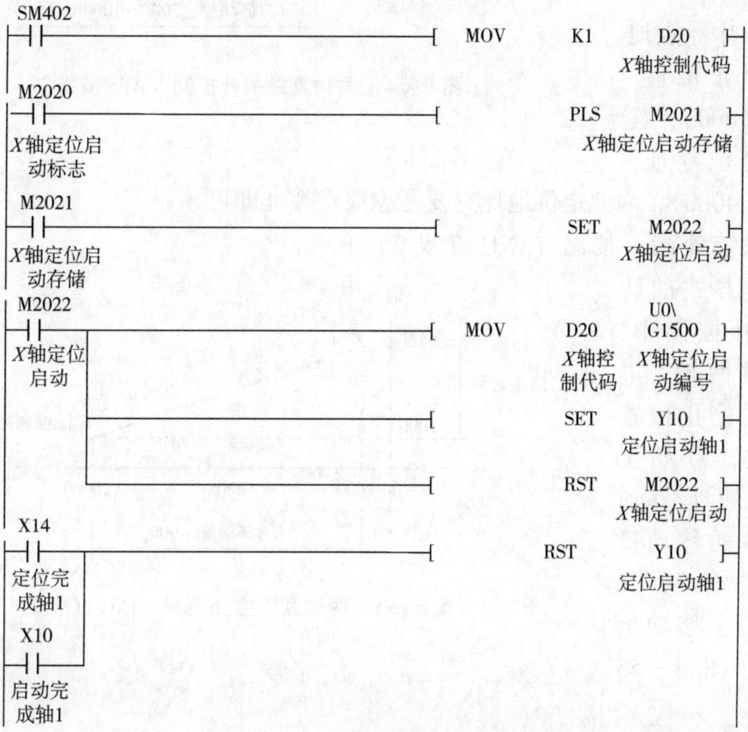

图 6-52　单轴定位控制程序

四、两轴插补控制

（一）两轴直线插补

所谓直线插补就是在坐标平面上 A、B 两点连接成一条直线，如图 6-53 所示，通常 A 为起点，B 为终点（目标位置）。在直线插补指令中，一般起点为当前位置点，无须设置，而终点 B 则需要在指令中设置，分别给 X 轴和 Y 轴设置终点坐标值（增量值或绝对地址值）。直线插补指令是按照插补原理进行的，不需要轨迹分析法的位移与速度成比例，两轴运行速度为同一值。

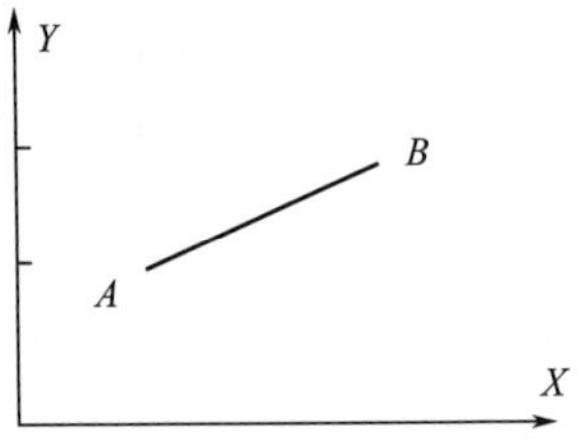

图 6-53　两轴直线插补

1. 两轴直线插补控制（ABS 直线 2）

在绝对方式的两轴直线控制中，使用指定的两轴，从当前停止位置（始点地址）开始，向“Da.6 定位地址/移动量”中设置的地址（终点地址）进行直线插补定位，如图 6-54 所示。

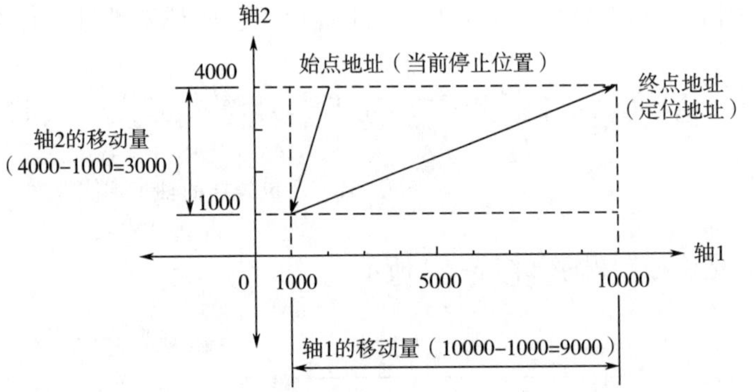

图 6-54　两轴直线插补控制（ABS 直线 2）

图 6-54 中始点地址（当前停止位置）为（1000，1000），终点地址（定位地址）为（10000，4000），因此定位地址只要考虑终点地址即可。

2. 两轴直线插补控制（INC 直线 2）

在增量方式的两轴直线插补控制中，使用指定的两轴，进行从当前的停止位置（始点地址）开始至“Da.6 定位地址/移动量”中设置的移动量的直线插补定位，移动方向取决于移动量的符号，如图 6-55 所示。

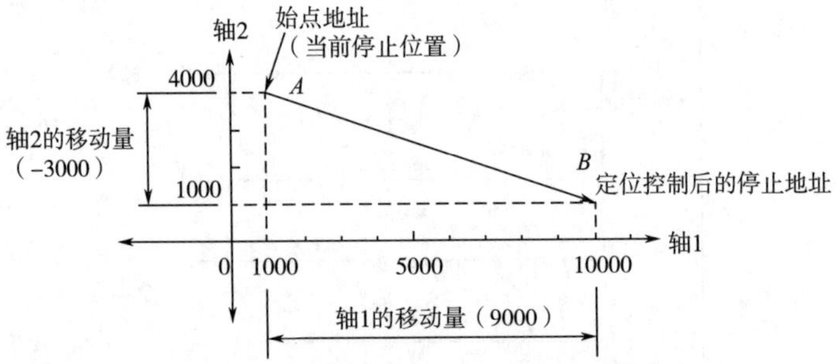

图 6-55　两轴直线插补控制（INC 直线 2）

图 6-49 中轴 1 的移动量为 9000，轴 2 的移动量为−3000，因此对应终点位置 B 来说对应的轴 1（X 轴）定位数据为 9000，轴 2（Y 轴）的定位数据为−3000。

（二）两轴圆弧插补

圆弧插补的含义是在平面上用一条圆弧把已知两点连接起来。由数学知识可知，过两点 A、B 的圆弧的圆心一定在两点连线的垂直平分线上。如图 6-56（a）所示，以垂直平分线上任一点 O 为圆心，都可以作一条半径为 OA 的过 A、B 两点的圆弧，因此，连接 A、B 两点的圆弧有无数条。一旦圆心 O 确定后，过 A、B 的圆弧有两条，$\widehat{ANB}$ 为劣弧，$\widehat{AMB}$ 为优弧，如果以 A 为起始点，B 为终点，圆弧 $\widehat{ANB}$ 为顺时针方向即圆弧左，圆弧 $\widehat{AMB}$ 为逆时针方向即圆弧右，如图 6-56（b）所示。

QD75P4N 定位模块圆弧插补主要有两种：辅助点指定圆弧插补和中心点指定圆弧插补，此两种圆弧插补方式根据坐标地址又分增量值 INC 或绝对地址值 ABS 方式。

1. 辅助点指定圆弧插补

在“两轴圆弧插补控制”（“控制方式” =ABS 圆弧插补，INC 圆弧插补）中，使用两台马达，在对各自设置的轴方向进行插补的同时，以通过指定辅助点的圆弧轨迹进行位置控制，如图 6-57 所示。

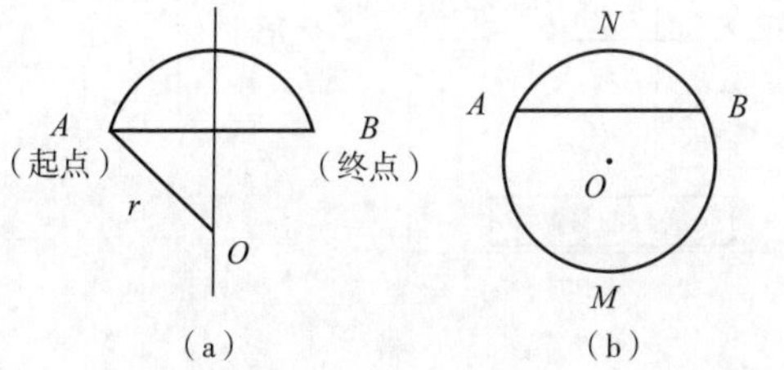

图 6-56　圆弧插补

（a）确定圆心 O　（b）以 O 为圆心过 A、B 两点作弧

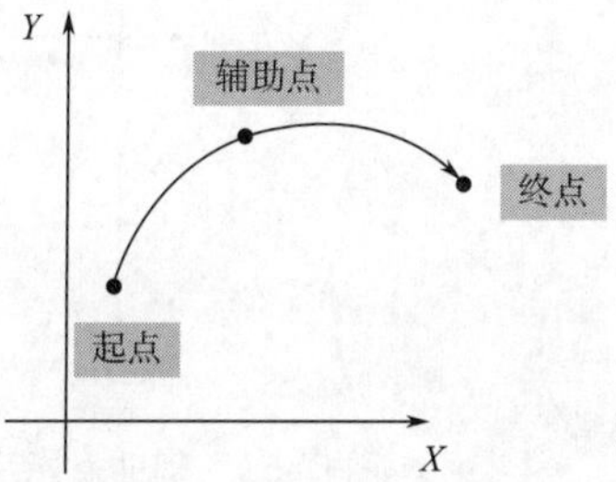

图 6-57　辅助点圆弧插补

（1）辅助点指定的两轴圆弧插补控制（ABS 圆弧插补）。

在绝对方式、辅助点指定的两轴圆弧插补控制中，从当前停止位置（始点地址）开始，向“Da. 6 定位地址/移动量”中设置的地址（终点地址），以通过“Da. 7 圆弧地址”中设置的辅助点地址（辅助点地址）的圆弧轨迹进行定位。

插补控制的轨迹为，以始点地址（当前停止位置）与辅助点地址（圆弧地址）以及辅助点地址（圆弧地址）与终点地址（定位地址）的垂直等分线的交点为中心的圆弧，如图 6-58 所示。

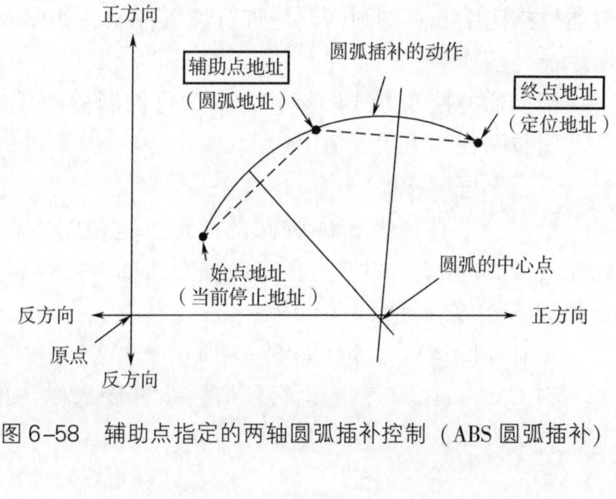

图 6-58　辅助点指定的两轴圆弧插补控制（ABS 圆弧插补）

（2）辅助点指定的两轴圆弧

插补控制（INC 圆弧插补）。

在增量方式、辅助点指定的两轴圆弧插补控制中，从当前停止位置（始点地址）开始，向着“Da. 6 定位地址/移动量”中设置的移动量的位置，以通过“Da. 7 圆弧地址”中设置的辅助点地址（辅助点地址）的圆弧轨迹进行定位。移动方向取决于移动量的符号。

控制轨迹为，以始点地址（当前停止位置）至辅助点的移动量算出的辅助点地址（圆弧地址）以及辅助点地址（圆弧地址）至终点的移动量算出的终点地址（定位地址）的垂直等分线的交点为中心的圆弧，如图 6-59 所示。

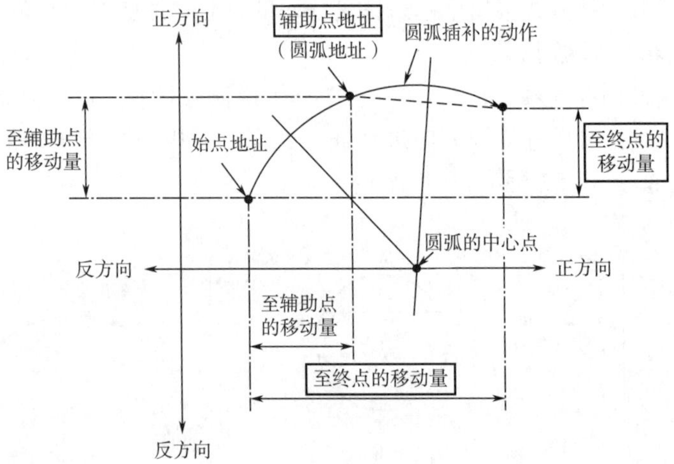

图 6-59　辅助点指定的两轴圆弧插补控制（INC 圆弧插补）

2. 中心点指定两轴圆弧插补

在“两轴圆弧插补控制”（“Da. 2 控制方式”=ABS 圆弧右、INC 圆弧右、ABS 圆弧左、INC 圆弧左）中，使用两台马达，在对各自设置的轴方向进行插补的同时，以通过指定中心点的圆弧轨迹进行位置控制，如图 6-60 所示。

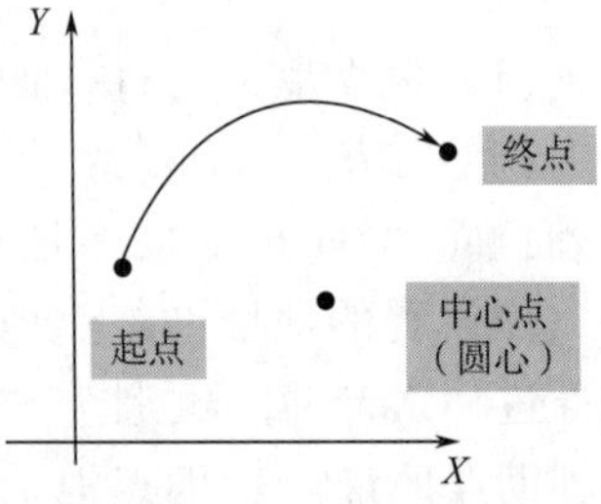

图 6-60　中心点圆弧插补

根据插补控制方式的旋转方向、可控制的圆弧中心角、定位路径如下图 6-61 所示。

（三）程序设计

绘制一个直径为 5cm 的圆的图形，定位基本参数：10000；插补方式：中心点指定两轴圆弧插补；控制方式：*INC* 圆弧右；两根轴的定位数据如图 6-62 所示。

插补绘图运行程序如图 6-63 所示。

在 GX-Works 软件中运行模拟插补图形效果，如图 6-64 所示。

<table>
<tr><th>控制方式</th><th>旋转方向</th><th>可控制的圆弧
的中心角</th><th>定位路径</th></tr>
<tr><td>ABS圆弧右</td><td rowspan="2">右旋</td><td rowspan="4">0<θ≤360</td><td rowspan="2">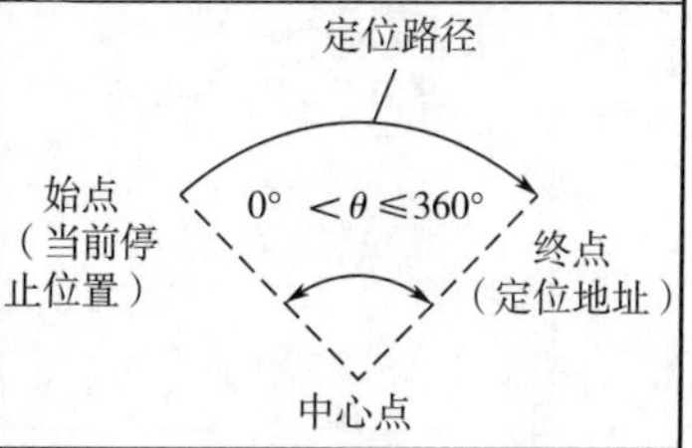
</td></tr>
<tr><td>INC圆弧右</td></tr>
<tr><td>ABS圆弧左</td><td rowspan="2">左旋</td><td rowspan="2">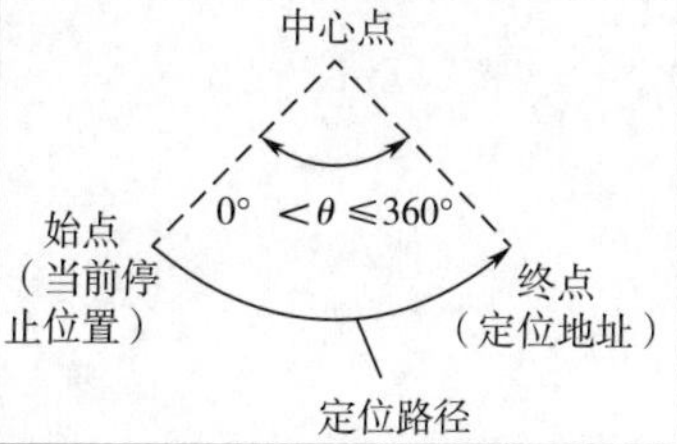
</td></tr>
<tr><td>INC圆弧左</td></tr>
</table>

图 6-61　中心点指定两轴圆弧插补控制方式

No.	运行模式	控制方式	插补对象轴	加速时间No.	减速时间No.	定位地址	圆弧地址	指令速度
7	0:结束	11h:INC 圆弧右	轴2	0:20	0:20	0 pulse	-25000 pulse	50000 pulse/s

（a）

No.	运行模式	控制方式	插补对象轴	加速时间No.	减速时间No.	定位地址	圆弧地址	指令速度
7						0 pulse	0 pulse	0 pulse/s

（b）

图 6-62　两根轴的定位数据
（a）轴 1 定位数据　（b）轴 2 定位数据

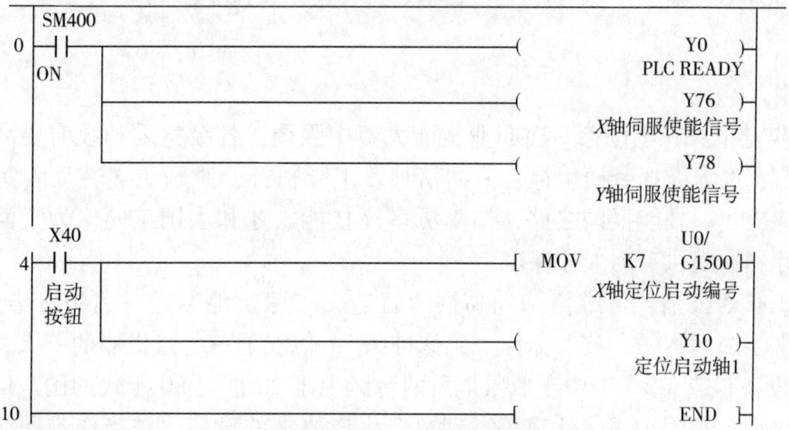

图 6-63　圆的插补绘图运行程序

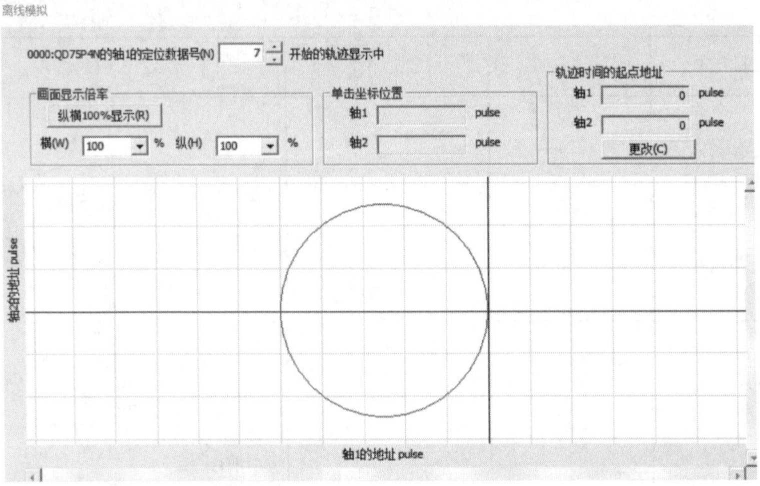

图 6-64　圆的插补模拟效果

直角坐标机械手三轴控制

配套课件　　　　教学视频

任务四　技能训练 1：大国工匠·匠心筑梦——直角坐标机械手三轴控制

一、思政引入

2020 年党中央在全国第一届职业技能大赛中强调，各级党委和政府要高度重视技能人才工作，大力弘扬劳模精神、劳动精神、工匠精神，激励更多劳动者特别是青年一代走技能成才、技能报国之路，培养更多高技能人才和大国工匠，为全面建设社会主义现代化国家提供有力人才保障。

大国工匠刘云清：从维修工到高铁“智造”专家。他本是一名中专毕业的钳工，却因为掌握了多门本领，被人称作“维修神医”；他本是一名修机器的工人，却偏偏要做“智能设备制造专家”。中车戚墅堰所两台诞生于 20 世纪 80 年代的国产磨床，本应属于淘汰序列，却因为国内外都买不到适合生产要求的设备，被当作难题交给了刘云清。1μm 就是 0. 001mm，面对这样的精度要求，刘云清沉下心来，摸透了每一个零件的偏差度，用了三四个月的时间，愣是把不可能变成了可能，让十几万元的国产设备达到上百万元的进口设备都无法达到的精度要求。正如中共中央政治局常委、国务院总理李克强指出的，提高职业技能是促进中国制造和服务迈向中高端的重要基础。

二、控制要求

本项目来自全国机械行业职业教育技能大赛比赛内容，在“机电设备安装与调试竞赛平台”上进行，平台主要由实训工作台、龙门式直角坐标机械手、供料转台、绘图平台（或接料转台）、视觉系统、电控系统等组成，如图 6-65 所示。

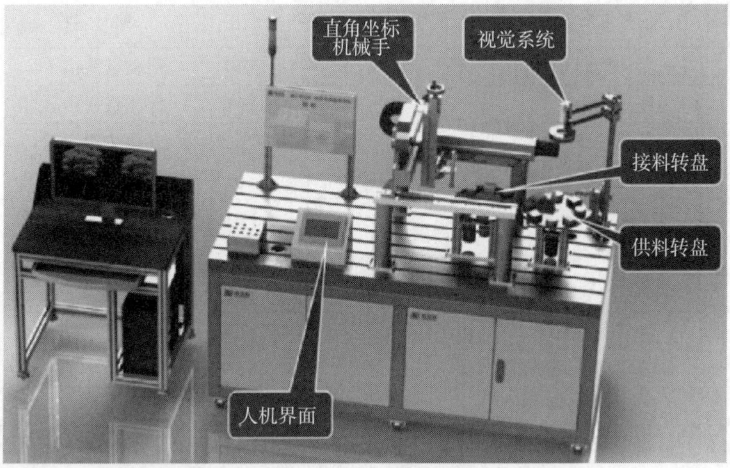

图 6-65　机电设备安装与调试竞赛平台

① 实现直角坐标机械手 X 轴、Y 轴伺服电机正反方向 JOG 点动。

② 实现直角坐标机械手 X 轴、Y 轴伺服电机分别回原点。

③ 实现直角坐标机械手 X 轴、Y 轴伺服电机分别绝对定位运动。

④ 完成 Z 轴工件的抓取和 X 轴、Y 轴实现工件从供料盘到接料盘的搬运控制。

⑤ 工件搬运定位误差精度需要控制在 0.001mm 之内。

三、项目实施

（一）PLC 各模块配置

控制设备各模块的配置，如图 6-66 所示，在 GX-Works 软件中的 PLC 参数中完成配置和程序一起下载到 PLC 中。

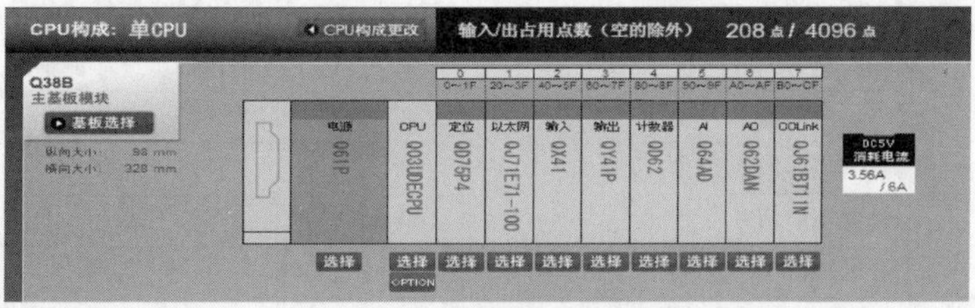

图 6-66　PLC 各模块配置

（二）I/O 分配

根据工作单元装置的 I/O 信号分配和工作任务的要求，PLC 选用三菱 Q03UDE_CPU，输入模块选用 QX41，输出模块 QY41P，共 32 点输入和 32 点输出，如表 6-29、表 6-30 所示。

表 6-29　　PLC 的 I/O 接线表

输入信号				输出信号			
序号	输入	信号名称	信号来源	序号	输出	信号名称	信号来源
1	X40	启动按钮	按钮盒	1	Y60	启动按钮指示灯	按钮盒
2	X41	停止按钮		2	Y61	停止按钮指示灯	
3	X42	复位按钮		3	Y62	复位按钮指示灯	
4	X43	急停按钮		4	Y63	轴+按钮指示灯	
5	X04	手/自动旋钮		5	Y64	轴-按钮指示灯	
6	X45	手动/轴+按钮		6	Y65	*X* 轴按钮就指示灯	
7	X46	手动/轴-按钮		7	Y66	*Y* 轴按钮就指示灯	
8	X47	手动/*X* 轴按钮		8	Y67	*Z* 轴按钮就指示灯	
9	X48	手动/*Y* 轴按钮		9	Y68	三色报警灯（Y）	三色灯
10	X49	手动/*Z* 轴按钮		10	Y69	三色报警灯（G）	
11	X4A	供料转盘定位检测信号	传感器	11	Y6A	三色报警灯（R）	
12	X4B	供料转盘工件检测信号		12	Y6B	夹爪夹紧电磁阀	电磁阀
13	X4C	夹爪夹紧到位信号		13	Y6C	夹爪松开电磁阀	
14	X4D	夹爪松开到位信号		14	Y6D	真空吸盘伸出电磁阀	
15	X4E	真空吸盘伸出到位信号		15	Y6E	真空吸盘缩回电磁阀	
16	X4F	真空吸盘缩回到位信号		16	Y6F	真空吸盘吸气电磁阀	
17	X50	视觉检测信号 1	视觉（备用）	17	Y70	真空吸盘释放电磁阀	
18	X51	视觉检测信号 2		18	Y71	视觉拍照信号	视觉备用
19	X52	视觉检测信号 3		19	Y72	供料转盘电机正转	交流电机
20	X53	压力检测信号	编码器	20	Y73	供料转盘电机反转	
21	X54	编码器当前值 0		21	Y74	接料转盘电机正转	
22	X55	编码器当前值 1		22	Y75	接料转盘电机反转	
23	X56	编码器当前值 2		23	Y76	*X* 轴伺服使能信号	备用
24	X57	编码器当前值 3		24	Y77	*X* 轴伺服复位信号	
25	X58	编码器当前值 4		25	Y78	*Y* 轴伺服使能信号	
26	X59	编码器当前值 5		26	Y79	*Y* 轴伺服复位信号	
27	X5A	编码器当前值 6		27	Y7A	*Z* 轴步进使能信号	
28	X5B	编码器当前值 7		28	Y7B	备用	
29	X5C	编码器当前值 8		29	Y7C	备用	
30	X5D	编码器当前值 9		30	Y7D	备用	
31	X5E	备用		31	Y7E	备用	
32	X5F	备用		32	Y7F	备用	

表 6-30　　　　　　　　　　接线端口端子信号的分配表

输入端口中间层（FX-40_ 1）			输出端口中间层（FX-40_ 2）		
端子号	设备符号	信号线	端子号	设备符号	信号线
B01	SB1	启动按钮	B01	HB1	启动按钮指示灯
B02	SB2	停止按钮	B02	HB2	停止按钮指示灯
B03	SB3	复位按钮	B03	HB3	复位按钮指示灯
B04	SB4	急停按钮	B04	HB4	轴+按钮指示灯
B05	SA1	手/自动旋钮	B05	HB5	轴-按钮指示灯
B06	SB5	手动/轴+按钮	B06	HB6	*X* 轴按钮就指示灯
B07	SB6	手动/轴-按钮	B07	HB7	*Y* 轴按钮就指示灯
B08	SB7	手动/*X* 轴按钮	B08	HB8	*Z* 轴按钮就指示灯
B09	SB8	手动/*Y* 轴按钮	B09	HB9	三色报警灯（Y）
B10	SB9	手动/*Z* 轴按钮	B10	HB10	三色报警灯（G）
B11	B1	供料转盘定位检测信号	B11	HB11	三色报警灯（R）
B12	B2	供料转盘工件检测信号	B12	YV1	夹爪夹紧电磁阀
B13	B3	夹爪夹紧到位信号	B13	YV2	夹爪松开电磁阀
B14	B4	夹爪松开到位信号	B14	YV3	真空吸盘伸出电磁阀
B15	B5	真空吸盘伸出到位信号	B15	YV4	真空吸盘缩回电磁阀
B16	B6	真空吸盘缩回到位信号	B16	YV5	真空吸盘吸气电磁阀
B17		备用	B17		备用
B18		备用	B18		备用
B19	COM1	24V	B19	COM+	24V
B20	COM2	24V	B20	COM+	24V
A01		视觉检测信号 1	A01	YV6	真空吸盘释放电磁阀
A02		视觉检测信号 2	A02		视觉拍照信号
A03		视觉检测信号 3	A03	KA1	供料转盘电机正转
A04	B7	压力检测信号	A04	KA2	供料转盘电机反转
A05		编码器当前值 0	A05		接料转盘电机正转
A06		编码器当前值 1	A06		接料转盘电机反转
A07		编码器当前值 2	A07		*X* 轴伺服使能信号
A08		编码器当前值 3	A08		*X* 轴伺服复位信号
A09		编码器当前值 4	A09		*Y* 轴伺服使能信号
A10		编码器当前值 5	A10		*Y* 轴伺服复位信号
A11		编码器当前值 6	A11		*Z* 轴步进使能信号
A12		编码器当前值 7			
A13		编码器当前值 8			
A14		编码器当前值 9			
A15		备用	A19	COM-	0V
A16		备用	A20	COM-	0V

（三）电气原理图

（1）QX41 输入模块接线图，如图 6-67 所示。

（2）QY41P 输出模块接线图，如图 6-68 所示。

（3）定位模块接线，如图 6-69 所示。

（4）伺服与步进驱动器接线，如图 6-70、图 6-71 所示。

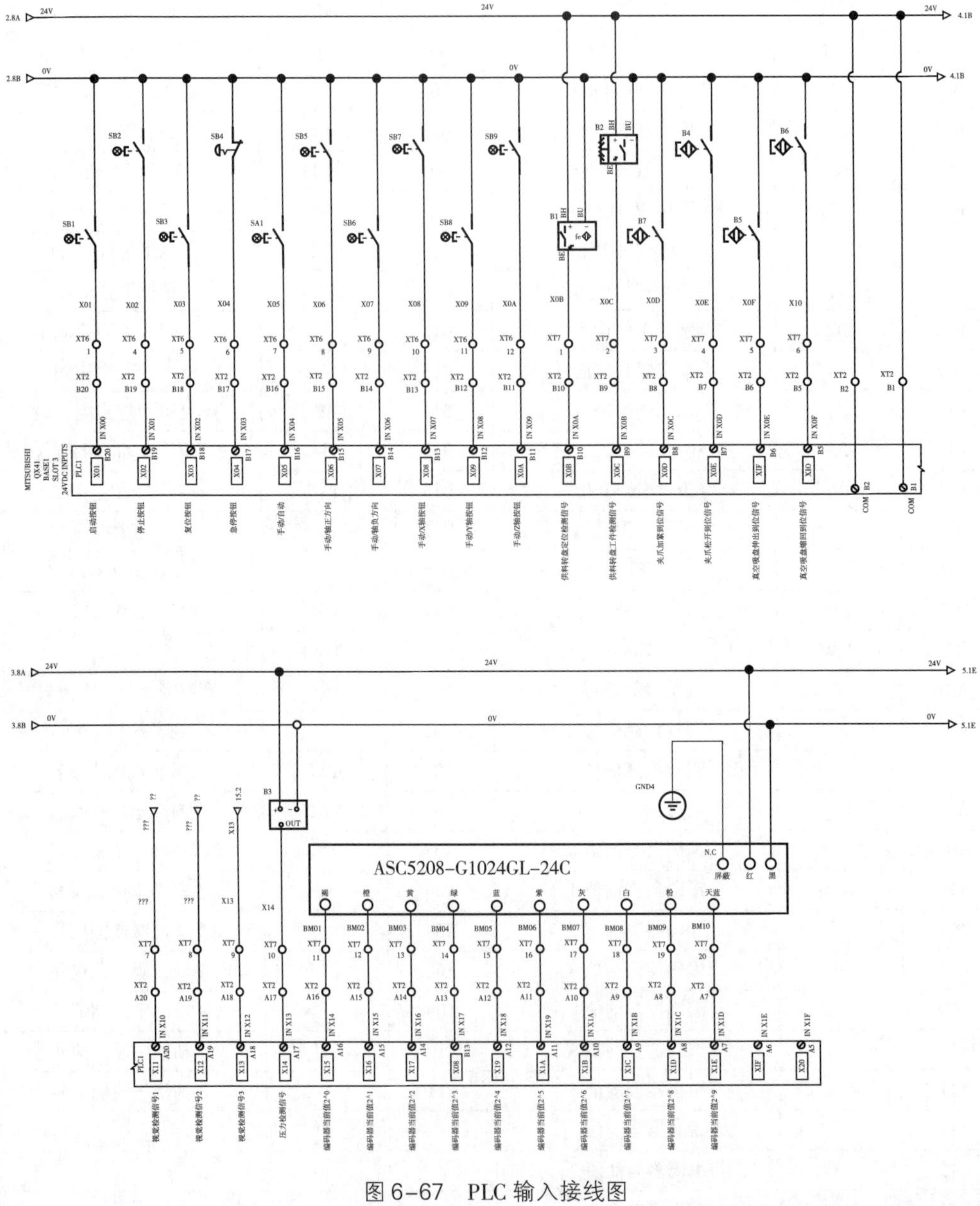

图 6-67　PLC 输入接线图

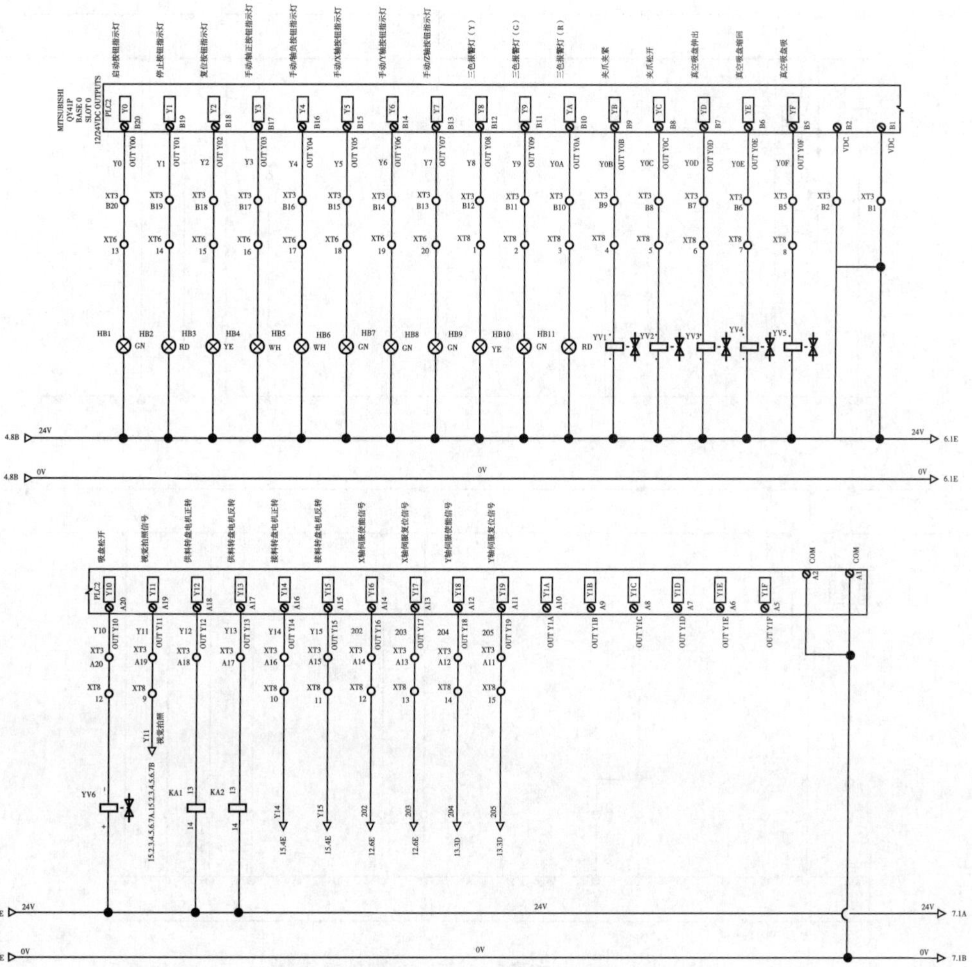

图 6-68　PLC 输出接线图

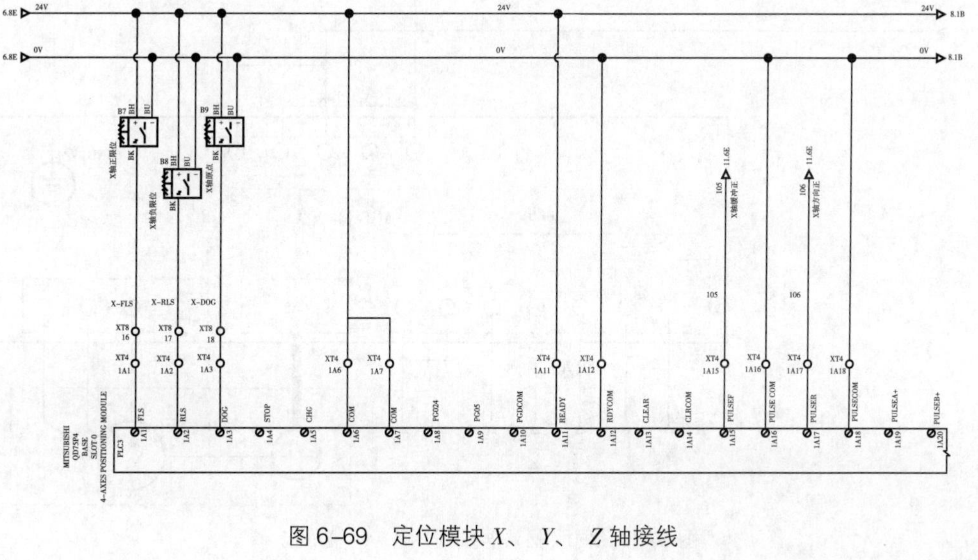

图 6-69　定位模块 *X*、 *Y*、 *Z* 轴接线

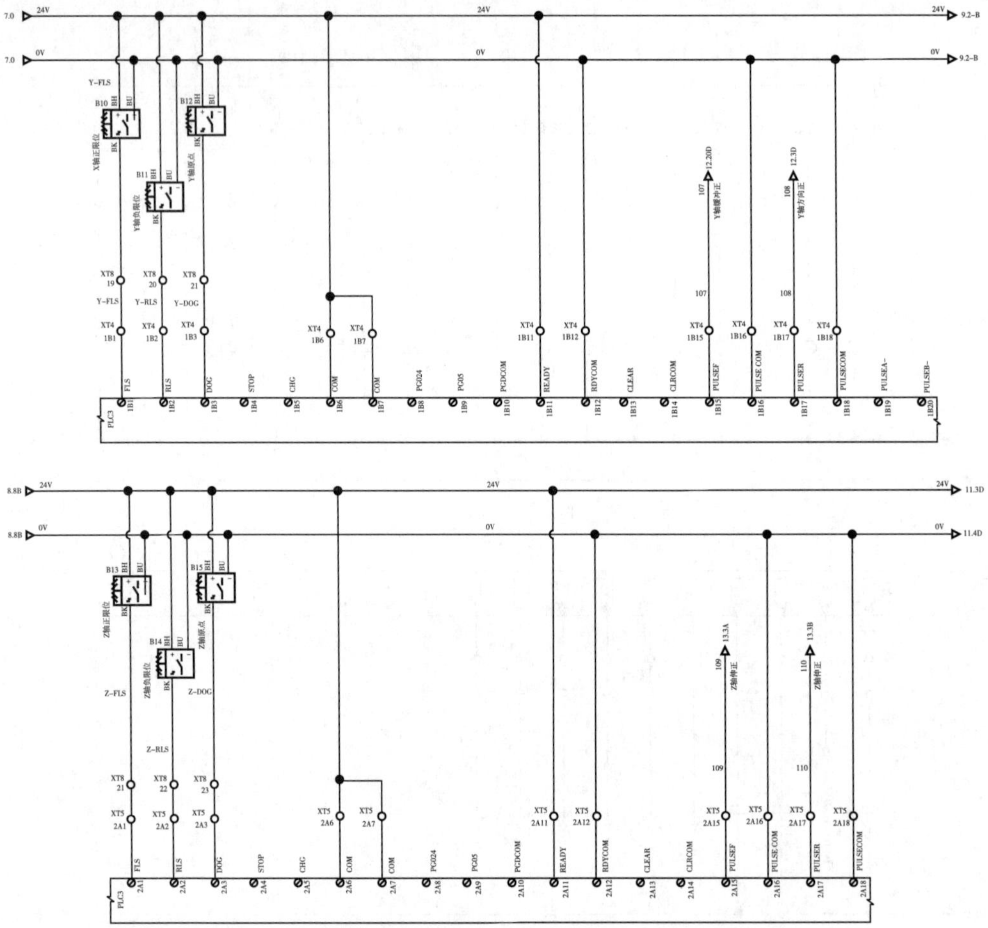

图 6-69 定位模块 *X*、 *Y*、 *Z* 轴接线（续）

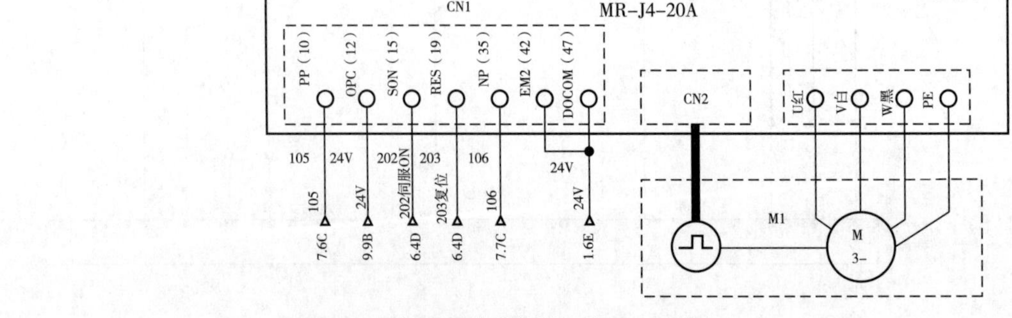

图 6-70 伺服驱动器接线图（*X*、 *Y* 轴）

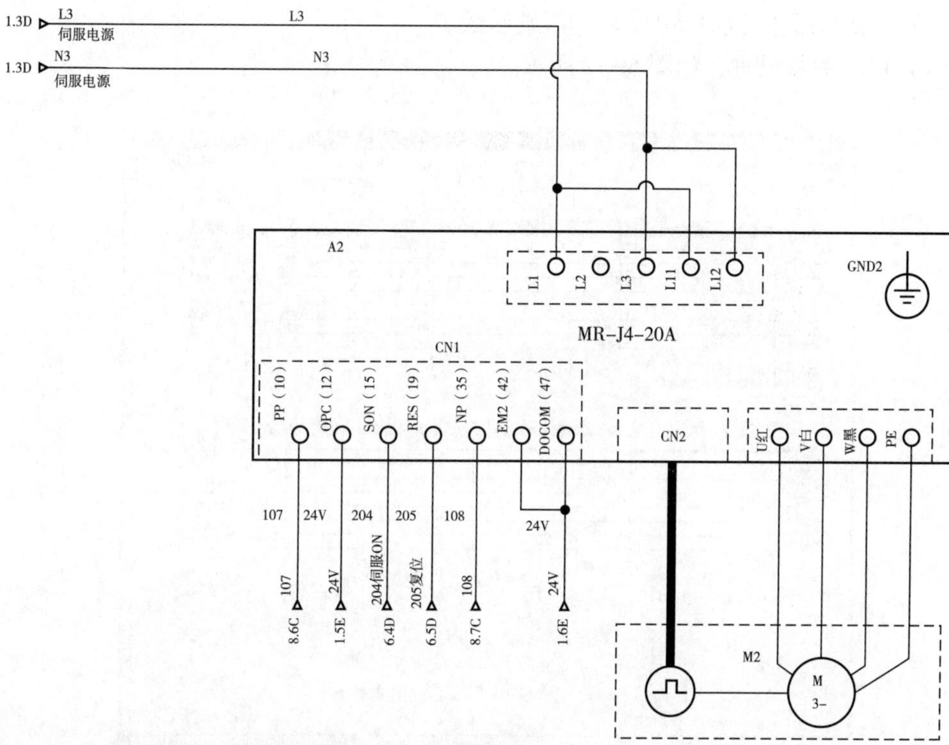

图 6-70 伺服驱动器接线图（*X*、*Y* 轴）（续）

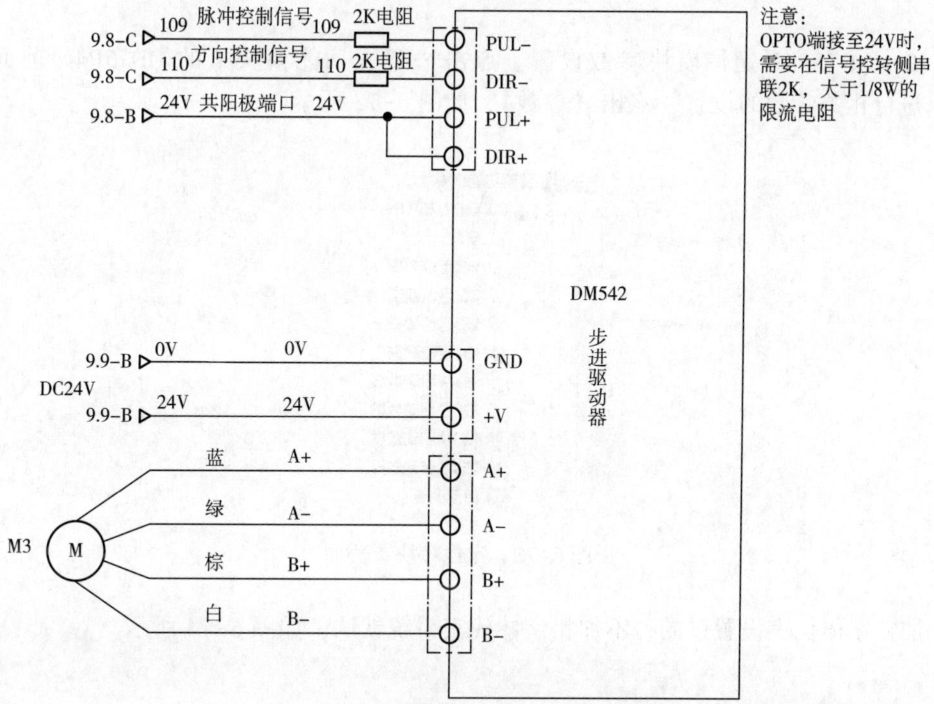

图 6-71 步进驱动器接线（*Z* 轴）

（四）参数配置（QD75P4N、伺服端参数）

（1）PLC 参数设置，如图 6-72 所示。

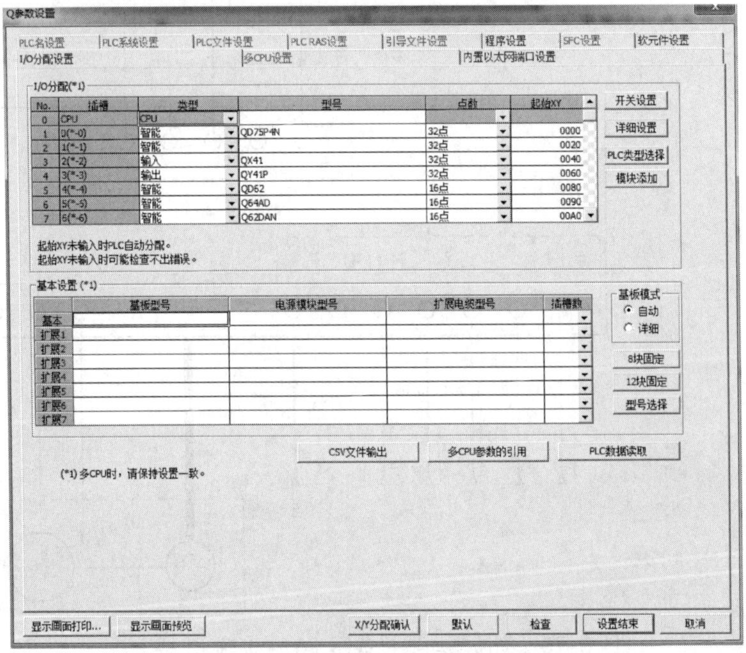

图 6-72　PLC 模块分配

（2）QD75P4N 定位模块参数设置。点击“智能功能模块下的 QD75P4N 前面的“+”进行相关参数的设置”点击【参数】，如图 6-73 所示。

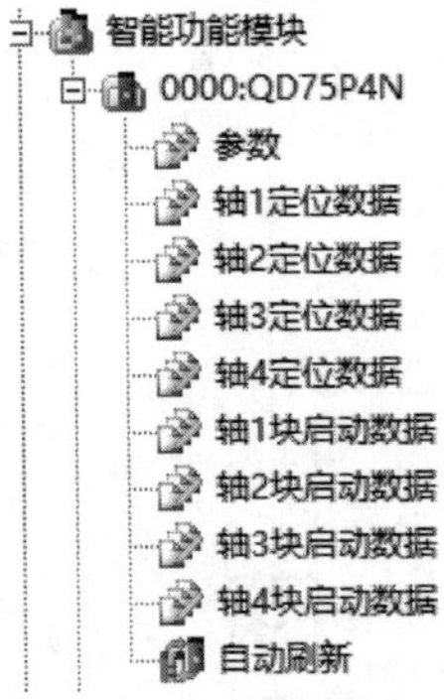

图 6-73　定位模块参数

加粗字体代表设置过的、不加粗字体代表系统默认，如图 6-74 所示。

项目	轴1
单位设置	3:pulse
每转的脉冲数	5000 pulse
每转的移动量	500 pulse
单位倍率	10:x10倍
脉冲输出模式	0:PULSE/SIGN模式
旋转方向设置	1:通过反转脉冲输出增加当前值
启动时偏置速度	0 pulse/s

（a）

项目	轴1
速度限制值	200000 pulse/s
加速时间0	20 ms
减速时间0	20 ms

（b）

项目	轴1
齿隙补偿量	0 pulse
软件行程限位上限值	2147483647 pulse
软件行程限位下限值	-2147483648 pulse
软件行程限位选择	1:对进给机械值进行软件限位
启用/禁用软件行程限位设置	0:启用
指令到位范围	100 pulse
转矩限制设定值	300 %
M代码ON信号输出时序	0:WITH模式
速度切换模式	0:标准速度切换模式
插补速度指定方法	0:合成速度
速度控制时的进给当前值	0:不进行进给当前值的更新
输入信号逻辑选择:下限限位	1:正逻辑
输入信号逻辑选择:上限限位	1:正逻辑
输入信号逻辑选择:驱动器模块就绪	0:负逻辑
输入信号逻辑选择:停止信号	0:负逻辑
输入信号逻辑选择:外部指令	0:负逻辑
输入信号逻辑选择:零点信号	0:负逻辑
输入信号逻辑选择:近点信号	0:负逻辑
输入信号逻辑选择:手动脉冲发生器输入	0:负逻辑
输出信号逻辑选择:指令脉冲信号	0:负逻辑
输出信号逻辑选择:偏差计数器清除	0:负逻辑
手动脉冲发生器输入选择	0:A相/B相模式(4倍频)
速度・位置功能选择	0:速度・位置切换控制(INC模式)

（c）

图 6-74　定位模块基本参数

项目	轴1
加速时间1	10 ms
加速时间2	10 ms
加速时间3	10 ms
减速时间1	10 ms
减速时间2	10 ms
减速时间3	10 ms
JOG速度限制值	200000 pulse/s
JOG运行加速时间选择	0:20
JOG运行减速时间选择	0:20
加减速处理选择	0:梯形加减速处理
S字比率	100 %
快速停止减速时间	1000 ms
停止组1快速停止选择	0:通常的减速停止
停止组2快速停止选择	0:通常的减速停止
停止组3快速停止选择	0:通常的减速停止
定位完成信号输出时间	300 ms
圆弧插补间误差允许范围	100 pulse
外部指令功能选择	0:外部定位启动

（d）

原点回归方式	5:计数型②
原点回归方向	1:负方向(地址减少方向)
原点地址	0 pulse
原点回归速度	10000 pulse/s
爬行速度	2000 pulse/s
原点回归重试	1:通过限位开关进行原点回归重试

（e）

原点回归停留时间	0 ms
近点DOG ON后的移动量设置	1000 pulse
原点回归加速时间选择	0:20
原点回归减速时间选择	0:20
原点移位量	1000 pulse
原点回归转矩限制值	300 %
偏差计数器清除信号输出时间	11 ms
原点移位时速度指定	0:原点回归速度
原点回归转重试时停留时间	0 ms

（f）

图 6-74 定位模块基本参数（续）

（a）基本参数 1 （b）基本参数 2 （c）详细参数 1

（d）详细参数 2 （e）原点回归基本参数 （f）原点回归详细参数

3 个轴各参数的设置及定位数据，如图 6-75 所示。

显示筛选(R)　全部显示

项目	轴1	轴2	轴3
基本参数1	**根据机械设备和相应电机，在系统启动时进行设置（根据可编程控制器就绪信号启用）。**		
单位设置	3:pulse	3:pulse	3:pulse
每转的脉冲数	5000 pulse	5000 pulse	5000 pulse
每转的移动量	500 pulse	500 pulse	500 pulse
单位倍率	10:x10倍	10:x10倍	10:x10倍
脉冲输出模式	0:PULSE/SIGN模式	0:PULSE/SIGN模式	0:PULSE/SIGN模式
旋转方向设置	1:通过反转脉冲输出增加当前值	1:通过反转脉冲输出增加当前值	1:通过反转脉冲输出增加当前值
启动时偏置速度	0 pulse/s	0 pulse/s	0 pulse/s
基本参数2	**根据机械设备和相应电机，在系统启动时进行设置。**		
速度限制值	200000 pulse/s	200000 pulse/s	200000 pulse/s
加速时间0	20 ms	20 ms	200 ms
减速时间0	20 ms	20 ms	200 ms

(a)

显示筛选(R)　全部显示

项目	轴1	轴2	轴3
详细参数1	**与系统配置匹配，系统启动时设置（通过可编程控制器就绪信号启用）。**		
齿隙补偿量	0 pulse	0 pulse	0 pulse
软件行程限位上限值	2147483647 pulse	2147483647 pulse	2147483647 pulse
软件行程限位下限值	-2147483648 pulse	-2147483648 pulse	-2147483648 pulse
软件行程限位选择	1:对进给机械值进行软件限位	1:对进给机械值进行软件限位	1:对进给机械值进行软件限位
启用/禁用软件行程限位设置	0:启用	0:启用	0:启用
指令到位范围	100 pulse	100 pulse	100 pulse
转矩限制设定值	300 %	300 %	300 %
M代码ON信号输出时序	0:WITH模式	0:WITH模式	0:WITH模式
速度切换模式	0:标准速度切换模式	0:标准速度切换模式	0:标准速度切换模式
插补速度指定方法	0:合成速度	0:合成速度	0:合成速度
速度控制时的进给当前值	0:不进行进给当前值的更新	0:不进行进给当前值的更新	0:不进行进给当前值的更新
输入信号逻辑选择:下限限位	1:正逻辑	1:正逻辑	1:正逻辑
输入信号逻辑选择:上限限位	1:正逻辑	1:正逻辑	1:正逻辑
输入信号逻辑选择:驱动器模块就绪	0:负逻辑	0:负逻辑	0:负逻辑
输入信号逻辑选择:停止信号	0:负逻辑	0:负逻辑	0:负逻辑
输入信号逻辑选择:外部指令	0:负逻辑	0:负逻辑	0:负逻辑
输入信号逻辑选择:零点信号	0:负逻辑	0:负逻辑	0:负逻辑
输入信号逻辑选择:近点信号	0:负逻辑	0:负逻辑	0:负逻辑
输入信号逻辑选择:手动脉冲发生器输入	0:负逻辑	0:负逻辑	0:负逻辑
输出信号逻辑选择:指令脉冲信号	0:负逻辑	0:负逻辑	0:负逻辑
输出信号逻辑选择:偏差计数器清除	0:负逻辑	0:负逻辑	0:负逻辑
手动脉冲发生器输入选择	0:A相/B相模式(4倍频)		
速度·位置功能选择	0:速度·位置切换控制(INC模式)	0:速度·位置切换控制(INC模式)	0:速度·位置切换控制(INC模式)

(b)

显示筛选(R)　全部显示

项目	轴1	轴2	轴3
详细参数2	**与系统配置匹配，系统启动时设置（必要时设置）。**		
加速时间1	10 ms	10 ms	10 ms
加速时间2	10 ms	10 ms	10 ms
加速时间3	10 ms	10 ms	10 ms
减速时间1	10 ms	10 ms	10 ms
减速时间2	10 ms	10 ms	10 ms
减速时间3	10 ms	10 ms	10 ms
JOG速度限制值	200000 pulse/s	200000 pulse/s	200000 pulse/s
JOG运行加速时间选择	0:20	0:20	0:200
JOG运行减速时间选择	0:20	0:20	0:200
加减速处理选择	0:梯形加减速处理	0:梯形加减速处理	0:梯形加减速处理
S字比率	100 %	100 %	100 %
快速停止减速时间	1000 ms	1000 ms	1000 ms
停止组1快速停止选择	0:通常的减速停止	0:通常的减速停止	0:通常的减速停止
停止组2快速停止选择	0:通常的减速停止	0:通常的减速停止	0:通常的减速停止
停止组3快速停止选择	0:通常的减速停止	0:通常的减速停止	0:通常的减速停止
定位完成信号输出时间	300 ms	300 ms	300 ms
圆弧插补间误差允许范围	100 pulse	100 pulse	100 pulse
外部指令功能选择	0:外部定位启动	0:外部定位启动	0:外部定位启动

(c)

图6–75　定位模块QD75P4N 3个轴参数设置

显示筛选(R)　全部显示

项目	轴1	轴2	轴3
原点回归基本参数	**设置用于进行原点回归控制所需要的值（通过可编程控制器就绪信号启用）。**		
原点回归方式	5:计数型②	5:计数型②	5:计数型②
原点回归方向	1:负方向(地址减少方向)	1:负方向(地址减少方向)	1:负方向(地址减少方向)
原点地址	0 pulse	0 pulse	0 pulse
原点回归速度	10000 pulse/s	10000 pulse/s	10000 pulse/s
爬行速度	2000 pulse/s	2000 pulse/s	2000 pulse/s
原点回归重试	1:通过限位开关进行原点回归重试	1:通过限位开关进行原点回归重试	1:通过限位开关进行原点回归重试
原点回归详细参数	**设置用于进行原点回归控制所需要的值。**		
原点回归停留时间	0 ms	0 ms	0 ms
近点DOG ON后的移动量设置	1000 pulse	1000 pulse	1000 pulse
原点回归加速时间选择	0:20	0:20	0:200
原点回归减速时间选择	0:20	0:20	0:200
原点移位量	1000 pulse	1000 pulse	1000 pulse
原点回归转矩限制值	300 %	300 %	300 %
偏差计数器清除信号输出时间	11 ms	11 ms	11 ms
原点移位时速度指定	0:原点回归速度	0:原点回归速度	0:原点回归速度
原点回归转重试时停留时间	0 ms	0 ms	0 ms

（d）

图 6-75　定位模块 QD75P4N 3 个轴参数设置（续）

（a）设置参数 1　（b）设置参数 2　（c）设置参数 3　（d）设置参数 4

定位数据的设定，如图 6-76 所示。

显示筛选(R)　全部显示　离线模拟(L)　自动计算指令速度(U)　自动计算辅助圆弧(A)

No.	运行模式	控制方式	插补对象轴	加速时间No.	减速时间No.	定位地址	圆弧地址	指令速度	停留时间	M代码
1	0:结束 <定位注释>工件抓取位置	01h:ABS 直线1	-	0:20	0:20	-21510 pulse	0 pulse	100000 pulse/s	0 ms	0
2	0:结束 <定位注释>一号库位放置位置	01h:ABS 直线1	-	0:20	0:20	-190000 pulse	0 pulse	100000 pulse/s	0 ms	0
3	0:结束 <定位注释>二号库位放置位置	01h:ABS 直线1	-	0:20	0:20	-410000 pulse	0 pulse	100000 pulse/s	0 ms	0
4	0:结束 <定位注释>三号库位放置位置	01h:ABS 直线1	-	0:20	0:20	-430000 pulse	0 pulse	100000 pulse/s	0 ms	0
5	0:结束 <定位注释>四号库位放置位置	01h:ABS 直线1	-	0:20	0:20	-650000 pulse	0 pulse	100000 pulse/s	0 ms	0

图 6-76　定位模块 QD75P4N 的定位数据的设定

伺服驱动器参考参数，如图 6-77 所示。

代号	名称	参数
PA13	指令脉冲输入形式	0201
PA06	电子齿轮分子	(4194304)
PA07	电子齿轮分母	(10000)
PD01	输入信号自动ON选择	1C00
PA05	一圈多少脉冲	10000
PA21	模式选择	1001

图 6-77　伺服驱动器参考参数设置

（五）程序设计

三根轴的定位数据（需要根据实际设备进行 JOG 示教）：

X 轴定位数据参考，如图 6-78 所示。

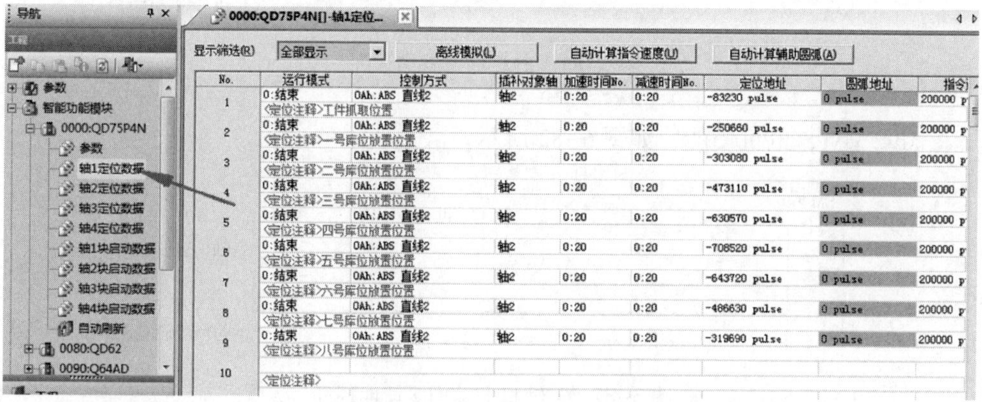

图 6-78　定位模块轴 1（*X* 轴）定位数据参考

Y 轴定位数据参考，如图 6-79 所示。

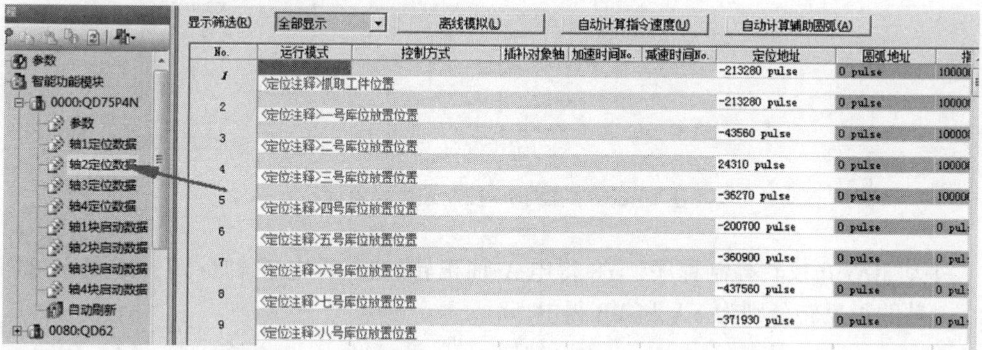

图 6-79　定位模块轴 2（*Y* 轴）定位数据参考

Z 轴定位数据参考，如图 6-80 所示。

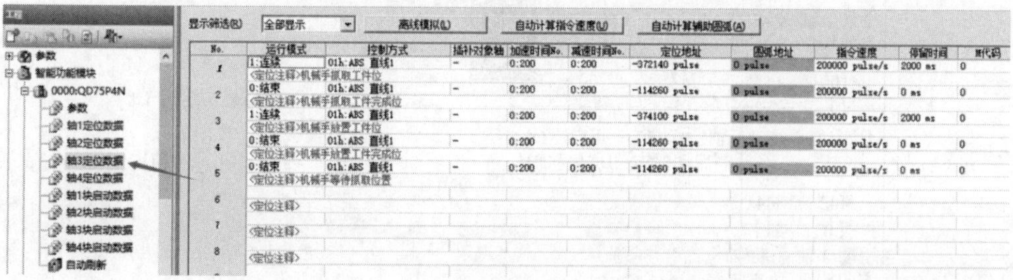

图 6-80　定位模块轴 3（*Z* 轴）定位数据参考

1. 梯形图程序设计

(1) 手动控制程序。PLC 准备就绪时，Y0 为 1，如图 6-81 所示。

图 6-81　PLC 准备就绪程序

将 M92 置 1，电机使能，如图 6-82 所示。

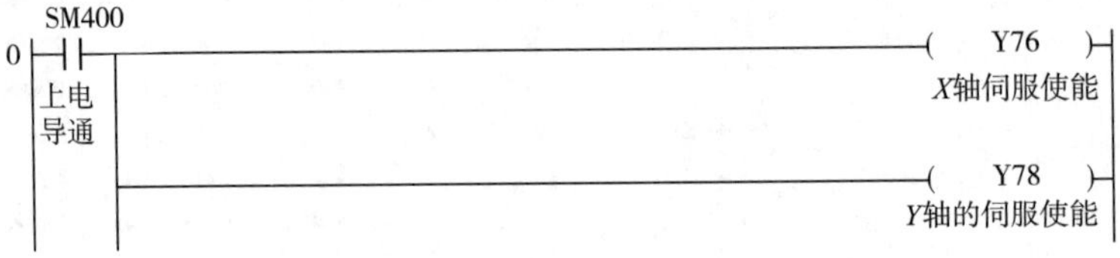

图 6-82　*X* 轴和 *Y* 轴伺服使能程序

X 轴和 *Y* 轴伺服电机 JOG 控制速度值设置，如图 6-83 所示。

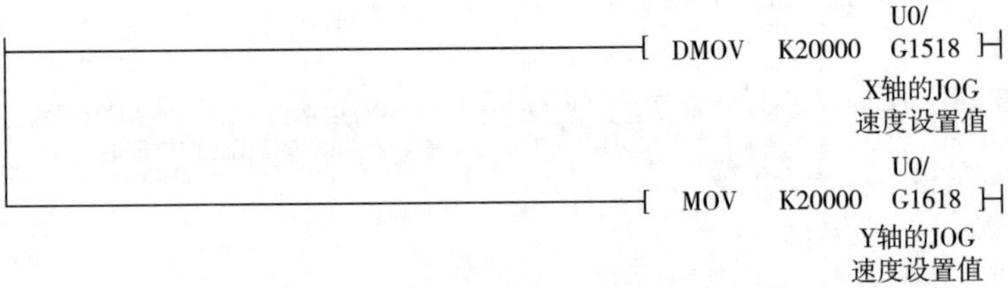

图 6-83　*X* 轴 JOG 控制速度设置程序

手动 JOG 正反转控制程序，Y8 得电 *X* 轴正转、Y9 得电 *X* 轴反转，如图 6-84 所示，*Y* 轴的正反转分别为 YA 和 YB 得电。

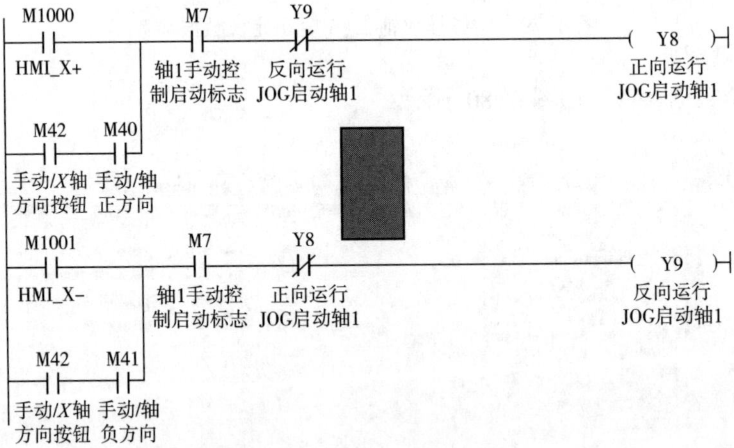

图 6-84　手动 JOG 正反转控制程序参考

（2）伺服回原点程序。*X* 轴和 *Y* 轴的原点回归程序，如图 6-85 所示。

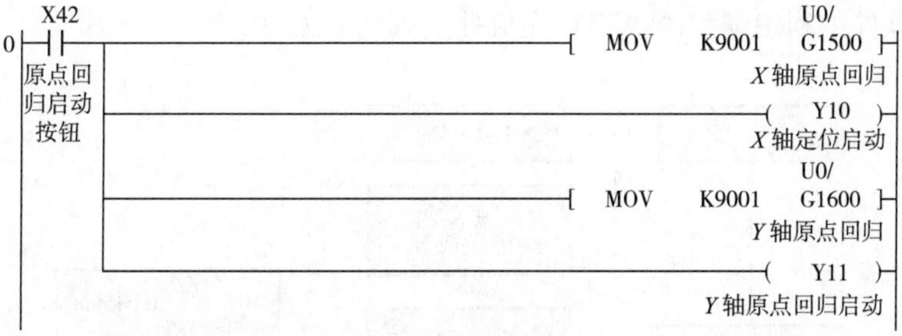

图 6-85　原点回归程序参考

（3）定位控制程序。定位模块的定位数据和程序，如图 6-86 所示。

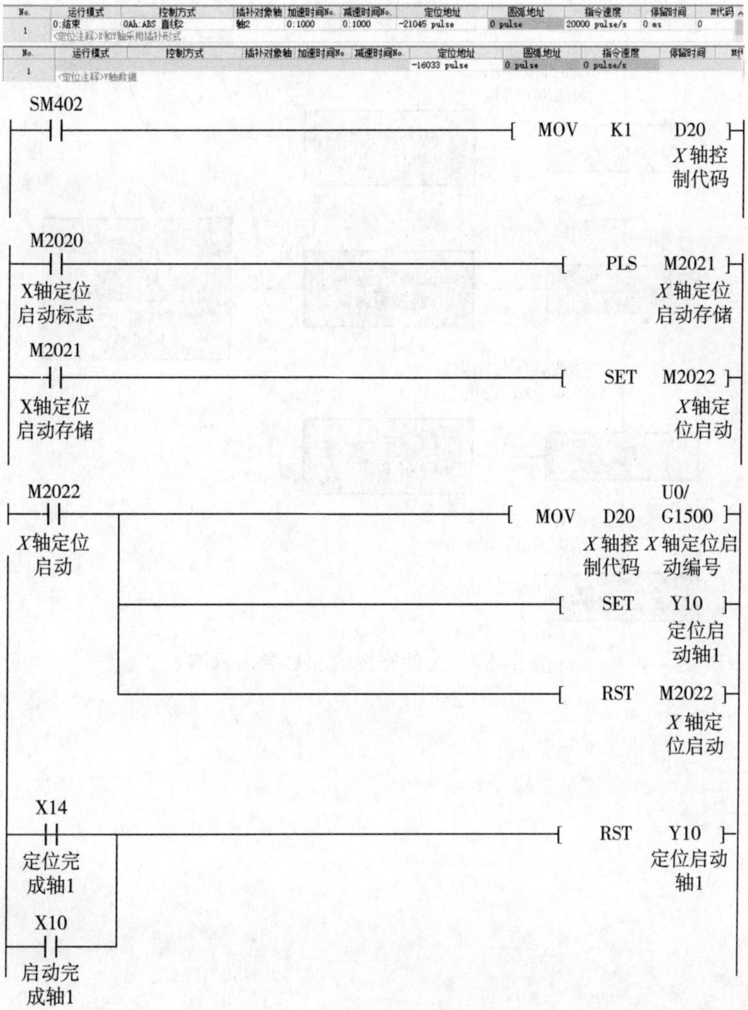

图 6-86　定位程序参考

2. 顺序功能图设计（SFC）

工件搬运的 SFC 参考程序如图 6-87 所示，定位数据和上面梯形图程序的一致，在 GX-Works 软件中利用编程语言 SFC 完成并下载到 PLC 中。

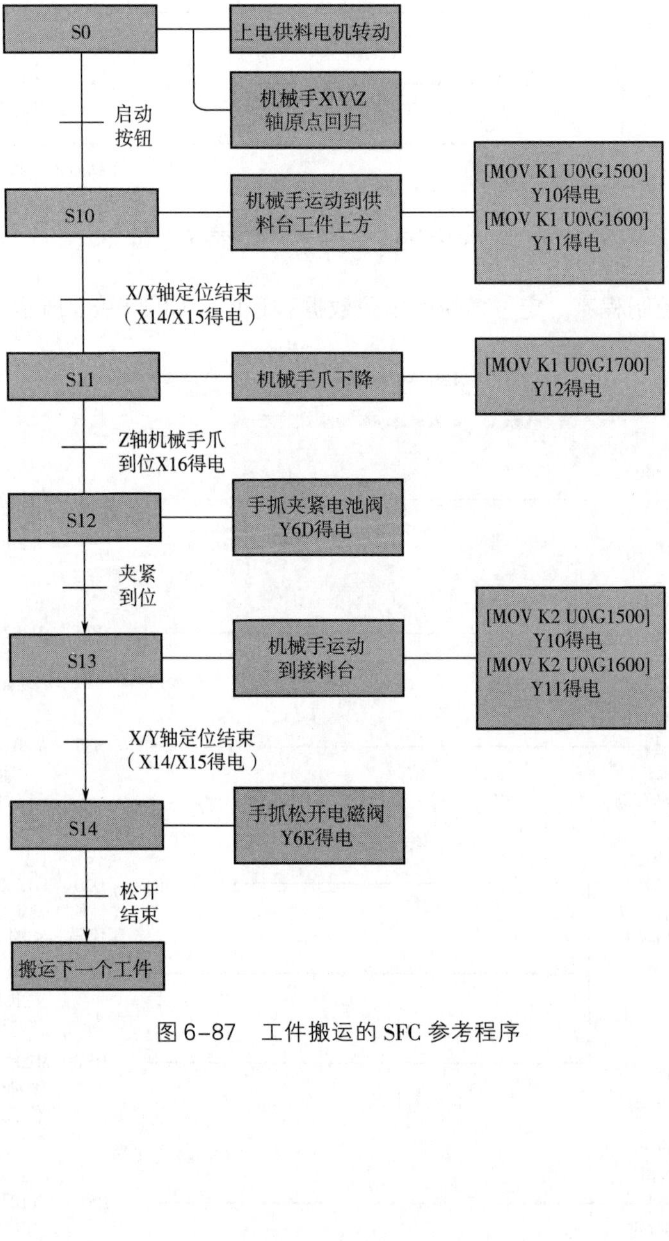

图 6-87　工件搬运的 SFC 参考程序

直角坐标机械手图形插补绘制

配套课件　　　　教学视频

任务五　技能训练 2：直角坐标机械手图形插补绘制

一、控制要求

● 基本图形绘制

按下启动按钮时，启动指示灯和三色灯（绿）常亮，复位指示灯和三色灯（黄）熄灭；直角坐标机械手通过画笔机构绘制图形，在提供的绘图纸上绘制，绘制图形如图 6-88 所示。

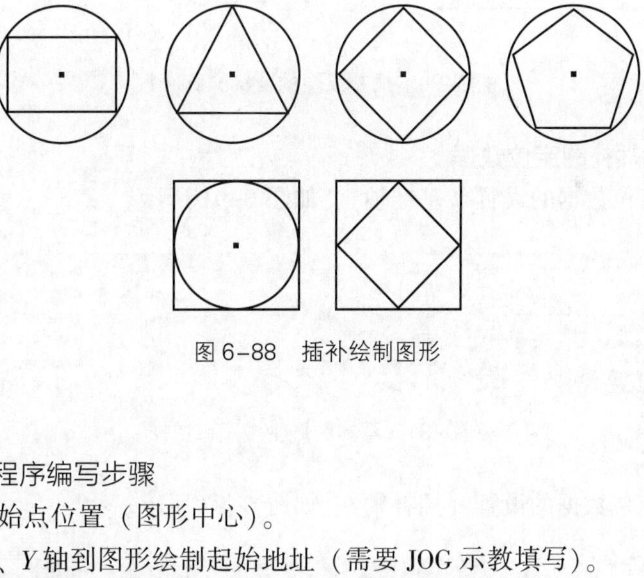

图 6-88　插补绘制图形

二、项目实施

（一）绘图程序编写步骤

（1）定义起始点位置（图形中心）。

（2）移动 X、Y 轴到图形绘制起始地址（需要 JOG 示教填写）。

（3）启动 Z 轴下降。

（4）开始 X、Y 轴插补绘制图形（绘制图形数据利用轨迹，最后一条为结束）。

（5）图纸绘制完成后，启动 Z 轴上升复位。

（6）回到原点，准备开始下个图形绘制。

（二）确定图形轨迹点坐标

内接正方形边长为 3cm，对应 30000 个脉冲，可以取图形上面 4 个点，内部的正方形利用直线插补从点 1 到点 4 再到点 1，然后从点 1 开始利用圆弧插补的中心点方式完成圆的绘制，如图 6-89 所示。

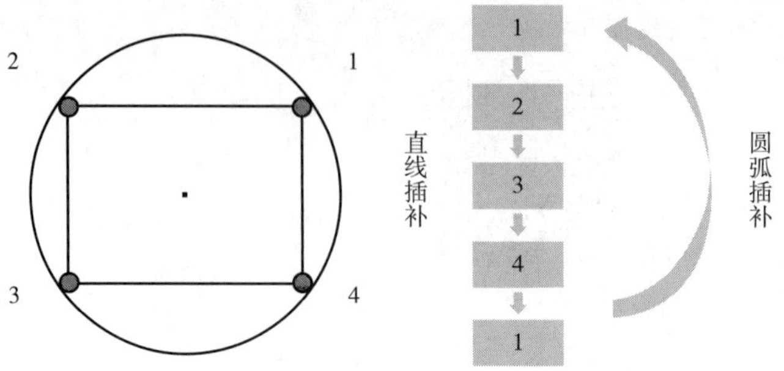

图 6-89　插补绘图的轨迹点分析

对应点的坐标和换算的 X \ Y 轴的脉冲如图 6-90 所示。

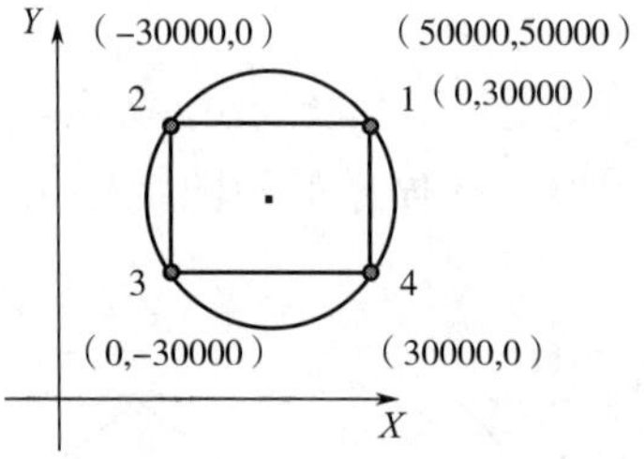

	X 轴坐标	Y 轴坐标
1点	(50000，50000)	
2点	(-30000，0)	
3点	(0，-30000)	
4点	(30000，0)	
1点	(0，300000)	
圆心	(-15000，-15000)	

图 6-90　插补绘图的坐标和脉冲数

（三）两轴插补的定位数据

（1）轴 1 定位数据的设置（基准轴），如图 6-91 所示。

No.	运行模式	控制方式	插补对象轴	加速时间No.	减速时间No.	定位地址	圆弧地址	指令速度
1	0:结束 <定位注释>	0Ah:ABS 直线2	轴2	0:20	0:20	50000 pulse	0 pulse	10000 pulse/s
2	1:连续 <定位注释>	0Bh:INC 直线2	轴2	0:20	0:20	-30000 pulse	0 pulse	10000 pulse/s
3	1:连续 <定位注释>	0Bh:INC 直线2	轴2	0:20	0:20	0 pulse	0 pulse	10000 pulse/s
4	1:连续 <定位注释>	0Bh:INC 直线2	轴2	0:20	0:20	30000 pulse	0 pulse	10000 pulse/s
5	1:连续 <定位注释>	0Bh:INC 直线2	轴2	0:20	0:20	0 pulse	0 pulse	10000 pulse/s
6	0:结束	12h:INC 圆弧左	轴2	0:20	0:20	0 pulse	-15000 pulse	10000 pulse/s

图 6-91　基本图形轴 1 定位数据

（2）轴 2 定位数据的设置（插补轴），如图 6-92 所示。

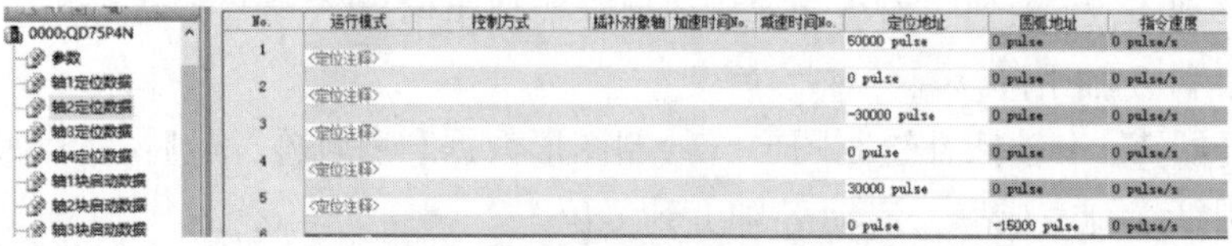

No.	运行模式	控制方式	插补对象轴	加速时间No.	减速时间No.	定位地址	圆弧地址	指令速度
1	<定位注释>					50000 pulse	0 pulse	0 pulse/s
2	<定位注释>					0 pulse	0 pulse	0 pulse/s
3	<定位注释>					-30000 pulse	0 pulse	0 pulse/s
4	<定位注释>					0 pulse	0 pulse	0 pulse/s
5	<定位注释>					30000 pulse	0 pulse	0 pulse/s
6						0 pulse	-15000 pulse	0 pulse/s

图 6-92　基本图形轴 2 定位数据

（四）程序设计参考

1. 梯形图参考程序

基本图形参考程序，如图 6-93 所示。

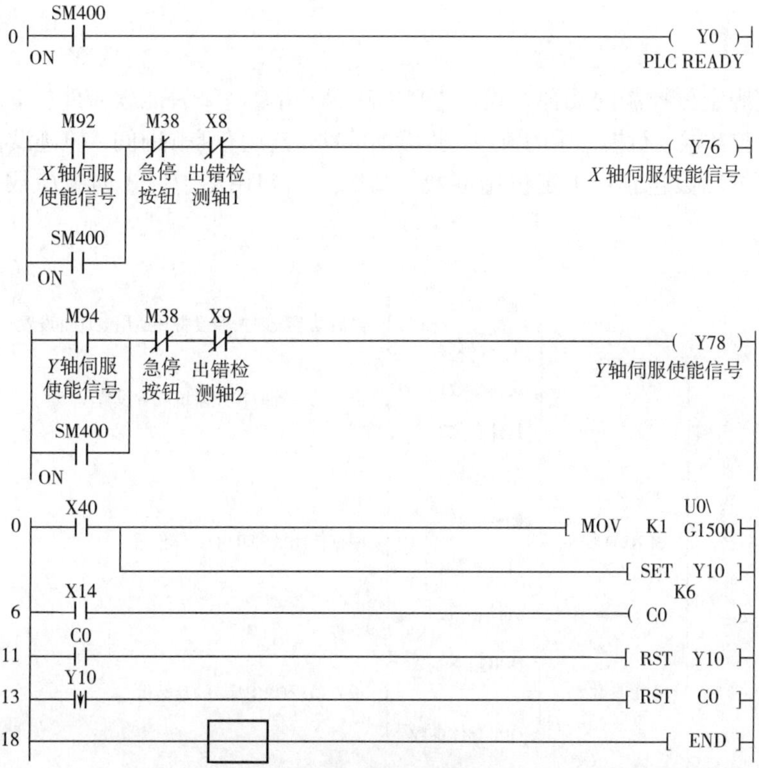

图 6-93　基本图形参考程序

2. 顺序功能图参考程序（SFC）

利用 GX-Works 编程软件的 SFC 编程语言完成如图 6-94 所示的插补绘图的 SFC 程序设计。

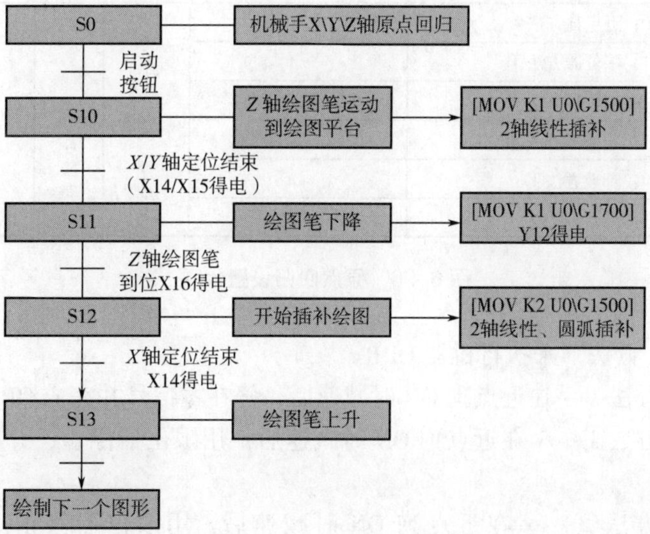

图 6-94　图形插补绘制的 SFC 程序

【归纳总结】

（1）伺服定位控制的几种方式：①FROM/TO 指令；②智能软元件；③专用指令。

（2）定位数据运行模式中的轨迹和连续的区别：连续有停顿时间，轨迹没有停顿时间。

（3）定位参数包括：①定位用参数；②原点回归用参数；③伺服参数，如图 6-95 所示。

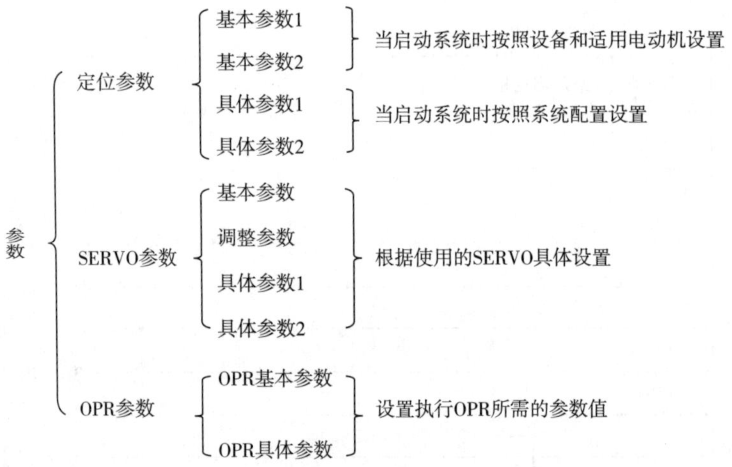

图 6-95　定位参数类型

（4）原点回归方法设定，如图 6-96 所示。

项目	设置值、设置范围		默认值	设置值缓冲存储器地址			
	用外围设备设置的值	用顺控程序设置的值		轴1	轴2	轴3	轴4
Pr.43 OPR方法	0：近点狗方法	0	0	70	220	370	520
	1：限位器方法①	1					
	2：限位器方法②	2					
	3：限位器方法③	3					
	4：计数方法①	4					
	5：计数方法②	5					

图 6-96　原点回归设置代码

设置“OPR 方法”来执行机器 OPR。

0：近点狗方法……在近点狗 ON 时减速后，停在零信号并完成 OPR。

1：限位器方法①……在近点狗 ON 时减速后，用限位器停止，并在过了停顿时间后完成 OPR。

2：限位器方法②……在近点狗 ON 时减速后，用限位器停止，并用零信号完成 OPR。

3：限位器方法③……用蠕动速度启动后，用限位器停止，并用零信号完成 OPR。

4：计数方法①……在近点狗 ON 时减速后，移动指定的距离，并用零信号完成 OPR。

5：计数方法②……在近点狗 ON 时减速后，移动指定的距离，并完成 OPR。

（5）定位模块上下限位输入信号逻辑选择。

正逻辑（高电平有效，如果限位传感器接入常开触点，当平台运动到限位传感器时，限位传感器触点接通输出高电平，即限位开关起作用），负逻辑（低电平有效，即如果限位传感器接入常闭触点，当平台运动到限位传感器时，限位传感器触点断开输出低电平，即限位开关起作用）。

【习题作业】

一、选择题

1. 伺服定位系统原点回归：假设在某一定位控制系统中，如图 6-97 所示，工件始终在地址 100mm 至 1000mm 的位置之间移动。请选择工件进行机械“原点回归”时正确的“原点回归方向”。注：机械原点地址为“0mm”。(　　)

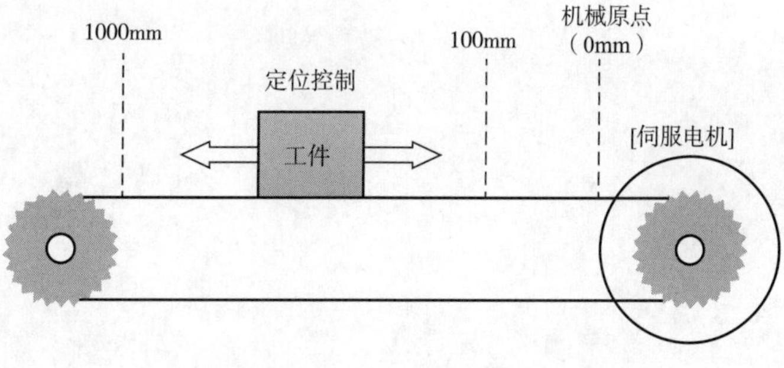

图 6-97　伺服定位系统

A. 地址增加方向（正方向）　　B. 地址减少方向（负方向）

C. 两者都可以　　D. 不能确定

2. 伺服与变频相比，伺服对于负载惯性的（　　）反应很敏感，如图 6-98 所示。

A. 电机本身　　B. 负载侧　　C. 大小　　D. 不稳定

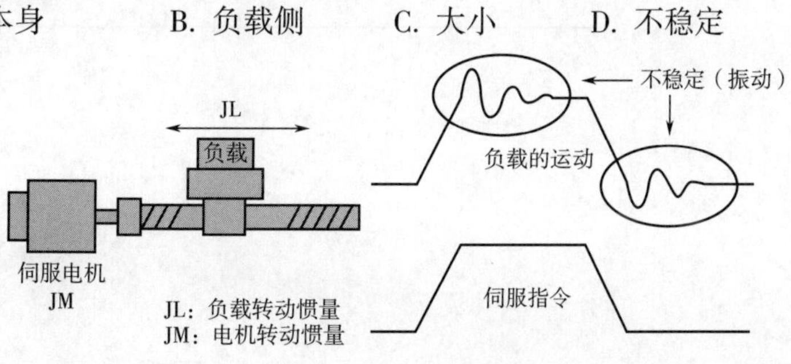

图 6-98　伺服系统负载惯性

二、综合题

1. 某机械手的大臂由一台交流伺服电机控制，整个伺服控制系统由三菱 Q 系列 PLC、QD75 定位模块、MR-J4 伺服放大器以及交流伺服电机组成，该大臂包含左限位、右限位以及近点狗限位三个限位传感器，PLC 输入端口地址为 X40-X4F，PLC 输出端口地址为 Y50-Y5F，现需实现功能如下：

按下启动按钮，机械手大臂实现原点回归，当回到原点后，指示灯点亮 2 秒钟，代表原点回归完成。

要求完成以下工作：①配置 PLC 的 I/O 口；②设置 QD75 模块参数；③编写原点回归程序。

2. 按下启动按钮时，启动指示灯和三色灯（绿）常亮，复位指示灯和三色灯（黄）熄灭；直角坐标机械手通过画笔机构绘制图形，图形圆直径为 5cm，伺服电机驱动的丝杠导程为 5mm，绘制图形如下图 6-99 所示。要求完成以下工作：①配置 PLC 的 I/O 口；②设置 QD75 模块参数；③编写插补绘图程序。

图 6-99　圆内接五角星

拓展项目
编程软件 GX-Works2 操作

【学习目标】

1. 掌握 GX-works2 软件的安装；
2. 掌握 GX-works2 软件常用指令及功能使用操作；
3. 掌握简单工程的创建、运行、监控直至工程保存关闭等各步骤操作流程；
4. 能够利用 GX-works2 软件完成 FB 程序的创建。

拓展项目　编程软件 GX-Works2 操作

附录

附录 1：指令一览表　　　　附录 2：特殊继电器一览表

参考文献

[1] 李金城，付明忠．三菱 FX 系列 PLC 定位控制应用技术［M］. 北京：电子工业出版社，2016.

[2] 王赛，张强，赖华．PLC 控制系统组建与调试［M］. 北京：中国轻工出版社，2021.

[3] 侯玉宝，陈忠平，邬书跃．三菱 Q 系列 PLC 从入门到精通［M］. 北京：中国电力出版社，2017.

[4] 朱江．可编程控制技术［M］. 黑龙江：哈尔滨工业大学出版社，2013.

[5] 王烈准．可编程控制器技术及应用［M］. 北京：机械工业出版社，2016.

[6] 刘守操．可编程控制器技术与应用［M］. 北京：机械工业出版社，2018.